力学丛书·典藏版 20

激波和高温流体动力学现象物理学

下册

〔苏〕Я. Б. 泽尔道维奇
Ю. П. 莱依捷尔 著

张树材 译

科学出版社

1985

内 容 简 介

本书是关于物理气体动力学方面的系统理论著作。书中介绍了气体动力学基础、激波理论和辐射输运理论。对于高温、高压下物质的热力学和光学性质、离解和电离等一些非平衡过程的动力论、在激波中和爆炸时所出现的与光辐射和辐射热交换有关的各种现象、激波在固体中的传播等问题，都进行了很好的研究，其中有许多地方是属于作者自己的贡献。

本书可供从事应用物理和新技术的物理工作者、力学工作者、工程师及相应专业的大学生、研究生阅读。

原书共十二章。中译本分上、下两册出版。下册包括后六章。

图书在版编目 (CIP) 数据

激波和高温流体动力学现象物理学. 下册 / (苏) 泽尔道维奇等著；张树材译. —北京：科学出版社，2016.1

(力学名著译丛)

ISBN 978-7-03-046977-9

I. ①激… II. ①泽… ②张… III. ①激波 ②高温－流体动力学 IV. ① 035

中国版本图书馆 CIP 数据核字 (2016) 第 006909 号

责任编辑：赵彦超 赵敬伟 / 责任校对：邹慧卿
责任印制：赵 博 / 封面设计：陈 敬

科学出版社 出版
北京东黄城根北街 16 号
邮政编码：100717
http://www.sciencep.com
北京凌奇印刷有限责任公司印刷
科学出版社发行 各地新华书店经销

*

1985 年 5 月第 一 版 开本：850 × 1168 1/32
2025 年 8 月第五次印刷 印张：14
字数：137, 000

定价：118.00 元

(如有印装质量问题，我社负责调换)

目　录

第七章　气体中激波阵面的结构

第八章　流体动力学过程中的物理-化学动力论

第十二章 气体动力学中的一些自模过程

第七章　气体中激波阵面的结构

§1　引言

在第一章曾给出激波的一些基本概念．并指出，理想流体的流体动力学方程允许存在一组描述激波的间断解．间断面两侧的一些流体动力学量：密度、压力、速度彼此间由一些差分方程相联系，而这些差分方程则相应于描述连续流区域的微分方程．这两种方程都是普遍的质量、动量[1]、能量守恒定律的表达形式．从这些守恒定律得到结论：在间断面上物质的熵也要发生跃变(即增加)．激波中熵值的增加仅由质量、动量、能量守恒条件和物质热力学性质所决定，而与导致熵增加的耗散机制完全无关．

在某种意义上说下述事实令人难以置信：物质的绝热运动方程竟允许存在一个熵在其上发生跃变的曲面．激波压缩的不可逆性表明，在激波压缩中存在一些耗散过程——粘性和热传导，是这些过程导致了熵的增加．

正是由于粘性的缘故，在间断为静止的坐标系中，流向间断面的气流之动能的相当大一部分才不可逆地转变成热量．

因此，如果我们关心的是激波压缩机制和过渡层(物质在该层中发生由初态到终态的变化，而该层本身在理想流体的流体动力学范围内乃由一个数学曲面来代替)的内部结构及其厚度的话，那就必须转到能对耗散过程进行描述的理论上来．在第一章，这个问题曾针对弱强度激波进行过讨论．但在本章我们对激波强度[2]不再加以限制．

一般来说，在流体动力学过程中，连续流区域内的各宏观参量的变化与能建立热力学平衡的弛豫过程的速度相比总是极其缓慢

1）该词在上册曾译为“冲量”．见上册第1页注．——译者注

2）该词在上册曾译为“激波振幅”．——译者注

的．气体的每个质点在每个时刻都处于热力学平衡状态，而这种平衡是与缓慢变化的宏观参量相适应的，仿佛它在“跟踪”这些参量的变化．因此，当在理想流体的流体动力学范围内考察激波间断时，完全可以假定间断面两侧的气体都处于热力学平衡态．

在使气体由热力学平衡的初态变化到同样也是热力学平衡的终态的一个很薄的过渡层内，密度、压力等参量的变化是很快的．在这个所谓激波阵面的区域内，热力学平衡可以遭到严重破坏．因此当研究激波阵面的内部结构时，就必须要考虑弛豫过程的动力论，并要对建立物质在波阵面之后的热力学平衡终态的机制进行仔细的研究．

从许多角度来看，对激波阵面的内部结构进行研究是很有意义的．首先，结构问题作为纯理论的课题就引起我们的注意，因为它的解可以帮助我们了解激波压缩的物理机制，而这种压缩乃是气体动力学中最值得注意的现象之一．其次，激波已用来在实验室中获得高温，以及研究在高温气体中所产生的各种过程：分子振动的激发、分子的离解、化学反应、电离、光辐射等等(见第四章)．

借助对激波阵面结构所进行的理论研究，可以从实验上得到很多关于上述过程之速度的资料．

最后，对辐射在其中起重要作用的极强激波之阵面结构所进行的研究，将有助于阐明像波阵面表面亮度这样重要的特性，并可以用来解释在实验中和在空气中发生强爆炸时所观察到的某些有趣的光学效应(见第九章)．

关于激波阵面结构的数学理论基础，就是假定激波阵面的结构是稳定的． 物质在激波中从初态变化到终态所需要的时间很短，比波阵面之后连续流区域内的气体参量发生明显改变所需要的特征时间小很多．同样，波阵面的宽度比起长度的特征尺度也小很多，长度的特征尺度就是指可使波阵面之后的气体状态发生明显改变的距离，比如说从激波阵面到“推”波的活塞之间的距离(活塞作变速运动)．

激波通过量级为波阵面宽度的距离所需的时间是很短的，在这样短的时间内激波的传播速度、波阵面之后气体的压力以及其它一些参量实际上没有发生变化．可是当激波沿初始参量为已知的气体传播时，其阵面内所进行的一些内部过程的动力论却仅与激波强度有关．

因此在某一比较长的时间间隔内，流进激波间断之气体的每一质点都要经历和前面的一些质点相同的一系列状态． 换句话说，各种参量在激波阵面内的分布形成一个固定图形，在这个时间间隔内它作为整体随波阵面一起运动(图 7.1)．

如果波阵面的速度用 $D(D=|D|>0)$ 表示，而表面上某一指定地点的与波阵面表面垂直的坐标用 x 表示，那么可以说波内气体的所有状态参量都只能通过组合 $x+Dt$ 而依赖坐标和时间．在与波阵面相固联的坐标系中，过程是定常的，即与时间无关．这种情形(顺便说一句，在推导间断面上的关系时它已被用到过)从数学的观点来看可使问题大大简化，因为在同波一起运动的坐标系中气体的所有状态参量都不再是两个变量 x 和 t 的函数，而只是坐标一个变量的函数，而这种过程可由常微分方程来描述．

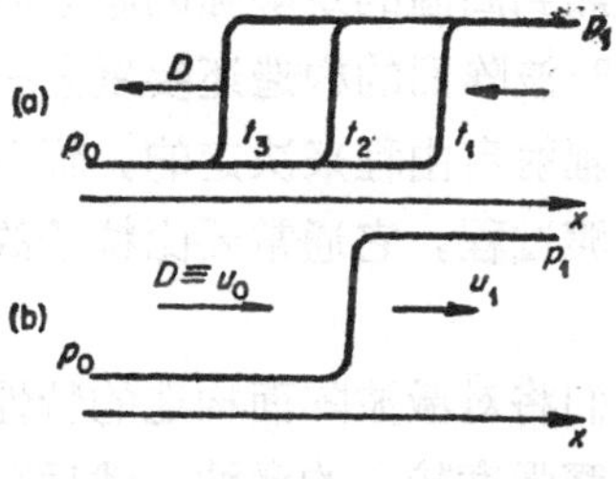

图 7.1 激波中的压力剖面．a) 激波在实验室坐标系中的传播； b) 与波阵面相固联的坐标系中的跃变

在第一章 § 23 中，当考察弱强度激波阵面的宽度时曾经指出，密聚跃变之宽度的尺度乃是分子自由程．当激波强度增大时其宽度减小，而当波阵面之后的压力升高值（即超过初始压力那部分）与初始压力可以比较时，波阵面的宽度就大约等于分子自由程．

物理上很清楚，在强激波内密聚跃变的宽度总是大约等于分子自由程，因为在这种跃变中激波压缩是在“粘性”[1]力的作用下发生的．如果在波阵面之后的气体为静止的坐标系中（在与活塞相固联的坐标系中）来考察激波，或者同样地，我们来考察碰到固定墙壁的高速气流所受到的滞止现象，这一点是很容易阐明的．分子的定向运动动能（流体动力学运动动能）在滞止时转变为紊乱运动的动能，即热量．为了“滞止”其定向速度比初始的热运动速度大很多的快分子（这相当于波的强度很大：波速超过声速很多），也只需几次气体动力论的碰撞就已足够了，因为分子的每一次碰撞平均地说都要使自己的运动方向改变一个很大的角度．因此经几次碰撞之后分子的定向动量就几乎全部消失，而速度也就成了紊乱的．

为使能量按各种不同内部自由度（分子振动的激发、离解、电离）进行分配，一般要多次碰撞．建立最终的热力学平衡态所需要的弛豫层的宽度，要比最初的密聚跃变的宽度大很多．因而，激波阵面的整个过渡层可以分为两个在宽度上有很大差别的区域：一个是很薄的“粘性”密聚跃变层，另一个是延展得较长的弛豫层．

在气体会被加热到高温的足够强的激波内，辐射和辐射热交换起重要作用．这时波阵面的构造还要复杂一些．其阵面的宽度是由最大尺度——辐射自由程来决定的，辐射自由程表征了与辐射热交换相关的过渡过程，它通常要比粒子的气体动力论的自由程大很多倍．

在以下各节我们将对激波阵面构造的特性进行仔细的考察．同时我们将首先考察强度较弱的激波，然后再逐渐过渡到越来越

1）应该强调指出，在该情况下“粘性”的概念是有条件性的．当谈到粘性的时候，通常是指，速度的梯度很小，而速度发生明显改变的距离要比分子自由程大很多．换句话说，流体动力学中所用的粘性乃是一个“宏观”概念．如果在分子自由程的距离上发生了气体的速度和密度的急剧变化，那么这一“微观”尺度的现象就不能根据流体动力学而应根据气体的分子动力论来加以讨论．适合梯度很大的情况，应将激波阵面中的“粘性”理解为是由分子的碰撞所决定的、能使分子的定向速度转变为紊乱速度的一种机制．

强的激波.

1. 密聚跃变

§2 粘性密聚跃变

由于在密聚跃变中激波压缩过程是发生在可与分子的气体动力论自由程相比较的距离之内,因而在研究跃变的结构时,严格地说应该从气体的分子动力论的一些概念出发. 但是作为这个方向上的第一步,自然是要在实际流体的流体动力学范围内来考察问题,所谓实际流体就是考虑了耗散过程:粘性和热传导. 同时,与第一章§23中的计算不同,我们不再对激波的强度加以限制. 为了叙述上的连贯,在这里我们重复第一章§23中的某些推导和计算. 为了不因为那些在该情况下并不重要的、与气体的非平动自由度的缓慢激发有关的细节而使讨论复杂化,我们认为气体是单原子的,且不考虑电离.

在与波阵面相固联的坐标系中,写出具有粘性和热传导的气体的一维定常流动方程:

$$\left.\begin{aligned} &\frac{d}{dx}\rho u=0,\\ &\rho u\frac{du}{dx}+\frac{dp}{dx}-\frac{d}{dx}\frac{4}{3}\mu\frac{du}{dx}=0,\\ &\rho uT\frac{d\Sigma}{dx}=\frac{4}{3}\mu\left(\frac{du}{dx}\right)^2-\frac{dS}{dx}.\end{aligned}\right\}\tag{7.1}$$

这里Σ是比熵,μ是粘性系数[1],S是非流体动力学的能流,在通常的热传导情况下,它等于

$$S=-\varkappa\frac{dT}{dx},\tag{7.2}$$

此处$\varkappa$是热传导系数.

对于方程组(7.1)给出下述边界条件,在波阵面“之前”和波阵面“之后”梯度都不存在,而且各流体动力学量也都趋近于初值(当

1) 在该情况下,不再区别第一粘性和第二粘性的概念.

$x=-\infty$ 时)和终值(当 $x=+\infty$ 时). 借助热力学第二定律,变换(7.1)的第三个方程:

$$Td\Sigma = d\varepsilon + pdV = dw - \frac{1}{\rho}dp,$$

并将式(7.1)的所有方程积分,我们便得到方程组的第一积分:

$$\left.\begin{aligned}&\rho u = \rho_0 D,\\&p + \rho u^2 - \frac{4}{3}\mu\frac{du}{dx} = p_0 + \rho_0 D^2,\\&w + \frac{u^2}{2} + \frac{1}{\rho_0 D}\left(S - \frac{4}{3}\mu u\frac{du}{dx}\right) = w_0 + \frac{D^2}{2}.\end{aligned}\right\} \tag{7.3}$$

在这里积分常数是由附有脚标"0"的气体的初始状态参量和波阵面速度 $D\equiv u_0$ 来表示的.

如果将方程 (7.3) 用于终态(它的参量附有脚标"1"),我们就得到已知的、间断面上的关系,为了方便把它们重新写出

$$\left.\begin{aligned}&\rho_1 u_1 = \rho_0 D,\\&p_1 + \rho_1 u_1^2 = p_0 + \rho_0 D^2,\\&w_1 + \frac{u_1^2}{2} = w_0 + \frac{D^2}{2}.\end{aligned}\right\} \tag{7.4}$$

从这些关系得出结论,激波中熵的跃变 $\Sigma_1 - \Sigma_0 = \Sigma(p_1, \rho_1) - \Sigma(p_0, \rho_0)$ 既与耗散机制完全无关,也与粘性系数 μ 和热传导系数 $\varkappa$ 的大小完全无关. 后两者只能决定波阵面的内部结构和它的宽度 δ. 粘性密聚跃变的厚度 δ 正比于系数 μ 和 $\varkappa$,而 μ 和 $\varkappa$ 自己又正比于分子自由程 l. 在 $l\to 0$ 的极限情况下,实际流体的流体动力学在连续流区域内就变成理想流体的流体动力学. 至于说激波的阵面,那么在 $l\to 0$ 的极限情况下它就变成一个数学平面,因为 $\delta \sim l \to 0$. 这时所有流体动力学量的梯度在波阵面内都按 $1/l$ 而趋向无穷大,但这些量的跃变却是有限的.

当给定粘性系数和热传导系数以及热力学关系 $w(p,\rho)$ $\left(\text{在单原子气体中 } w = c_p T = \frac{5}{2}\frac{p}{\rho}\right)$ 之后,就可以对具有上述边界条

件的方程(7.3),(7.2)进行数值积分．但是，毕竟还是解析解方便得多，因为它可以明显地展示出现象的全部规律性．遗憾的是，在一般情况下要求给出方程组的解析解那是不可能的．如果仅限于弱强度激波，并将解展开为关于某个气体动力学量的小变化的级数，我们便可以解析地来积分上述方程．这个方法在第一章§23中曾用来估计波阵面的的宽度(其完全解可在 Л. Д. 朗道和 E. M. 栗弗席兹的书(文献[1])中找到)．

在一个极特殊的情况下，可以求得具有任意强度之激波的精确解析解．这个解首先由贝克尔(文献[2])所得到，而后又由莫尔督霍夫和里比(文献[3])进行了研究，它描述了密聚跃变之结构的全部物理规律，并具有简单和鲜明的特点．现在我们来详细地讲解它．

一般来说，气体的输运系数(运动粘性系数 $\nu=\mu/\rho$ 和导温系数 $\chi=\varkappa/c_p\rho$) 大小差不多，并都近似等于扩散系数 $l\bar{v}/3$．

我们假定被称为普兰德特尔数的组合 $Pr=\mu c_p/\varkappa=\nu/\chi$ 等于 3/4．在这种情况下，式(7.3)第三个方程中的括号内的表达式就变成量 $w+\frac{u^2}{2}$ 的全微分，而方程本身则取如下形式：

$$\left(w+\frac{u^2}{2}\right)-\frac{4}{3}\frac{\mu}{\rho_0 D}\frac{d}{dx}\left(w+\frac{u^2}{2}\right)=w_0+\frac{D^2}{2}.$$

写出这个线性方程的积分，我们便可看出，要满足量 $w+\frac{u^2}{2}$ 在 $x=+\infty$ 时有限这一条件，我们只能认为它不依赖 x：

$$w+\frac{u^2}{2}=w_0+\frac{D^2}{2}\text{ }^{1)}. \tag{7.5}$$

这样一来，当普兰德特尔数 $Pr=3/4$ 时，关系(7.5)不仅在波阵面之后得到满足(见式(7.4))，而且在任意一个中间点 x 处也得到满足．

---

1) 这个方程类似于定常流理论中的伯努利积分

方程(7.5)在 p, V 平面上给出一条曲线，气体沿着这条曲线从初态变化到终态. 注意到在我们所考察的单原子气体中 $w=\frac{5}{2}pV$,再变换到无量纲的速度或比容:

$$\eta=\frac{u}{D}=\frac{V}{V_0}=\frac{\rho_0}{\rho},$$

我们便求得这条曲线的方程:

$$\frac{p}{p_0}=\frac{1+\frac{M^2}{3}(1-\eta^2)}{\eta}=\frac{4\eta_1-\eta^2}{(4\eta_1-1)\eta}. \tag{7.6}$$

这里的 η_1 属于激波阵面之后的终态:

$$\eta_1=\frac{1}{4}+\frac{5}{4}\frac{p_0}{\rho_0D^2}=\frac{1}{4}+\frac{3}{4}\frac{1}{M^2}, \tag{7.7}$$

$M=D/c_0$ 是马赫数,c_0 是初态的声速 $\left(c_0^2=\frac{5}{3}p_0V_0\right)$. 在推导公式(7.6),(7.7)时，曾利用联系波阵面两侧各量的一些关系. 以 p_1/p_0 和 η_1 为变量的激波绝热曲线具有如下形式:

$$\frac{p_1}{p_0}=\frac{4-\eta_1}{4\eta_1-1}.$$

在图 7.2 上画出了激波绝热曲线和波中质点的状态沿其变化的曲线(以及联系初态和终态的特殊直线).

借助公式(7.6)和(7.3)的前两个方程,我们写出能确定波阵面中速度剖面和体积剖面的 $\eta(x)$ 的微分方程:

$$\frac{5}{3}\frac{\mu}{\rho_0D}\eta\frac{d\eta}{dx}=-(1-\eta)(\eta-\eta_1). \tag{7.8}$$

为了简单,认为粘性系数不依赖于温度,并就等于 $\mu=\rho_0l_0\bar{v}_0/3$ (粘性系数与密度无关，因为$\mu\sim\rho l$, 而 $l\sim1/\rho$). 方程 (7.8) 的积分中包含一个与坐标原点选择的任意性相适应的相加常数. 将坐标原点放在速度剖面的拐点(放在波的“中心”)，并注意到公式(7.7),我们求得 $\eta(x)$ 的表达式:

$$\frac{1-\eta}{(\eta-\eta_1)^{\eta_1}}=\frac{1-\sqrt{\eta_1}}{(\sqrt{\eta_1}-\eta_1)^{\eta_1}}e^{a\frac{M^2-1}{M}\frac{x}{l_0}} \tag{7.9}$$

$$\left(a=\frac{2\eta}{40}\sqrt{\frac{5\pi}{6}}=1.1\right).$$

已知速度 $u=D\eta$ 的剖面，则很容易确定所有其它量的剖面．例如，对于温度，按照公式(7.5)我们有$\frac{T}{T_0}=1+\frac{M^2}{3}(1-\eta^2)$；压力可按公式(7.6)由 η 表示；而熵则等于：

$$\Sigma-\Sigma_0=c_p\ln\frac{T}{T_0}-A\ln\frac{p}{p_0}\left(A=\frac{p}{\rho T}\right).$$

由公式(7.9)看出，当 $x\to-\infty$ 时，$\eta\to1$，而当 $x\to+\infty$ 时，$\eta\to\eta_1$，并且向初值和终值的逼近是按指数规律进行的．波中的所有流体动力学的量：速度、密度、压力，以及温度，都是单调地由自己的初值变化到终值，并且当 $x\to\mp\infty$ 时也都是渐近地趋近于这些值[1]．

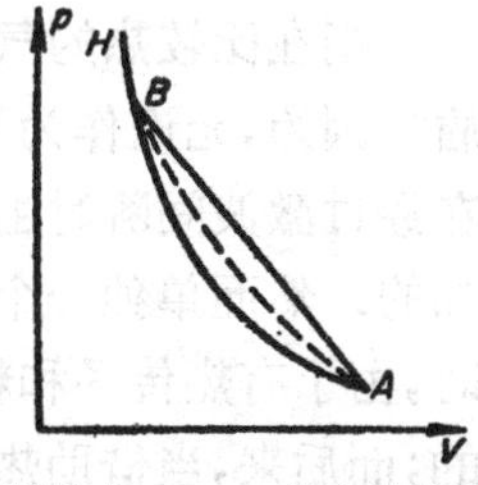

图 7.2　p，V 图上的激波过渡 $A\to B$

H——激波绝热曲线．描写波阵面内部之状态的点沿着虚线从 A 点到达 B 点

而熵的变化却不是单调的，它在波内达到最大值(此点已在第一章§23 中指出过)．这一点容易使人相信，如果利用热力学第二定律、"伯努利积分"式(7.5)和(7.1)中的第二个方程，将式(7.1)中的第三个也就是熵的方程作如下改写的话：

$$\rho uT\frac{d\Sigma}{dx}=\rho u\left(\frac{dw}{dx}-V\frac{dp}{dx}\right)$$

$$=\rho u\left(-u\frac{du}{dx}-V\frac{d}{dx}\frac{4}{3}\mu\frac{du}{dx}+V\rho u\frac{du}{dx}\right)$$

$$=-u\frac{d}{dx}\frac{4}{3}\mu\frac{du}{dx}=-\frac{4}{3}\mu u\frac{d^2u}{dx^2}.$$

---

1) 在波阵面中，各种不同量的拐点是不一致的．

由此看出，熵在速度的拐点即波的"中心"取极值．熵的最大值在波中出现乃与热传导的存在有关．作为耗散过程之一的粘性，它只能导致熵的增加，而这种增加与 $(du/dx)^2$ 成正比．而由于热传导的缘故，热量是以不可逆的方式由比较热的气层转移到比较不热的气层．所以由热传导所引起的质点熵的增加在 $\frac{dS}{dx} \sim -\frac{d^2T}{dx^2} < 0$ 的比较不热的气层内是正的，而在 $\frac{dS}{dx} \sim -\frac{d^2T}{dx^2} > 0$ 的比较热的气层内则是负的．

熵在比较热的气层内的减少与热力学第二定律并无任何矛盾．因为，无论作为整体的全部气体的熵还是单独一个质点的熵，在经过激波间断时由于激波压缩的全部过程的结果它们还是要增加的．然而单独一个穿越波的气层已不是一个孤立系统．在开始时，由于有热传导和粘性力作功而有热量流进气层，它的熵是增加的；而后来，当借助热传导而流向该层后面之气层的热量超过依靠粘性力作功而流进来的热量时，它的熵又减少了．

和第一章§23一样，我们仍用下述条件决定波阵面的宽度

$$\delta = \frac{D - u_1}{\left(\frac{du}{dx}\right)_{\max}}.$$

由公式(7.9)看出，波阵面的宽度在数量级上等于

$$\delta \sim l_0 \frac{M}{M^2 - 1}.$$

在小强度激波中，那时 $M - 1 \ll 1$，宽度 $\delta \sim l_0/(M-1)$ 就与第一章§23的结果相对应．波的宽度这时可以等于很多个分子自由程．在图7.3上画的 $M = 2$ 的情况下，波阵面的宽度大致等于三个自由程 l_0．当 $M \to \infty$时，$\delta \sim l_0/M \to 0$，但是，如果考虑到在波阵面中粘性系数是可变的（$\mu \sim l\bar{v} \sim \bar{v}/\rho$；当$M \to \infty$时，在波阵面之后 $\mu \sim \bar{v} \sim D \to \infty$），那么在$M \to \infty$的极限情况

下波阵面的宽度仍然有限，且近似等于自由程．当波阵面的宽度大约等于自由程时，流体动力学的理论失去了意义，因为这个理论的基础是假定自由程的长度与使流体动力学参量发生显著变化的距离相比较乃是很小的．因而不能把这个理论用于足够强大的激波．物理上很清楚，在任意强度的激波中密聚跃变的厚度都不可能小于自由程，因为流进间断的气体分子至少必须经受几次碰撞才能耗尽其定向动量，并将其定向运动动能转变为紊乱运动动能(热量)．同时，强波情况下的密聚跃变的厚度也不可能等于很多自由程，因为平均来说每一次碰撞都使入射流的分子消耗自己的相当大一部分动量．

关于强密聚跃变的构造问题应根据气体分子动力论进行讨论，因此有许多研究工作力图改进上述简单理论，考虑输运系数对温度的依赖关系，并想解释普兰德特尔数对波阵面结构的影响，如此等等(文献[4—13])，但是都没有带来任何比我们所考察的特殊情况更加新的、带有原则性的东西，最好的情况也只是它们对于弱强度激波有某些好处[1]．

И. Е. 塔姆(文献[100])和莫特-斯米特(文献[16])都独立地将玻耳兹曼的动力论方程应用于密聚跃变的结构问题．玻耳兹曼方程在跃变区域内的近似解，是由两个分别与初态和终态的温度及宏观速度相对应的麦克斯韦分布的叠加所构成．两个函数的相对权重在波的范围内是由 0 变到 1． 当无限增大激波强度时，波阵面厚度趋于有限的极限． 沙库拉依对莫特-斯米特方法作了某些改进，根据他的计算(文献 [17])，在对分子的相互作用采用刚

---

1) 周列尔(文献[14])想通过计算各输运项之表达式中的二阶导数(即所谓巴尔涅特近似)而使流体动力学近似得到改进，但他稍加改进的乃是一些弱波的结果，实质上他只是指出流体动力学理论所适用的范围．当波的振幅 $p_1/p_0 = 1.5$ 时，按照周列尔的计算，波的厚度等于 17 个自由程，而 $p_1/p_0 = 4$ 时，则等于 6 个自由程．单原子气体中的弱激波的阵面宽度，在郝尔尼哥等人的工作(文献[15])中是用光反射方法测量的(见第四章 § 5)．在马赫数 $M = 1.1$；1.5；2.5 时，测得的宽度分别等于 30 个，19 个，13 个自由程．周列尔的计算与这些结果符合得并不坏．还可以参阅文献[56]．

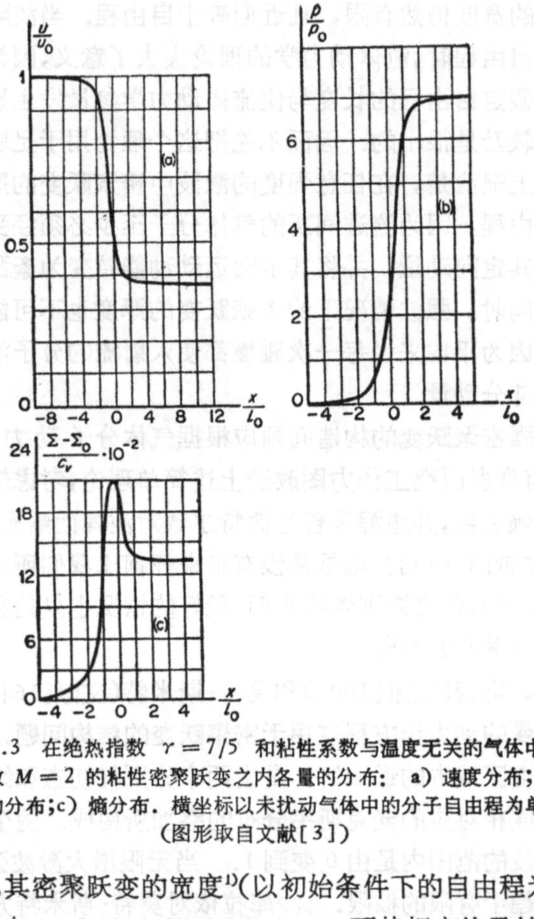

图 7.3　在绝热指数 $\gamma = 7/5$ 和粘性系数与温度无关的气体中马赫数 $M = 2$ 的粘性密聚跃变之内各量的分布：a) 速度分布；b) 压力分布；c) 熵分布．横坐标以未扰动气体中的分子自由程为单位（图形取自文献[3]）

球模型时，其密聚跃变的宽度[1)]（以初始条件下的自由程为单位）分别等于：$\delta/l_0 = 2.11; 1.68; 1.46; 1.42$，而其相应的马赫数分别等于 $M = 2.5; 4; 10; \infty$。

我们还指出一些工作（文献[52-55]），在这些工作中发展了莫特-斯米特方法，并且都是根据玻耳兹曼方程来考察密聚跃变的．

1）波阵面宽度 δ 按下述方式确定．如果 f_α 和 f_β 分别是初态和终态时的分子分布函数，那么对于波内中间点 x 处的分布函数来说，理论上给出 $f = \nu(-x)f_\alpha + \nu(x)f_\beta$，并且

$$\nu(x) = \frac{1}{2}\left(1 + \mathrm{th}\frac{2x}{\delta}\right).$$

§ 3　粘性和热传导在密聚跃变形成中的作用

尽管输运系数——运动粘性和导温性，同熵方程中的相应耗散项一样，彼此间可以比较，但两种耗散过程在密聚跃变形成中的作用却远非是相同的．物理上很清楚，在激波压缩的机制中起主要作用的是粘性，而不是热传导，因为正是粘性机制才导致入射气流的定向动量的散失和分子的定向运动动能转变为紊乱运动动能(也就是将机械能转变为热量)．而热传导只是将热能从一些气层转移到另外一些气层，它是通过使压力重新分布这种间接方式而对机械能转变起某些作用的．

为了确信这一点，我们在这样一种边界条件下来讨论气体一维定常运动问题是大有好处的：这种边界条件对应于未扰动气流(在粘性根本不存在而唯一耗散过程就是热传导假定之下)的激波压缩．这一首先由瑞利(文献[18])研究的问题具有重要意义，因为它揭示了当另外一些热交换机制——能量的辐射输运或（等离子体中的)电子热传导存在时激波阵面结构的特性．

如果不计粘性，那么一维定常流的流体动力学方程(7.3)的第一积分具有如下形式：

$$\left.\begin{aligned} &\rho u = \rho_0 D, \\ &p + \rho u^2 = p_0 + \rho_0 D^2, \\ &w + \frac{u^2}{2} + \frac{S}{\rho_0 D} = w_0 + \frac{D^2}{2}. \end{aligned}\right\} \tag{7.10}$$

由式(7.10)的前两个方程得到结论，在无粘性激波压缩过程中，气体质点的状态在压力-比容图上应以连续方式沿下述直线变化：

$$p = p_0 + \rho_0 D^2(1-\eta), \ \eta = \frac{V}{V_0}. \tag{7.11}$$

非粘性气体流的这一重要性质已在图 7.4 上说明，在那里画出了激波绝热曲线和连接气体初态和终态的直线．我们设法来解方程组(7.10)，为此，和以前一样，除了无量纲速度或相对比容 η 而外，我们要消去所有其它变量．为普遍性起见，我们将不限于单

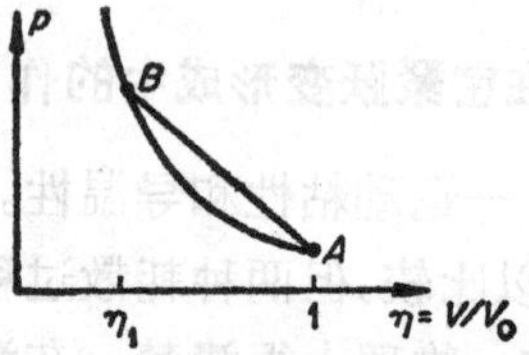

图 7.4 非粘性气体的激波过渡直线

原子气体的情况，并保留绝热指数 γ 在量值上的任意性，但仍然认为它是个常数.

注意到状态方程

$$p = \frac{R}{\mu_0}\rho T,\ A = \frac{R}{\mu_0} \tag{7.12}$$

(μ_0 是分子量)和热力学关系 $w = \dfrac{\gamma}{\gamma - 1}\dfrac{p}{\rho}$，我们利用 (7.10) 的第三个方程和方程(7.11)将非流体动力学能流和温度用 η 表示：

$$\frac{T}{T_0} = 1 + \gamma M^2(1 - \eta)\left(\eta - \frac{1}{\gamma M^2}\right), \tag{7.13}$$

$$S = -\frac{\rho_0 D^3}{2}\frac{\gamma + 1}{\gamma - 1}(1 - \eta)(\eta - \eta_1). \tag{7.14}$$

在这里，和以前一样，量

$$\eta_1 = \frac{\gamma - 1}{\gamma + 1} + \frac{2}{\gamma + 1}\frac{1}{M^2}$$

是终态的无量纲速度，$M = D/c_0$ 是马赫数.

函数 $T(\eta)$ 要通过一个最大值，该值位于那样一点：

$$\eta = \eta_{\max} = \frac{1}{2} + \frac{1}{2\gamma M^2}.$$

当讨论不同强度的激波时，可以出现两种情况. 如果强度足够小，那么 $\eta_1 > \eta_{\max}$. 事实上，当马赫数接近于 $1(M - 1 \ll 1)$ 时，$\eta_1 \approx 1 - \dfrac{4}{\gamma + 1}(M - 1)$，即 η_1 也接近于 1，虽然那时 $\eta_{\max} \approx (\gamma +$

$1)/2\gamma < 1$. 在这种情况下，在气体被单调地由初态体积压缩到终态体积（由 $\eta = 1$ 到 $\eta = \eta_1$）的过程中，温度也是单调地由初值 T_0 增加到终值 T_1，后者（在所有条件下）都等于

$$\frac{T_1}{T_0} = 1 + \frac{2\gamma(\gamma-1)}{(\gamma+1)^2}(M^2-1) \times \left(1+\frac{1}{\gamma M^2}\right).$$

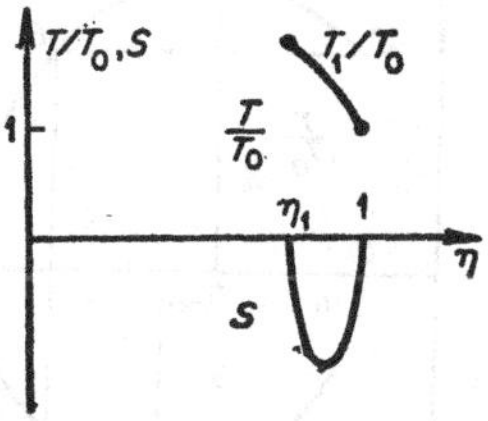

图 7.5　在只有单一热传导而不计粘性的连续激波过渡成为可能时其 T，η 图和 S，η 图

在这种情况下，图形 $T(\eta)$ 和 $S(\eta)$ 具有图 7.5 所示的形状.

如果从方程(7.13)，(7.14)中消去 η，并代入能流 S 的表达式(7.2)，我们便得到型为 $dT/dx = f(T)$ 的微分方程，这个方程具有连续解. 这种波中的温度剖面和熵剖面已简略地画在图 7.6 上，它们类似于上一节所得到的几个剖面.

就如从 $\mu = 0$ 的(7.1)中的熵方程所看出的，熵在 $\frac{d}{dx}\varkappa\frac{dT}{dx} = 0$ 的点取最大值，或者，在 $\varkappa =$ 常数的情况下，是在波中的温度 $T(x)$ 出现拐点：$d^2T/dx^2 = 0$ 处取最大值.

由此可见，当没有粘性而只有单一热传导时，可能存在那样的弱激波，在它的阵面之中各个流体动力学量都具有连续的分布.

现在我们考察足够强的激波.

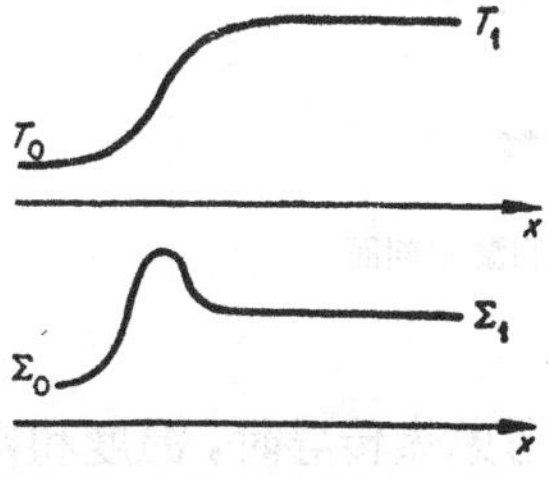

图 7.6　在连续过渡成为可能时，只有单一热传导而不计粘性之激波中的温度剖面和熵剖面

在这种情况下，温度取最大值时的体积乃位于初值和终值之间：$\eta_1 < \eta_{max} < 1$. 实际上，当 $M \gg 1$ 时，$\eta_{max} \approx 1/2$，而 $\eta_1 = (\gamma-1)/(\gamma+1) < 1/4$，因气体的绝热指数不能超过5/3.

这样一来，当把气体单调地连续从初态体积压缩到终态体积时，波阵面中的温度必然要通过最大值点. 这种情况下的函数 $T(\eta)$ 和 $S(\eta)$ 的图形已画在图 7.7上. 我们看一

看，在这种情况下方程(7.13)，(7.14)是否可能存在连续解．由公式(7.14)和图 7.7 看出，由热传导所引起的热流 S 在相对体积从 $\eta=1$ 到 $\eta=\eta_1$ 的整个变化区间内它是不改变符号的，并且其方向是与气流方向相对：$S<0$．由热流的定义 $S=-\varkappa dT/dx$ 看出，在体积由初值变化到终值的过程中温度只能是增加的：$dT/dx>0$．

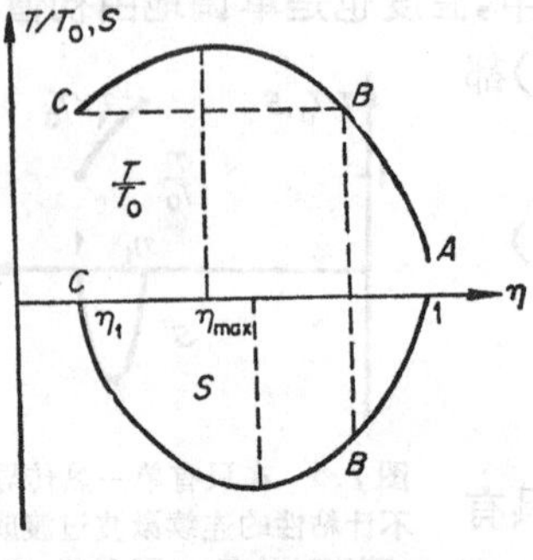

图 7.7　在只考虑单一热传导而不考虑粘性的情况下，关于等温跃变的 T，η 图和 S，η 图

因此，处在温度最大值之后的 $dT/d\eta>0$ 的那一区域乃是不能实现的．在这个区域内，体积还没有达到终态值，它应该是减小的，即 $d\eta/dx<0$，其温度也要随着体积的减小而下降，即

$$dT/dx=(dT/d\eta)(d\eta/dx)<0,$$

而热流却要指向另外一个方向 ($S>0$)，但这与公式 (7.14) 相矛盾．

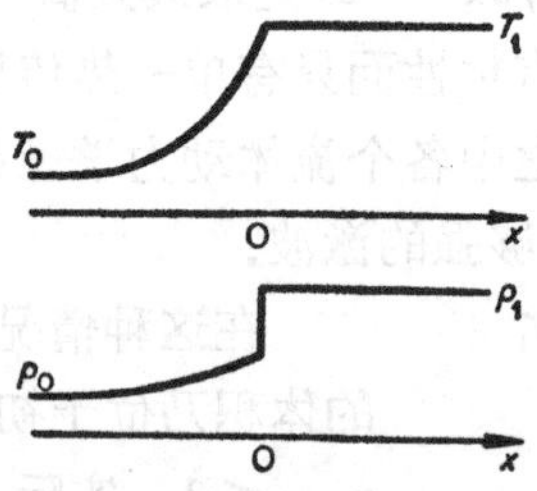

图 7.8　具有等温跃变的激波中的温度剖面和密度剖面

这就是说，在强激波的情况下，当只考虑热传导时，温度和密度不可能沿坐标连续分布．在从初态变化到终态的过程中，要想避开温度随着压缩的增大而下降的那样一个区域，只有在解中包含间断才是可能的：即状态先是以连续方式从初始点（图 7.7 上

的 A 点)变到 B 点，然后再以跃变的方式达到终点 C. 密度跃变的产生证实了在它之中应出现粘性力，即强间断的抹平只能是由于粘性，而不是由于热传导. 在跃变中温度仍然保持不变，变化的只是它的导数，即热流. 这种波被称为"等温"跃变[1]，它之中的温度剖面和密度剖面已画在图 7.8 上.

容易求得这样一个最大强度，在该强度下不存在粘性仍有连续解. 它所对应的情况是函数 $T(\eta)$ 的最大值点与终态相一致，即 $\eta_{max} = \eta_1$.

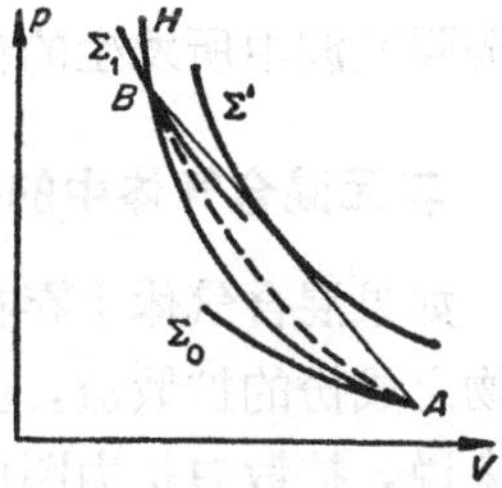

图 7.9 具有粘性的激波的 p, V 图. H——激波绝热曲线，$\Sigma_0, \Sigma_1, \Sigma'$——泊松绝热曲线；从初态到终态的过渡沿虚线进行

马赫数及波阵面两侧的压力之比，这时等于

$$M' = \sqrt{\frac{3\gamma - 1}{\gamma(3 - \gamma)}},$$

$$\frac{p_1'}{p_0} = \frac{\gamma + 1}{3 - \gamma};$$

例如，当 $\gamma = 5/3$ 时，$M' = 1.35$，$p_1'/p_0 = 2$；当 $\gamma = 7/5$ 时，$M' = 1.2$，$p_1'/p_0 = 1.5$.

如果我们所考察的是另外一种极端情况，即只有单一粘性而无热传导的情况，那么我们就会得到各流体动力学量在密聚跃变中的连续解，它们与上一节所得到的解在原则上没有差别，唯一的例外是此时熵也是单调增加的(见式(7.1)的不计 dS/dx 项的第三个方程). 关于两种极端情况下的熵的行为，可通过研究 p, V 图或 p, η 图(图 7.9)加以解释. 当没有粘性时，波中的状态沿直线 AB 变化，而熵，就如从激波绝热曲线和泊松绝热曲线的对照中所看到的，开始是增加的，并在直线与泊松绝热曲线 Σ' 相切之点

1) 我们指出，跃变的"等温性"，即温度在密聚跃变中的连续性，是由下面一点所决定的：我们曾假设热流正比于温度梯度. 在本章第 3 部份当考察激波阵面中的辐射热交换时，我们就会看到，如果不作这样的假设，那么温度值也是间断的.

达到最大值，然后则是减少的．在没有热传导的情况下，状态沿着处于直线 AB 下方的虚线而变化$\left(这条曲线的方程是 p = p_0 + \rho_0 D^2(1-\eta) + \frac{4}{3}\mu\frac{du}{dx}，并且 \frac{du}{dx} < 0\right)$，它在任何地点都不与泊松绝热曲线相切．这里的情况完全类似于第一章 § 23 中考察过的弱强度波中所发生的情况．

§ 4　二元混合气体中的扩散

如果混合气体中存在某些热力学量的梯度，那么就要产生混合物之成份的扩散流，由此便导致这些成份的浓度重新分布．一般来说，扩散总是力图使各成份的浓度在空间变得均匀．然而当存在压力和温度的梯度或者有外力场：重力场，旋转混合物中的离心力场时，总之是存在加速度时，原来均匀的混合物总要发生分离现象．

特别是，这种情况要发生在沿混合气体传播的激波中．各种成份的浓度在波阵面之前和在波阵面之后仍是相同的，并沿空间保持不变．但在波阵面的区域之内，由于存在梯度，所以浓度是变化的．与粘性和热传导类似，扩散也是一种不可逆的分子输运过程，它输运的是某一确定成份的质量（粘性输运的是动量，而热传导输运的是内能），并且也是机械能耗散的一个根源．

扩散流由下述方法决定．在二元混合气体中，令一种成份比如说分子质量为 m_1 的那种轻成份的质量浓度等于 α．而第二种其分子质量为 $m_2(m_2 > m_1)$ 的重成份的浓度则是 $1-\alpha$[1]．由于一种气体相对另一种气体扩散，所以两种气体具有不同的宏观速度．我们用 $\mathbf{u}_1$ 和 $\mathbf{u}_2$ 表示它们．如果 ρ 是混合物的密度，那么第

---

1) 质量浓度 α 等于在 1 克混合物中所含有的第一种成份即轻成份的质量．如果 1 克混合物中的分子数是 N_1 和 $N_2(N_1 + N_2 = N)$，那么 $\alpha = N_1 m_1$，$1-\alpha = N_2 m_2$．克分子浓度则等于

$$\frac{N_1}{N} = \frac{\alpha}{N m_1};\quad \frac{N_2}{N} = \frac{1-\alpha}{N m_2}.$$

一种成份的总的质量流就是 $\rho\alpha\mathbf{u}_1$，而第二种成份的总的质量流则是 $\rho(1-\alpha)\mathbf{u}_2$. 混合物的宏观的或流体动力学的速度 $\mathbf{u}$ 要这样确定，它要使气体的总的质量流等于 $\rho\mathbf{u}$ ($\mathbf{u}$ 是单位质量的动量). 这样一来，$\rho\mathbf{u}=\rho\alpha\mathbf{u}_1+\rho(1-\alpha)\mathbf{u}_2$，或者 $\mathbf{u}=\alpha\mathbf{u}_1+(1-\alpha)\mathbf{u}_2$. 在理想流体的流体动力学范围内，混合物中两种成份的速度是一致的，并等于 $\mathbf{u}$. 而两种成份的质量流则等于 $\rho\alpha\mathbf{u}$ 和 $\rho(1-\alpha)\mathbf{u}$.

在流体动力学理论的下一级近似中就要出现粘性、热传导和扩散(在混合物中). 所谓扩散流 $\mathbf{i}$ 就是一种成份比如说第一种成份的总的质量流和它的流体动力学质量流之间的差值：$\mathbf{i}=\rho\alpha\mathbf{u}_1-\rho\alpha\mathbf{u}=\rho\alpha(\mathbf{u}_1-\mathbf{u})$.

第一种成份的总的质量流等于流体动力学流和扩散流之和——$\rho\alpha\mathbf{u}+\mathbf{i}$. 而第二种成份的总的质量流显然等于 $\rho(1-\alpha)\mathbf{u}_2=\rho(1-\alpha)\mathbf{u}+\rho(1-\alpha)(\mathbf{u}_2-\mathbf{u})=\rho(1-\alpha)\mathbf{u}-\mathbf{i}$.

二元混合气体中两种成份的扩散流在数量上相等，在方向上相反.

就如上面已经指出的，当气体中存在浓度、压力和温度的梯度时，就产生扩散[1].

在一维情况下，各量的梯度等于沿 x 的导数，而向量 $\mathbf{i}$ 也只有一个 x 分量，我们简单地用 i 表示它. 扩散流等于(见文献[1])

$$i=-\rho D\left(\frac{d\alpha}{dx}+\frac{k_p}{p}\frac{dp}{dx}+\frac{k_T}{T}\frac{dT}{dx}\right). \tag{7.15}$$

这里 D 是扩散系数，k_pD 是压力扩散系数，k_TD 是热扩散系数. 无量纲量 k_p 纯粹由混合物的热力学性质所决定，它等于(文献[1])[2]

1) 二元混合气体的状态是由三个热力学量表征的，它们是：浓度，以及温度、压力和密度这三个量中的任意两个量. 在研究扩散时，选取压力和温度为独立变量是方便的.

2) 当没有动量的粘性输运时，

$$k_p = (m_2 - m_1)\alpha(1-\alpha)\left(\frac{1-\alpha}{m_2} + \frac{\alpha}{m_1}\right)^{1)}. \quad (7.16)$$

当 $m_2 > m_1$ 时，$k_p > 0$，而轻成份的压力扩散流是指向压力减低的方向. 与浓度梯度相联系的流也指向浓度减低的方向. 对于大多数混合物来说，轻成份的热扩散流是指向温度升高的方向（当 $m_2 > m_1$ 时，$k_T < 0$）.

与量 k_p 不同，被称为热扩散比的量 k_T，不仅依赖成份的浓度（当 $\alpha = 0$ 或 1 时，$k_T = 0$）和分子的质量，而且还依赖分子间相互作用的规律. 量 k_p 纯粹是由气体的热力学性质所决定，因在外力场中即使存在压力梯度，热力学的平衡还是可能的. 如果存在温度梯度，那么状态就已是不平衡的了.

如果在分子之间作用的只是按规律 $1/r^n$ 而变化的排斥力，那么在通常所遇到的 $n > 5$ 的情况下，$k_T < 0$：轻气体趋向温度升高的方向. 在少见的 $n<5$ 的情况下，轻气体趋向温度降低的方向（荷电粒子的库仑相互作用规律就属于 $n < 5$ 的情况，那时 $n = 2$）. 当 $n = 5$ 时，便没有热扩散：$k_T = 0$. 一般来说，当相对梯度 $\nabla p/p$ 和 $\nabla T/T$ 可以比较时，热扩散的作用与压力扩散的作用相比较乃是不大的. 关于热扩散的详细情况，请见文献[19].

与扩散流相联系要增添一个不可逆能流 $\mathbf{q}$，该流与扩散流 $\mathbf{i}$ 成正比（见文献[1]）.

B. 日丹诺夫、Ю. 卡干和 A. 沙泽钦的工作（文献[19a]），对上述关于扩散的经典概念进行了重要修正.

在这一工作中关于扩散流的表达式乃是借助所谓哥莱德“13个矩”近似法而由动力论方程推导出来的. 每当必须在分布函数展开式中考虑高级近似时，这一近似法与曾据以得到表达式

1) 考察二元混合气体在恒温重力场中的平衡，量 k_p 的推导是最简单的. 在平衡状态，1 厘米^3 中的分子数 n_1 和 n_2 根据玻耳兹曼公式等于 $n_1 \sim \exp(-m_1gx/kT)$ 和 $n_2 \sim \exp(-m_2gx/kT)$，此处 g 是重力加速度，x 是高度. 由于在平衡时扩散流等于零，所以 $d\alpha/dx + (k_p/p)(dp/dx) = 0$. 利用浓度 α 与粒子数 n_1 和 n_2 之间的关系，并注意到 $p = (n_1 + n_2)kT$，由此便求得所要导出的关于 k_p 的公式.

(7.15)的采玻曼-恩斯库哥方法相比较具有许多优越性．看来，扩散流表达式 (7.15) 仅是在没有动量粘性输运的气体中才是正确的． 在存在动量粘性输运 (即存在速度梯度) 的条件下，表达式(7.15)还应添加一些与粘性力成正比的项．尽管这些力是由宏观量(由速度)的二阶导数来决定，但它们还可以和正比于一阶导数的项比如和具有压力梯度的项具有同样小的量级．例如，在没有加速度的纯粘性稳定流的情况下，压力梯度就只有被粘性力所平衡．当流动不稳定时，要想在扩散流的表达式中考虑粘性力，实际上就是要给这个表达式添加一些与气体加速度成正比的项.

在纯粘性流情况下，若将粘性力用与它平衡的压力梯度来代替，就会导致压力扩散常数 k_p 与纯热力学值(7.16)的不同．在粘性流中压力扩散常数已不再是热力学量，它要依赖分子间相互作用的特性． 压力扩散常数在某些条件下甚至可以成为负的(在两种成份的分子量彼此差别很小，而分子的有效截面却相差很大的情况下)．当考虑动量粘性输运时，热扩散比 k_T 也要发生变化.

§5 沿二元混合气体传播的激波中的扩散

我们看一看，当激波沿二元混合气体传播时将发生什么情况．在激波阵面中各种热力学量的梯度都很大，因而产生了对扩散有

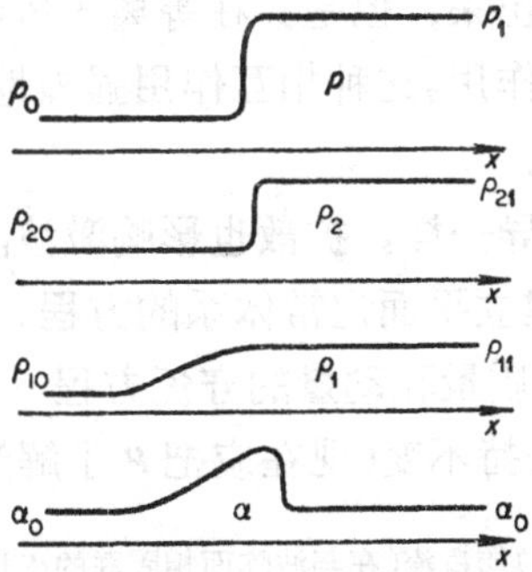

图 7.10 沿二元混合气体传播的激波中的压力剖面、重成份的密度剖面 (ρ_2)、轻成份的密度剖面 (ρ_1)，以及轻成份的浓度剖面 (α)

利的条件．物理上很清楚，在激波阵面内将发生轻成份的浓缩．事实上，在激波阵面之后被加热的气体中轻成份分子的热运动速度要大于重成份分子的热运动速度

$$(\bar{v} \sim \sqrt{T/m}).$$

因此，轻气体的分子就要“向前冲”，并要稍微超过重气体的分子(在初始混合物为静止的实验室坐标系中)．

假设在重的气体中搀有少量轻气体．那时，(主要的)重气体和轻气体的密度 (ρ_2 和 ρ_1) 在强激波中的分布便具有图 7.10 所画的形式．在图上还画出了轻成份浓度的剖面： $\alpha = \rho_1/(\rho_2 + \rho_1)$．

轻成份之浓度有所增加的那一区域的宽度在数量级上等于 $\Delta x \sim D/u_0$[1]，此处 D 是扩散系数，而激波的速度在这里则用 u_0 表示．扩散系数 D 近似等于 $l\bar{v}_1$，此处 $\bar{v}_1$ 是被激波加热的轻气体的热运动速度，而 l 则是分子自由程．波阵面速度 u_0 近似等于被加热的重气体的热运动速度，即 $u_0 \sim \bar{v}_2$．但 $\bar{v}_1/\bar{v}_2 \approx \sqrt{m_2/m_1}$，所以 $\Delta x \approx \sqrt{m_2/m_1}\, l$．又因为粘性密聚跃变的宽度近似等于 l，所以轻成份被浓缩的那一区域的宽度就是密聚跃变的宽度的 $\sqrt{m_2/m_1}$ 倍．在粒子的质量差别很大时 ($m_2/m_1 \gg 1$)，两种成份的分离最为明显．

在等离子体中由于电子和离子的质量差别非常大，这种效应应特别明显地表现出来．但是，在等离子体中电子和离子间的静电相互作用起重要作用，这种相互作用强烈地抑制扩散过程(关于这一点，请见 § 13)．

和粘性与热传导一样，扩散也影响激波阵面的结构．为了描述这个结构，应该建立平面定常体系的方程，就像在 § 2 考察粘性密聚跃变时一样．质量和动量的守恒方程——式 (7.3) 的第一和第二个方程，显然保持不变(现在应把 μ 了解为混合气体的粘性系

---

1) 这是从轻成份的总质量流(在与波阵面相固联的坐标系中)具有定常性的条件而得到的．近似地有 $\rho_1 u_0 = D d\rho_1/dx$，由此得到 $\rho_1 = \rho_{11} \times \exp(-u_0|x|/D)$．在这里曾利用一近似边界条件，据这一条件可认为，在粘性密聚跃变所在之点 $x = 0$ 处轻成份的密度等于自己的终值 ρ_{11}．

数）．在能量守恒方程（(7.3)的第三个方程）中应添加一个与扩散有关的分子热流，即用和式 $S+q$ 来代替由热传导所引起的分子能流 S．现在方程组中含有扩散流 i，因为热流 q 与它成正比，即方程组中出现一个新的未知函数——浓度 α．因此，还应给方程组增加一个方程．这个方程就是其中一种成份的连续性（质量守恒）方程（当关于气体总质量的连续性方程成立的时候，第二种成份的守恒将自动得到保证）．

在平面定常情况下，轻成份质量流为常数的条件具有如下形式[1]：

$$\rho\alpha u + i = \text{常数} = \rho_0\alpha_0 u_0$$

（在波的前面扩散流是不存在的）．顺便提一下，由此可以看出，因波的后面也不存在扩散流，所以那里的浓度就等于初始浓度 $\alpha_1 = \alpha_0$（因为 $\rho_1 u_1 = \rho_0 u_0$）．

二元混合气体的一维定常流的方程组原则上可以和一元气体中的方程组一样地求解（见§2）．其解给出所有各量在波阵面中的分布．这一课题曾由 C. П. 贾柯夫（文献[20]）针对弱强度激波进行了研究，因那时所有各量都是可以展开的（见第一章§23）[2]．

就像在第一章§18，§23中所指出的，如果把弱激波中的压力变化 $\Delta p = p_1 - p_0$ 视为一级小量，那么体积和温度的变化也是一级小量．在气体由初态变到终态时，熵的总的变化 $\Sigma_1 - \Sigma_0$ 是三级小量，而熵在波阵面之内的变化，比如说 $\Sigma_{max} - \Sigma_0$，则是二级小量．激波阵面的宽度在数量级上等于 $\Delta x \approx lp_0/\Delta p$，此处 l 是分子自由程．一种成份的质量流守恒方程可改写成如下形式：

$$\alpha - \alpha_0 = -\frac{i}{\rho_0 u_0},$$

由它和扩散流表达式可以看出，波中浓度的变化 $\Delta\alpha$ 和扩散流 i 都是二级小量（实际上，$\alpha - \alpha_0 \sim i \sim dp/dx \sim \Delta p/\Delta x \sim$

1）对于一种成份的普遍的连续性方程具有如下形式（文献[1]）

$$\frac{d\rho\alpha}{dt} + \operatorname{div}(\rho\alpha\mathbf{u} + \mathbf{i}) = 0.$$

2）也可以参阅谢尔曼的工作（文献[21]）．

$(\Delta p)^2$).

因此，在扩散流表达式中可以忽略含有浓度梯度的项（$d\alpha/dx \sim \Delta\alpha/\Delta x \sim (\Delta p)^3$，然而 $dp/dx \sim (\Delta p)^2$）.

在 С. П. 贾柯夫的工作（文献[20]）中得到了关于弱强度激波阵面内的浓度分布的解析解．在这里我们不想把解写出来（这个分布的形状已由图 7.11 表示），而只对浓度的变化在数量级上作一估计． 热扩散所起的作用通常要比压力扩散所起的作用为小（因为量 k_T 一般要小于 k_p），如果将热扩散忽略不计，那么就可以写出

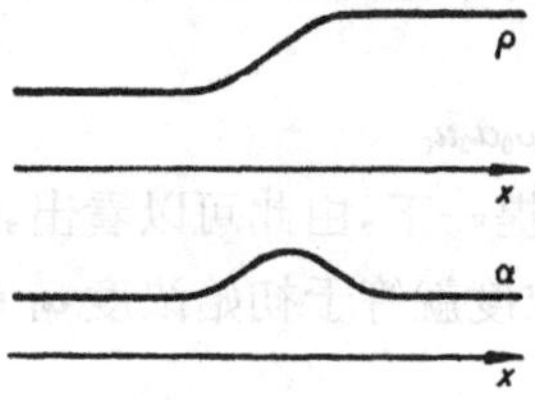

图 7.11　沿二元混合气体传播的弱强度激波中的密度剖面和浓度剖面

$$\Delta\alpha = \alpha - \alpha_0 \sim \frac{|i|}{\rho_0 u_0} \sim \frac{D}{u_0}\frac{k_p}{p}\frac{\Delta p}{\Delta x}.$$

扩散系数 $D \sim l\bar{v}$，并且分子的热运动速度 $\bar{v}$ 近似等于声速，即近似等于 u_0． 注意到 $\Delta x \sim (p/\Delta p)l$，我们求得 $\Delta\alpha \sim k_p(\Delta p/p)^2$.

被激波所聚集的轻成份的过剩量（按 1 厘米^2 波阵面表面计算），约为

$$M = \rho\int_{-\infty}^{\infty}(\alpha - \alpha_0)\,dx \sim \rho\Delta\alpha\cdot\Delta x \sim \rho k_p\frac{\Delta p}{p}l.$$

在 $\Delta p \sim p$ 的足够强的激波里，$\Delta\alpha \sim k_p$，$M \sim \rho k_p l$． 如果分子的质量差比较大（$k_p \sim (m_2 - m_1)$），那么强波中浓度的变化就近似等于浓度本身，而轻成份的过剩质量也就近似等于该成份在厚度为分子自由程的一个层内所具有的质量．

前面曾经指出，与粘性和热传导类似，扩散也要导致机械能的耗散和气体熵的增加(关于这一点，请见文献[1])[1]． 我们知道，如

1）与热传导类似，扩散也能导致熵的局部性减少(见 § 2)． 但在完成全部过程之后，比如说在激波中从初态过渡到终态之后，无论作为整体的整个系统的熵，还是气体质点的熵，都因扩散而增加．与热传导和扩散不同，粘性所能导致的是熵的局部性增加，即依靠粘性，气体质点的熵只能增加．

果从讨论中去掉耗散过程，那么在理想流体的流体动力学范围内激波就成为一个数学上的间断．仅在考虑一些耗散过程之后，间断才会抹平，并转变成一个其厚度有限的薄层，在这一层中各量具有连续分布．同时，仅在波的强度不是特别大的情况下，单一热传导才可能保证在激波中实现连续过渡(见§3)．看一看在不计粘性和热传导的情况下只靠扩散一种耗散过程能否保证在沿二元混合气体传播的激波中实现连续过渡，那将是很有趣的．卡乌林哥(文献[22])曾研究过这个问题(卡乌林哥忽略了热扩散)．人们发现，和只有单一热传导作用时一样，也是仅当激波的强度不超过一定界限的时候其连续解才是可能的，而这个界限取决于分子的质量差和成份的浓度．在其中一种成份的浓度趋近于零 ($\alpha \to 0$ 或 $\alpha \to 1$)，即在气体转变为单一成份或者相对的质量差趋近于零的这些极限情况下，所允许的激波强度的上限值也趋近于零．在分子的质量差很大，且两种分子的数目可以比较的情况下，扩散能保证在强度足够大的激波中实现连续过渡，而且它在这方面的作用要比热传导更为有效．例如，在氢氧混合物中 ($m_1/m_2=1/8$)，当氧的克分子浓度 (N_2/N) 等于 10% 时，激波可将混合物连续地压缩到 4.78 倍 (在计算中通常取 $\gamma=7/5$，在该值之下其极限压缩等于 6)．单一热传导所能保证的连续压缩不会超过 $\dfrac{3\gamma-1}{\gamma+1}=\dfrac{4}{3}$ 倍．

2. 弛 豫 层

§6 一些自由度被缓慢激发的气体中的激波

为了激发气体的某些自由度[1)]往往需要分子碰撞很多次，并且所需要的碰撞次数，即弛豫时间，对于不同的自由度来说可以是很

1) 再提醒一次，为使专有名词简单化，我们把离解的、化学变化的和电离的势能也列入“自由度”．

不相同的.

在激波阵面中建立完全热力学平衡所需要的时间，进而还有波阵面的宽度，都要由弛豫过程中的那个最缓慢的过程来决定. 这时，自然应该只注意那样一些过程，它们能激发那些对终态参量下的气体的比热有显著贡献的自由度. 如果 $\tau_{\max}$ 是最大弛豫时间，而 u_1 是波阵面之后的气体相对波阵面本身的运动速度，那么波阵面的宽度近似等于 $\Delta x \sim u_1\tau_{\max} = D(\rho_0/\rho_1)\tau_{\max}$[1].

在气体中“激发”得最快的是粒子的平动自由度. 因此流到间断上的气流的机械能首先转变为气体的原子和分子的平动热运动的能量. 就如在 § 2 中所指出的，强激波中的粘性密聚跃变的宽度约为一个或几个气体动力论的自由程.

在室温之下分子转动的激发也是很快的，因它所需要的碰撞次数不大；而振动在这样温度下一般来说是不起作用的. 因而，沿具有室温的分子气体传播的弱激波其阵面的宽度就约为几个气体动力论的自由程[2].

当温度约为 1000°K 的时候，那时量 kT 与分子的振动量子能量 $h\nu_{振}$ 可以比较，激发振动所需要的碰撞次数是几千次，有的时候是几万次和几十万次. 而具有相应强度的激波其阵面的宽度也就由振动自由度的弛豫时间所决定.

各种弛豫过程的速度总是随着温度的升高而迅速增大，例如，当温度约为 8000°K 的时候，那时 $kT \gg h\nu_{振}$，要激发振动只需几次碰撞就已足够了. 那些在一定波的强度之下是缓慢的、并能决定阵面宽度的过程，到了另一个强度更大的波中就成为快的，因此要以其它一些过程来代替它们.

例如，当温度约为 4000—8000°K 时，在双原子分子气体中使热力学平衡推迟建立的主要原因乃是分子的缓慢离解(振动激发是比较快的，而电离尚不显著).

---

1) 以后，我们还是用 D 来表示激波阵面的速度.

2) 分子氢和分子氘属于例外，在它们当中为使转动激发则需要近百次的气体动力论的碰撞(见第六章 § 2).

当温度约为 20000°K 时，要使分子离解只需不很多的碰撞次数就够了，而波阵面的宽度则由第一次电离的速度来决定(第二次电离是不重要的)．当 $T \sim 50000$°K 时，就要用第二次电离来代替第一次电离，如此等等．

当然，使某一弛豫过程是缓慢的这种温度范围的界限是不明显的．同样道理，在一定的温度之下也不总是只由一种过程来决定波阵面的宽度．但是，在某种近似之下，对于一定强度的激波而言，总是可以把(对比热有显著贡献的)不同自由度的受激过程分为快的和慢的两种情况．同时，要把快的理解为是那样一些过程，它们的弛豫时间 $\tau_{弛}$ 可与气体动力论的弛豫时间进行比较；它们的特征尺度 $\Delta x = u_1\tau_{弛}$ 约为几个气体动力论的自由程，即可与密聚跃变的厚度进行比较．而那些需要很多次气体动力论的碰撞的过程就应该属于慢的过程．

关于有部分比热被缓慢激发的气体中的激波阵面结构问题，曾由本书一位作者在 1946 年首先分析过(见文献[23,24])，他是以可逆化学反应和分子振动的激发为例来进行这种分析的．

我们对有某些自由度被缓慢激发的这种气体中的激波压缩过程作一定性的研究．同时，我们暂不涉及具体自由度，而只是将它们分为以下两类：一类是激发得很快的，而另一类则需要很多次气体动力论的碰撞．

一些耗散过程(粘性和热传导)只是在流体动力学量的梯度为很大的区域内，即某些弛豫自由度可被很快激发的区域内起作用．这个区域在某种程度上和粘性密聚跃变的区域是相同的．在延伸距离达很多个气体动力论自由程的那一缓慢弛豫的区域内，各量的梯度都是很小的，因此可将耗散忽略．

我们对各种快过程的窄区域的结构不感兴趣．因为原则上它与 §2 中所考察的粘性密聚跃变的结构没有什么差别．由一些非平动自由度的快速激发所引起的比热的增加只能给粘性跃变的结构带来某些数量上的变化，而并不会改变其基本的定性规律．因为这个区域的厚度是不大的，只约为几个自由程，所以可近似地把它看成是无限薄的，而它两侧的各量可由与式(7.4)完全类似的一些守恒方程来联系．今后，为了专有名词的确切起见，我们把快速弛豫的区域叫做"密聚跃变"，以便与"激波阵面"的概念相区别，因为激波阵面包括从初始热力学平衡状态到最终热力学平衡状态之间的整个过渡区域．我们给紧接密聚跃变之后的各流体动力学量打上一撇，并写出确定这些量的方程

$$\rho' u' = \rho_0 D;\ p' + \rho' u'^2 = p_0 + \rho_0 D^2;\ w' + \frac{u'^2}{2} = w_0 + \frac{D^2}{2}.$$

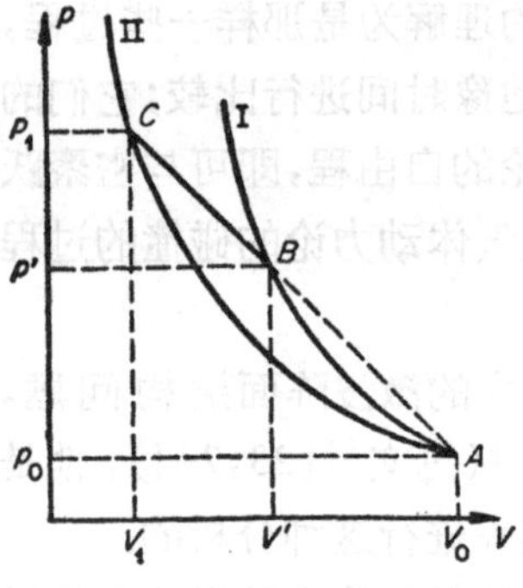

图7.12　关于沿部分自由度被缓慢激发之气体而传播的激波的 p, V 图

焓 $w' = w'(p', \rho') = w'(T', \rho')$ 中包含的只是气体的一些可被快速激发的自由度．

那一伸展很长的缓慢弛豫的区域，要由一维定常流的方程之积分来描写，这些积分类似于式(7.3)，只不过它们之中略去了耗散项．

将 $\rho, p, \varepsilon, w, u$ 视为流动坐标 x 的函数，我们写出方程在这一区域内的积分：

$$\left.\begin{aligned} &\rho u = \rho_0 D = \rho' u', \\ &p + \rho u^2 = p_0 + \rho_0 D^2 = p' + \rho' u'^2, \\ &w + \frac{u^2}{2} = w_0 + \frac{D^2}{2} = w' + \frac{u'^2}{2}. \end{aligned}\right\} \tag{7.17}$$

把坐标原点 $x = 0$ 放在与密聚跃变相对应的点是方便的，因为密聚跃变可被认为是"无限薄的"．完全一样，如果要跟踪穿越激波阵面的某一具体气体质点之状态随时间的变化，那么选取在密聚跃变中被急剧压缩的那一时刻作为 $t=0$ 的初始时刻是方便的．气体动力学参量 $\rho(x)$，$u(x)$ 等的初始条件或边界条件具有如下形式：$\rho(0) = \rho'$，$u(0) = u'$，等等．

和以前一样，当 $x \to +\infty$ 时，

$$\rho(\infty) = \rho_1,\ u(\infty) = u_1,\ 等等.$$

在 p, V 图上画出两条由气体的初态点 A 出发的雨贡尼奥绝热曲线(图 7.12). 其中一条(II)对应于已达到完全热力学平衡的情况, 即对应于激波阵面之后的气体的终态. 而另一条 (I) 则对应于只是那些快速弛豫的自由度被激发而那些缓慢弛豫的自由度还被"冻结"的情况 (在计算绝热曲线(I)时认为属于缓慢激发自由度的比内能和初始状态时的是一样的, 尽管气体的密度和压力有所变化).

绝热曲线(I)的走向比(II)要陡, 如图 7.12 所示. 实际上, 当密度相同的时候, 在一些自由度被冻结的条件之下, 气体的温度和压力都要偏高, 因为粗糙地说, 是相同压缩能量被分配到少数几个自由度上[1].

画出连接气体初态和终态的直线 AC. 我们知道, 这条直线的斜率由激波沿未扰动气体传播的速度 D 所决定.

由式 (7.17) 的前两个方程得到, 在弛豫区域内气体质点的状态就是沿这条直线变化的:

$$p = p_0 + \rho_0 D^2 \left(1 - \frac{V}{V_0}\right) = p' + \rho' u'^2 \left(1 - \frac{V}{V'}\right). \quad (7.18)$$

因此, 当波阵面速度给定时, 描写气体质点一系列状态的点是以跃变的方式从初态 $A(p_0, V_0)$ 跳到紧接密聚跃变之后的一个中间状态 $B(p', V')$, 然后再沿直线式(7.18)运动到终态 $C(p_1, V_1)$. 这时, 压力和压缩程度随着向终态的接近而增加, 但气体相对波阵面的速度却要减小.

如果波的强度弱到它的速度小于部分自由度被冻结时所具有的声速的程度, 那么直线 AC 的走向就要低于绝热曲线(I)在点 A 处的切线(图 7.13). 这时状态以连续方式沿直线 AC 从点 A 变化到点 C, 而在气体中则是从一开始就进行对比热中缓慢部分的逐渐激发.

1) 同时, 就如计算所表明的, 在定容情况下, 由离解或电离所引起的粒子数的增加并不能补偿由离解和电离所消耗的能量而引起的温度的降低, 因此情况(II)之下的压力同样还要小于情况(I)之下的压力.

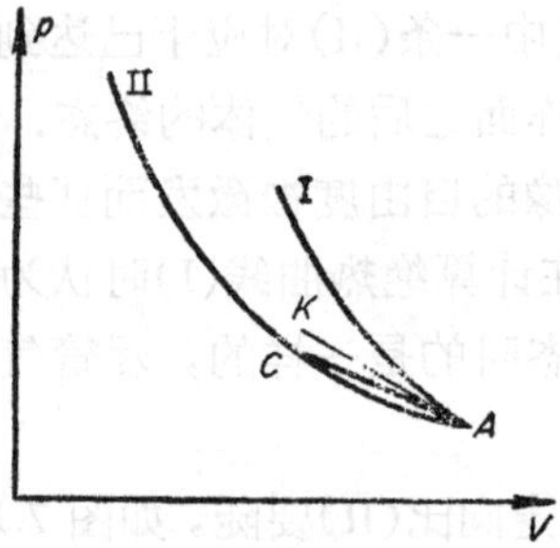

图 7.13 关于沿部分自由度被缓慢激发之气体而传播的弱激波的 p，V 图. AK 是激波绝热曲线(I)在点 A 处的切线

由公式(7.18)看出，在强激波的弛豫区域内压力的增加是不大的．事实上，那怕在快速压缩的区域内激发的只是平动自由度，即 $V'/V_0=1/4$，弛豫层内的压力增加也不可能超过25%，因为与压力改变 $p-p_0$ 成正比的量 $1-V/V_0$ 乃被限制在 $1>1-V/V_0>1-V'/V_0\geqslant 3/4$ 的范围内．如果还有另外一些自由度被很快激发，即 $V'/V_0<1/4$，那么压力在弛豫区域内的改变还要小一些．焓在弛豫区域内的增加根本不明显．

从(7.17)的第三个和第一个方程得到

$$w=w_0+\frac{D^2}{2}\left(1-\frac{V^2}{V_0^2}\right). \tag{7.19}$$

因量 $(V'/V_0)^2<1/16$，所以在弛豫区域内焓的增加在任何情况下都不超过5—6%．

由于在弛豫区域内比焓几乎不变，而比热又随着原先被冻结的那些自由度的激发而增加，所以它之中的温度要降低．如果迟后部分的比热很大且对气体的最终比热有很大贡献，那么温度的这种降低可以是相当显著的． 最终温度 T_1 可以降到紧接密聚跃变之后的温度 T' 的 1/2 到 1/3． 完全一样，气体密度的增加也可以是显著的(粗糙地说，$p\sim\rho T$；p 的变化很小，而 T 的变化很大)． 沿部分比热被缓慢激发的气体传播的激波，其阵面内的 p，

ρ, u, T 的剖面已简略地画在图 7.14 上.

要具体计算这些剖面，就应利用各相应弛豫过程的动力论方程,这一点我们将在下面几节针对几种不同情况进行.

我们指出，如果激波由一个以常速 u 运动的活塞产生，那么密聚跃变之后的气体相对未扰动气体的运动速度 $D-u'$ 并不与活塞的速度符合(它小于后者)；与活塞速度相符的只是波阵面之后的处于终态的气体的相对速度：$D-u_1$.

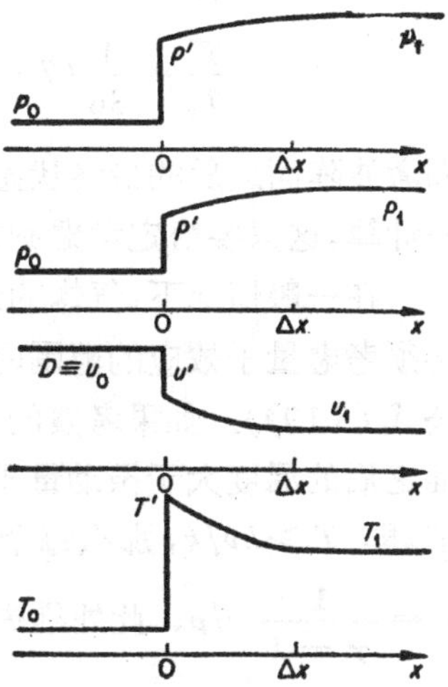

图 7.14 沿部分自由度被缓慢激发的气体而传播的激波之阵面中的压力剖面、密度剖面、速度剖面及温度剖面；$\Delta x \simeq u\tau_{弛}$ 是波阵面的宽度

§7 分子振动的激发

当激波阵面之后的温度约为 1000—3000°K(与分子的类型有关)的时候，分子的离解是很少的，并且化学能对气体内能的贡献可以忽略. 这时，波阵面的加宽主要是由分子振动的缓慢激发所引起. 在这样温度下分子的转动很快激发，只要几次碰撞就够了，因此在波阵面中的每一点转动能量都是平衡的,并与气体在该点的“平动”温度相适应.

我们来考察由同种分子组成的双原子分子气体，并假定它在初态时被加热到常温 $T_0 \approx 300$°K. 在这样温度下振动能量是非常小的，而绝热指数就等于 7/5. 紧接密聚跃变之后的气体的各个参量可由这样一种理想气体的一般公式来计算，这种理想气体所具有的常数比热对应于仅有分子的平动自由度和转动自由度参加时的比热和 $\gamma'=7/5$ 的绝热指数. 就如在实验室研究中通常采取的那样，我们用马赫数 $\left(M=\dfrac{D}{c_0};\ c_0^2=\dfrac{5}{7}p_0V_0\right)$ 表征激波的强度,并写出上述一般公式:

$$\frac{\rho'}{\rho_0}=\frac{6}{1+5M^{-2}},$$

$$\frac{p'}{p_0}=\frac{7}{6}M^2-\frac{1}{6},$$

$$\frac{T'}{T_0}=\frac{1}{36}(7-M^{-2})(M^2+5),$$

而激波阵面之后的最终状态的参量则可借助波阵面上的普遍关系来计算，这只要给定考虑到振动能量的函数 $w_1(T_1)$ 或 $\varepsilon_1(T_1)$.

在一般情况下，气体的最终参量不能以简单公式表示，因为在必须考虑量子效应的范围内振动能量以复杂方式依赖于温度（见公式(3.19)）．如果考察的是一些足够强的激波，在它们之中波阵面之后的温度大于振动量子的能量除以玻耳兹曼常数之后的数值，即 $T_1>h\nu/k$，那么每个分子的振动能量就等于经典值 kT，而 $\varepsilon=\frac{1}{\gamma-1}p/\rho$，此处绝热指数 $\gamma=9/7$．在这种极限情况下，$\varepsilon_1=\frac{7}{2}p_1V_1$，激波绝热曲线具有简单形式[1)]：

$$\frac{p_1}{p_0}=\frac{6-V_1/V_0}{8V_1/V_0-1}，或者 \frac{V_1}{V_0}=\frac{p_1/p_0+6}{8p_1/p_0+1}. \tag{7.20}$$

由普遍关系(1.67)得到

$$\frac{7}{5}M^2=\frac{p_1/p_0-1}{1-V_1/V_0}, \tag{7.21}$$

借助它可以很容易地用马赫数 M 来表示 p_1/p_0，V_1/V_0 及 $T_1/T_0=p_1V_1/p_0V_0$.

应当说明，上述关于双原子气体的激波绝热曲线的简单公式，其适用范围是很狭窄的．如果 $T_1<h\nu/k$，那么振动能量就不等于 kT；而当温度明显超过 $h\nu/k$ 时，分子的离解又成为重要的．作为例子，我们来考察氧气中的马赫数 $M=7$ 的激波．令初始温度

1）我们强调指出，这两个公式与具有不变绝热指数 $\gamma=9/7$ 的气体的公式是不同的，因为在初态时 $\gamma=7/5$，而 $\varepsilon_0=5/2p_0V_0$.

$T=300°K$，如果初始压力是大气压力，那么声速 $c_0=350$ 米/秒，而激波速度 $D=2.45$ 千米/秒．紧接密聚跃变之后的气体的各个参量分别等于 $\rho'/\rho_0=5.45$，$p'/p_0=57$，$T'/T_0=10.5$；$T'=3150°K$.

而波阵面之后的最终状态的参量为：$\rho_1/\rho_0=7.3$，$p_1/p_0=60$，$T_1/T_0=8.2$；$T_1=2460°K$．对于氧，$h\nu/k=2230°K$；而 T_1 不比这个量大很多，所以计算 T_1 的简单公式可以应用(在这样的温度和不特别小的密度之下，氧的离解如此之小，以致可以忽略).

我们来求气体参量在弛豫区域内的分布，并估计这个区域的宽度．任何一点 x 处的气体的比内能乃由平动自由度和转动自由度的能量及非平衡的振动能量的相加而得到，前两者之和等于 $5/2\ AT$，此处 T 是点 x 处的"平动"温度，A 是按 1 克物质计算的气体常数；而后者我们则用 ε_k 来表示，这样就有：$\varepsilon=\frac{5}{2}AT+\varepsilon_k$．就像前面曾指出的，在弛豫区域内比焓实际上没有变化(在所引证的数值例子中，它的变化总共只有 1%)，因此

$$w=\frac{7}{2}AT+\varepsilon_k\approx 常数\approx w_1\approx w'.$$

这个公式把非平衡振动能量和点 x 处的温度联系起来．在紧接密聚跃变之后，振动尚未激发(在 $T=T_0\approx 300°K$ 的初态中振动能量是很小的)，所以在紧接密聚跃变之后即 $x=0$ 之点，$\varepsilon_k=0$．然后，便开始对振动的逐渐激发，故 ε_k 增大，但温度却从 T' 下降到终值 T_1，而在 T_1 时振动能量达到与这个温度相对应的平衡值．为了求得温度沿 x 的分布，我们利用关于振动激发的动力论方程(6.9)：

$$\frac{d\varepsilon_k}{dt}=\frac{\varepsilon_k(T)-\varepsilon_k}{\tau_k}.$$

这里的 $\varepsilon_k(T)$ 是与平动温度 T 相对应的平衡振动能量，而 τ_k 是弛豫时间.

为简单计，将只考察足够强的激波，在这种波中温度是很高

的，而平衡振动能量可由经典公式表示：$\varepsilon_k(T)=AT$. 这时，$\varepsilon_k=w_1-\frac{7}{2}AT=\frac{9}{2}AT_1-\frac{7}{2}AT$. 将这些表达式代入动力论方程，并考虑到过程是定常的，故将对时间的实质导数变为对坐标的微分：$\frac{d}{dt}=\frac{\partial}{\partial t}+u\frac{\partial}{\partial x}=u\frac{d}{dx}$，我们得到方程

$$\frac{dT}{dx}=\frac{9}{7}\frac{T_1-T}{u\tau_k}.$$

弛豫时间 τ_k 依赖气体的温度和密度（或压力）. 利用第六章§4中所导出的公式(6.17)，可近似地写出这种依赖关系：

$$\tau_k\approx\frac{常数}{\rho}e^{常数/T^{1/3}}.$$

为了从物理方面阐明问题，我们将近似地认为量 $u\tau_k$ 在弛豫区域内是个常数，并与 T' 和 T_1，ρ' 和 ρ_1 之间的某个中间温度和某个中间密度的值相对应（$u=D\rho_0/\rho$）. 这样的近似是有意义的，因为温度和密度的变化都是不大的. 例如，在我们所举的数值例子中，温度变化了28%，$T^{1/3}$ 变化了8%，而密度和速度也都只变化了34%.

在 $x=0$ 时 $T=T'$ 的初始条件下，我们来积分关于温度的方程，并注意到因有条件 $w'=w_1$，故 $T'=\frac{9}{7}T_1$，我们便得到温度的剖面：

$$T=T_1\left(1+\frac{2}{7}e^{-\frac{9x}{7u\tau_k}}\right)=T'\left(\frac{7}{9}+\frac{2}{9}e^{-\frac{9x}{7u\tau_k}}\right).$$

考虑到，压力几乎是不变的（$p\sim\rho T\approx$ 常数），而温度的变化也不算大，我们近似地求得密度的分布：

$$\rho=\rho_1-(\rho_1-\rho')e^{-\frac{9x}{7u\tau_k}}=\rho'+(\rho_1-\rho')\left(1-e^{-\frac{9x}{7u\tau_k}}\right). \tag{7.22}$$

这样一来，当 $x\to\infty$ 时温度和密度都是渐近地趋近于终值

T_1, ρ_1，而弛豫区域和激波阵面的有效宽度大致等于

$$\Delta x = \frac{7}{9} u \tau_k. \tag{7.23}$$

公式(7.22)，(7.23)可用来在实验上确定振动的弛豫时间．为此目的，通常利用干涉法测量密聚跃变之后的密度分布和激波阵面的宽度(见第四章)．为从实验上得到比较准确的数据，可将上述简单理论作些改进，就是要考虑振动能量与温度的量子力学关系，以及速度的可变性 $u = u(x)$ 等等．当然，作这些改进并不改变分布的定性图象及波阵面宽度的数量级．

可将所述理论推广到多原子分子振动弛豫的情况，如果激波的强度是那样的，它只能激发最低频率的振动的话[1]．在文献[25]中有关于气体 CO_2 和 NO_2 的计算和测量．在表 7.1 中给出了几个由振动弛豫所确定的氧气和氮气中的激波阵面宽度的数值（根据波莱克曼(文献[26])所测量的数据)．

表 7.1

M	D, $\frac{\text{千米}}{\text{秒}}$	T_1, °K	$\frac{\rho_1}{\rho_0}$	$\tau \times 10^6$,秒	Δx,厘米
			氧		
5.95	2.08	2000	6.3	5	0.165
8.0	2.8	3300	7.1	0.8	0.031
			氮		
7.42	2.43	3000	6.55	30	1.11
9.97	3.26	5000	7.14	5	0.23

这些数据所导出的波阵面之后的压力 $p_1 = 1$ 大气压 ($\Delta x \sim \tau \sim 1/p_1$)，初始温度 $T_0 = 296$°K.

有很多理论工作是用来计算激波阵面内振动弛豫区域的结构的，布莱特的论文(文献[57])中，对所有这些工作作了极为详细的

1) 在非线性多原子分子的情况下，公式(7.21)，(7.22) 中的数值系数 9/7 应以 11/9来代替，以适合另一种转动比热（按一个分子计是以$\frac{3}{2}k$代替 $1k$)．

评论. 在该文中考察了各种极不相同的近似解，并引证了一些由计算机得到的方程的精确解的结果(还可参阅文献[58]).

我们指出几项最新实验工作，它们研究了激波阵面内的振动弛豫，并确定了相应的弛豫时间和振动激发的速度. 在文献[59,60]中研究的是氧,文献[61]中研究的是一氧化氮，文献[62]中研究的是一氧化碳,文献[63,64]中研究的是二氧化碳.

在E. B. 司徒包琴柯、C. A. 罗谢夫和A. C. 奥西波夫的书(文献[90])中,对各种实验资料作了详细评论,并附有大量索引.

§8 双原子分子的离解

在双原子分子气体中，当激波阵面之后的温度约为3000—7000°K时,电离尚未开始,而分子振动的激发又比较快,所以这时波阵面的加宽乃与最缓慢的弛豫过程——分子的离解相联系. 估计表明，在上述温度下振动弛豫时间大致比建立平衡离解所需要的时间小一个数量级. 因此,可近似地认为,在弛豫区域内的每一点振动能量和转动能量一样也是平衡的. 密聚跃变之后的气体的各个参量乃对应于绝热指数的某个中间值 $\gamma' = 9/7$ (在这样高的温度下振动完全是"经典的"). 它们可按公式(7.20), (7.21)进行计算.

只是在足够强的激波中才会出现显著的离解，所以密聚跃变之后的压缩就接近于与绝热指数 $\gamma = 9/7$ 相对应的极限压缩，即接近于8(我们预先假定激波在被加热到常温 $T \approx 300°K$ 的气体中传播). 这时公式(7.20),(7.21)得到简化,并近似地给出

$$\frac{\rho'}{\rho_0} = 8, \quad \frac{p'}{p_0} = \frac{49}{40} M^2, \quad \frac{T'}{T_0} = \frac{49}{320} M^2,$$

此处M是马赫数.

当考虑离解时，激波阵面之后的气体的各个参量就不能用简单公式表示(见第三章 § 9);它们要根据普遍的波阵面上的关系来计算.

我们来求出气体的各个参量在弛豫区域内的分布. 考虑了分

子的离解之后，气体的比内能等于(见公式(3.21))

$$\varepsilon=\frac{7}{2}(1-\alpha)AT+2\alpha\frac{3}{2}AT+\alpha U$$

$$=\left(\frac{7}{2}-\frac{\alpha}{2}\right)AT+\alpha U,$$

此处 U 是 1 克气体的离解能量，而 α 是离解度（它可以是不平衡的）.

由于紧接密聚跃变之后的气体的压缩已经很大（接近于 8 倍），所以压力在弛豫区域内的变化是很小的，而焓的变化更是微乎其微. 由此得到，

$$p=A(1+\alpha)\rho T\approx\text{常数}=p'=A\rho' T',\tag{7.24}$$

$$w=\left(\frac{9}{2}+\frac{\alpha}{2}\right)AT+\alpha U\approx\text{常数}=w'=\frac{9}{2}AT'.\tag{7.25}$$

这两个公式可用来将波中点 x 处的离解度和密度用温度表示，或者将温度和密度用离解度表示. 例如，当与 9 比较而忽略 $\alpha(\alpha<1)$ 时，我们由公式(7.25)求得

$$\alpha=\frac{9}{2}\frac{A}{U}(T'-T)=\frac{9}{2}\frac{T'-T}{T_{\text{离解}}},\tag{7.26}$$

此处 $T_{\text{离解}}=U/A$（例如，对于氧 $T_{\text{离解}}=59400°\mathrm{K}$）.

在密聚跃变之后点 $x=0$ 处，离解尚未开始：$\alpha=0$ 和 $T=T'$.

然后开始离解；离解度要增加，而温度则因离解消耗能量而下降. 在离解尚未达到与气体的温度相适应的平衡值之前，上述情况将一直进行.

为求得参量沿 x 的分布，我们利用关于离解的动力论方程(参看第六章 § 5).

在这里我们所考察的是一些强度不很大的激波，在它们的阵面之后所达到的离解度是不大的：$\alpha_1\ll 1$. 在这种情况下，可以略去动力论方程(6.21)中的由原子轰击所引起的分子离解，并只保留与分子轰击所致离解和分子作为第三粒子的三体碰撞的原子复

合相对应的两项．当将动力论方程（6.21）中的1厘米^{3}中的原子数按照公式 $N_A = 2\alpha N_0$(N_0是1厘米^{3}中的原有分子数)变到离解度之后，应该对时间求微分的只是离解度，而不是气体的密度(即N_0)，因为在方程(6.21)中没有描写密度变化的项．（如果给方程(6.21)加上那样一项，那么它也要和被加项 $2\alpha\frac{dN_0}{dt}$ 相消，因为在对表达式

$$N_A = 2N_0\alpha$$

中的N_0进行微分时就会得到这个被加项.）

在所有各项中，与1相比较将量α略去，注意到弛豫时间τ的定义(6.25)，而将对时间的实质导数变为对坐标的导数，我们将动力论方程写成如下形式：

$$\frac{d\alpha}{dx} = \frac{(\alpha)}{2u\tau}\left[1 - \frac{\alpha}{(\alpha)^2}\right],$$

此处(α)是与点x处的气体的温度和密度相对应的平衡离解度(参看公式(6.23))．

和上一节一样，我们将认为弛豫时间$\tau(T, \rho)$和气体相对密聚跃变的速度$u = D\rho_0/\rho$都是不变的，并且与弛豫区域内的温度和密度的某个中间值相对应．如果最终的离解度很小，温度和密度的变化也不很大，那么作为粗糙估计上述近似是可以的．依赖于T和ρ的平衡离解度(α)，也将认为是不变的，并等于终态离解度α_1．借助这些假设来积分动力论方程，并使其解满足初始条件：当$x = 0$时，$\alpha = 0$，我们得到

$$\frac{\alpha_1 - \alpha}{\alpha_1 + \alpha} e^{-\frac{x}{u\tau}}. \qquad (7.27)$$

如将按该公式计算的离解度α代入表达式(7.26)，便可求得温度剖面$T(x)$(当$\alpha=\alpha_1$时，$T=T_1$)，然后再按公式(7.24)求出密度剖面$\rho(x)$．我们不想写出关于分布$T(x)$和$\rho(x)$的公式．显然，它们应和公式(7.27)一样，也将证明这些量是渐近地趋近于波阵面之后的终值T_1和ρ_1．弛豫区域和波阵面的有效宽度，正如所

期望的那样，大致上等于

$$\Delta x \approx u\tau,$$

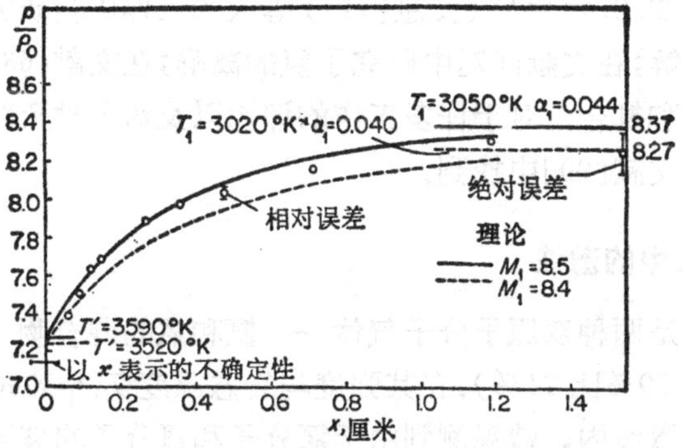

图 7.15　氧中密聚跃变之后的密度分布（根据文献[27]绘制）

初始压力 $p_0 = 19.6$ 毫米水银柱，初始温度 $T_0 = 300°K$

此处 τ 是非平衡区域内的弛豫时间的某个平均值．

激波阵面内的非平衡离解在实验上曾被很多作者所研究．有许多工作是研究氧气的．D. L. 马特琼斯(文献[27])用干涉法测量了激波管内密聚跃变之后的非平衡区域内的密度分布．实验数据与根据离解动力论方程的解所进行的理论计算是相符合的．将反应速度表达式中所含有的常数取各种不同数值，他计算了一系列剖面，这些常数是那样选择的，它们要使得和实验的符合是最好的(有人对剖面进行了比我们上面所说的更为精确的计算)．

实验所得到的氧的离解速度已列在第六章§6之内．在图7.15上根据 D. L. 马特琼斯的数据画出了氧气中激波的非平衡区域内的密度剖面．由图 7.15 看出，在实验条件下激波阵面的宽度约为 $\Delta x \approx 1$ 厘米．C. A. 罗谢夫(文献[28])和 H. A. 戈聂拉罗夫与C. A. 罗谢夫(文献[29])曾测量了密聚跃变之后氧的非平衡离解区域内的温度分布，他们的测量是根据分子 O_2 在苏曼-隆哥带内对紫外辐射的吸收来进行的，因为这种吸收依赖于温度．根据光的吸收，曾有人研究过溴和碘在激波内的离解速度(文献[30])．在M．卡曼克和A．沃芬(文献[65])、J．P．林克(文献[66])、K．L．乌拉依和T．S．富里曼(文献[91])等人的工作中曾研究了氧在激波中的离解；在文献[67]中研究了氢的离解；在文献[68]中研究了氮的离解和复合．对于许多工作的评论以及对各种资料的详细介绍都可在文献[90]中找到．

§9 空气中的激波

空气是两种双原子分子气体——氮和氧的混合物（按分子数的比例是79％比21％)．在其强度与终态温度$T_1 \sim 3000-8000°K$相对应的激波内，曾观测到由于氮分子和氧分子的离解所引起的激波阵面的明显加宽．除离解反应外，在热空气中还要进行氮的氧化反应．要确定各个气体动力学量在波阵面内的剖面及波阵面的宽度，就需要同时求解所有这些反应的动力论方程．

这样一些计算曾由R．E．达夫和N．戴维德逊(文献[32])，以及另外一些作者所进行．有许多工作是在实验上用激波管研究空气中的非平衡区域的．关于这些工作的索引可在评论(文献[31])和书(文献[90])中找到．

作为例证，我们引述计算(文献[32])的结果(计算是用电子计算机进行的)．计算中考虑了下面几个主要化学反应：

$$O_2 + M \rightleftarrows O + O + M,$$

$$N_2 + M \rightleftarrows N + N + M,$$

$$NO + M \rightleftarrows N + O + M,$$

$$O + N_2 \rightleftarrows NO + N,$$

$$N + O_2 \rightleftarrows NO + O.$$

在所有这些反应中M相当于任意一个原子或分子．对于前三个离解反应，分别取下述各值作为复合速度常数：3×10^{14}，3×10^{14}和6×10^{14}·克分子$^{-2}$·厘米^6·秒$^{-1}$．第四个和第五个反应的正向速度按下式选取

$$k_4 = 5 \times 10^{13} \exp\left(-\frac{75500}{RT}\right) \text{克分子}^{-1} \cdot \text{厘米}^3 \cdot \text{秒}^{-1},$$

$$k_5 = 1 \times 10^{11} T^{\frac{1}{2}} \exp\left(-\frac{6200}{RT}\right) \text{克分子}^{-1} \cdot \text{厘米}^3 \cdot \text{秒}^{-1}$$

(与第六章 § 8 的数据作比较).

计算是在两种假设之下进行的：1)在非平衡区域内的每一点振动自由度都是平衡的，2)同时考虑振动激发的动力论和化学反应的动力论．在马赫数 $M = 14.2$、沿 $p_0 = 1$ 毫米水银柱 $T_0 = 300°K$ 的空气传播的激波内，其密聚跃变之后的温度分布和密度分布已画在图 7.16 上．如果认为在跃变中激发了平衡振动，那么密聚跃变之后的温度 T' 等于 9772°K；而如果在跃变内不考虑振动，那么它等于 12000°K.

第一种计算的曲线以实线画出，第二种则以虚线画出．两条曲线的差别虽然不很大，但仍然可以看得出来，因为化学反应的速度不比振动激发的速度超过很多．在上述两种条件下，就如从图 7.16 所看出的，其波阵面的宽度大约是 5 毫米.

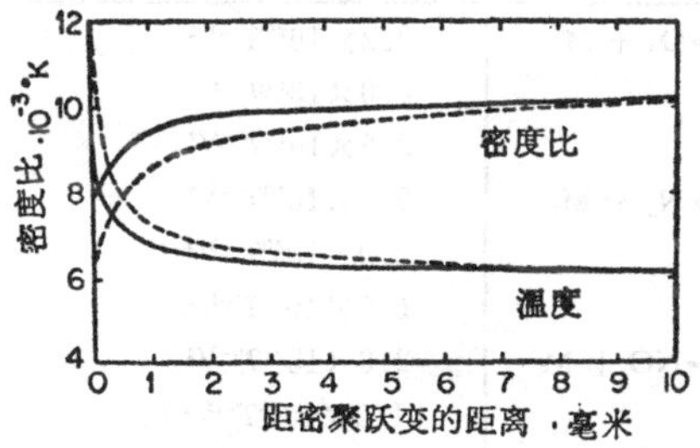

图 7.16 空气中马赫数 $M = 14.2$ 的激波之阵面内的温度剖面和密度剖面．纵坐标是温度和密度比 ρ/ρ_0. 初始压力 $p_0 = 1$ 毫米水银柱，初始密度 $T_0 = 300°K$. 实线对应于振动的瞬时激发，而虚线则对应于其速度为有限的振动激发

H. A. 戈聂拉罗夫和 C. A. 罗谢夫（文献[33]）曾测量了属于离解范围内的空气中的弛豫层的宽度．弛豫层内温度的变化是根据在氧分子的苏曼-隆哥带内对外源光的吸收之变化来记录的.

激波阵面之后的压力接近于大气的压力．当 $D = 3.7$ 千米/秒时，$\Delta x \approx 0.5$ 厘米（层中的平均温度 $\bar{T} \approx 4500°K$）；当 $D = 2.8$ 千米/秒时，$\Delta x \approx 1.3$ 厘米（$\bar{T} \approx 3200°K$）．与 R. E. 达夫和 N. 戴维德逊的计算（文献[32]）所进行的比较证明，在计算中对一些主要的反应速度常数的选择是正确的．

在最近的一项工作中（K. L. 乌拉依、J. D. 蒂勒、P. 哈米尔林、B. 凯维尔（文献[69]）），列举了在热空气中所进行的各种化学反应的速度常数．这些常数是作者们根据对已有的实验资料所进行的分析而选择的，他们建议在计算激波中的非平衡过程时使用它们．作者们所完成的对空气中激波阵面结构的计算与 S. C. 林（文献[70]）在激波管中所进行的测量相符合．

我们列出这些常数．最后两行列的是电离和电子复合两个反应的速度常数，这两个反应在温度比较低时对在空气中建立平衡电离有着重要作用．

表 7.2　复合的速度常数

反　　应	复合速度常数，厘米^6/克分子^2·秒	第三粒子
$O + O + M \longrightarrow O_2 + M$	$2.2\times10^{20}T^{-3/2}$	O
	$8.0\times10^{19}T^{-3/2}$	O_2
	$2.5\times10^{15}T^{-1/2}$	N_2, N, NO, A
$N + N + M \longrightarrow N_2 + M$	$5.5\times10^{20}T^{-3/2}$	N
	$2.0\times10^{20}T^{-3/2}$	N_2
	$6.0\times10^{15}T^{-1/2}$	O_2, O, NO, A
$N + O + M \longrightarrow NO + M$	$2.0\times10^{21}T^{-3/2}$	NO, O, N
	$1.0\times10^{20}T^{-3/2}$	O_2, N_2, A
	速度常数，厘米^3/克分子·秒	
$NO + N \longrightarrow O + N_2$	1.3×10^{13}	
$NO + O \longrightarrow N + O_2$	$1.0\times10^{12}T^{1/2}e^{-3120/T}$	
$N + O \longrightarrow NO^+ + e$	$3\times10^{13}T^{-1/2}e^{-32500/T}$	
$NO^+ + e \longrightarrow N + O$	$1.8\times10^{21}T^{-3/2}$	

化学反应的一些逆过程的速度常数可由正过程的速度常数和相应的平衡常数来表示．

在空气中进行各种反应，其中包括有荷电粒子参加的反应，关于这些反应之速度的最详细的一览表已载在论文集[92]的第11篇之中.

我们还要指出文献[71—75]，这些工作研究了空气中的激波的弛豫层，以及某些有关问题.

对研究空气中的激波之各项工作所作的详细评论可在文献[90]中找到.

§10 单原子气体中的电离

当激波阵面之后的温度约为15000—20000°K时，气体显著电离. 在这样温度下，建立电离平衡的过程乃是各种弛豫过程中最慢的一个，正是它决定了波阵面的宽度1).

从以激波管对电离进行实验研究的角度来看，单原子气体是特别引人注目的. 由于缺少分子气体所具有的许多自由度，所以在单原子气体中很容易达到高温：大约为15000—20000°K. 单原子气体对于检验现象的理论也是很有利的，因为(第一次)电离是唯一的使波阵面加宽的弛豫过程.

在这方面首先由H. 别特谢克和S. R. 拜伦(文献[35])对于氩进行了仔细的研究.

我们来考察单原子气体中的激波. 因显著电离只是在波的强度极大时才能得到，所以在密聚跃变中所达到极限压缩，等于4，这与绝热指数$\gamma' = 5/3$相对应. 密聚跃变之后的一些参量是由马赫数按下述简单公式来表示的:

$$\frac{\rho'}{\rho_0} = 4, \quad \frac{p'}{p_0} = \frac{5}{4} M^2, \quad \frac{T'}{T_0} = \frac{5}{16} M^2.$$

例如，当马赫数$M = 18$和初始温度$T_0 = 300$°K (这在氩中所对应的激波速度是$D = 5.75$千米/秒)的时候，密聚跃变之后的温度$T' = 30000$°K. 在平衡时，在初始压力$p_0 = 10$毫米水银柱

1) 在这样温度下，分子的离解进行得很快，所需要的碰撞次数不大.

的情况下，氩中激波阵面之后的气体大约电离 25%，而温度 $T_1 =$ 14000°K.

密聚跃变的厚度大约等于 2 至 3 个原子的气体动力论自由程. 在激波阵面的前端，也就是在紧接密聚跃变之后的地方，如果说气体是电离的，那也是很弱的. 只能在激波压缩之后的高度受热的气体质点内开始电离. 其主要机制是电子轰击所致电离(参阅第六章). 但是，为了使电离能够靠电子轰击而发展并形成电子雪崩，必须要求在气体中存在一定数量的初始"点火"电子. 原子间相互碰撞电离就是能导致这种初始电离的机制之一. 如在第六章所指出的，这种过程的有效截面是非常小的. 因此，若依靠原子-原子碰撞来形成"点火"电子，那么所需要的时间是相当长的. 相应地，密聚跃变之后的那一区域(在该区域内气体的各个参量对应于极低的电离度，即它们等于 ρ', p', T') 就要延伸到很大的距离.

当电子轰击所致电离的速度变得大于原子轰击所致电离的速度时[1]，雪崩式电离就要开始. 由于后一个速度非常小，所以雪崩式电离还是在"点火"很少，即电离度 α 约为 10^{-5}—10^{-3} 时就已开始. 我们暂时抛开"点火"电子的形成问题，而来考察电子轰击所致电离的基本过程，正是由于这种过程的结果，才使电离度从很小值增长到平衡值(在上面所举例子中 $\alpha_1 = 0.25$).

当电子温度 T_e 不变时，雪崩是按照指数型规律 $n_e \sim \alpha \sim e^{t/\tau}$ (见第六章 § 11)一直增长到复合开始明显补偿电离时为止. 在此之后，电离度逐渐接近平衡值，在平衡值下复合精确地与电离相补偿.

实际上，雪崩的发展是以比较复杂的方式进行的. 问题就在于，每作一次电离基元动作，电子气体都要消耗等于电离势 I 的能量(在氩气中它等于 15.8 电子伏). 然而电子气体的温度才近似等于 10000°K，即一个电子的热能才近似等于 1.5 电子伏. 这就是说，为产生一个新的电子所消耗的能量，大致等于十个电子的热

1) 或者大于由其它过程所致电离的速度. 关于形成点火电子的各种可能机制，我们将在下面谈到.

能．如果电子的热能得不到补充，电子的温度将很快下降．与此同时电离的速度也要下降，因为它是按玻耳兹曼规律 e^{-I/kT_e} 强烈地依赖于电子的温度(参阅第六章§11)．

电子用于电离的能耗是由在密聚跃变中被加热的原子气体将能量转移给电子而得到补充．但是，重粒子和电子间的能量交换因它们的质量差很大而进行得极其缓慢，所以正是这个交换过程限制了电子雪崩发展的速度，并决定了达到电离平衡所需要的时间．

当电离度很小时离子很少，电子是靠与中性原子的碰撞而获得能量的．但这种碰撞的效果，在电子温度 T_e 大约为 1 电子伏(等于10^4°K)的情况下，才是电子与离子碰撞的效果的$\frac{1}{1000}$．因此，仅是在过程的一开始才存在由原子至电子的能量转移；而当电离度一具有小的量值 α 大约为 10^{-3} 的时候，离子和电子间的能量交换就要起主要作用．离子所具有的温度和原子的温度相同，因为质量相同，所以原子和离子间的能量交换可以很快实现．这就是说，在该情况下少量离子充当了从原子到电子的能量转移的中间体．在电子气体内部，能量的分配是很快的，所以可以谈论电子的温度 T_e，当然它与重粒子——原子和离子的温度 T 是不相同的．

电子不仅可以电离原子，而且还可以激发原子．氩原子的第一激发能级的能量等于 $E^* = 11.5$ 电子伏．

当电子浓度相当大时，激发原子要依赖第二类电子轰击而退激．这时，激发能量又重新还给电子气体．但是，当电子温度近于特别是大于 1 电子伏时，在电子轰击作用下激发原子电离的可能性要比其退激的可能性更大(为了电离所需要的能量并不太大：$I - E^* = 4.3$ 电子伏)．这时电离是分两步进行的：先是原子被激发，然后才是电离．在这种二级过程中，用于电离的能耗同样还是等于电离势：$E^* + (I - E^*) = I$．还可能存在一些多级过程，那时当电子与激发原子碰撞时，后者并不马上电离，而是要经过一次或几次动作先把激发程度提高(见第六章)．

如果激发原子的电离与它的退激和未激发原子的激发相比较都是进行得快的话，那么电离的速度实质上仅由激发的速度所决定(按公式(6.79)). H. 别特谢克和 S. R. 拜伦(文献[35])所作的假设正是这样的，他们认为每一个原子都随着其受激动作的完成而"瞬时"地电离. 但实际上，要有部分激发原子以发光的形式放出自己的能量. 在发光中所产生的量子要被其邻近的另外一个未激发原子所吸收(共振量子的有效吸收截面是很大的)，而后者本身也要发光，放出自己的能量，如此等等[1].

我们来建立能近似描写激波中的电离过程和各气体动力学量之分布的方程组. 为了简单起见，我们仅限于电离度很小的情况：$\alpha \ll 1$. 同时为了方便，我们将不按 1 克物质计算能量及其它热力学量，而是按原来气体的一个原子来计算它们.

按原来一个原子计算的焓等于

$$w = \frac{5}{2}kT + \frac{5}{2}\alpha kT_e + \alpha I.$$

由焓在弛豫区域内为不变的近似条件和 $\alpha \ll 1$ 的条件，我们得到类似于(7.26)电离度与原子温度之间的关系：

$$\alpha = \frac{5}{2}\frac{T' - T}{T_{电离}}, \tag{7.28}$$

此处 $T_{电离} = I/k$ (在氩中 $T_{电离} = 1.83 \times 10^5\,°\mathrm{K}$).

气体压力等于 $p = nkT + n\alpha kT_e \approx nkT$，此处 $n = n_a + n_i = n_a + n_e$ 是 1 厘米^3 中的原子数和离子数之和. 该和数可借助

---

1) 产生于激波阵面之后受热区域内的共振量子要沿着气体而扩散，并要透过波阵面表面，从而会跑到受热区域的范围之外. 在这以后，它们就在未扰动气体中进行扩散，并要超过激波的传播. 由于共振辐射扩散的结果，就要在波阵面之前很远的地方出现激发原子的明显的浓度. 这一过程曾被 Л. М. 比别尔曼和 Б. А. 威克林考(文献[34])所考察过. 他们指出，在氩中的 $p_0 = 10$ 毫米水银柱，$M = 18$，$T_1 = 14000\,°\mathrm{K}$ 的波中，在离波阵面为 1 米远之处激发原子的浓度达到 5×10^{13} 厘米$^{-3}$，这所对应的激发"温度"大约为 13500°K，它仅比从波阵面表面所发出的共振辐射的温度 T_1 略微小一些.

直线方程(7.18)由原子温度和电离度来表示．它还可以较小的精度由压力在弛豫区域内为不变的近似条件 $p \approx nkT \approx n'kT'$ 来决定．这给出

$$n = 4n_0\left(1 - \frac{2}{5}\frac{\alpha T_{\text{电离}}}{T'}\right)^{-1}, \tag{7.28'}$$

此处 n_0 是波阵面之前的 1 厘米³ 中的原子数．

关于 $\alpha = n_e/n$ 的动力论方程是

$$\frac{d\alpha}{dt} = u\frac{d\alpha}{dx} = \frac{q}{n}. \tag{7.29}$$

这里的 q 是所有用来描写在 1 厘米³ 1 秒之内自由电子的产生和消灭的各项之代数和．在过程的基本范围内 q 是由电子轰击所引起的原子电离来决定．例如，在别特谢克和拜伦的假设之下，q 就是上述范围内的原子激发速度 $q = \alpha_e^* n_e n_a$，此处的速度常数 α_e^* 由公式(6.79)给出．在过程的一开始，即密聚跃变刚一过的时候，q 是由能够导致"点火"电子生成的那些过程所决定(原子-原子碰撞等过程；请见下面)．在后期阶段，即在接近平衡的范围内，在 q 中就应考虑复合．

电子轰击所致电离的速度依赖电子气体的温度，而该温度遵守电子能量的平衡方程．用 Σ_e, $w_e = \frac{5}{2}\alpha kT_e$ 表示按原来一个原子计算的电子的熵和焓；用 $p_e = n\alpha kT_e$ 表示电子的压力．考虑到 $d/dt = ud/dx$，我们写出能量平衡方程

$$uT_e\frac{d\Sigma_e}{dx} = u\left(\frac{dw_e}{dx} - \frac{1}{n}\frac{dp_e}{dx}\right)$$
$$= \frac{1}{n}(\omega_{ea} - \omega_i), \tag{7.30}$$

此处 ω_{ea} 是由从离子和原子到电子的能量转移所引起的 1 厘米³ 1 秒之内的热量流入，而 ω_i 则是电离过程中电子的能量损失(在 1

厘米³1秒之内)[1]. 根据(6.121)

$$\omega_{ea}=\frac{3}{2}k\left(\frac{dT_e}{dt}\right)_{交换}n_e=\frac{3}{2}kn_e\frac{T-T_e}{\tau_{交换}},\qquad(7.31)$$

此处 $1/\tau_{交换}=1/\tau_{ei}+1/\tau_{ea}$;$\tau_{ei}$ 是离子和电子之间能量交换的特征时间(公式(6.120)),τ_{ea} 是中性原子和电子之间能量交换的特征时间(公式(6.122)). 电离过程中的能量损失等于

$$\omega_i=Iq=Inu\frac{d\alpha}{dx}.\qquad(7.32)$$

由关于 $\alpha(x)$, $T_e(x)$ 的微分方程(7.29)与(7.30)和能给出 $T(\alpha)$, $n(\alpha)$ 的代数方程(7.28)与(7.28′)所组成的方程组同以适当方式确定的电离速度 q,一起给出了求出所有量在弛豫区域内的分布的可能性.事实上,交换速度 ω_{ea} 和非弹性损失速度 ω_i 在很大程度上是互相抵消的: $\omega_{ea}-\omega_i\ll\omega_{ea}$, ω_i, 所以在绝大部分弛豫区域内平衡方程(7.30)就归结于代数关系 $\omega_{ea}\approx\omega_i$,该关系允许我们用 T_e 的函数的形式来表示 α. 别特谢克和拜伦在计算弛豫区域

---

1) 方程(7.30)也可由对电子气体写出的型如(1.10),(1.6)的方程而导出. 但这时应考虑到,当存在宏观量的梯度时,在电离气体中必然发生小的极化,而由于这种极化的结果就产生了妨碍电荷明显分离的电场(详细的,请见§13). 极化电场 $\mathbf{E}$ 保障了电子气体和原子-离子气体间的"刚性"联系.当考虑到这个场的作用之后,在电子的运动方程和能量方程中要出现附加项

$$m_en_e\frac{d\mathbf{u}_e}{dt}=-\nabla p_e-en_e\mathbf{E},$$

$$\frac{\partial}{\partial t}\left[n_e\left(\frac{3}{2}kT_e+\frac{m_eu_e^2}{2}\right)\right]+\mathrm{div}\left[n_e\mathbf{u}_e\left(\frac{5}{2}kT_e+\frac{m_eu_e^2}{2}\right)\right]$$
$$=\omega_{ea}-\omega_i-en_e\mathbf{E}\mathbf{u}_e.$$

由于电子的质量非常小,所以电子气体的运动方程中的惯性项就很小,而电子压力的梯度也就与极化场的作用相平衡: $-en_e\mathbf{E}=\nabla p_e$. 将这个量代入能量方程,并略去很小的电子气体动能,再过渡到一维定常的情况. 还要注意到电子气体的速度 $\mathbf{u}_e$ 实际上与原子-离子气体的速度 $\mathbf{u}$ 没有差别,再考虑到连续性方程的积分 $nu=$ 常数和定义 $n_e=\alpha n$, 我们就得到方程(7.30). 我们也写出原子-离子气体的运动方程和能量方程:

$$m_an\frac{d\mathbf{u}}{dt}=-\nabla p+en_i\mathbf{E},p=p_a+p_i,\ n=n_a+n_i,$$

$$\frac{\partial}{\partial t}\left[n\left(\frac{3}{2}kT+\frac{m_au^2}{2}\right)\right]+div\left[n\mathbf{u}\left(\frac{5}{2}kT+\frac{m_au^2}{2}\right)\right]$$
$$=-\omega_{ea}+en_i\mathbf{E}\mathbf{u}.$$

的宽度时正是这样做的．

在研究弛豫区域内的电离时，所遇到的主要困难是点火电子的生成问题．原子轰击所致电离的有效截面实际上是不知道的(见第六章§15)．在文献中已有的关于氩的实验资料(文献[37，38])都是属于几十个电子伏特之能量的．因此在计算时，必须选定一些稍微合理的截面值．对于氩中弛豫区域之结构的计算，是由J. D. 包德(文献[36])和Л. M. 比别尔曼与И. T. 雅库包夫(文献[93])[1)]进行的．为了说明起见，我们画出了在后一项工作中所计算的原子温度、电子温度和电离度三者的分布，在该计算中马赫数 $M = 16$，$D = 5.1$ 千米/秒，初始压力 $p_0 = 10$ 毫米水银柱(图7.17)．这几条曲线是在下述假设之下计算的：原子因受电子轰击直接从基态电离，而原子轰击所致电离的截面在阈值附近对碰撞能量 ε 的依赖关系是由其斜率为 $C = 1.2 \times 10^{-20}$ 厘米^2/电子伏的直线来逼近的，因此当 $\varepsilon = I + 1$ 电子伏时截面 $\sigma = 1.2 \times 10^{-20}$ 厘米^2(见第六章)．由图7.17看出，在一开始，电离是非常小的，其发展也很缓慢．电子温度是相当快地增加到某个值 $T_e \approx 1.3$ 电子伏，然后则几乎保持不变．

在这一范围内，从离子方面所得到的能量补偿了电离过程中的损失．需要说明，依靠原子-原子碰撞来积累点火电子所需要的时间应该是很弱地依赖于对截面的选择．但在 $T_e =$ 常数的情况下，该时间根本与原子-原子电离的截面无关，而是由随后的电子雪崩发展的时间所决定(关于这一点曾在第六章§13的末尾指出过)．就如计算(文献[93])所表明的那样，考虑到电子轰击预先激发的原子所致电离的分级特性，只是在激波的马赫数小于12—13的情况下才会使电离所需要的时间和弛豫区域的宽度有相当大的减小；而当 $M > 13$ 的时候，这种减小则是不大的．

研究氩中电离弛豫的实验，是由别特谢克和拜伦用激波管进行的(文献[35])．为了使非平衡的范围加宽和弛豫时间增长，以

---

1) 在文献[35]中只列出了区域总宽度的值．

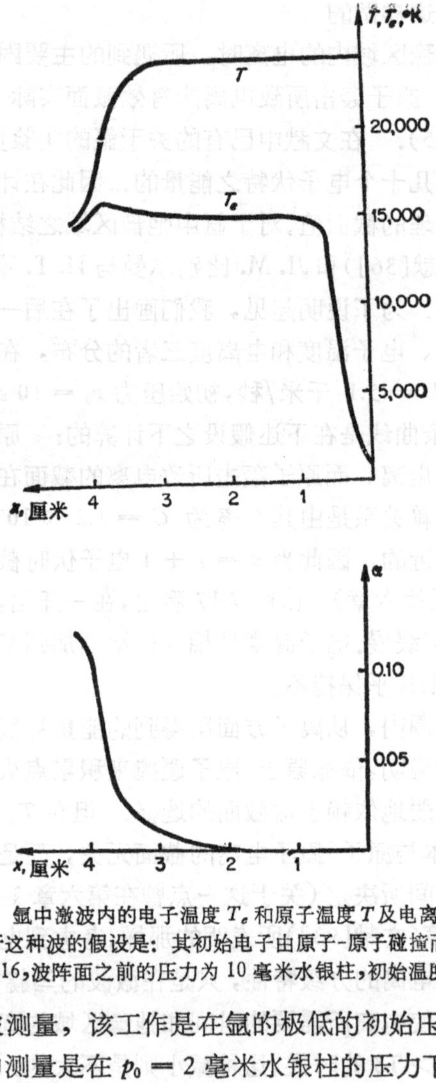

图 7.17　氩中激波内的电子温度 T_e 和原子温度 T 及电离度 α 的分布．关于这种波的假设是：其初始电子由原子-原子碰撞而形成，其马赫数为 16，波阵面之前的压力为 10 毫米水银柱，初始温度为 293°K

便使它们易被测量，该工作是在氩的极低的初始压力下进行的．一些最可靠的测量是在 $p_0 = 2$ 毫米水银柱的压力下进行的． 电子密度在激波中的分布是通过记录发光的连续谱的方法来确定的，而这种发光是在电子-离子复合时产生的，并且其发光强度在激波的某一断面 x 处的值乃正比于电子密度的平方（气体对于辐射是透明的）．此外，还对电子密度的梯度进行了探针测量，它们与对发光强度的测量相一致．实验表明，弛豫区域的宽度(它在很大程度上取决于初始电离的速度)强烈地依赖于氩的纯度，即在点火电子的形成中(具有低电离势的)掺合物起着重要的作用．

我们列举一些关于氩中电离弛豫时间的测量结果．

弛豫时间和波阵面的大体宽度是针对 $p_0=10$ 毫米水银柱的初始压力计算的(前两者反比于气体的密度)．所列数值都是属于极纯的、其杂质含量大约为 5×10^{-5} 的气体．

表 7.3　氩中电离弛豫时间

M	T', °K	D, 千米/秒	$\tau\times10^6$,秒	Δx,厘米
10.3	10000	3.3	100	~6.5
11.5	12500	3.7	17	~1
13.4	16700	4.3	3	~0.2
16.4	25000	5.25	0.5	~0.032
20.3	40000	6.5	0.1	~0.006

实验表明，粗糙地说，$\ln\tau$ 是线性地依赖于 $1/T'$，即 $\tau\sim\exp$(常数$/T'$)． 在这个关系式中，常数所对应的活化能大约是 11.5 电子伏．

将关于电子密度分布的实验资料与雪崩式电离的计算所进行的比较表明，仅当初始电离达到平衡值的0.1左右，或达到绝对量 α 大约为 10^{-2}之后，雪崩才能发展．关于初始电离的本性问题在文献[35]中仍然停留在没有被阐明的程度．估计表明，由原子-原子碰撞所引起的电离，或者由产生于平衡区域内的光子所引起的光致电离，都不能保证很快地产生解释实验数据所需要的大量的初始电子． 下面这个事实就证明了原子-原子碰撞机制有不足之处：仅考虑这种机制的计算所导出的弛豫时间要比实验资料[93]大到几十倍．

在许多工作中对于初始电离的机制提出了各种不同的假设，其中包括那样的假设：认为电子扩散起作用，电子是从大电离度的区域渗透到小电离度的区域，甚至渗透到激波阵面之前的气体之中(文献[39,76,77]都是研究激波中电子扩散的).

由来自平衡区域的共振辐射所引起的波阵面之前的原子的激发也要显示其作用(文献[94]).

在上面已经引证过的 Л. М. 比别尔曼和 И. Т. 雅库包夫的工作(文献[93])中，对于氩(和一般单原子气体)中的激波内的各种电离机制进行了分析. 作者们研究了由于对电子轰击和原子轰击所致电离有效截面的选取的不同所带来的影响，以及分级过程和辐射过程的作用. 他们得到这样一个结论：在加快初始电子的形成过程中，来自平衡区域的共振辐射对原子的激发应起决定性作用. 由于这一效应，那些被电子轰击而易于电离的激发原子的浓度将大大提高. 由于考虑到这一点，作者们就能大大缩小关于弛豫时间的计算值和实验值之间的差别，并使彼此间达到令人满意的符合. 应该说明,关于电离弛豫的问题,特别是关于初始电离的机制问题，至今还不完全清楚. 我们指出文献[95]——在它之中研究了氙中的弛豫,和文献[96]——它研究了辐射的影响.

§ 11 空气中的电离

在早一些时候的工作(文献[40,41,70,78,79,80])中,曾研究了空气中激波内的电离，尤其在文献[87]的几个实验中进行了特别仔细的研究. 而在最近的几个用激波管所作的实验中，曾研究了其速度为 4.5—7 千米/秒(马赫数为 14—20)、初始压力为 0.02—0.2 毫米水银柱的激波. 测量表明,电离的发展是很快的,并在未扰动气体中距密聚跃变的距离等于 10—40 个气体动力论的自由程的地方达到了近于平衡的量值. 平衡时的电离度具有 10^{-4}—10^{-3} 的量级,但在弛豫区域内电离度要经过一个最大值,该最大值可比平衡值超过好几倍.

在第六章第 2 部分已经指出,在像空气那样的分子气体中,当激波的强度不是特别大的时候，其电离的机制与单原子气体中的电离机制有着很大的不同. 空气中的自由电子主要是由合并式电离所形成的，在这种电离中两个原子结合成分子同时又丢掉一个电子从而形成分子的离子．下述反应是主要的过程，它所需要的活化能最小：

$$N + O + 2.8\text{电子伏} \longrightarrow NO^+ + e.$$

由于空气中所有成份的电离势都比进行这一反应所要花费的能量大很多，所以该反应的进行(当温度不是特别高的时候)要比由粒子轰击所引起的原子和分子的直接电离快得多．上述主要电离反应的速度常数已列在§9的表7.2中． 由于原子在空气的电离中起重要作用，所以对空气中电离动力论的计算要以对分子的离解(一般的化学反应)的计算为基础来进行．这样的一些计算曾由林绍基和蒂勒在文献[86]中所完成，并且它们与测量(文献[87])符合得很好．

计算(对其速度不超过9千米/秒的激波进行的)表明，电离进行得很快，甚至比化学变化还要快，因此在弛豫区域内电离度在某种程度上是与气体的化学组成处于平衡，并能“跟踪”分子离解度的变化．

在Л. М. 比别尔曼和И. Т. 雅库包夫的文献[97]中，曾考察了激波的速度稍大于10千米/秒(9—15千米/秒)情况下的空气中的电离．同时还计算了弛豫区域内的空气的化学组成和原子与分子的激发．和低速情况不同，离解比电离进行得要快一些，而电离则基本上是在原子气体中发生．合并式电离反应在初始电子的形成中起决定性作用；随着电子密度的增加，由电子轰击所引起的分级电离将具有越来越大的量值，并且和在单原子气体中一样，电子的能量也是依靠来自离子的能量转移而得到补充的．

在文献[97]中，当计算由电子轰击所引起的原子与分子的电离之速度的时候，曾利用了将各个激发状态与单独一个电离状态结合为一组的方法．这种方法是Л. М. 比别尔曼和K. H. 乌里扬诺夫在工作(文献[99])中提出的，它对于研究其它一些与电离平衡的破坏有关的问题可能是有用的．它的具体内容如下．

我们假设，基态原子的受轰激发与受轰电离，以及它们的逆过程：伴有原子向基态能级跃迁的退激和伴有电子被俘获至基态能级的三体碰撞的复合，比较来说，进行得都是缓慢的. 同时还假定，由电子轰击所引起的激发程度的提高和激发原子的电离，以及它们所对应的两个逆过程，相对来说，进行得都是比较快的.

所说的几个过程的实际速度在某种程度上刚好是处于这样的关系，因此上述假设是有意义的. 但在这种情况下可以近似地认为，在各种不同的激发状态之间要建立起玻耳兹曼分布，而在一个原子的各个激发状态和单独一个电离状态之间则要建立起沙赫平衡. 换句话说，所有的激发状态和单独一个电离状态可以结合为一组，对于这一组状态我们写出一个确定的、与电子气体的温度相等的温度. 而电子的密度，以及电子(或激发原子)的密度与基态原子的密度之间的关系，都已不能再用沙赫公式来描写，即它们都是不平衡的. 它们要由一个动力论方程来确定，而该方程是用来描写原子在基态和属于一个激发与电离状态组的各个状态之间的跃迁的. 可以使这一方法得到进一步的改进，这只要从激发和电离组中分出一些最低的激发能级，并对处于这些状态的原子的浓度写出一些单独的动力论方程. 在文献[99]中曾用上述所说的方法考察了辐射从有限的气体体积中的跑出对于气体的状态与热力学平衡之偏差的影响.

B.A.布伦斯坦(文献[98])考察了激波速度竟高达每秒几万米的高速情况下的空气中的电离（这适合于宇宙物体在大气中的运动问题）. 电离气体最有代表性的性质之一是它能导电. 已经有相当多的工作对电离空气(和其他气体)的电导率进行了理论的和实验的研究. 例如，见文献[70,81—84].

§12 等离子体中的激波

沿电离气体传播的激波其阵面的结构具有一些极重要的特性. 这些特性曾被本书的一位作者所注意(文献[42])；而对阵面结构的一些定量计算则由 B.Д.沙富拉诺夫(文献[43])所进行；同时还可参阅 B. C. 衣姆辛尼柯(文献[51])、德雅克斯(文献[44])、泰德曼(文献[44a])、C. Б. 皮克列涅尔(文献[85])等人的工作. 结构的一些主要特征都是与离子和电子间的能量交换的缓慢性以及电子具有很大的移动性有关系，由于这种移动性电子热传导就要比离子热传导大好多倍.

在电子气体和离子气体中建立麦克斯韦分布是很快的，其所需时间大约等于相继两次粒子"碰撞"之间的时间[1]. 然而，由于电子和离子的质量差别很大，要拉平两种气体的温度则是相当慢的. 这个弛豫过程就决定了等离子体中的激波阵面的宽度.

我们来定性地阐明，电子和离子间的小的能量交换速度会导致什么样的结果，为此我们一开始要假设电子热传导和离子热传导没有什么差别. 此外，还将认为不是在激波本身内部发生电离，而是激波沿已经电离的气体进行传播.

在与波相固联的坐标系中，流向密聚跃变的气体的相当大的一部分动能要在离子粘性力的作用下不可逆地转变为热量. 离子温度在密聚跃变中的增量在数量级上等于 $\Delta T_i \sim m_i D^2/k$，此处 m_i 是离子的质量，而 D 则是入射气流的速度，它就等于激波阵面的速度. 粘性跃变的厚度是由相继两次离子碰撞之间的时间 τ_i 来决定；它近似等于离子的自由程 $l_i \sim \bar{v}\tau_i$，此处 $\bar{v} \sim D$ 是离子在密聚跃变中的热运动速度（τ_i 的定义曾在第六章 § 20 中给出）. 在密聚的时间 τ_i 之内离子气体还来不及把稍微多一些的热能转移给电子气体，因为交换的特征时间 $\tau_{ei} \sim \sqrt{m_i/m_e} \cdot \tau_i$ 是很大的. 对于具有中等质量的离子来说，τ_{ei} 是时间 τ_i 的一百倍；而对于质子来说，则是 τ_i 的 43 倍.

由在电子粘性力作用下电子气体入射气流的动能转变为热量所引起的电子温度在密聚跃变中的增加乃是非常之小的. 它近似等于 $\Delta T_e \sim m_e D^2/k$，即 ΔT_i 是它的 m_i/m_e 倍. 电子气体在密聚跃变中的加热乃是根据另外的原因进行的.

电子和离子之间是以相互作用的电力来联系的，并且这种联系很强. 电子气体和离子气体的极小分离就会导致强电场的产

1) 关于按库仑定律相互作用的一些荷电粒子之间的"碰撞"的概念，请参阅第六章§ 20.

生，而这种电场能阻止进一步的分离．因此等离子体中的每一个粒子都是处于电的中性．电子的密度 n_e 总是与正电荷的密度 Zn_i 相一致（Z 是离子的电荷，n_e 和 n_i 是 1 厘米^3 中的电子数和离子数）．电子气体在密聚跃变中并非自己独立地行动， 是和离子完全一样地被压缩．可以说，电子是由电力而被“刚性地联系”于离子． 对于电子气体来说 种力乃是“外力”，它们并不引起耗散．由电子粘性力的作用所引起的能量耗散是非常小的，所以在密聚跃变中电子气体乃是被绝热地压缩和加热．

例如，当用强激波压缩氢的等离子体时，它的密度在密聚跃变中增加到四倍，而其相应的绝热指数为 $\gamma=5/3$．如果波的强度很大，离子的温度可以增加得很厉害；而电子的温度在密聚跃变中才只增加到 $4^{\gamma-1}=4^{2/3}=2.5$ 倍．

因此在沿电子和离子温度相同的等离子体传播的强激波内，在密聚跃变的后边两种气体的温度要出现显著的差别；然后在经过激波压缩的质点内开始热能从离子到电子的转移过程，而这种过程在经过一个和交换时间 τ_{ei} 相近的时间之后便会将两种温度拉平（见第六章 § 20）．

在密聚跃变之后的弛豫区域内，将发生向温度相同 $T_e=T_i=T_1$ 的等离子体的平衡态的趋近，而这个区域的宽度则具有 $\Delta x\sim u_1\tau_{ei}\left(u_1=\frac{\rho_0}{\rho_1}D\right)$ 的量级．最终温度 T_1 是由激波阵面上的几个普遍守恒方程来决定．这样一来，当不计与增高的电子热传导的存在有关的一些效应时，温度在波阵面中的分布就应具有图 7.18 所画的形式．

如果除了原先被“冻结”的电子的平动自由度而外，再没有对任何其它自由度的激发（就像在完全电离的气体中所发生的那样），那么气体的密度和压力在弛豫区域内将保持严格的不变．实际上，具有“冻结”自由度的气体和具有平衡自由度的气体其绝热指数是相同的，并且都等于 $\gamma=5/3$，所以密聚跃变中的压缩是沿着和至终态的激波绝热曲线相一致的激波绝热曲线进行的．物理上的原因很清楚，这就在于压力只取决于粒子的平均平动能量，而这个能量在交换时保持不变，并且与它在粒子间的分配无关.

现在我们来看一看电子热传导对波阵面的结构有什么影响.至今总是认为(这是完全有根据的)，一些耗散过程如粘性和热传导只是在梯度很大的区域——密聚跃变中起作用，在密聚跃变中在近于气体动力论自由程的距离上一些宏观量就发生显著变化. 而在延伸距离要以很多个自由程来计算的弛豫区域内，梯度却是很小的，故各种耗散过程也就可以忽略不计. 事实上，能够作为梯度很小之标准的特征尺度乃是一个由输运系数和波阵面速度所组合的长度尺度. 输运系数，比如原子的导温系数，近似等于 $\chi \sim l\bar{v}/3$，而长度尺度 $\lambda \sim \chi/D \sim l\bar{v}/D \sim l$ 则近似等于气体动力论的自由程，因为原子在波阵面中的热运动速度 $\bar{v}$ 近似于等波阵面的速度 D.

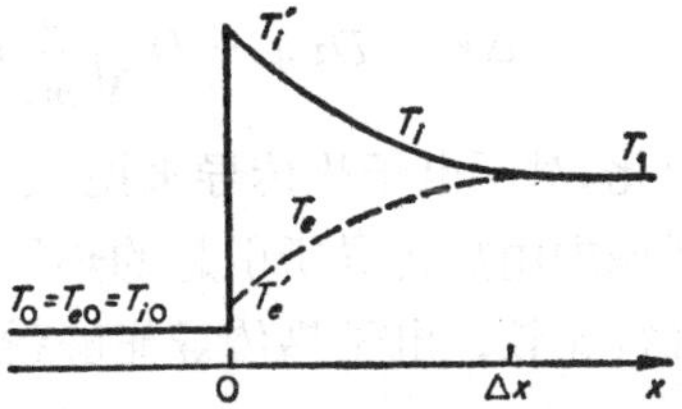

图 7.18 不计电子热传导时，等离子体中的激波阵面内的离子温度剖面和电子温度剖面(虚线)

电子的导温系数 χ_e 大致等于

$$\chi_e = \frac{l_e \bar{v}_e}{3} \approx \frac{\bar{v}_e^2 \tau_e}{3},$$

此处 l_e 是电子的自由程，$\bar{v}_e$ 是它们的热运动速度，而 τ_e 则是电子相继两次“碰撞”之间的时间.

如第六章§20中曾指出的，荷电粒子的自由程并不依赖它们的质量，而只依赖电荷和温度，即 l 约为 T^2/Z^4.

当温度可以比较的时候，在轻气体中，比如在氢中 $(Z=1)$，电子自由程和离子自由程属于同一量级. 可是电子的速度很大，是离子速度的$\sqrt{m_i/m_e}$倍. 因此电子热传导系数也很大，是离子热传导系数的$\sqrt{m_i/m_e}$倍，而电子热传导过程在其中起重要作用的那一特征尺度，则等于

$$\lambda_e \sim \frac{\chi_e}{D} \sim \sqrt{\frac{m_i}{m_e}}\,\frac{\chi_i}{D} \sim \sqrt{\frac{m_i}{m_e}}\,l_i.$$

这一尺度和将电子气体与离子气体的温度拉平的弛豫区域的宽度具有同样量级：

$$\Delta x \sim D\tau_{ei} \sim D\sqrt{\frac{m_i}{m_e}}\,\tau_i \sim \frac{D}{\bar{v}}\sqrt{\frac{m_i}{m_e}}\,l_i \sim \sqrt{\frac{m_i}{m_e}}\,l_i.$$

因此，对于电子热传导来说，弛豫区域内的梯度是不小的，在这一区域内由热传导所引起的热量交换可与离子和电子间的热量交换进行比较．电子热传导能够帮助把粘性跃变之后的温度尽快地拉

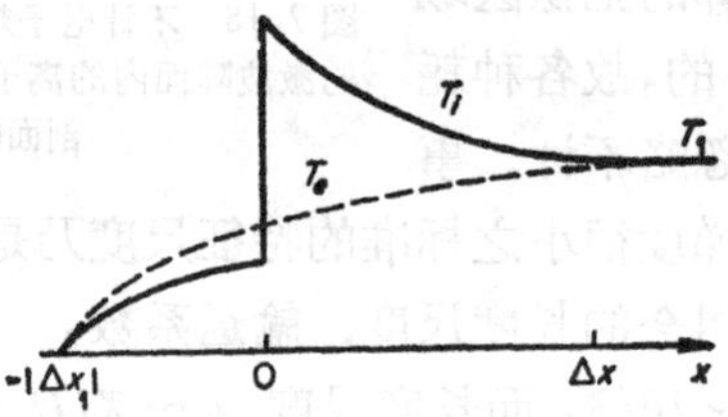

图 7.19　沿冷的等离子体传播的激波阵面内的离子温度剖面和电子温度剖面(虚线)

平，因为它能把热量从距密聚跃变较远的气层转移到电子温度较低的前边的气层．此外，还有一个非常重要的效应，电子热传导可将粘性密聚跃变之前的气体预先加热．如果说“热的”离子不可能脱离密聚跃变很远而跑到跃变之前的区域里去（因它们的热运动速度与跃变沿未扰动气体传播的速度可以比较），那么“热的”电子却可以顺利地向前渗透，并要超过密聚跃变，因为它们的速度很大，大概是波阵面速度的$\sqrt{m_i/m_e}$倍．这样，在密聚跃变之前就形成一个预先加热的气层．在这个气层内电子的温度要高于离子的温度，因为首先被加热的是电子气体，只是在以后才将部分热量转移给离子． 在密聚跃变中离子温度显著增高． 而电子温度并不改变，因为很大的热传导有将温度展平的作用，它制止了温度跃变式的增高．因此，密聚跃变带有“等电子温度”的特点．考虑电子热传导的温度在波阵面中的分布已画在图 7.19上．

我们来估计密聚跃变之前的预热气层的宽度．为简单起见，我们将认为：不存在由预热的电子气体到离子气体的能量转移，并且密聚跃变之前的气体既没有被压缩，也没有被滞止(在波阵面为静止的坐标系中来看)．一些精确的计算证明这些简化假设是正确的．电子热传导的能流等于

$$S = -\varkappa_e \frac{dT_e}{dx} = -\chi_e c_e \frac{dT_e}{dx}, \tag{7.33}$$

此处 $\varkappa_e = \chi_e c_e$ 是热传导系数，c_e 是体积不变时 1 厘米^3 电子气体的比热．

电子热传导的有效系数等于

$$\varkappa_e = \xi \frac{(kT_e)^{5/2} k}{m_e^{1/2} Z e^4 \ln\Lambda} = \xi \times 1.93 \times 10^{-5} \frac{T^{\circ 5/2}}{Z \ln\Lambda} \text{尔格/秒·厘米·度},$$

此处 $\ln\Lambda$ 是库仑对数(见第六章 § 20)，而 ξ 是一个对 Z 依赖很弱的数：$\xi(1) = 0.95$；$\xi(2) = 1.5$；$\xi(4) = 2.1$[1]．

鉴于过程的定常性，预热层内的热传导能流就等于电子的流体动力学的能量流[2]：

$$-S = Dc_e T_e = \chi_e c_e \frac{dT}{dx} \tag{7.34}$$

(波阵面之前的电子的初始温度假定等于零；而在波的远前方能流 S 要消失)．

注意到 $\chi_e \sim \bar{v}_e l_e \sim T_e^{5/2}$ 或者 $\chi_e = aT_e^{5/2}$，此处 a = 常数，并积分方程(7.34)，我们便求得

$$x - x_0 = \frac{2}{5} \frac{a}{D} T_e^{-5/2}$$

---

1) 出于参考的目的，我们列出等离子体电导率的公式

$$\sigma = 2.63 \times 10^{-4} \gamma(Z) \frac{T^{\circ 3/2}}{Z \ln\Lambda} \text{1/欧姆·厘米} = 2.38 \times 10^8 \gamma(Z) \frac{T^{\circ 3/2}}{Z \ln\Lambda} \text{秒}^{-1};$$

$$\gamma(1) = 0.58;\ \gamma(2) = 0.68;\ \gamma(4) = 0.78.$$

2) 这是该情况下的能量方程的第一积分：

$$c_e \frac{dT_e}{dt} = -\frac{\partial S}{\partial x};\ Dc_e \frac{\partial T_e}{\partial x} = -\frac{\partial S}{\partial x};\ Dc_e T_e = -S.$$

或者

$$T_e = \left[\frac{5}{2}\frac{D}{a}(x - x_0)\right]^{2/5}, \tag{7.35}$$

此处 x_0 是预热区域之前沿的坐标，所谓前沿就是温度变为零之点．由这个公式所描写的温度剖面已简略地画在图 7.19 上．如果把坐标的原点 $x = 0$ 放在密聚跃变所处的位置，并将这一点的温度用 T_{e0} 来表示（电子温度在跃变中并不改变），那么预热层的宽度就可以写成如下的形式：

$$|x_0| = \frac{2}{5}\frac{a}{D}T_{e0}^{5/2} = \frac{2}{5}\frac{\chi_e(T_{e0})}{D}. \tag{7.36}$$

当考虑电子热传导之后，跃变中的电子温度和波阵面之后的温度具有同样的量级，所以预热层的宽度也就和跃变之后的弛豫层的宽度具有同样的量级：

$$|x_0| \sim \frac{\chi_e(T_1)}{D} \sim \frac{\bar{v}_e l_e}{D} \sim \sqrt{\frac{m_i}{m_e}}\, l_e \sim \sqrt{\frac{m_i}{m_e}}\, l_i \sim \Delta x_{交换}.$$

密聚跃变之前的预热层的宽度随着波的强度的提高而增加得相当快．如果注意到 $\chi_e \sim T_e^{5/2} \sim T_1^{5/2}$，而 $D \sim T_1^{1/2}$，那么由公式(7.36)可得到关系 $|x_0| \sim T_1^2 \sim D^4$．

所得到的温度剖面乃是热传导系数随着温度的降低而减小的这种非线性热传导所特有的[1]．在其系数为常数 $\varkappa =$ 常数，$\chi =$ 常数的普通热传导之下，我们从能量方程所得到的预先加热是指数地延伸到无穷远：

$$T = T_1 e^{-\frac{|x|}{x_1}},\ T_1 = T(x = 0),$$

此处特征尺度 $x_1 = \chi/D$．在普通热传导之下，预热区域的有效宽度 x_1，与非线性热传导时不同，它是随着波的强度的提高而减小的：$x_1 \sim D^{-1} \sim T_1^{-1/2}$．

当考虑了很强激波中的电子热传导之后，尚未电离的气体在密聚跃变之前就已被强烈预先加热和电离，所以关于沿电离气体传播的波的结构的一些定性特点，在波沿着未电离气体传播的情

1) 关于非线性热传导的详细情况，请见第十章．

况下仍然保持有效.

为了严格计算完全电离气体中的激波阵面的结构，要在考虑电子热传导的 (7.10) 型的流体动力学的方程中再加上一个与 (7.30) 相类似的电子气体的熵方程:

$$n_i u T_e \frac{d\Sigma_e}{dx} = -\frac{dS}{dx} + \omega_{ei}, \qquad (7\quad 7)$$

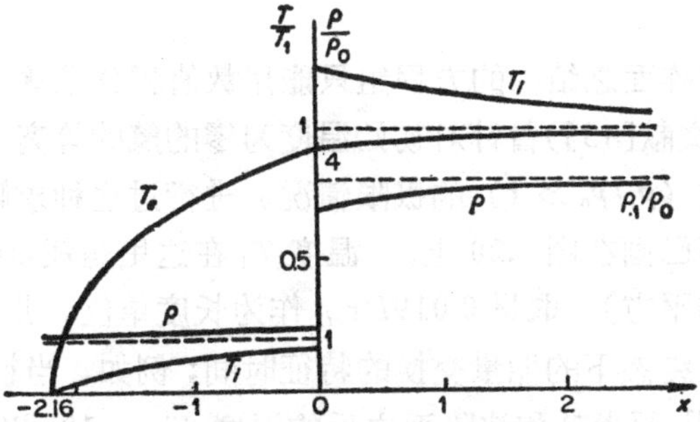

图 7.20　等离子体中强激波内的温度剖面和密度剖面(此图取自文献[43]).

此处 ω_{ei} 是在 1 厘米^3 1 秒之内由离子气体转移跃变中的电子温度 $T_{e0}=0.93T_1$; 跃变前后的离子温度分别为 $T_{i1}=0.16T_1$ 和 $T_{i2}=1.24T_1$. 跃变前后的密度分别为 $\rho_{01}/\rho_0=1.13$, $\rho_{02}/\rho_0=3.53$ 给电子气体的能量;它由公式(7.31)给出.

两种气体的速度和压缩在每一点都假定是相同的 ($n_e=n_iZ$). 按一个离子计算的等离子体的焓,以及等离子体的压力,分别等于

$$w = w_i + w_e = \frac{5}{2}kT_i + Z\frac{5}{2}kT_e,$$

$$p = p_i + p_e = n_i kT_i + n_e kT_e.$$

按一个离子计算的电子气体的熵等于

$$\Sigma_e = Zk\ln\frac{T_e^{3/2}}{n_e} + \text{常数} = Zk\ln\frac{T^{3/2}}{\rho} + \text{常数}. \qquad (7.38)$$

我们来求决定密聚跃变中电子温度的条件.

我们沿密聚跃变的范围来积分方程 (7.37)，并令其宽度趋于

零，再注意到电子温度在跃变中是连续的(它等于 T_{e0}). 当用脚标 01 和 02 标记密聚跃变之前和之后的量时，我们写出这一积分的结果：

$$\rho_0 D T_{e0} \ln \frac{\rho_{02}}{\rho_{01}} = S_{02} - S_{01}. \tag{7.39}$$

能流在间断上发生跃变；间断两边的能流之差就等于"外力"对电子气体实行等温压缩时所作的功，而这个"外力"作用是来自离子方面.

描写波阵面之结构的方程组只能用数值积分求解. B. Д. 沙富拉诺夫(文献[43])曾针对初始温度为零的氢的等离子体 ($Z=1$)中的强波 ($p_1/p_0 \gg 1$) 的极限情况，进行过这种求解. 温度和密度的剖面已画在图 7.20 上. 温度 T_1 在这里是任意的 (它正比于波速 D 的平方). 取量 $0.019D\tau_{ei1}$ 作为长度单位，此处 τ_{ei1} 是激波阵面后之终态下的能量交换的特征时间；例如，当初始密度 $n_{i0} = n_{e0} = 10^{17}$ 厘米$^{-3}$ 和波阵面之后的温度 $T_1 = 10^5$ °K 时，$\tau_{ei1} = 3.3 \times 10^{-9}$ 秒，$D = 94$ 千米/秒，而长度单位等于 5.9×10^{-4} 厘米.

§13 激波中的等离子体的极化和电场的产生

在上一节曾假定电子和离子由电力而彼此刚性联系在一起，在激波中的每一点等离子体都是处于电的中性：电子密度从一点变到另一点总是精确地正比于离子的密度. 但实际上，这种情况并非十分严格成立. 由于在密聚跃变中存在很大的电子密度梯度以及电子具有很大的移动性——这种移动性与电子的质量特别小有关系，这就给电子气体相对离子气体的扩散、电子浓度的变化以及体电荷的产生创造了有利条件.

激波在二元混合气体中传播时的扩散效应曾在 §5 中讨论过. 但是等离子体中的扩散与中性混合气体中的扩散有着本质上的不同. 问题就在于，电子和离子的相对浓度的极小变化(这种变化能导至体电荷的产生和等离子体的极化)总是会引起强电场的出现. 而这种电场就阻碍了进一步的极化，并对电子的扩散流起到抑制作用.

我们在数量级上估计一下，当存在宏观量的梯度时等离子体是如何极化的，即平均来说电中性的条件被满足到什么程度.

为了简单起见，我们来研究氢的等离子体 ($Z=1$). 令电子温度的量级为 T，而 1 厘米^3 中的电子数和离子数约为 $n_e=n_i=n$. 再假定，一些宏观量比如密度和压力等有这样的梯度，而这些量可在其中发生显著变化之区域的特征线度具有 x 的量级.

由于电子扩散的结果，在量级为 x 的区域内就会得到电子密度与离子密度之间的差值 $\delta_n=n_i-n_e$，并且在该区域内要出现体电荷 $e\delta n$. 所产生的电场是 $E\sim 4\pi e\cdot\delta n\cdot x$[1]，而在区域的两个边界之间所产生的电势差为 $\delta\varphi\sim Ex\sim 4\pi e\cdot\delta n\cdot x^2$. 但在没有外场的情况下，电子和离子的分离以及电势差只能依靠电子的热运动来维持，因而电子的势能 $e\varphi$ 不可能超过量级为 kT 的值；$e\delta\varphi\sim 4\pi e^2\cdot\delta n\cdot x^2\sim kT$. 由此得到，极化程度，即在所考察区域内偏离电中性的程度，具有如下的量级

$$\frac{\delta n}{n}\sim\frac{kT}{4\pi e^2nx^2}.$$

电子和离子的强烈分离，那时 $\delta n/n\sim 1$，只能发生在一个很薄的层内，而这个层的厚度 d 要由条件 $\delta n/n\approx 1\approx kT/4\pi e^2nd^2$ 来决定. 由此得到

$$d\approx\left(\frac{kT}{4\pi e^2n}\right)^{\frac{1}{2}}=6.9\left(\frac{T^\circ}{n}\right)^{\frac{1}{2}}\text{厘米}.$$

长度 d 不是别的，正是德拜半径(参阅第三章 § 11)[2]. 德拜半径表征了那样一个距离，在这个距离上等离子体屏蔽任何一个带电物体的电场，即表征了在带电物体周围所形成的所谓二重层的厚度. 尤其是，可把单个离子作为“带电物体”(在第三章 § 11 中德拜半径的概念正是这样引进的).

---

1) 我们提示一下，关于电场强度 $\boldsymbol{E}$ 和电势 φ 的静电学的方程是:

$$\mathrm{div}\boldsymbol{E}=4\pi e\cdot\delta n,\ \boldsymbol{E}=-\mathrm{grad}\varphi.$$

2) 确切一些，是德拜半径乘以 $\sqrt{2}$，因为式(3.78)中的 n 是离子数和电子数之和.

借助 d 的定义，可将偏离电中性的程度写成如下的形式：$\frac{\delta n}{n} \sim \left(\frac{d}{x}\right)^2$.

当有强激波传播时等离子体中的最大梯度是出现在粘性密聚跃变之中，那时一些宏观量在其中发生强烈变化的距离大约等于荷电粒子的自由程：

$$l \sim \frac{(kT)^2}{ne^4 \ln \Lambda} \sim 3.5 \times 10^4 \frac{T^{\circ 2}}{n} \text{厘米}^{1)}.$$

在密聚跃变的区域内（$x = x_{\min} \sim l$），相对电中性的平均偏差是

$$\frac{\delta n}{n} \sim \left(\frac{d}{l}\right)^2 \sim \frac{e^6 n(\ln \Lambda)^2}{4\pi (kT)^3} \approx 3.9 \times 10^{-8} \frac{n}{T^{\circ 3}}.$$

这个量在所有合理的密度和温度的值之下都是很小的；例如，当 $T = 10^5\ {}^\circ\text{K}$, $n = 10^{18}$ 厘米$^{-3}$时，$d \approx 0.8 \times 10^{-6}$ 厘米，$l \approx 3.5 \times 10^{-4}$ 厘米，$\delta_n/n \sim 4 \times 10^{-5}$, $\delta\varphi \sim kT/e = 8.6$ 伏[2]，$E \sim \delta\varphi/l \sim 2.5 \times 10^4$ 伏/厘米.

我们指出，在其宽度大约等于自由程 l 的那种强的密聚跃变中，电子气体的压缩只是依靠来自离子方面的电力的作用(离子气体的压缩，和通常一样是依靠粘性的作用)．因此，密聚跃变中的电势差要由压缩电子气体时所花费的、按一个电子来计算的功所决定，

$$e(\varphi_{02} - \varphi_{01}) = kT_{e0} \ln \frac{\rho_{02}}{\rho_{01}}.$$

当压缩到几倍时，对数值就近似等于 1，因而 $e\delta\varphi \sim kT$，这和上面的推断是一致的.

等离子体中的激波阵面之内的电荷、电场和电势的分布已简略地画在图 7.21 上.

---

1) 自由程中的对数因子(见第六章 § 20)一般具有 $\ln \Lambda$ 大约为10的量级.

2) 量 $\delta\varphi$ 在数值上近似等于以电子伏特为单位的温度.

等离子体中各种成份之浓度的分布和中性混合气体中之浓度的分布有着本质的不同，其差别就在于，在激波阵面的前边部分出现一个电子浓度增高区域的同时，要在波的后边部分产生一个电子浓度下降的区域．在中性混合气体中在激波阵面内发生的只是对轻成份的浓缩(轻成份的过剩质量是由“无穷远处”流来的)．

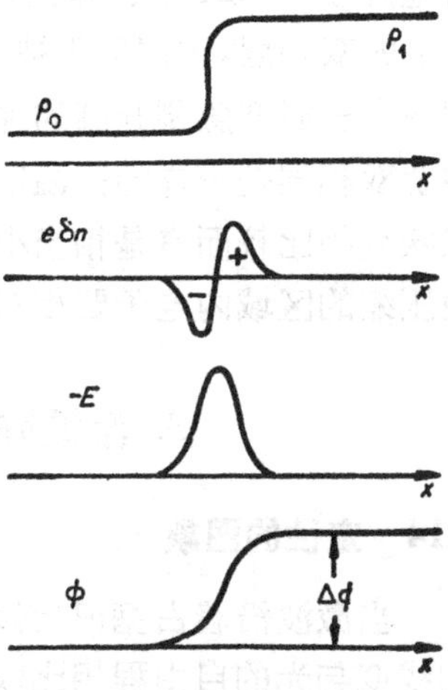

图 7.21　考虑电子扩散时的沿等离子体传播的激波阵面内的质量密度、体电荷密度、电场强度和静电势的分布

在等离子体的情况下，这种情形是不可能的．只浓缩电子，而不把其邻近区域的正离子同时浓缩，这样，便会导至“无穷大”电场的出现，即这种浓缩要消耗无穷大的能量．

文献[45]中曾考察了等离子体中的弱激波的阵面结构，不过它只考虑了受电力抑制的电子扩散，而没有考虑粘性和热传导，就像卡乌林哥(文献[22])对电中性混合气体所做的那样(见 § 5)¹⁾．和在那里一样，扩散也能保证强度不是过分大的激波间断被抹平．由电场的抑制作用，所得到的过渡层的宽度要比中性混合气体时为小．

在 M. Y. 雅夫兰和 R. F. 坡罗伯斯坦的工作(文献[89])中，对完全电离的等离子体中的激波结构，是以同时考虑了等离子体的粘性、热传导和极化的普遍形式来考察的．这些作者是从关于电子气体和离子气体之混合物的流体动力学的方程组以及关于电场的泊松方程出发的．

在这一工作中所得到的质量密度剖面、电子温度剖面和离子温度剖面，都与上一节所叙述的分布相符合．并在定性方面证实了

---

1) 也可以参阅文献[44,46]．

那一概念：在粘性密聚跃变的区域内要产生双相电层，其形状被简略地画在图 7.21 上．但是，在强大激波里还要出现一个这种类型的电的双相层，该层位于被电子热传导所预先加热之区域的前沿，即在电子温度急剧升高的地方．这第二个双相层的物理性质也和主要双相层是一样的：温度在预热层之前沿的升高要伴随有与密聚跃变相比较而言是相当小的但也是极为明显的压缩，而在气体被压缩的区域内电子要相对离子而扩散，这就导致极化的产生．

3. 激波阵面内的辐射热交换

§14 定性的图象

当激波沿着占据很大体积的气体进行传播，并且其加热区域的线度与光的自由程相比较为很大因而气体温度在近似等于自由程的距离上的变化为很小的时候，这个体积内的热辐射要与物质达到局部性热力学平衡．而紧接激波阵面之后的辐射则要达到平衡．

只是当气体的温度非常高或者气体的密度非常低的时候，辐射的能量密度和压力才变得可与物质的能量密度和压力进行比较．例如，在具有标准密度的空气中，这是发生在温度$\approx 2.7\times 10^6$°K 的时候．在强度达不到这样大的激波中，辐射的压力和能量要比物质的压力和能量小很多，因此它们对波阵面之后的各参量几乎没有什么影响．然而，辐射能流和物质能流的比值却具有另外的量级，因为，实际上所能遇到的激波的速度总是要比光的速度小好几个数量级．粗糙地说，能流之比 $\sigma T^4/D\rho\varepsilon \sim (U_{辐射}/\rho\varepsilon)\times(c/D)$ 要大，它是能量密度之比的 c/D 倍．比方说，当 $D=100$ 千米/秒时，$c/D=3\times 10^3$．例如，在标准密度的空气中，当温度大约为 300000°K 的时候，两种能流就已经变成是相同的，而这种温度下的辐射密度却还是很小的．

看起来，似乎辐射能量自大强度激波之阵面的逃逸应该起着重要的作用，因此应在激波关系(7.4)的第三个关系中除了物质能流之外还要再加上一个由辐射自波阵面表面所带走的能流 $S=\sigma T_1^4$. 这似乎要大大影响激波阵面之后的终态,使得阵面之后的压缩增大，就和由于气体比热的增加使得压缩增大是一样的. 而事实上,发自波阵面表面的辐射能耗是极其有限的,它们的效应一般来说也是无关紧要的. 问题就在于,在连续光谱中,气体仅是对于比较小的量子才是透明的. 原子和分子都强烈地吸收其能量超过电离势并因而能引起光电效应的那些量子，且分子照例还要吸收一些甚至更小的量子;例如,冷空气的透明边界是 λ 大约为2000 Å 或 $h\nu$ 大约为6 电子伏.

当波阵面之后的温度很高时，包含在低频范围内的能量只占光谱总能量的一小部分. 比如,当波阵面之后的温度 $T=50000°K$ 时,在 $h\nu<6$ 电子伏的空气的透明范围内所集中的能量只占普朗克谱能量的 4.5%. 这时小的量子是处在光谱的瑞利-琴斯区域,而它们的能流即可能的能量损失，在任何情况下都不与温度的四次方成正比,而只与它的一次方成正比.

实际上，要想使发自激波阵面的辐射其主要部分跑到“无穷远”，只有在这样一种强度之下才有可能，这种强度可使普朗克谱的最大值位于气体的透明谱段，也就是当波阵面之后的温度近于1—2 电子伏的时候. 但在这种温度下辐射能流 σT_1^4 的绝对量是极小的，因而由辐射能耗所引起的附加压缩在标准密度的空气中不会超过百分之几.

因此,对强度不是特别大的激波来说,热辐射的存在对于阵面之后各气体参量的影响乃是很小的. 另一个问题，就是辐射对于处在气体的初态和终态(它们都是热力学平衡态)之间的过渡层的内部结构的影响，也就是对于激波阵面本身之构造的影响. 在这里,在强度很大(但具有现实意义)的激波中,辐射的作用是非常重要的，而且正是辐射热交换决定了激波阵面的结构. 关于考虑辐射热交换时的激波阵面的结构问题，曾由本书的作者们在文献[42,47—49]中考察过，本章的§14—§17 就是为这一问题而写的. 虽然自波阵面跑到“无穷远”的辐射能流是非常小的，并且它对激波的各参量在能量上也没有任何影响，但是它的存在这一事实本身却具有重大的意义，因为这就使得有可能用光学的方法对激波进行观测．关于激波的发光和波阵面表面的亮度问题，乃是紧密地与波阵面的结构问题交织在一起的．我们将在第九章来讨论它．

由于冷气体的不透明性，发自激波间断之表面的辐射，在大强度的波中于间断之前不远的地方就几乎全部被吸收，它加热了流入间断的各个气层．而用来加热的能量则是由已经经受激波压缩的一些气层的发光来供给，因而这些气层要由辐射所致冷．这就是说，其效应就在于借助于辐射把能量从一些气层转移到另外一些气层．辐射热交换在以量子吸收自由程来计量的距离内乃是很活跃的．一般来说，量子的自由程要比粒子的气体动力论自由程大好几个数量级(见第五章)，也要大于在物质本身中建立热力学平衡所需要的那一弛豫层的宽度．

例如，在标准密度的空气中，能量 $h\nu$ 大约为 10—100 电子伏的量子（它们所对应的波阵面之后的温度是 $T_1 \sim 10^4$—10^5 °K）其自由程具有 10^{-2}—10^{-1} 厘米的量级，而那时气体动力论的自由程才具有 10^{-5} 厘米的量级．

在辐射热交换对能量平衡起着重要作用的激波中，其阵面宽度要由光的自由程——最大的长度尺度来确定．在某种意义上可以谈论辐射在激波阵面内的弛豫，也可以谈论在阵面之后建立辐射与物质的平衡．

我们定性地探讨一下，当从小强度的激波向大强度的激波过渡时波阵面的结构将如何变化．同时，我们将考察“大尺度”内的现象，而对于“小尺度”的、与气体的各个不同自由度内的弛豫有关的一些细节不感兴趣，即假定在波中的每一点物质都是处于热力学的平衡态．粘性密聚跃变连同它之后的弛豫区域一起被看成一个数学上的间断．

在波是足够弱的情况下，那时辐射对能量平衡的作用很小，激波中所有各量的剖面皆具有“经典”阶梯的特点(图 7.22)．当强度增加时，发自波阵面表面的辐射能流——σT_1^4 增长得很快．辐射在间断之前近似等于量子自由程的距离内被吸收，并把气体加热，但这种加热要随着对间断的远离而下降，这是由于辐射能流被逐渐吸收的缘故．现在密聚跃变不是沿着冷的而是沿着热的气体传播，跃变之后的温度 T_+ 要高于没有加热时的温度，也就是要高于终态的温度．在密聚跃变之后温度是由 T_+ 减小到 T_1． 换句话说，流经激波的气体质点，开始是被辐射加热，然后经受激波压缩，再后便是冷却，放出部分能量，而这部分能量又去建立新的辐射能流．气体在间断之前的加热会导致它的压力的增高和一定程度的压缩（以及它在波阵面为静止的坐标系中的滞止）． 在密聚跃变中气体要被压缩到略小于终态密度的密度．在密聚跃变之后，气体的冷却使它能继续被压缩到终态的密度（这和一些附加自由度被激发所引起的温度下降的情况是一样的）．这时压力是增加的．

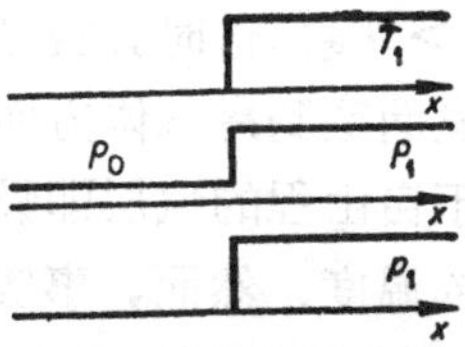

图 7.22 “经典”激波中的温度剖面、密度剖面和压力剖面

与所叙述的图象相适应的激波中的温度剖面、密度剖面和压力剖面已简略地画在图 7.23 上．

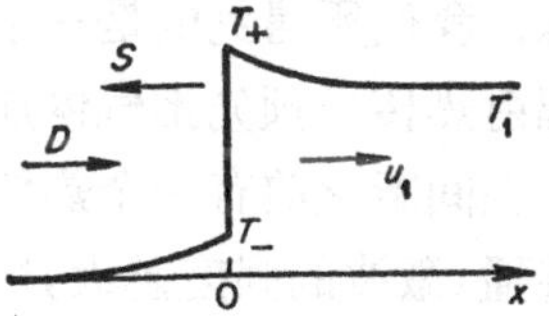

图 7.23 考虑辐射热交换时，强度不是特别大的激波之阵面中的温度剖面、密度剖面和压力剖面

间断之前的预热温度 T_- 正比于发自间断表面的辐射能流——$S_0 \approx \sigma T_1^4$，并因此它是随着波的强度的增大而很快地增加．例如，在标准密度的空气中，当 $T_1 = 25000°$ K时，$T_- \approx 1400°$K；当 $T_1 = 50000°$K 时，$T_- = 4000°$K；当 $T_1 = 150000°$K 时，$T_- = 60000°$K．相应地，跃变之后的温度 T_+ 比终态温度 T_1 的超过量也要增加（大概地说，T_+ —

$T_1 \approx T_-$).

当波阵面之后的温度为某一量值 $T_1 = T_{临}$ 时，预热温度 T_- 达到 T_1 的量值，而这时温度剖面所具有的形式如图 7.24 所示. 这个温度 $T_{临}$，对于空气来说它大致等于 300000°K，可称之为临界温度，因为它将激波阵面的结构分为两种具有重大区别的情况.

我们来考察那种具有超临界强度的激波，它的阵面之后的温度 $T_1 > T_{临}$. 这时，由密聚跃变之后的气体所辐射出的、由间断表面出发而跑到冷气体方面去的那些量子的能流，足以把其厚度近似等于自由程的气层即吸收量子的那个气层加热到很高的、比 T_1 还高的温度. 然而，事实上这样高的加热能够实现吗？显然是不能的，因为这时预热层本身要开始强烈地辐射，并很快地冷却到温度 T_1. 如果能产生 $T_- > T_1$ 的状态，那么就意味着在封闭系统中热量是自动地由低热气层转移到高热气层，而这与热力学第二定律相矛盾[1]. 事实上，辐射从被密聚跃变所加热的气层那里所索取的能量只是简单地用于预先加热间断之前的较厚的气层. 发自间断表面的一些量子，在间断之前其厚度近似等于自由程的气层内要被吸收，而这时被加热到接近于 T_1 之温度的物质其本身也要进行辐射，并把与它相邻的气层加热，如此等等. 我们所遇到的是一个典型的由辐射热传导预先把气体加热的情况. 在间断之前有一个热传导的波在传播，激波的强度越大，这个波所席卷之气层的厚度也就越大. 这种现象完全类似于在 §12 中所考察过的带有电子热传导的激波(辐射热传导也是非线性的).

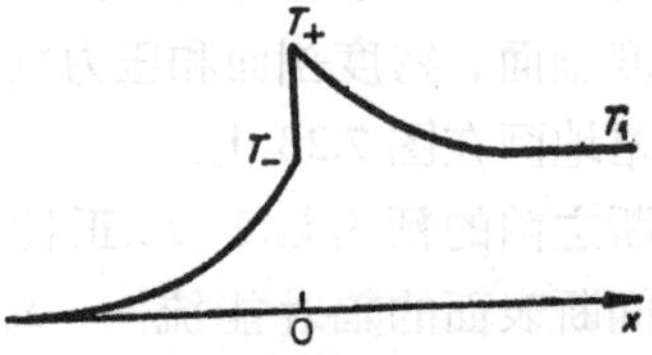

图 7.24 具有"临界"强度之激波中的温度剖面

具有超临界强度之激波中的温度剖面和密度剖面已画在图 7.25 上. 在密聚跃变之后仍然有一个由激波压缩所产生的温度的尖峰. 和以前一样，经受激波压缩的气体质点也要冷却，并以发光

---

1) 关于 $T_- > T_+$ 之状态的不可能性将在 §17 中作详细的叙述. 关于这种情况的严格证明在文献[42]中给出.

的形式放出自己的部分能量，而这部分能量就去建立间断之前面的热波.

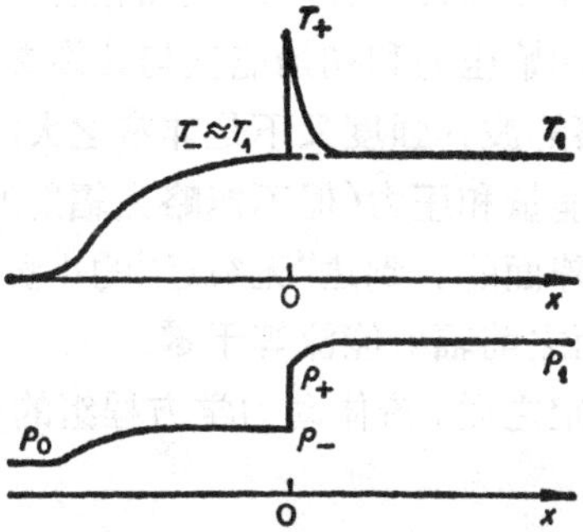

图 7.25 考虑辐射热交换时，强度很大的激波之阵面中的温度剖面和密度剖面. 虚线与辐射热传导近似(等温跃变)相对应

但是，与亚临界的情况不同，现在尖峰的厚度要小于辐射自由程，并随着波的强度的增加而减小(关于这一点，请见 § 17).

在辐射热传导近似之下，我们将从讨论中去掉那些在小于自由程的距离之内所发生的各种现象的细节，那时尖峰将被“削去”，就像图 7.25 上的虚线所表示的那样，而激波也就具有“等温”跃变的特点(参阅本章 § 3).

在以下几节，这里所大致概述的物理图象将从数学上加以论证.

§ 15 关于波阵面结构问题的近似叙述

和往常一样，我们还是在波阵面为静止的坐标系中考察一维定常的体系. 为了阐明与辐射热交换有关的一些波阵面结构的特性，我们将作某些简化. 气体被认为是比热不变的理想气体，因此它的压力和比内能可用简单的公式来表示：

$$p = A\rho T, \quad \varepsilon = \frac{1}{\gamma - 1} AT.$$

粘性密聚跃变连同它之后的弛豫层一起将以一个数学的间断

来代替，所谓弛豫层就是为在物质内部建立热力学平衡所需要的那一过渡区域．在辐射热交换的区域内，我们将忽略下面这些弛豫现象：物质的粘性和热传导，以及电子的热传导[1]．我们认为激波是强的（物质的初始压力和初始能量与其终态值相比较都是很小的）．我们所考察的波其强度又不是非常之大的；在这种情况下便可以略去辐射的能量和压力(但不能略去辐射的能流!)．我们不去注意由发自波阵面的、到达"无穷远"的小量子所构成的小能流，即假定在波阵面之前辐射能流等于零．

在作了这些假定之后，流体动力学方程组的积分（7.10）便具有如下形式：

$$\left.\begin{aligned}&\rho u=\rho_0 D,\\&p+\rho u^2=\rho_0 D^2,\\&\varepsilon+\frac{p}{\rho}+\frac{u^2}{2}+\frac{S}{\rho_0 D}=\frac{D_2}{2}.\end{aligned}\right\}\tag{7.40}$$

这里的 S 是辐射能流．我们指出，能流的方向是与气流的方向相反的，而后者是沿着 x 轴的正方向运动的，所以 $S<0(D,u>0)$．

在激波的阵面之前，当 $x=-\infty$ 时，和在激波的阵面之后，当 $x=+\infty$ 时，能流 $S=0$，所有各量也都取自己的初值和终值，而这些值照例总是要写上脚标"0"和"1"．坐标 x 是从密聚跃变所在之点开始算起的．

为了确定辐射能流，还必须在流体动力学的方程组（7.40）中再加上一个辐射输运方程．我们将用扩散近似来研究量子的角分布，并以关于辐射密度和辐射能流的两个方程来代替关于辐射强度的严格的动力论方程(参阅第二章 § 10)．

我们强调指出，在扩散近似中形式上并不包含任何关于辐射密度要接近于平衡值的假设，而扩散近似也决不等价于辐射热传导近似．我们借助它来描写严重不平衡的辐射，这只是以近似的

1）估计表明，在许多实际的情况下，其中就包括在实践上是很重要的、激波沿标准密度空气传播的过程这种情况，电子热传导所起的作用要小于辐射对能量的输运作用(见文献[48])．

方式来考虑量子的角分布(关于这一点,请参阅第二章§13).

我们所要确定的只是按谱积分的辐射密度U和辐射能流S,为此我们可以引进一个按谱平均的光的自由程l. 就如在第二章曾经指出过的那样,严格地说,这样的近似只是在一些特定的极限情况下才是可行的. 但是,它不会歪曲辐射输运的定性规律,因而对于我们的目的来说它是足够的.

利用上述近似我们写出关于辐射的方程(参阅公式(2.62),(2.65)):

$$\frac{dS}{dx}=\frac{c(U_p-U)}{l},$$

$$S=-\frac{l_c}{3}\frac{dU}{dx}.$$

在这里 $U_p=4\sigma T^4/c$ 是与已知点x处的物质温度相对应的平衡辐射的能量密度.

流体动力学方程和辐射输运方程都不明显地含有坐标x,因此可将它们变换到新的坐标——光学厚度τ,而后者是从$x=0$之点向着x轴的正方向计算的:

$$d\tau=\frac{dx}{l},\ \tau=\int_0^x\frac{dx}{l}. \tag{7.41}$$

如果自由程l作为气体的温度和密度的函数是已知的,那么在最终的解中很容易借助方程(7.41)从各量沿光学坐标的分布而变换到沿x的分布(当$l=$常数时,很显然两种类型的剖面是一致的).采用光学厚度的术语,输运方程便具有下述形式:

$$\frac{dS}{d\tau}=c(U_p-U), \tag{7.42}$$

$$S=-\frac{c}{3}\frac{dU}{d\tau}. \tag{7.43}$$

流体动力学方程组(7.40)和辐射输运方程(7.42),(7.43)连同下述自然边界条件一起就完全地描写了上述提法下的激波阵面的结构. 这些边界条件要求,在波前的冷气体中没有辐射,而在波阵

面之后辐射要具有热力学平衡的特性[1]:

$$\tau=-\infty,\ S=0,\ U=0,\ T=0, \tag{7.44}$$

$$\tau=+\infty,\ S=0,\ U=U_{p1}=\frac{4\sigma T_1^4}{c},\ T=T_1. \tag{7.45}$$

微分方程组是二阶的. 但它的阶可以降低，如果是从方程组中消去坐标 τ 的话,即方程(7.42)除以方程(7.43):

$$\frac{ds}{dU}=\frac{c^2}{3}\frac{U-U_p}{s}. \tag{7.46}$$

为阐明波阵面结构之规律性的物理意义，应用 § 3 中所考察过的 P,V 图; T,V 图; S,V 图那是很方便的.

和在那里一样,我们引进一个相对比容 $\eta=V/V_0$, 它等于压缩量的倒数和无量纲速度

$$\eta=\frac{V}{V_0}=\frac{\rho_0}{\rho}=\frac{u}{D},$$

我们根据(7.40)的前两个方程求得: 在各气体动力学量为连续的区域内,压力是沿下述直线变化的:

$$p=\rho_0 D^2(1-\eta). \tag{7.47}$$

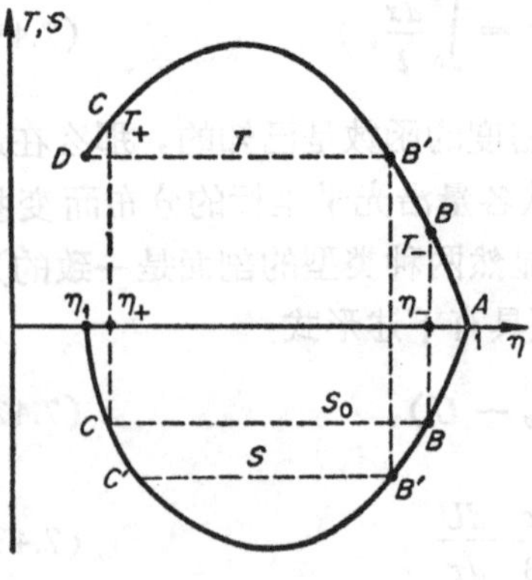

图 7.26 考虑辐射热交换的激波的 T, η 图和 S, η 图

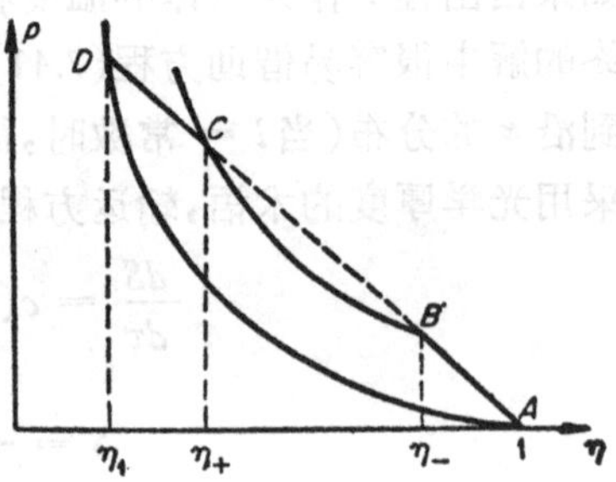

图 7.27 考虑辐射热交换的激波的 p, η 图

1) 这几个条件中独立的只有两个,其余的是由方程得到的.

温度和能流是按与式(7.13)和(7.14)相类似的公式而依赖于压缩．这两个公式是在比热不变的气体的情况下由方程组(7.40)得到的．在公式(7.13)和(7.14)中代替马赫数我们引进激波阵面之后的温度 T_1．这样便得到

$$T=\frac{\pi\eta(1-\eta)}{\eta_1(1-\eta_1)}, \tag{7.48}$$

$$S=-\frac{\rho_0 DAT_1(1-\eta)(\eta-\eta_1)}{2\eta_1^2(1-\eta_1)}, \tag{7.49}$$

此处 $\eta_1=(\gamma-1)/(\gamma+1)$．在激波中辐射只是在高温时才起重要作用，而那时气体要被强烈地电离．作为数值上的估计，电离范围内的有效绝热指数可以取为 $\gamma=1.25$．而相应的波阵面之后的压缩 $1/\eta_1=9$，$\eta_1=0.111$．

函数 $T(\eta)$，$S(\eta)$，$p(\eta)$ 已画在图 7.26 和图 7.27 上．函数 $T(S)$ 可由方程(7.48)，(7.49)得到，就像从图 7.26 所看出的，它具有两个分支：其中一支在极限 $S\to 0$ 之下给出 $T\to 0\ (\eta\to 1)$，它所对应的那些状态靠近于初态，即它与间断之前的预热区域相对应；而另一支则在极限 $S\to 0$ 之下给出 $T\to T_1\ (\eta\to\eta_1)$，它所对应的那些状态靠近于终态，即它与间断之后的区域相对应．

在以下两节，我们将针对§14 中所叙述的两种极端情况：即激波的强度为亚临界的和超临界的两种情况，来求出体系之方程的近似解．应当指出，从一种情况到另一种情况的过渡是连续的．只不过对于一些接近临界值的中间强度不能求得解析解．对于这些中间强度进行数值积分并无困难．但是，这没有特别的必要，因为所求出的极限解析解一直正确到从两边非常接近于临界值的强度值．

§16 具有亚临界强度的激波

我们来考察那种强度不大的激波，在它之中所有与辐射有关的效应都是不大的．这时密聚跃变之后的温度接近于终态的温度，而发自间断表面的辐射能流其绝对值等于 $|S_0|\approx\sigma T_1^4$．我们

来跟踪流进波中的气体质点的状态．T,η 图；S,η 图；p,η 图上的流动点是从初始位置 A 向着压缩的方向一直运动到位置 B，在那里辐射能流等于 S_0．质点中的气体密度、温度、压力和辐射能流都是随着向间断的靠近而单调地增加．由公式(7.48)，(7.49)得到，同时也可由图 7.26 看出，在从初态点 A 出发的曲线分支上，即在预热区域内，压缩是很小的．甚至当 $T_- = T_1$ 时，这一分支上的压缩也只是 $1/(1-\eta_1) = 1.13$（如果 $\gamma = 1.25, \eta_1 = 0.111$），而当间断之前的温度 T_- 小于 T_1 时，预热区域内的压缩还要小．如近似地从方程(7.48)，(7.49)中消去 η，并精确到关于 η_1 的二级小量而将 S 用 T 表示，则我们得到

$$-S = \frac{D\rho_0 AT}{\gamma - 1} = D\rho_0\varepsilon. \tag{7.50}$$

如果在式(7.40)的能量积分中将 $p/\rho, D^2/2, u^2/2$ 三项略去，也可以得到这个方程，该方程具有简单的物理意义．它意味着，在预热区域内所吸收的辐射能量只是用来提高气体的温度．实际上不难证明，在精确到与 η_1^2 成正比的二级小量的情况下，压缩功 p/ρ 和动能的变化 $D^2/2 - u^2/2$ 基本上都与 η_1 成正比，因而它们是互相抵消的．

在没有对气体的滞止和压缩的情况下，能量守恒方程可以写成如下形式：

$$-S = D\rho_0\varepsilon(T, \rho_0), \tag{7.51}$$

它在比热对温度有依赖关系的普通情况下也是正确的．如果将它应用于间断之前的紧贴间断的 $x = 0$ 之点，我们便求得预热的最高温度 T_-：

$$|S_0| \approx \sigma T_1^4 = D\rho_0\varepsilon(T_-). \tag{7.52}$$

在比热不变的气体中 $D \sim \sqrt{T_1}$，$T_- \sim T_1^{3.5}$，即预热是随着波的强度的加大而迅速地增加．根据方程(7.52)，可以近似地估计出波阵面之后的这样一个温度，在这个温度下密聚跃变之前的温度 T_- 将达到 T_1 的量值（我们称这种波为临界波）．其近似性就在于，发自间断表面的辐射能流仍然被假定为等于 σT_1^4，虽然实际上它

要稍微大一些，因为间断之后的温度多少要高于 T_1. 确定临界强度 $T_1 = T_{临}$ 的近似方程是

$$\sigma T_{临}^4 = D(T_{临})\rho_0\varepsilon(T_{临}). \tag{7.53}$$

表 7.4 标准密度空气中密聚跃变之前的温度

D, 千米/秒	T_1, °K	ε_-, 电子伏/分子	T_-, °K	D, 千米/秒	T_1, °K	ε_-, 电子伏/分子	T_-, °K
23.3	50000	3.7	4000	56.5	150000	122	60000
28.5	65000	8.4	9000	81.6	250000	635	175000
32.1	75000	13.1	12000	86.2	275000	910	240000
40.6	100000	32.7	25000	88.1	285000	1020	285000

在表 7.4 中列出了标准密度空气中的密聚跃变之前的温度的一些数值，它们是根据公式(7.52)计算的，计算时曾考虑了真实关系 $\varepsilon(T)$. 从表中看出，空气中的临界温度大致等于 300000°K(按公式 (7.53)是等于 285000°K). 就像从定义(7.53)所得到的，临界温度是这样一个温度，在这个温度下物质能流和辐射能流大体上相等(请回忆一下 § 14 开头部分的阐述).

我们回到关于比热不变之气体的一些原来的方程，而来求亚临界波的预热区域内的近似解. 如果预热区域内的温度与波阵面之后的温度相比很小 ($T_- < T_1$)，那么与气体温度的四次方成正比的平衡辐射密度 ($U_p \sim T^4$) 就比实际的辐射密度 U 小得多，因为后者是由从间断表面里边出来的、温度为 T_1 的、穿透气体的辐射所决定 ($U \sim |S_0| \sim T_1^4$).

产生于预热区域本身内部的辐射，这时对总能流和总密度的贡献都是很小的. 这样一来，在预热区域内辐射密度是严重不平衡的. 在方程(7.42), (7.46)中与 U 相比较将 U_p 略去，我们便求得间断前的即 $\tau < 0$ 时的解:

$$-S = \frac{cU}{\sqrt{3}} = -S_0 e^{-\sqrt{3}|\tau|}, \tag{7.54}$$

$$T = T_- e^{-\sqrt{3}|\tau|}, \tag{7.55}$$

$$\frac{\rho-\rho_0}{\rho_0}=\frac{\rho_- - \rho_0}{\rho_0}e^{-\sqrt{3}|\tau|}, \tag{7.56}$$

$$p=p_- e^{-\sqrt{3}|\tau|}. \tag{7.57}$$

当与间断远离时，所有各量都随着光学厚度而指数地下降(图 7.28)．量 T_-, ρ_-, p_- 的值借助公式(7.52)，(7.48)和状态方程很容易计算．

在激波间断点上辐射密度和辐射能流仍然是连续的． 事实上，按照公式(7.43)，辐射密度的间断要对应一个无限大的能流，但后者因受到能量守恒定律的限制实际上是不可能的；而辐射能流的间断便会导致辐射能量在间断点的不稳定的堆积或减少．因而，T，η 图和 S,η 图上的流动点在经过粘性跃变时是从曲线的一个分支上的位置 B 跳到另一个分支上的位置 C，而这后一个位置也对应于同样的能流 S_0．(当然，能流的导数这时要经受间断．)对于 p,η 图上的点也有同样的情况：气体在密聚跃变中是沿着经过

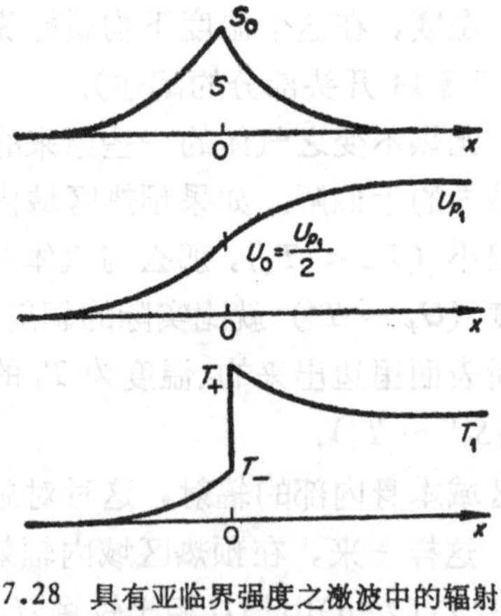

图 7.28 具有亚临界强度之激波中的辐射能流剖面、辐射密度剖面和温度剖面

B 点的激波绝热曲线 CB 而被压缩的．在激波压缩之后，质点的状态是单调地趋近于终态，趋近于 D 点．温度和辐射能流这时是减少的，而气体密度和压力则是增加的．

在小强度的波中，间断之后的温度 T_+ 超过波阵面之后的温度 T_1 的量，就如从 T，η 图上所看出的，和间断之后的体积变化一样，也是很小的. 和以前一样，从方程(7.48)，(7.49)中消去 η，我们对第二分支便可求得精确到关于 η_1 之二级小量的、间断之后的能流和温度之间的关系：

$$-S=\frac{3-\gamma}{\eta_1}D\rho_0A(T-T_1). \tag{7.58}$$

为了近似地求解间断后边之区域内的辐射输运方程，我们指出，在那里温度的变化是很小的，并可以假设 $U_p\approx U_{p1}=4\sigma T_1^4/c$ ＝常数. 当 $\tau>0$ 时，我们得到

$$-S=\frac{c}{\sqrt{3}}(U_{p1}-U)=-S_0e^{-\sqrt{3}\tau}, \tag{7.59}$$

$$T-T_1=(T_+-T_1)e^{-\sqrt{3}\tau}, \tag{7.60}$$

此处 $T_+-T_1=[(3-\gamma)/(\gamma+1)]T_-\approx0.78T_-$，当 $\gamma=1.25$ 时.

我们来求间断点处的辐射密度，以便在 $\tau=0$ 之点将由公式(7.54)和(7.59)给出的曲线 $U(S)$ 的两个分支衔接起来. 我们得到[1)]

$$U_0=\frac{1}{2}U_{p1}=2\sigma T_1^4. \tag{7.61}$$

亚临界波中的辐射密度剖面和辐射能流剖面已画在图7.28上，为了对比起见，在那里也画出了温度剖面.

我们来看一看预热区域内的方程之近似解所适用的范围是怎样的. 公式(7.50)甚至在具有临界强度的波中也具有很大的精度，因为当 $\gamma=1.25$ 时间断之前的压缩是很小的：$\rho_-/\rho_0\leqslant1.13$.

至于说辐射输运方程的解式(7.54)，它是在 $U_p\ll U$ 的近似

1) 我们指出，这时出现一个新的能流值 $-S_0=(2/\sqrt{3})\sigma T_1^4$，它与原来的值：$-S_0=\sigma T_1^4$ 的差别不大. 这一小的不一致性的出现是由扩散近似的不完善性所引起，当利用精确的辐射输运方程的时候，这种不一致性就会消除；关于这一点，请参阅文献[47].

之下得到的，因而当辐射密度U变得可与平衡辐射密度进行比较的时候，它便失去了效力．从公式(7.54)，(7.50)得到，这种情况是发生在当温度$T_{接近}$满足下述方程的时候，

$$\frac{4\sigma T_{接近}^4}{\sqrt{3}}=\frac{D\rho_0 A T_{接近}}{\gamma-1}. \tag{7.62}$$

在表达式(7.53)中曾假设比热为常数$\left(\varepsilon=\frac{1}{\gamma-1}AT\right)$，现将方程(7.62)与表达式(7.53)进行比较，并注意到D是很弱地依赖于温度($D\sim\sqrt{T_1}$，当$\gamma=$常数时)，我们看出温度$T_{接近}$极其接近于临界温度$T_{临}$．由此得到，当温度低于临界温度时，预热区域内的辐射密度总是不平衡的，而我们的近似解直到波的强度尚未达到临界值之前总是正确的．

实质上，当辐射能流和流体动力学能流可以比较的时候，辐射密度才变得近于平衡值．就像从公式(7.54)—(7.57)所看出的，在具有亚临界强度的波中其预热区域的光学厚度具有1的量级．因而，区域的几何宽度就近似等于按谱平均的辐射自由程．在标准密度的空气中，这个宽度约为10^{-2}—10^{-1}厘米．波阵面之后的温度越高，它也就越大，因为自由程是随着量子能量的增加而增大．密聚跃变之后的区域(在它之中要发生向着气体和辐射之终态的接近)的宽度也具有大体相同的量级．

§17 具有超临界强度的激波

我们来考察具有大的、超临界强度的激波，它的波阵面之后的温度$T_1>T_{临}$．预热区域内的温度从零增加到T_-，T_-和终态的温度T_1相等，因而也就大于$T_{临}$．由于由公式(7.62)所定义的温度$T_{接近}$非常接近临界温度$T_{临}$，所以T_-要大于$T_{接近}$．因预热区域内的压缩不很大，所以方程(7.50)仍然有效．

在预热区域的前端温度要低于$T_{接近}$，其辐射仍和原先一样是不平衡的，而型如式(7.54)，(7.55)的解也是正确的，在这种解中T，S和U都是随着光学厚度的增加而指数地下降．在温度达到

$T_{接近}$之点，辐射密度变得近似等于平衡值，而能流 S 则近似等于斯提芬-玻耳兹曼能流 σT^4. 当朝着间断方向继续运动时，辐射能流要按照守恒定律 (7.50) 与温度成正比地增加 ($S \sim T$)，即变得要小于斯提芬-玻耳兹曼能流 σT^4. 这意味着，在 $T > T_{接近}$ 的温度区域内，两个方向相反的单向能流(它们都近似等于 σT^4) 在很大程度上是互相抵消的，在每一点所产生的辐射都与其吸收可以比较，因而辐射密度接近于热力学的平衡值. 换句话说，在预热区域内的上述部分里，辐射与物质处于局部平衡，而辐射输运则具有辐射热传导的特点. 能流 S 现在由温度的梯度来决定，而且它与斯提芬-玻耳兹曼能流相比较为很小，其原因就在于在近似等于光的自由程的距离内温度的变化是很小的. 为了得到辐射热传导区域内的解，应在扩散方程(7.43)中以平衡值来代替辐射密度 U，$U_p \approx U$：

$$S = -\frac{c}{3}\frac{dU_p}{d\tau} = -\frac{16\sigma c T^3}{3}\frac{dT}{d\tau}. \tag{7.63}$$

将这个方程与代数方程 (7.50) 同时求解，我们便求得预热区域内的平衡部分中的温度剖面、辐射能流剖面和辐射密度剖面. 它们应在温度 $T = T_{接近}$ 之点(该点的作用就是将区域的两个部分分开)与非平衡部分之前端的解相衔接. 这一点的光学坐标我们用 $\tau_{接近}$ 来表示. 经过初等运算之后，我们便得到非平衡部分内的解，当 $\tau < \tau_{接近}$，$|\tau| > |\tau_{接近}|$ 时，

$$\frac{T}{T_{接近}} = \frac{cU}{4\sigma T_{接近}^4} = \frac{\sqrt{3}\,S}{4\sigma T_{接近}^4} = e^{-\sqrt{3}\,|\tau - \tau_{接近}|}; \tag{7.64}$$

在平衡部分内，当 $\tau_{接近} < \tau < 0$，$0 < |\tau| < |\tau_{接近}|$ 时，

$$\frac{T}{T_{接近}} = \frac{\sqrt{3}\,S}{4\sigma T_{接近}^4} = \left(\frac{cU}{4\sigma T_{接近}^4}\right)^{\frac{1}{4}} = \left(1 + \frac{3\sqrt{3}}{4}|\tau - \tau_{接近}|\right)^{\frac{1}{3}}, \tag{7.65}$$

并且 $\tau_{接近}$ 可用间断之前的温度表示：

$$|\tau_{接近}| = \frac{4}{3\sqrt{3}}\left[\left(\frac{T_-}{T_{接近}}\right)^3 - 1\right]. \tag{7.66}$$

由于温度在非平衡部分内是指数地下降，在等于1的光学距离上就下降好几倍，所以在激波是很强的情况下，即当 $T_{-}^{3} \gg T_{接近}^{3}$ 的时候，量 $|\tau_{接近}|$ 就是预热区域的光学厚度。

应当指出，在平衡部分内光的自由程是按罗斯兰德方法进行平均的(见第二章§12). 在超临界的波中，间断之前的温度 T_{-} 几乎与波阵面之后的温度 T_1 相符合.

间断之前的温度 T_{-} 任何时候都不可能高于阵面之后的终态温度 T_1. 事实上，如果 $T_{-} > T_1$，那么间断之前的预热区域内的辐射密度——它大致等于 $U_{-} \approx \frac{4\sigma T_{-}^{4}}{c}$，就要变得大于波阵面之后的辐射密度 $U_{p1} = \frac{4\sigma T_1^4}{c}$. 因而，在间断和终态之间的区域内 $(0 < \tau < +\infty)$，辐射密度就要随着与间断的远离而减小. 能流 $S \sim -\frac{dU}{d\tau}$，这时就要成为正的，并指向气体运动的方向. 但这与公式(7.48)，(7.49)相矛盾，而这两个公式是由守恒定律得到的，它们证明了那样一点：激波中的辐射能流处处是负的，其方向与气体运动的方向相反.

这就是说，温度 T_{-} 的上界是量 T_1.

将密聚跃变之前的气体加热到超过阵面之后温度 T_1 的高温在原则上的不可能性，同时也就证明了在解中产生间断的必然性(T，η 图；S，η 图上的流动点为了达到终态位置 D，就必定要从位置 B'“跳到”曲线的另一个分支上). 上述关于温度 T_{-} 超过 T_1 之不可能性和产生间断之必然性的一些物理上的见解，在对体系的方程所作的严格研究中找到了自己的证明(见文献[42]).

因为在超临界的波中 $T_{-} \approx T_1$，而间断之前的辐射密度又接近于平衡值，所以它早在间断之前就几乎达到了自己的终值. 这样一来，

$$U_0 = U_{-} \approx \frac{4\sigma T_{-}^{4}}{c} \approx \frac{4\sigma T_1^4}{c} = U_{p1}, \tag{7.67}$$

而在间断之后的区域内，辐射密度实际上保持常数：

$$U(\tau) \approx U_{p1} = \frac{4\sigma T_1^4}{c}\text{，当 }\tau > 0\text{ 时.} \tag{7.68}$$

由公式(7.65)得到，间断点的辐射能流等于

$$S_0 = \frac{4\sigma T_{\text{接近}}}{\sqrt{3}} \frac{T_1}{T_{\text{接近}}}. \tag{7.69}$$

在超临界的波中，T，η 图和 S，η 图上的流动点是沿曲线从点 A 运动到点 B'，然后再跳到点 C'，而这一点具有完全相同的能流. 间断之后的温度 T_+ 可以按公式(7.48)，(7.49)计算. 它等于

$$T_+ = (3-\gamma)T_1. \tag{7.70}$$

如果在间断之后面的区域内应用辐射热传导近似，那么，按照所得到的辐射密度在这一区域内为常数的条件，气体的温度也是常数. 温度在密聚跃变上是连续的，并就等于其终值 T_1. T，η 图和 S，η 图上的流动点从间断之前紧贴间断的位置 B' 直接落到终点位置 D. 当然，这时能流要经受间断，因为在密聚跃变之前它不等于零而等于 S_0，但在终态(点 D)它要等于零.

这样一来，我们所遇到的乃是典型的“等温跃变”的情况，对于这种情况我们已在 § 3 和 § 12 中碰到过.

“等温跃变”的产生乃是由于在数学上采用了这样一种近似的结果，在这种近似中能流被认为与温度的梯度成正比. 这就排除了产生温度跃变的可能性，因为当温度间断时能流就要成为无限大.

然而事实上，由于过程的定常性，所以能流在密聚跃变中是连续的，而温度才要经受间断.

这里并没有任何矛盾：只不过在间断之后的区域内辐射是不平衡的(其密度低于平衡值，因为密度所对应的温度是 $T_- \approx T_1$，但气体的温度是 $T_+ > T_1$)，而由实际的辐射密度的梯度所决定的能流并没有通过温度的梯度来表示. 在激波间断之后，仍和原先一样要有一个温度的尖峰，即超临界波中的温度剖面应具有图 7.25 上所画的形式.

根据一些简单的物理见解，我们来估计间断之后的温度尖峰

的光学厚度．尖峰的几何厚度是这样一个量，在它的区域之内所产生的辐射能够形成能流 S_0，而该能流是由间断的表面发出并去预先加热流进波中的气体． 在 1 秒之内在气层 Δx 之中（按 1 厘米^2 的间断表面计算）所辐射出的能量约为：

$$\frac{\sigma T_+^4}{l}\Delta x \sim \frac{\sigma T_1^4}{l}\Delta x.$$

这个量近似地等于能流 S_0，而后者按照公式(7.69)约为 $\sigma T_{接近}^3 T_1$．由此便得到温度尖峰的光学厚度：

$$\Delta\tau = \frac{\Delta x}{l} \sim \left(\frac{T_{接近}}{T_1}\right)^3. \qquad (7.71)$$

它随着波的强度的增加而很快地减少，在很强的波中尖峰要比辐射自由程薄很多．因此在辐射热传导近似中它被“切去”，因为这种近似抛弃了与小于辐射自由程的距离有关的一些细节．

最后，我们列出沿标准密度空气传播的具有超临界强度之激波中的预热区域的宽度的值． 这些值是借助公式(7.66)和按第五章 § 8 中的方法所计算的实际空气中的罗斯兰德辐射自由程来估算的．当 $T_1 = 500000°K$ 时，$\tau_{接近} = 3.4$，而宽度近似等于 40 厘米．当 $T_1 = 750000°K$ 时，$\tau_{接近} = 14$，而宽度近似等于 2 米．由于温度的尖峰很窄，这些宽度同时也就是激波阵面的整个宽度．

§ 18　大辐射能量密度和大辐射压力之下的激波

在 § 3 中曾经证明，在不是特别弱的激波中，当只有热传导而没有粘性的时候，气体不可能连续地从初态过渡到终态．不可避免地要产生一个与粘性密聚跃变相对应的间断，而在上述近似范围内这一间断是无限薄的（因为从一开始就从讨论中去掉物质的粘性）．如果热传导能流正比于温度梯度，那么除了温度之外在间断上所有各量都要经受跃变，即所发生的是“等温”跃变．在 § 12 和 § 17 中曾考察过由电子热传导和辐射热传导所引起的“等温”跃变的两个具体例子．

但是，当激波的强度非常大以致辐射的能量密度和辐射的压力与物质的能量和压力相比较成为足够大时，情况就有所变化．甚至，如果不考虑物质的粘性只依靠辐射热传导，就可以使间断消除、气体在激波中以连续方式从初态过渡到终态．这一问题曾由C. З. 别林基和（后来的）B. A. 别罗柯恩所考察过（见文献[50a]）．

为了描写激波阵面的内部结构，我们从普遍的流体动力学方程(7.40)出发，那里的 S 是辐射热传导能流．总的压力和总的能量是由物质的和辐射的相应分量相加而得到，并认为辐射是热力学平衡的．p,V 图上的描写波中状态的点是沿下述直线运动的：

$$p=\rho_0 D^2(1-\eta),\quad \eta=\frac{V}{V_0}, \tag{7.72}$$

并且

$$p=A\rho_0\frac{T}{\eta}+\frac{4}{3}\frac{\sigma T^4}{c}. \tag{7.73}$$

波阵面之后的温度 T_1 和相对体积（比容）η_1 彼此间是由（以温度和体积为变数的）激波绝热曲线方程相联系，在考虑辐射的压力和能量的情况下这个方程曾在第三章 § 10 中导出过（公式(3.76)）．在这里我们把它写成如下形式：

$$\frac{A\rho_0 T_1}{\eta_1}\left(\frac{\eta_1}{\eta_{10}}-1\right)=\frac{4\sigma T_1^4}{3c}(1-7\eta_1), \tag{7.74}$$

此处 $\eta_{10}=(\gamma-1)/(\gamma+1)$ 是不考虑辐射的密度和压力时的终态体积．从这个公式看出，当 $p_{辐射}\gg p_{气体}$ 时，$\eta_1=1/7$；当 $p_{辐射}\ll p_{气体}$ 时，$\eta_1=\eta_{10}$．

我们来考察当气体在波阵面中被压缩时其温度和体积的关系，为此将表达式(7.73)代入直线方程(7.72)：

$$A\rho_0\frac{T}{\eta}+\frac{4}{3}\frac{\sigma T^4}{c}=\rho_0 D^2(1-\eta).$$

将这个公式改写成另外一种形式是方便的，在它的里面通过 T_1 和 η_1 来代替 $\rho_0 D^2$：

$$A\rho_0\frac{T}{\eta}+\frac{4}{3}\frac{\sigma T^4}{c}=\left(A\rho_0\frac{T_1}{\eta_1}+\frac{4}{3}\frac{\sigma T_1^4}{c}\right)\frac{1-\eta}{1-\eta_1}. \tag{7.75}$$

函数 $T(\eta)$在间隔 $0 < \eta < 1$ 之内具有最大值(最大值的坐标我们用 T_{max}，η_{max} 表示)．

波中的辐射能流 S，和辐射的密度与压力为很小时的情况一样，也总是指向一个方向，即迎着气流的方向，并仅当在波阵面之前 $x = -\infty$ 和在波阵面之后 $x = +\infty$ 时它才等于零．因此，波中的温度必须单调地从初值 $T = 0$ 增加到终值 T_1，否则能流 $S \sim -dT/dx$ 就要在波内改变符号．

如果辐射的压力很小，$p_{辐射} \ll p_{气体}$，那么就如从公式(7.75)所得到的，$\eta_{max} = 1/2 > \eta_1 \approx \eta_{10} = (\gamma - 1)/(\gamma + 1)$．这时 T，η 图上的点是从曲线 $T(\eta)$ 的一个分支跳到另外一个分支，从而避免了最大值，而所产生的结果是等温跃变（见 § 3，§ 17）．

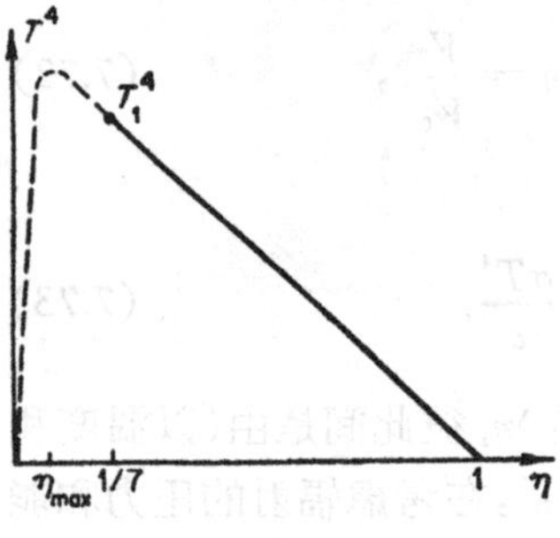

图 7.29　关于因有辐射而无间断之激波的 T^4，η 图

如果辐射的压力很大，$p_{辐射} \gg p_{气体}$，那么使函数 $T(\eta)$ 出现最大值的点 η_{max} 是处在实际可能存在的体积的范围 $1/7 \approx \eta_1 < \eta < 1$ 之外：η_{max} 靠近于零点(这可从方程(7.75)看出)．这就是说，在这种情况下，波中气体的密度和温度都是以连续方式变化的，即在波中没有间断．这种情况已画在 T^4，η 图上(图 7.29)．而这种波中的温度剖面、气体密度剖面和辐射能流剖面都已简略地画在图 7.30 上．

我们来求可使间断消除的波的强度．很显然，这一强度应该对应于这样一种情况，即温度的最大值之点 T_{max}，η_{max} 应与终点 T_1，η_1 相符合(这完全和 § 3 的情况一样)．事实上，当 $\eta_1 < \eta_{max}$ (具有“小的”强度)时，间断是存在的，而当 $\eta_{max} < \eta_1$ (具有“大的”强度)时，间断就消失．存在一个所谓过渡强度，它能把连续解区域和等温跃变区域相区别，它所对应的波阵面的一对参量我们将用 T^* 和 η^* 表示．

将关于函数 $T(\eta)$ 的方程(7.75)微分，并令 $dT/d\eta=0$，$T=T^*$，$\eta=\eta^*$，再在微分后所得到的方程和激波绝热曲线方程(7.74)中令 $T_1=T^*$，$\eta_1=\eta^*$，我们便得到一个关于未知量 T^* 和 η^* 的二元方程组：

$$\frac{A\rho_0 T^*}{\eta^{*2}}=\left(A\rho_0\frac{T^*}{\eta^*}+\frac{4}{3}\frac{\sigma T^{*4}}{c}\right)\frac{1}{1-\eta^*},$$

$$\frac{A\rho_0 T^*}{\eta^*}\left(\frac{\eta^*}{\eta_{10}}-1\right)=\frac{4\sigma T^{*4}}{3c}(1-7\eta^*).$$

再从这个方程组中消去 T^*，可得到一个关于 η^* 的二次方程，它的一个根与实际的状态相对应，并且等于

$$\eta^*=\frac{1}{4+\sqrt{2+1/\eta_{10}}}.\tag{7.76}$$

例如，当 $\gamma=5/3$ 时，$\eta_{10}=1/4$，$\eta^*=1/6.45$(这个值要比 $p_{辐射}\gg p_{气体}$ 时的极限体积 1/7 稍大一些)．按照式(7.74)，过渡强度所对应的辐射压力与物质压力的比值，在终态时等于$(p_{辐射}/p_{气体})^*=\frac{4\sigma T^{*4}}{3c}\Big/\frac{A\rho_0 T^*}{\eta^*}=4.45$．

我们指出，在这一强度之下，波阵面之后的气体相对波阵面的运动速度精确地等于终态时的等温声速（而当强度大于过渡强度的时候，那时没有间断，波阵面之后的气体的速度要大于等温声速：波阵面是以超声的速度相对它之后的气体运动）．

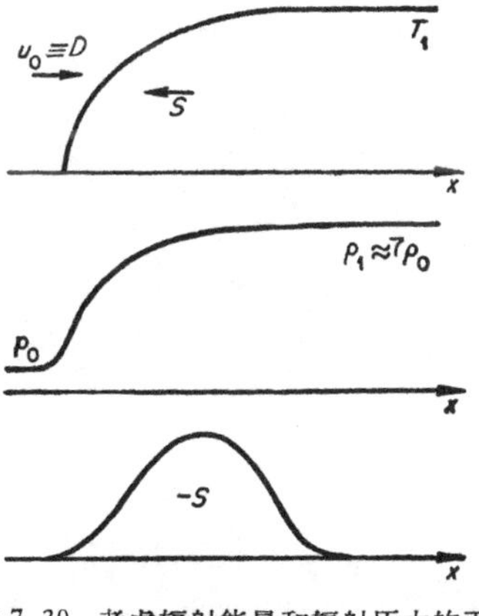

图 7.30　考虑辐射能量和辐射压力的无跃变之激波中的温度剖面、气体密度剖面和辐射能流剖面

可以求得无间断之激波中的温度剖面，这和通常一样要利用流体动力学方程（7.40）和辐射热传导所输运的能流 $S=-\frac{cl}{3}\cdot$

$\frac{d}{dx}\frac{4\sigma T^4}{c}$ 的方程. 关于这一点,这里不再讲了.

在 B. C. 依姆辛尼柯的工作(文献[51])中，曾研究了考虑辐射的、二重温度等离子体中的激波(没有假定电子温度和离子温度是相同的). 在文献[88]中，曾根据辐射的流体动力学方程，研究了考虑辐射对能量和动量的输运的激波阵面结构（在非相对论的近似下).

第八章　流体动力学过程中的物理-化学动力论

1. 非平衡气体动力学

§1　无热力学平衡时的气体动力学方程

在前一章，当研究有几个自由度缓慢受激的气体中的激波阵面的结构时，我们就已经有可能认识一些最简单的非平衡气体动力学问题中的一种．虽然激波阵面之后已实现完全热力学平衡的区域之内的各个参量并不依赖于各种非平衡过程的机制及其速度，但是这些过程的动力论对于各流体动力学量在非平衡区域内的分布以及该区域的宽度有着重要的影响．由非平衡过程所引起的气体动力学流的变异，主要是与非平衡气体的比热和等效绝热指数的变化有关，因为气体动力学过程的进程要依赖于它们．从第一章所讨论过的一些问题的例中可以看出绝热指数对于气体动力学解的影响．例如，当气体自管内向真空作非定常流动时，原先为静止的气体其流动速度等于 $u = \dfrac{2c_0}{\gamma - 1}$，此处 c_0 是初始状态的声速，$c_0 = (\gamma p_0/\rho_0)^{1/2}$．我们假定，原先是平衡的且被加热到其振动被"经典地"激发之温度的双原子气体，在管盖被打开时，它膨胀得如此迅速，以致振动处于冻结状态，其振动能量在膨胀时来不及转化为气流的动能[1]．

这就意味着，流速所对应的不是平衡的绝热指数 $\gamma = 9/7$，而是指数 $\gamma' = 7/5$，即粗略地说流速减小为原来的 $\dfrac{5}{7} = \dfrac{1}{1.4}$．

---

1) 膨胀时，气体的密度减小，诸动力论过程变慢，故振动能量向分子平动热运动能量的转变被延迟；而这种转变对于后来热运动能量向定向的流体动力学运动能量的转化来说是必须的．

从这个最简单的讨论就已看出，气体的非平衡性对于过程的动力学会有多么显著的影响．每当研究变化迅速的过程或其特征尺度与弛豫“长度”相当的过程时，总是有必要来考虑建立平衡的动力论．

属于这种类型的一个最重要的实际问题，就是物体被极稀薄气体绕流的问题，这时，弛豫时间与物体绕流的时间相当，即弛豫“长度”与物体的特征尺度相当．当弹道火箭以高超声速进入大气时，在物体之前形成所谓头部激波，如图 8.1 所示．激波距物体前

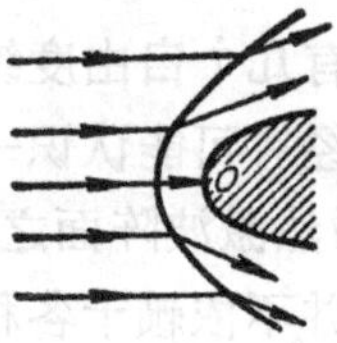

图 8.1　物体被超声绕流时的头部激波

端点的距离一般要比物体前沿的曲率半径小几倍到十倍．如果气体非常稀薄，使这一距离不比气体动力论自由程大许多倍，那么在激波阵面之后的气体质点中就来不及激发那些缓慢弛豫的自由度，比如就来不及建立化学的平衡．因此，在被激波所压缩的气体中，其温度就要高于处在热力学平衡条件下的温度，这就改变了物体受热的状况．实质上，这里我们所遇到的乃是在密聚跃变之后所形成的激波的非平衡区域内气体动力学量的分布特性具有重要意义的情况．

在许多问题中，利用与部分比热被冻结的程度相适应的某一等效的绝热指数值来近似描述非平衡气体的动力学是可能的，例如，当在流体动力学的特征时间内某些自由度的能量变化根本可以忽略的时候，便可以这样做．

然而在普遍的情况下，研究气体动力学的过程必须同时考察非平衡过程的动力论，这就使得描述现象的方程组变得更加复杂．

无粘性、无热传导、热力学平衡的气体的动力学是由下述连续性方程、运动方程和绝热性方程来描写的：

$$\frac{d\rho}{dt} + \rho \operatorname{div} \boldsymbol{u} = 0, \tag{8.1}$$

$$\rho \frac{d\boldsymbol{u}}{dt} + \nabla p = 0, \tag{8.2}$$

$$\frac{dS}{dt} = 0, \tag{8.3}$$

还要补充一个熵与压力和密度的热力学关系：$S(p,\rho)$(例如，在比热不变的气体中，$S = c_v \ln(p\rho^{-\gamma})$ + 常数).

我们将关心其状态偏离热力学平衡的气体的运动．同时，和以前一样，我们将不考虑粘性和热传导，而认为其不平衡性仅仅与发生在确定的物质质点范围之内的缓慢进行的内部过程有关，比如说与分子振动的缓慢激发有关．

在不平衡的情况下，绝热性方程(8.3)不再成立，代替它应该利用更普遍的描述能量守恒定律的方程；而后者总是正确的．假定没有外部能源[1]，代替(8.3)我们写出

$$\frac{d\varepsilon}{dt} + p\frac{dV}{dt} = 0. \tag{8.4}$$

在热力学平衡状态中，方程(8.4)和(8.3)因有热力学恒等式

$$TdS = d\varepsilon + pdV \tag{8.5}$$

而彼此等价． 如果说在平衡情况下内能 ε 仅取决于压力和密度，即 $\varepsilon = \varepsilon(p, \rho)$ 的话，那么在不平衡情况下它还依赖于另外一些用以描述系统状态的且并非平衡的参量(例如，它依赖于离解度)．我们不把这些参量具体化，而把它们统称为 λ.

为使气体动力学方程组封闭，对方程(8.1)，(8.2)，(8.4)还须补充联系内能与压力、密度和状态参量 λ 的关系式：

$$\varepsilon = \varepsilon(p, \rho, \lambda),$$

以及描述气体质点中的参量 λ 随时间变化的动力论方程：

$$\frac{d\lambda}{dt} = f(\lambda, p, \rho).$$

---

1) 可逆化学反应的热效应并不是外部能源；对于它的考虑是通过在气体内能的表达式中引进一个相应的附加项来进行的，

一般来说，函数 $\varepsilon(p,\rho,\lambda)$ 和 $f(\lambda, p, \rho)$ 不是直接用密度和压力来表示的，而是借助于温度

$$\varepsilon=\varepsilon(\rho,T,\lambda),\quad \frac{d\lambda}{dt}=f(\lambda,\rho,T).$$

同时再引入状态方程

$$p=p(T,\rho,\lambda).$$

不经特别声明，在所有地方都要把温度 T 理解为是与分子的(原子的，离子的)平动自由度相对应的温度，一般来说这种自由度甚至在一些最快的气体动力学过程中也是平衡的，因为分子按速度的麦克斯韦分布形成得特别快.

作为不平衡系统的一个例子，我们考察没有离解但分子振动被缓慢激发的双原子气体(我们关心那种不是特别高的温度，在这种温度下离解度小得微乎其微). 这时非平衡振动能量 ε_k (按 1 克气体计算的) 起着参量 λ 的作用. 上述几个应补充到方程组(8.1)，(8.2)，(8.4)上的关系，在该情况下可以写成如下形式:

$$\varepsilon=\varepsilon_1+\varepsilon_k=\frac{5}{2}AT+\varepsilon_k, \tag{8.6}$$

$$p=A\rho T, \tag{8.7}$$

$$\frac{d\varepsilon_k}{dt}=\frac{\varepsilon_k(T)-\varepsilon_k}{\tau(T,\rho)}. \tag{8.8}$$

这里 ε_1 是分子的平动自由度和转动自由度的能量之和(转动能量假定是平衡的，即与平动温度 T 相对应)； $\varepsilon_k(T)$ 是分子的振动自由度与平动自由度处于热力学平衡时的振动能量； $\tau(T,\rho)$是建立振动平衡所需要的弛豫时间.

对于所有其它情况，即对于存在非平衡的离解、化学反应、电离，或电子气体的和原子(离子)气体的平动温度不相同的情况，也可以写出类似的但形式较为复杂的方程. 在上一章考察激波阵面内非平衡层的结构时，曾仔细研究过所有这些情况.

§ 2　熵的增加

气体熵的增加和机械能的耗散是使气体处于非平衡状态的那些气体动力学过程的一个非常重要的特性．和内能 ε 一样，非平衡气体的熵已不再只由两个量：压力和密度或温度和密度所决定，而且还要依赖另外一些描述非平衡状态的参量：$S = S(p, \rho, \lambda)$，或者 $S = S(T, \rho, \lambda)$．熵的增量 dS 现在也不像平衡时那样等于外源的热流除以温度（即 $dS \neq dQ/T$）．甚至在没有热流（$dQ = 0$）的情况下，只是靠一些非平衡的内部过程，熵也能随着时间而增加．

对此，我们仍用非平衡振动的例子加以说明．气体总的比熵 S 是由对应于平动自由度和转动自由度的熵——两者由于其平衡性可以合并到一起，和对应于振动自由度的熵相加而得到[1]．我们用 S_1 和 S_k 表示这两部分熵：

$$S = S_1 + S_k. \tag{8.9}$$

对平动自由度和转动自由度的熵，我们可以写出热力学恒等式

$$TdS_1 = d\varepsilon_1 + pdV \tag{8.10}$$

一般来说，分子的振动能量之间的交换要比振动能量与平动能量之间的交换快很多，因此，分子的关于振动激发的玻耳兹曼分布形成得相当快，从而对于振动可以写出一个确定的温度 T_k．这个温度对应于分子振动能量的实际储备 $\varepsilon_k = \varepsilon_k(T_k)$；如果用 c_k 表示振动比热，那么 $d\varepsilon_k = c_k dT_k$．当然，这时振动温度 T_k 可以和分子的平动温度 T 有很大的差别，而气体的非平衡性也就在于此[2]．如果振动有一个确定的温度 T_k，那么对于振动部分的熵也可以写出一个热力学的恒等式

1）对于非平衡的离解或电离，应该通过各种类型的粒子（例如分子和原子）的数目来写出熵的表达式，而这些数目并没有假定是平衡的．

2）在考察等离子体的时候，我们已遇到过类似情况．在电子气体和离子气体中分别建立麦克斯韦分布和温度是很快的．但是，电子温度和离子温度在一定时间内彼此是不同的，其原因就在于在电子气体和离子气体之间交换能量是很慢的．

$$T_k dS_k = d\varepsilon_k. \tag{8.11}$$

(振动的能量和熵都与气体的体积无关.)

容易看出,非平衡系统的熵只能随着时间而增加,而不管气体发生什么变化. 事实上,根据方程(8.9),(8.10),(8.11),(8.4),(8.6)我们有

$$\begin{aligned}\frac{dS}{dt} &= \frac{dS_1}{dt} + \frac{dS_k}{dt} = \frac{1}{T}\left(\frac{d\varepsilon_1}{dt} + P\frac{dv}{dt}\right) + \frac{1}{T_k}\frac{d\varepsilon_k}{dt} \\ &= \frac{d\varepsilon_k}{dt}\left(\frac{1}{T_k} - \frac{1}{T}\right).\end{aligned} \tag{8.12}$$

再注意到动力论方程(8.8),在那里

$$\varepsilon_k = \int_0^{T_k} c_k(T^1)dT^1, \text{而 } \varepsilon_k(T) = \int_0^{T} c_k(T^1)dT^1,$$

我们看出,当 $T_k < T$ 时,振动是从平动自由度和转动自由度那里取得能量,即 $\frac{d\varepsilon_k}{dt} > 0, \frac{dS}{dt} > 0$. 而当 $T_k > T$ 时,振动将失去能量,即 $\frac{d\varepsilon_k}{dt} < 0$, 但和先前一样仍有 $\frac{dS}{dt} > 0$. 所考察的例子证实了热力学第二定律,依照这个定律,在没有外部作用参加的情况下,热量总是从高温客体转移到低温客体,其结果是整个系统的熵增加. 不过在这里,"客体"并不是彼此相邻的物体,而是同一物体的不同的自由度.

如果气体在某一时刻曾经是热力学平衡的,而后来参与了使平衡遭到破坏的快速过程;再后又进入其状态缓慢变化的阶段,以便重新达到平衡,那么这样,气体中的熵是增加的.

气体熵的增加总伴随有机械能的耗散,机械能不可逆地转变成热量. 如果过程是在没有外部能源参加的情况下进行的,即遵守能量方程(8.4),那么所耗散的能量在任何时候、任何条件下,都已不能再重新转变为机械能.

在下一节,当考察声音在弛豫性介质中的吸收时,我们再比较详细地介绍耗散现象. 声波的吸收是具有代表性的机械能耗散的例子. 而上面所考察过的、被理想化的情况,即振动被完全冻结的

气体向真空流动的情况，又可作为因有“不可逆性”而能量未被完全利用的例子．在那里，转变为飞散动能的只是内能的“可逆”部分：平动自由度和转动自由度的能量，而振动能量仍然留在分子之中，因此流的速度要小一些．当存在不平衡过程的时候，一些类似的不可逆性的效应可以造成高温高速透平机内和火箭发动机喷嘴内等处的附加能耗．康特罗维兹（文献[1]）在研究 CO_2 内的弛豫现象时，曾使用一种独立的测量振动弛豫时间 τ 的方法，该方法是根据熵随时间增加的效应建立的．

有大量的文献进行了考虑到一些非平衡过程——主要是进入大气之物体（卫星和弹道火箭）的绕流和航空动力学加热等过程——的气体动力学的计算（例如，可参阅文献[2，2a]；在那里载有许多其它工作的索引）．这里，我们将不涉及物理-化学动力论对一些过程的气体动力学的反影响问题．

在本章我们关心的是另外一个问题：即不是从非平衡过程的动力论对于气体运动的影响的角度来考察它，而是从另外一个角度——在各种不同的流体动力学的现象中，当化学反应、电离和蒸气凝结以严重不平衡的方式进行时如何确定不同成份之浓度的角度来考察它．这时，我们将照例借助某些等效的绝热指数的值对流体动力学进行近似地考察，而后再把所关心之过程的动力论“加”到已知的流体动力学的解上．

只有下面两节是例外，在这两节我们将考察声音在弛豫性介质中的吸收和色散的现象（即考虑非平衡过程对于气体动力学过程——声波传播的影响）．

§3 超声波的反常色散和反常吸收

通常，只有当声波的波长很小并与气体粒子的自由程相当的时候，以及声波的频率与气体动力论碰撞的频率相当的时候，才会产生声音在气体中的由粘性和热传导所引起的显著的色散和吸收（见第一章 §22）．

但是，当超声波在分子气体中传播的时候，有时会在波长很大和频率很低的范围内观察到很强的反常色散和反常吸收．这些现象与在气体的一些缓慢激发的自由度内建立平衡的各种弛豫过程有关．在低频的极限情况下，在那些对比热有显著贡献的自由度内建立平衡所需要的弛豫时间，与声波的振动周期相比较乃是很小的．在这种条件下，气体质点的状态在每一时刻都是热力学平衡的，并能“跟踪”声波内的压力和密度的变化．

等于压力对密度绝热导数之平方根的声速，这时也对应于热力学上的平衡值：

$$a^2=\left(\frac{\partial p}{\partial \rho}\right)_S=\gamma\frac{p_0}{\rho_0},$$

$$\gamma=\frac{c_p}{c_v}=1+\frac{A}{c_v}.^{1)} \tag{8.13}$$

相反，在频率很高的极限情况下，一些缓慢弛豫的自由度在声波中来不及激发，它们的能量就简单地对应于未扰动状态的温度 T_0．这些自由度不参与气体状态的周期性变化，而被“冻结”着，它们也不影响压力变化和密度变化之间的绝热性关系．比热的活动部分现在要小于平衡值，而绝热指数和声速则要大于低频时的值．

在中间频率的范围内，声速是逐渐地从平衡值 a_0 变化到部分比热被“冻结”时的量值 a_∞，即是产生色散．例如，克涅杰尔的测量(文献[3,4])表明，在二氧化碳气体中，在室温之下，声速是从频率 ν 近于 10^4 秒$^{-1}$ (10 千赫)时的 $a_0=260$ 米/秒变化到 ν 约为 10^6 秒$^{-1}$ (1 兆赫)时的 $a_\infty=270$ 米/秒．低声速所对应的平衡比热是：

$$c_v=c_{\text{平动}}+c_{\text{转动}}+c_{\text{振动}}=\frac{3}{2}A+A+0.8A=3.3A$$

---

1) 我们总是利用比热，A 是按 1 克物质计算的气体常数．为避免混乱，在这里我们用字母 a 而不用 c 来表示声速．

(分子 CO_2 是线性的，因此 $c_{转动}=A$；在室温之下，只是 $h\nu/k=954°K$ 的分子的低频振动被激发，而且其振动比热还小于经典值 A)．高声速对应于振动被冻结的情况，即它所对应的比热是 $c_v=c_{平动}+c_{转动}=2.5A$．由这些测量得出结论，为(在大气压力下)激发分子 CO_2 的振动所需要的弛豫时间，乃对应于声音的某一中间频率，也就是 $\tau_{振动}\sim 1/\nu\sim 10^{-5}$ 秒．在室温下分子转动的激发是很快的，因而与转动的缓慢激发有关的色散，在大气压力下只是在频率非常高 $\nu\sim\dfrac{1}{\tau_{转动}}\sim 10^9—10^{10}$ 秒$^{-1}$ 的时候才能观察到(只有氢是个例外，请见第六章 § 2)．

声音的色散在这样一些气体中也可以观察到，在这些气体中当声波内的温度(和密度)改变时要发生缓慢的化学变化．二氧化氮的聚合反应 $2NO_2 \rightleftharpoons N_2O_4$ 就是一个例子，这个反应在室温之下就容易进行，因为它的活化能在两个方向上都是很小的．刚好适用于这类系统的声音色散的理论，是 A. 爱因斯坦(文献[5])在 1920 年首先发展的．看来，当超声波在某些液体中传播的时候也要发生类似的现象．

对超声波的色散和吸收进行测量乃是研究弛豫过程和在实验上确定弛豫时间的重要方法之一．关于这个问题已有大量文献[1]，这里我们不再详细讨论．我们只涉及现象的一些基本物理特性和基本规律．

声音在弛豫性物质中的色散总是伴有吸收的增高，而增高的吸收要比由普通粘性和热传导所引起的"自然吸收"超过很多．在声波中，物质的质点要完成一系列循环变化，而每一次循环结束时它又恢复到原来的状态．如果在质点内部有某些不平衡的内部过程在进行，那么它们就不可避免地导致熵的增加和机械能的耗散，即导致对声音的吸收．应该强调指出，当存在耗散的时候，在每一循环结束之后质点的状态与原来的状态稍有差别(因为它的熵增

---

1) 关于这一问题的评论以及一些工作的索引，比如说可在文献[6]中找到．

加了).

但是,这种差别,比如说与熵的增量成正比的温度的增量,对于声波的小振幅 Δp 或 ΔT 来说乃是二级小量,因为熵的增量 ΔS 正比于声波的能量,而能量本身又正比于 $(\Delta p)^2$(见第一章§3).因此,在一级近似下,甚至当存在吸收的时候,声波中的运动也是绝热的,而循环则可以看成是封闭的.

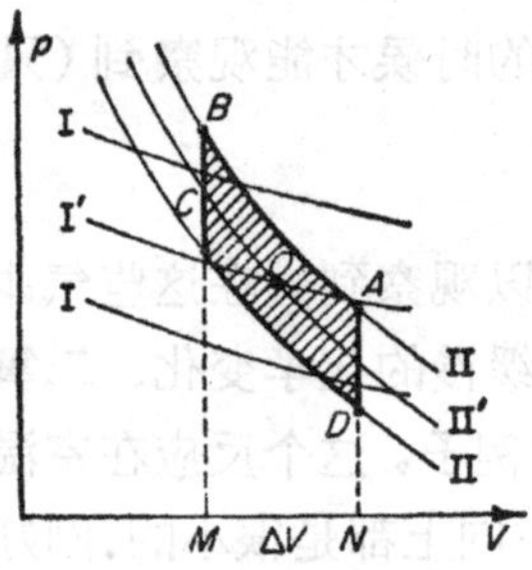

图 8.2 具有方形剖面之声波的一个循环的 p,V 图

在 p, V 图上考察气体中的循环,容易使人明白声音之机械能的耗散和声音被吸收的机制.在图 8.2 上画出两族绝热曲线,其中一族(I)对应于状态的平衡变化,而另一族(II)对应于有部分比热被冻结的情况.这些绝热曲线都是从以 O 点表示的气体的未扰动状态附近通过.当声波振动很慢时,描写气体状态 p, V 的点在中心 O 附近沿一条(平衡的)绝热曲线振动,这条曲线在图 8.2 上用 I′ 表示.而在频率很高的极限情况下,点也是在中心附近但沿另一条"有冻结时的"绝热曲线振动,这条曲线用 II′ 表示.在这两种情况下,都没有不平衡过程发生,气体的熵没有变化,声音也未被吸收.在每一个循环内对气体所作的功——其数值等于点在 p, V 图上所画出的图形的面积——等于零,这就证明没有吸收.关于在第二种情况下也和在第一种即热力学平衡时的情况下一样,气体的熵并不改变这一点,很容易以振动弛豫为例加以确信.如从公式(8.12)所看出的,熵在非平衡过程中的变化速度正比于振动能量的变化速度.但当振动被严格冻结的时候,它的能量根本是不变的,$\varepsilon_k=$常数,因而 $dS/dt=0$.

现在来考察具有中间频率的声波,在这种频率下各弛豫过程的进行具有重要的意义(为确切起见,我们再次考察振动弛豫).为了简单,我们设想:声波具有独特的、阶梯形的密度剖面,如图

8.3，a 所示[1]．

这个图形既可以看成是密度在某一时刻沿坐标的分布，又可以看成是某一气体质点的密度随着时间而变化的规律．同样的看法也适用于图 8.3，b，在那里画出了相应的温度（或压力）的剖面（在该情况下温度剖面和压力剖面是彼此相似的）．

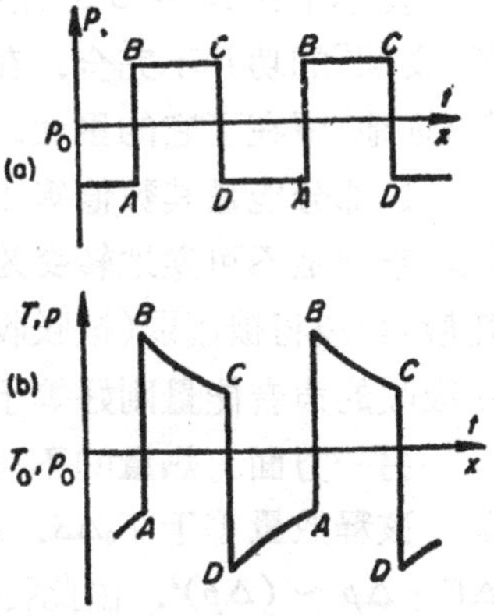

图 8.3　弛豫性气体中的具有阶梯形密度剖面的声学波：a）密度剖面；b）温度剖面

我们在图 8.2 上和图 8.3，a 及 b 上，同时跟踪波中气体质点的状态的变化．当很快把气体从点 A 压缩到点 B 时，它的状态是沿着"有冻结时的"绝热曲线 II 变化的．这时熵并不改变，对气体所作的正功其数值等于 $NABM$ 的面积．气体的温度和压力急剧增加，而振动的能量却保持不变，仍然对应于先前的、低的温度．然后，在一段时间之内气体的密度保持不变（从 $B \to C$ 的过渡）．但振动开始被激发，并从平动自由度和转动自由度那里夺取部分能量，因而温度和压力下降，而熵却增加（见公式(8.12)：$T_k < T, d\varepsilon_k/dt > 0, dS/dt > 0$）．

由于气体的体积没有改变，在 $B \to C$ 的过渡期间也就不作功．

再后，气体沿着"有冻结时的"绝热曲线 II 迅速地膨胀（从 $C \to D$ 的过渡）．这时，温度和压力下降，熵不变，振动能量也不变，仍保持自己在 C 点时所具有的量值．气体所作的功其数值等于 $MCDN$ 的面积（对气体所作的是负功）．而最后，当在恒定体积下缓慢地从 $D \to A$ 过渡时，振动将要部分地退激，因为它们的能量超过了与降低了的温度相对应的量值；振动能量要部分地转变为

1）这一极为明显的例子，在以前，例如在 Г. С. 高列里克的书（文献[7]）中就已考察过．

平动和转动的能量；温度和压力要增加，而熵也要增加 ($T_k > T$，$d\varepsilon_k/dt < 0$, $dS/dt > 0$). 在这时并没有作功.

这样一来，在 $C \to D$ 的膨胀阶段内气体质点对周围气体所作的功要小于在 $A \to B$ 的压缩阶段内周围气体对它所作的功；质点所"交回"的功并不完全. 在压缩期间所消耗的能量的一部分，将"永远地"留在了它的里面.

这部分能量其数值等于两个功之差，即等于图形 $ABCD$ 的面积，它就是不可逆地转变为热量的那部分机械能. 由于机械能的耗散，声波将被削弱(被吸收)，并且在一个周期(或一个波长)之内所吸收的声音能量刚好等于 $ABCD$ 的面积.

另一方面，热量的不可逆的释放与熵在一个循环内的增加有关：该释放量等于 $T_0\Delta S$. 就像由图 8.2 所看出的，这个量正比于 $\Delta V \cdot \Delta p \sim (\Delta p)^2$. 由此得出结论，终态点 A' 相对于初态点 A 的位移 $\delta p = (\partial p/\partial S)_v \cdot \Delta S \sim (\Delta p)^2$ 与振幅 Δp 相比是二级小量. 由于 $(\partial p/\partial S)_v > 0$，所以 $\delta p > 0$，即循环结束之后的压力稍微高于初态的压力. 完全同样，温度也要稍微高一点：

$$\delta T = \left(\frac{\partial T}{\partial S}\right)_v \quad \Delta S = \frac{T\Delta S}{c_v} \approx \frac{T_0\Delta S}{c_v}.$$

温度的增量等于在一个循环之内所耗散的能量除以定容比热.

在正弦(简谐)的声波中，状态点在 p, V 图上所画出的是一条平缓的曲线. 所有的状态参量：密度、压力和温度都随时间按简谐规律变化. 但是，由于分子振动的缓慢激发和退激的结果，使得温度或压力的变化来不及跟踪密度的变化，因而压力的正弦相对于密度(体积)的正弦就要产生一个相移. 可以证明，这时点在 p, V 图上描画出的是一条椭圆形的轨道，并且椭圆的两个轴与坐标的两个轴 p, V 是互相倾斜的.

当频率 ν(或"圆频"$\omega = 2\pi\nu$)很小时，椭圆是顺着平衡绝热曲线而拉扁(见图 8.4 上的图形 1). 它的厚度在低频极限下正比于频率(正比于按小量 ω 展开的展开式中的第一项). 在一个周期内所吸收的声音能量正比于 ω，而在单位时间内所吸收的能量还要正比于循环的数目，即正比于 ω^2. 当频率很高时，椭圆要顺着"有冻结时的"绝热曲线而拉扁(图形 2). 它的厚度正比于 $1/\omega$(正比于按小量 $1/\omega$ 展开的展开式中的第一项)，而单位时间内的吸收则正比于 $\omega \cdot 1/\omega$，即与频率无关. 在频率大约等于弛豫时间之倒数的中间情况下，一个周期内的吸收达到了最大值. 这时椭圆具有最大的厚度(图形 3)；这个厚度近似等于平衡绝热曲线和"有冻结时的"绝热曲线之间的垂直距离，该距离是在压力变化达到与波的振幅相等的最大值时取的(就是图 8.4 上点 Q 和点 Q' 之间的距离).

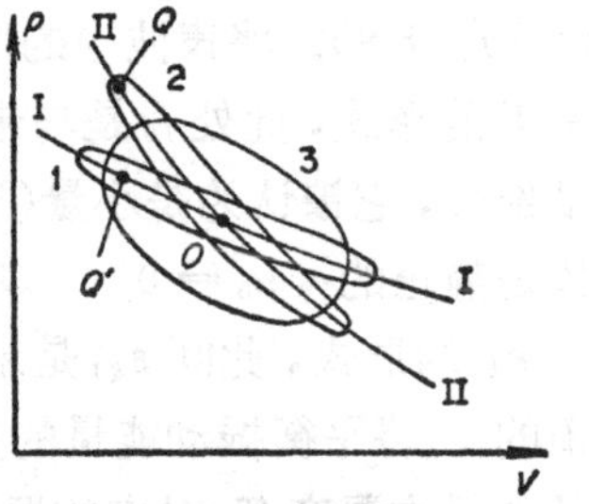

图 8.4 具有不同频率之简谐声波的一个循环的 p, V 图

如果平衡时的绝热指数和"有冻结时的"绝热指数两者之间的相对差别很大(正是它表征了绝热曲线 I 和 II 之间的夹角，即距离 QQ')，那么椭圆的厚度甚至会变得接近于它的长度.

与此相应，压力和密度之间的相移就很大，它近似等于 $\pi/2$ (如果椭圆变成圆，那么相移精确地等于 $\pi/2$).

§4 超声波的色散规律及其吸收系数

在上一节定性地叙述了物质中存在弛豫过程时的声音的色散和吸收. 现在给这些叙述以完美的数学形式. 这一点，是由 Л. И. 曼杰里斯塔姆和 M. A. 列昂托维奇(文献[8])[1]以普遍的形式做到的；含有弛豫时间 τ 的色散和吸收的公式，一般用于根据实验上所测得的色散或吸收对超声波频率的依赖关系曲线而来确定这个弛豫时间.

我们来说明，声音在弛豫性介质中的色散规律和吸收系数是

1) 有关这一理论的叙述可在 Л. Д. 朗道和 E. M. 栗弗席兹的书(文献[9])中找到.

如何导出的. 同时为了简单和直观起见，所有计算我们都以具有不平衡振动的气体为例来进行，因为在§1中已经有了一个完备的关于这种气的气体动力学的方程组：(8.1),(8.2),(8.4),(8.6),(8.7),(8.8). 将声波中的所有变量：压力、密度等都写成 $f=f_0+f'$ 的形式，此处 f_0 是与未扰动气体相适应的平均值，而 f' 是变动部分，它被认为是小量(速度 $u=u_0+u'=u'$，因为未扰动气体是静止的：$u_0=0$). 实际的振动能量也可以表示为 $\varepsilon_k=\varepsilon_{k0}+\varepsilon'_k$ 的形式，此间 ε_{k0} 是未扰动气体中的振动能量，自然它是平衡的. 将平衡振动能量的变动部分写成 $\varepsilon'_k(T)=c_kT'$，此处 c_k 是与平均温度 T_0 对应的振动比热（如果温度等于 T_0 时振动是经典的，则 $c_k=A$，在相反的情况下，c_k 要用量子力学公式来表示(见第三章§2)).

将所有各量以上述形式代到方程中去，并略去二级小项，即把方程线性化，就如在声学中所做的那样(见第一章§3). 在一维平面的情况下，我们得到一个关于各量变动部分的方程组：

$$\left.\begin{aligned}&\frac{\partial\rho'}{\partial t}+\rho_0\frac{\partial u'}{\partial x}=0,\quad \varepsilon'=\frac{5}{2}AT'+\varepsilon'_k,\\&\frac{\partial u'}{\partial t}+\frac{1}{\rho_0}\frac{\partial p'}{\partial x}=0,\quad \frac{p'}{p_0}=\frac{T'}{T_0}+\frac{\rho'}{\rho_0},\\&\frac{\partial\varepsilon'}{\partial t}-\frac{p_0}{\rho_0^2}\frac{\partial\rho'}{\partial t}=0,\quad \frac{\partial\varepsilon'_k}{\partial t}=\frac{c_kT'-\varepsilon'_k}{\tau}.\end{aligned}\right\}\tag{8.14}$$

在这里，在能量方程(8.4)中代替比容引进了密度，而在状态方程的两端皆除以 $p_0=A\rho_0T_0$. 弛豫时间 τ 认为是个常数，并且 $\tau=\tau(T_0,\rho_0)$.

我们将以简谐平面波的形式来寻求方程(8.14)的解，这时将所有带撇的量都写成如下形式：

$$f'=f'^*e^{-i(\omega t-kx)}.\tag{8.15}$$

波数 k 在普遍情况下是复数：$k=k_1+ik_2$. 实部 k_1 正比于波长的倒数，$k_1=2\pi/\lambda$，它确定了声波的实际速度——声波传播的相速度 $a_1=\omega/k_1$；虚部 k_2 则给出了声音的吸收系数；

$$f' = f'^* e^{-i\omega\left(t-\frac{x}{a_1}\right)} e^{-k_2 x}. \tag{8.16}$$

量 $a = \omega/k$ 可被称为声音的复数速度．

振幅 f'^* 在普遍情况下也是复数：$f'^* = |f'^*| e^{i\varphi}$． 振幅为复数这一特点证明了一些量相对于另一些量发生了相移（相差一个角度 φ）．

将所有各量以(8.15)的形式代到 (8.14) 中，并注意到 $\frac{\partial f'}{\partial t} = -i\omega f'$，$\frac{\partial f'}{\partial x} = ikf'$，我们便得到一个关于各带撇的量的(或者关于振幅的，如果将指数因子约去的话)代数方程组：

$$\left.\begin{aligned}
&-i\omega\rho' + \rho_0 iku' = 0,\quad \varepsilon' = \frac{5}{2}AT' + \varepsilon_k',\\
&-iwu' + \frac{1}{\rho_0}ikp' = 0,\quad \frac{p'}{p_0} = \frac{T'}{T_0} + \frac{\rho'}{\rho_0},\\
&-i\omega\varepsilon' + \frac{p_0}{\rho_0^2}i\omega\rho' = 0, -i\omega\varepsilon_k' = \frac{c_k T' - \varepsilon_k'}{\tau}.
\end{aligned}\right\} \tag{8.17}$$

将最后一个方程对于 ε_k' 求解，得到

$$\varepsilon_k' = \frac{c_k T'}{1 - i\omega t}. \tag{8.18}$$

正是由于实际振动能量和温度的两个变动部分之间的这一复数关系才产生了色散和吸收．由此已经看出，在 $\omega\tau \to 0$ 和 $\omega\tau \to \infty$的极限情况下，那时 $\varepsilon_k' = c_k T'$ 和 $\varepsilon_k' = 0$，虚数的单位可从方程组(8.17)中完全消去，因而所有的量都是实的(如果将 p'，ρ' 等了解为振幅 p'^*，ρ'^* 等的话)．这时任何吸收和相移都是没有的．

方程组 (8.17)的前两个方程是由连续性方程和运动方程得来的，当消去速度之后它们给出一个一般的关系：

$$p' = \frac{\omega^2}{k^2}\rho' = a^2\rho', \tag{8.19}$$

此处 a 是声音的复数速度．从余下的四个方程中消去 ε'，ε_k'，T'，我们还可求得一个 p' 和 ρ' 的关系：

$$p' = \gamma \frac{p_0}{\rho_0} \rho', \gamma = \frac{\frac{7}{2} A + \frac{c_k}{1 - i\omega\tau}}{\frac{5}{2} A + \frac{c_k}{1 - i\omega\tau}}. \tag{8.20}$$

量 γ 被称为复数绝热指数．引进表达式：$c_{v0} = \frac{5}{2} A + c_k$，$c_{p0} = \frac{7}{2} A + c_k$——它们分别是平衡的定容比热和平衡的定压比热，以及 $c_{v\infty} = \frac{5}{2} A$，$c_{p\infty} = \frac{7}{2} A$——它们是振动被完全冻结时的两个比热，而将复数绝热指数和复数声速的表达式（后者是从方程(8.19)，(8.20)得来的）写成如下形式：

$$a^2 = \gamma \frac{p_0}{\rho_0}, \ \gamma = \frac{c_{p0} - i\omega\tau c_{p\infty}}{c_{V0} - i\omega\tau c_{v\infty}}.^{1)} \tag{8.21}$$

---

1) 在 Л. Д. 朗道和 E. M. 栗弗席兹的书（文献[9]）中导出一个稍微不同的公式（第八章，§78，公式(78.3)），它给出

$$\gamma = \frac{1}{1 - i\omega\tau} \left[\frac{c_{p0}}{c_{v0}} - i\omega\tau \frac{c_{p\infty}}{c_{v\infty}} \right].$$

这种差别与出现在动力论方程中的弛豫时间 τ 的定义的不同有关系．我们的方程(8.8)中的量 $\varepsilon_k(T)$ 是平衡的振动能量，它对应于平动温度 T．应当指出，在我们的动力论方程中弛豫时间是带有脚标"T"的．如果气体的体积不变，平动温度也保持常数：$T =$ 常数，那么方程(8.8)就给出一个其特征时间为 τ_T 的、向平衡趋近的指数规律：

$$\varepsilon_k = \varepsilon_k(T) + [(\varepsilon_k)_{t=0} - \varepsilon_k(T)] \exp\left(-\frac{t}{\tau_T}\right).$$

气体的能量 $\varepsilon = c_{v\infty} T + \varepsilon_k$ 这时不是常数．

而如果认为气体的能量 ε（当然还有体积）是不变的，再利用方程(8.8)，那么代替简单的指数规律，我们得到的是一个比较复杂的向平衡趋近的规律．

在文献[9]中型如(8.8)的动力论方程是以那种方式写出的，它要求把与平衡温度 T_p 相对应的振动能量理解为是平衡的，而这一温度对于平动自由度和振动自由度来说是公共的，且对应于气体的一定的体积 V 和一定的能量 ε．

将出现在动力论方程中的弛豫时间（按照文献[9]）用 τ_S 来表示．如果气体的体积、能量——即平衡温度 T_p 和时间 τ_S 是不变的话（实际上 τ_S 要依赖于平动温度，但由于假定与平衡的偏差很小，因此当 $T_p =$ 常数时平动温度 T 的变化很小．当与平衡的偏差很小时，条件 $V =$ 常数，$\varepsilon =$ 常数就可被看成是熵近似为常数的条件 $S =$ 常数），那么，方程便给出一个向平衡趋近的指数规律：

$$\varepsilon_k = \varepsilon_k(T_p) + [(\varepsilon_k)_{t=0} - \varepsilon_k(T_p)] \exp\left(-\frac{t}{\tau_S}\right).$$

我们将考察声波中所有各量在平均值附近的小的变化．利用定义

$$\varepsilon' = c_{v\infty} T' + \varepsilon'_k = c_{v\infty} T'_p + \varepsilon'_k(T_p) = c_{v0} T'_p,$$

在 $\omega\tau \ll 1$ 的低频极限情况下，$\gamma = \frac{c_{p0}}{c_{v0}} = \gamma_0$，$a^2 = \gamma_0 \frac{p_0}{\rho_0} = a_0^2$，我们得到的是平衡的绝热指数和平衡的声速．在 $\omega_\tau \gg 1$ 的高频极限情况下，

$$\gamma = \frac{c_{p\infty}}{c_{v\infty}} = \gamma_\infty,\ a^2 = \gamma_\infty \frac{p_0}{\rho_0} = a_\infty^2,$$

我们所得到的绝热指数和声速对应于振动被冻结的情况．在这两种极限情况下，声速，进而还有波数，都是实的，即没有吸收．

在中间频率的范围内，声速 a 和波数 $k = \omega/a$ 都是复数．如果借助公式(8.21)写出关于 $k = \omega/a$ 的表达式，并在它之中将实部和虚部分开，我们便会得到色散规律 $a_1(\omega) = \frac{\omega}{k_1(\omega)}$ 和吸收系数 $k_2(\omega)$[1]．

在一般情况下，这一演算会导出一个极为复杂的表达式．在 $\omega_\tau \ll 1$ 的低频极限下，近似地得到

$$k = k_1 + ik_2 = \frac{\omega}{a_0} + i\frac{\omega^2\tau}{2a_0}\frac{c_{v\infty}}{c_{v0}}\left(\frac{\gamma_\infty}{\gamma_0} - 1\right). \tag{8.22}$$

吸收系数 $k_2 \sim \omega^2$；在等于波长之距离内的吸收，$k_2\lambda \sim \omega$．

在 $\omega\tau \gg 1$ 的高频极限下，有

$$k = k_1 + ik_2 = \frac{\omega}{a_\infty} + i\frac{1}{2a_\infty\tau}\frac{c_{p0}}{c_{p\infty}}\left(\frac{\gamma_\infty}{\gamma_0} - 1\right). \tag{8.23}$$

---

1) 我们指出，在函数 $k_1(\omega)$ 和 $k_2(\omega)$ 之间存在一个完全普遍的关系，它与色散和吸收的机制无关．这一关系是由 В. Л. 盖兹布鲁格(文献[11])导出的．

可从一种动力论方程变到另外一种动力论方程．这时得到，$\tau_S = (c_{v\infty}/c_{v0}) \times \tau_T$．

在脚注开头所引证的关于 γ 的公式中，要把 τ 了解为 τ_S，而在我们的公式(8.21)中，则要把 τ 了解为 τ_T．借助 τ_S 与 τ_T 的关系，容易验证两个公式是完全一致的．

Л. И. 曼杰里斯塔姆和 М. А. 列昂托维奇所使用的"τ_S"方法（文献[8]），使我们有可能得到上面所引证过的关于 γ 的普遍公式，该公式与具体的弛豫机制无关．然而，在考察振动弛豫这一特殊情况的时候，利用"τ_T"的方法则是比较直观的，这就像我们在正文中所做的那样．应当指出，在一些早期的工作(克涅杰尔(文献[3])，朗道和切列尔(文献[10]))中也正是这样来考察超声波中的振动弛豫的．

吸收系数 $k_2 \approx$ 常数与频率无关，而在一个波长内的吸收 $k_2\lambda \sim 1/\omega$.

色散曲线 $a_1(\omega)$ 和一个波长内的吸收与频率的关系 $k_2\lambda = k_2 a_1 2\pi/\omega = 2\pi k_2/k_1$ 都已简略地画在图 8.5 上. 不难证明，当 $\omega\tau = \sqrt{c_{v0}c_{p0}/c_{v\infty}c_{p\infty}} \sim 1$ 时，量 k_2/k_1 具有最大值. 当 $\omega\tau$ 接近但不等于该值时,色散曲线有一拐点.

由公式(8.19)得出结论，声波中的压力相对于密度有个相移. 事实上,如果声速是个复数,那么 $p' = a^2\rho' = |a^2| e^{i\varphi}\rho'$. 在 $\omega\tau \ll 1$ 和 $\omega\tau \gg 1$ 的两个极限情况下,声速的虚部都趋近于零，而相移

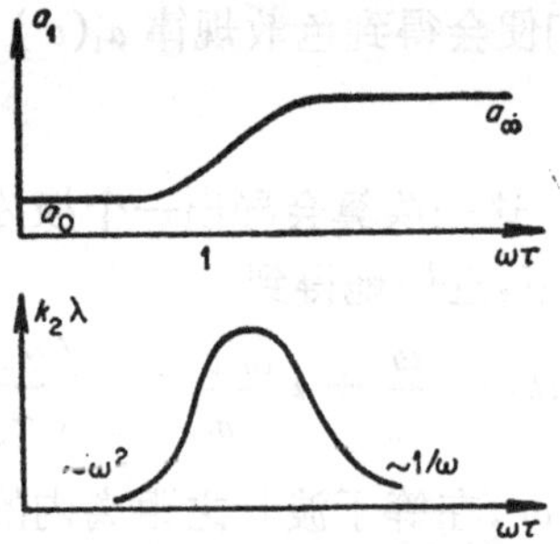

图 8.5 在弛豫区域内,超声波的传播速度 a_1 的关系曲线和 1 个波长内的吸收系数 $k_2\lambda$ 的关系曲线

φ 也就随之消失. 在 $\omega\tau \sim 1$ 时,实部和虚部的大小相当，相移 φ 也就相当大.

如果在物质中有几个弛豫时间差别很大的不平衡过程同时进行,那么每当 $\omega\tau$ 约为 1 时都要产生强烈的吸收和色散，而这些频率的范围可被明显地分开. 然而,在弛豫时间彼此接近的情况下,频率的范围是相互重叠的,要想在实验上将它们分开,即要想根据实验资料来获得弛豫时间,那是极其困难的.

与非平衡过程相联系的声音的色散和吸收乃由物质密度的振动所决定，也就是根据连续性方程 $d\rho/dt + \rho\mathrm{div}\mathbf{u} = 0$ 而与速度的散度相联系. 它们在形式上可由第二粘性系数 ζ 来描写，因该

系数表征运动方程中的正比于速度散度的耗散项(见第一章§20, §21). 第二粘性系数可以形式地与量 $\omega\tau$ 及极限声速 a_0 和 a_∞ 联系起来(比如可以参阅文献[9]).

但是,借助引进第二粘性系数来描述反常吸收,仅在频率不是特别高的时候才有可能. 由粘性所产生的吸收系数乃与 ω^2 成正比地增加,即 $k_2 \sim \omega^2$(见第一章§22). 因此,当 ω 趋近于无穷大时,与粘性有关的吸收要无限制地增大,但在实际上当 ω 趋近于无穷大时,反常吸收系数趋近于一个常数: $k_2 =$ 常数(见公式(8.23)).

通过对超声波的色散和吸收的研究而得到的关于分子中振动和转动的激发之弛豫时间的一些实验资料,我们已在第六章§2, §4中列举过.

2. 化学反应

§5 空气中强爆炸时氮的氧化

大气(空气)是由氮分子和氧分子组成的;它在化学上是平衡的,而且很稳定. 为了将分子离解成原子,或者部分地将它们转变为一氧化氮分子 NO,必须要把空气加热到几千度的高温. 氮的氧化反应需要很大的活化能. 为把一氧化氮分子分解为氧和氮,所需要的活化能略微小一些,但也还是很大的. 因此,尽管在低温之下一氧化氮转变为氧和氮在能量上是有利的,但一氧化氮分子 NO 对于分解来说还是非常稳定的.

在第六章§8中曾经指出,温度为 4000°K 时,在标准密度的空气中建立一氧化氮的平衡浓度所需要的时间大约为 10^{-6} 秒;在温度为 2000°K 时,这个时间大约是 1 秒;而在温度为 1000°K 时,它成为一个近似于 10^{12} 秒的巨大量,即大约是 3 万年! 一次性生成的、尚未冷却到标准温度的一氧化氮,要在空气中停留一段不确定的很长的时间. 实际上,被氧化的氮是以二氧化氮 NO_2(或者甚至是络合物 N_2O_4——分子 NO_2 愿意结合成这种东西)的形式来继续自己的长期存在,因为一氧化氮可以很快与空气中的氧反应,从而被氧化为二氧化氮.这个放热反应所需要的活化能很小,甚至在室温之下很容易进行(见第六章§9).

这样一来,在原先是热的后来是冷的空气中所进行的化学过程将导致严重的不平衡状态,而这种状态与化学平衡的定律处于尖锐的矛盾之中,因为按照后者氮的氧化物在低温下应该完全变成氮和氧.在实验室的实践中早已熟知的这一效应被称为氮的氧化物的"淬火"效应.

在空气中进行强爆炸时要生成大量氮的氧化物.大气中的氮是在爆炸波中的空气被加热到几千度的高温时被氧化的,并且被氧化的是氮的百分之几.在爆炸波传播时,先前在激波阵面内被加热过的空气要很快地冷却.在这种空气中所生成的一氧化氮在冷却时还来不及分解,并"永远地"停留在空气之中.在进行能量为 10^{21} 尔格(大致相当于 20000 吨三硝基甲苯)的爆炸时,在空气中大约总共生成 100 吨氮的氧化物.在爆炸结束后,经过几十秒或一分钟,所有的一氧化氮都要转变成二氧化氮.

在普通状态下二氧化氮是红褐色气体,这与 NO_2 分子大量吸收绿光和蓝光有关. 它给爆炸结束后上升的气云着以微红的颜色[1)],这曾在试验中被观察到,在文献[12]中有所记载;也可以参阅第九章§5.

在爆炸波所席卷的热空气中,氮的氧化物的存在,特别是少量二氧化氮的存在,会强烈地影响波中空气的光学性质,因为与氧和氮的分子不同,二氧化氮的分子强烈地吸收和辐射可见光谱内的光(NO 分子也不吸收可见光).

氮的氧化物在爆炸波中的生成和分解之化学反应动力论的一些特殊性,便引起在强爆炸时所观察到的一些重要光学现象的产生,这些现象在文献[12]中有所记载.

---

1) 分子络合物 N_2O_4 不吸收可见光,即气体 N_2O_4 是无色的.但是,二氧化氮的消失要在爆炸云在大气中已经散开之后,因为反应 $2NO_2 \longrightarrow N_2O_4$ 进行得并不特别快.

这些现象：即当阵面之后的温度比较低约为 4000—2000°K 时激波的发光——那时仅由氧和氮的分子与原子所组成的气体本来似乎不应该发光；当温度近于 2000°K 时激波的发光十分骤然地停止；波阵面与称为"火球"的发光体之边界的脱离；在脱离时刻(即火球起初变暗而后又复燃的时刻)火球的最小亮度效应等，都将在第九章 § 5—§ 7 中进行讨论．而在这里，我们只对爆炸波中氮的氧化反应的动力论进行稍微仔细的考察，因为它是解释上述光学现象所必须的基础．这一课题曾为本书的一位作者探讨过(文献 [13])．应该指出，把强爆炸之气体动力学现象中的严重不平衡的化学过程作为代表性的例子来研究动力论，乃具有更特殊的意义．

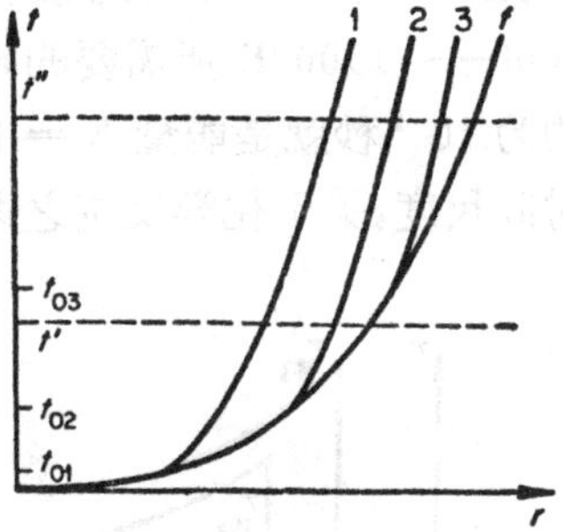

图 8.6 关于空气中强爆炸的 r, t 图．

f——激波阵面的曲线；1,2,3——三个质点的曲线，波阵面经过它们的时刻分别是 t_{01}, t_{02}, t_{03}

强爆炸的气体动力学在第一章 § 25 中曾经叙述过．该过程是自模的，激波的阵面由爆炸中心按规律 $R_{阵} \sim t^{2/5}$ 向外传播．所有气体动力学的量沿半径的分布都已画在图 1.50 上．这些分布因有自模性而不随时间改变；随时间变化的只是其尺度．

在这里我们感兴趣的是在空气的一些确定的质点中进行的化学反应．为此，必须首先了解某一确定质点的热力学状态是如何随时间变化的．

在 r, t 图 8.6 上简略地画出了激波阵面的曲线和阵面之后的几个质点的曲线，它们分别标以数字 1，2，3．在波阵面经过的时刻 t_{01}, t_{02}, t_{03} 被加热和压缩的气体质点因被爆炸波所携带而要自中心向外飞散，同时它们要绝热地一直膨胀和冷却到它们当中的压力下降到大气压力和质点停止运动时为止．

空气的质点随着时间膨胀和冷却的曲线已简略地画在图 8.7 和 8.8 上．

按第一章§25的公式所进行的计算表明，在能量 $E=10^{21}$ 尔格的爆炸中(我们所有的数值例子都是针对它的)激波阵面上的温度下降到 $T_{阵}=2000°K$ 所需要的时间，从释放能量的时刻算起大约是 10^{-2} 秒. 空气的质点从高温比如说从5000°K冷却到2000——1500°K所需要的时间也具有同样的量级. 因此时间 t 约为 10^{-2} 秒就是能量 $E=10^{21}$ 尔格之爆炸的气体动力学过程的时间尺度，关于化学反应之进程的特征时间应当与它进行比较.

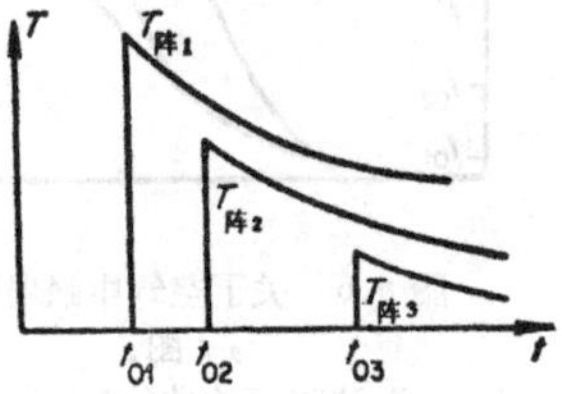

图8.7 被爆炸波所加热的三个质点中的温度与时间的简化关系

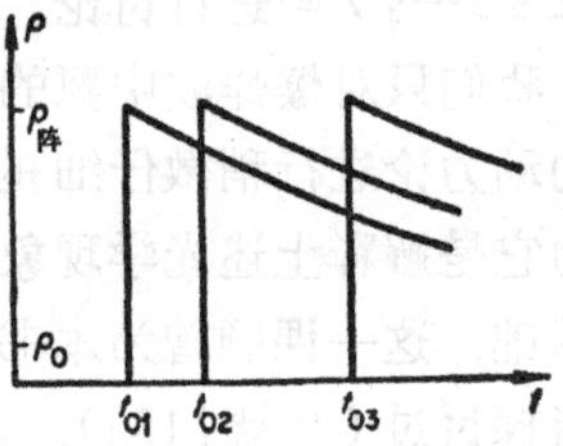

图8.8 被爆炸波所压缩的三个质点中的密度与时间的简化关系

我们先来考察某一确定空气质点中的反应动力论. 比如，令质点1在激波阵面内被加热到温度 $T_{阵1}=3000°K$. 在这种温度下氮的氧化速度很高，平衡浓度在约为 10^{-6} 秒的时间内就可以达到. 在空气质点中"瞬时"被氧化的氮大约有5%，此后一氧化氮的浓度便按照化学平衡的规律、"随着"冷却和膨胀而"缓慢地"变化(减小). 一氧化氮分子的分解只是到那个时候才开始落后于冷却，那时质点已冷却到近于2300°K的温度，而在这种温度下弛豫时间 τ 已从开始的小量大约为 10^{-6} 秒增加到可与冷却的气体动力学的时间尺度相当的量 10^{-2} 秒. 当继续冷却时分解很快地停止，因为在温度下降的时候分解的速度非常急剧地降低. 例如，在温度为2000°K时，表征分解速度的弛豫时间已成为 τ 大约为1秒. 在该质点中所剩余的"淬火的"一氧化氮的数量大致对应于那时的浓度，这就是质点在弛豫时间 τ 成为可与冷却的特征时间 $t\sim10^{-2}$ 秒相当的时刻(即质点中的温度成为近于2300°K时)所具有的浓度. 但在稍早一些时候浓度还是平衡的，可是当温度降低几百度时这一平衡浓度的变化却是相当微弱的，这是由于温度的降低严重地改变了分解速度的缘故(见第三章§4和第六章§8)．因此，空气质点中的剩余一氧化氮的浓度就简单地等于在温度近于 2300°K 时的平衡浓度,而这个量约为 1%．质点中一氧化氮的浓度与时间的关系简略地画在图 8.9 上．当然，剩余浓度的精确值要依赖于具体的质点，也就是要依赖于质点在达到反应的转折温度≈2300°K (在这种温度下 $\tau\sim t$)时所具有的密度，还要依赖于冷却的时间,但是这些细节并不影响剩余浓度的数量级．一氧化氮氧化为二氧化氮的反应在温度约为 2000°K 时进行得很快(见第六章§9)．所以二氧化氮的浓度至今仍然是平衡的,但这时二氧化氮并不是与平衡的而是与实际的、"淬火的"一氧化氮的数量处于平衡． 在温度近于 2000°K 时二氧化氮的浓度大约是 10^{-2}%(见第五章§21，表 5.9)．在以后，所有的一氧化氮都逐渐地被氧化为二氧化氮，并且在开始时这个过程是能够"跟上"冷却的,而后来在温度约为 1500°K 及其以下时，它落后于冷却．一氧化氮的完全氧化是在爆炸后经过几十秒在已经十分冷的质点中完成的．

在那些被激波的阵面所加热到的温度低于～2200—2000°K 的空气质点中,一氧化氮根本不可能产生,因为在这种温度下氧化速度是极其小的，而质点会很快地跑过反应速度还具有可观值的近于 2000°K 的温度范围．这就是说，存在一个在激波阵面内被加热到温度大约为 2200—2000°K 的球形的空气层，是它限定了在其内先出现一氧化氮而后出现二氧化氮的这种空气的质量(在 r, t 图 8.6 上,该层的运动规律比如说是用曲线 3 表示的)． 据此便可以估计出在强爆炸时所产生的氮的氧化物的总量．这个量取决于在激波阵面内被加热到温度大约为 2200—2000°K 以上的那种空气的质量和

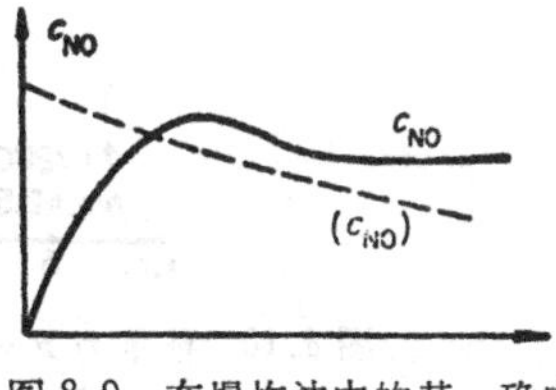

图 8.9 在爆炸波中的某一确定的空气质点内，一氧化氮的平衡浓度(c_{NO})和实际浓度 c_{NO} 两者与时间的简化关系

在那一温度(稍高一点的温度即 2300°K)时的一氧化氮的平衡浓度,因为正是在这样温度下发生淬火的[1]. 在能量为 10^{21} 尔格的爆炸中,当激波阵面的温度为 $T_{阵}=2000°K$ 时,其阵面的半径大约是 100 米. 在具有这种半径的球体内所包含的空气的质量大约是 5000 吨,而当浓度约为 1% 时所得到的一氧化氮的质量大约等于 50 吨. 因为每一个 NO 分子还要结合一个氧原子,所以二氧化氮的质量大约是 75 吨,即像前面所说的近似等于 100 吨.

现在我们来看一看,在某一确定时刻氧化物的浓度沿半径的分布是怎样的. 这里可以有两种典型情况. 如果在所考察的时刻 t' 波阵面上的温度高于大约 2300°K (图 8.10),那么在波阵面之后的所有质点中一氧化氮和二氧化氮的浓度实际上都是平衡的,且其浓度的分布就简单地取决于阵面之后的温度和密度的分布. 唯一的例外只是那个紧挨波阵面之后的很薄的空气层,在那里在所指定的时刻还来不及生成氮的氧化物(图 8.10).

而如果在我们所关心的时刻 t'' 波阵面上的温度低于大约 2000°K,比如说是 1600°K,那么处在波阵面附近的一些质点被波阵面所加热的温度就要低于 2000°K,因而在它们之中根本就没有

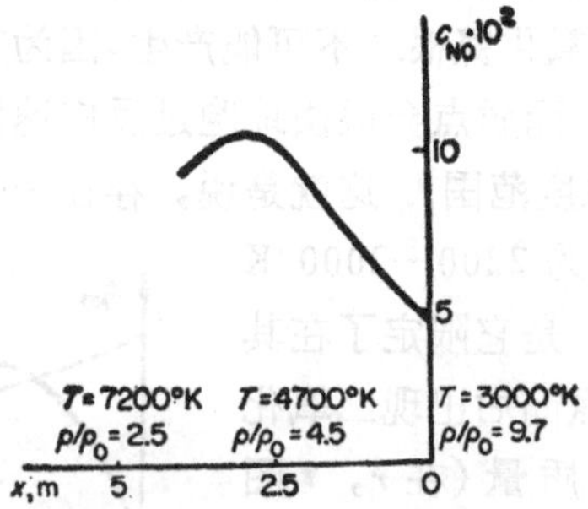

图 8.10 能量为 $E=10^{21}$ 尔格之爆炸形成的激波阵面之后的一氧化氮的浓度分布.
激波阵面上的温度 $T_{阵}=3000°K$. 浓度实际上是处处平衡的. 在几个点上标出了温度和密度的值

1) 我们提醒一下,空气中一氧化氮的平衡浓度只依赖于温度,而不依赖于密度(见第三章 § 4 和第六章 § 8).

一氧化氮；在阵面之后温度高于大约 2500 °K 的较远的地方一氧化氮的浓度是平衡的，而在中间的层内一氧化氮是有的，但它的浓度是不平衡的．在靠近波阵面的地方它的浓度要小于平衡值，但在稍远一点的地方，即在已经开始淬火的那些质点之中，它的浓度要高于平衡值(图 8.11)．

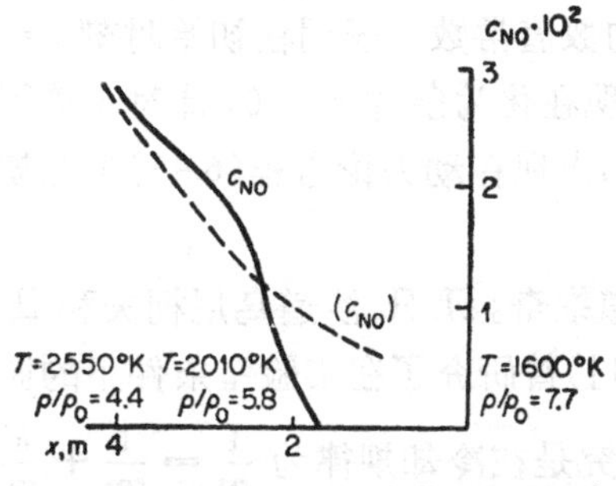

图 8.11 能量为 $E = 10^{21}$ 尔格之爆炸形成的激波阵面之后的一氧化氮的浓度分布
波阵面上的温度 $T_{阵} = 1600°K$．实线是实际浓度，虚线是平衡浓度．当 $x>4$ 米时，$c_{NO}\approx(c_{NO})$。在几个点上标出了温度和密度的值

为要计算不平衡区域内的一氧化氮的浓度，以及比较精确地确定“淬火的”一氧化氮的数量，就必须解在某一空气质点内的氮的氧化反应的动力论方程(6.45)，并在求解时考虑到质点在爆炸波中的冷却和膨胀的规律．由强爆炸问题的解所得到的空气的膨胀和冷却的规律(见第一章 § 25)，可用下面的、对于动力论计算是比较方便的两个公式来较好地逼近：

$$\rho = \rho_0 \left(\frac{t_0}{t}\right)^{2b},$$

$$\frac{1}{T} = \frac{1}{T_0} + \frac{a}{T_0} \ln \frac{t}{t_0},$$

此处，T_0 和 ρ_0 是质点在初始时刻 t_0 时的温度和密度，而 t_0 是激波阵面扫过该质点的时刻；a 和 b 是数值常数，它们仅依赖于气体动力学解中的等效绝热指数．当 $\gamma = 1.30$ 时，$a = 0.44, b = 0.75$.

人们发现(见文献 [13])，在动力论方程(6.45)中适当地选择新的变量，可将这个方程连同上述的冷却和膨胀的规律一起化为一个普适的、无量纲的形式：

$$\frac{dy}{dx}=x^{3-\delta}(y^2-x^2), \tag{8.24}$$

此处，量 x 与变量即时间有关，而 y 则正比于一氧化氮的浓度；δ 是一个小于 1 的数值常数．表明在初始时刻 $t=t_0$ 时没有一氧化氮的初始条件，现在化为条件 $y=0$，此时 x 等于某个量 x_0，它只依赖于时刻 t_0 和出现在动力论方程(6.45)中的初始状态的各个参量和一些常数．

Я. Б. 泽尔道维奇，П. Я. 沙道乌尼柯夫和 Д. А. 福朗克-卡缅涅茨基(文献[14])曾研究了在实验室条件下的氮的氧化反应的动力论，他们的研究是在冷却规律为 $\frac{1}{T}=\frac{1}{T_0}+\frac{a'}{T_0}t$ 和密度保持不变的情况下进行的．

这时借助引进新的变量，动力论方程(6.45)也可以变成型如(8.24)的方程，其初始条件是：当 $x=x_0$ 时，$y=0$．在书[14]中列表给出了方程的解 $y=y(x,x_0)$1)．

当由强爆炸问题的气体动力学的解知道了空气质点在初始状态时的各个参量之后，便可以用上述方法得到完全解，即得到一氧化氮的浓度 c_{NO} 与时间的关系．它与上述定性分析完全符合．图 8.11 上所画的曲线就是这样计算出来的．

3. 气体向真空飞散时热力学平衡的破坏

§6 气云的飞散

气云向真空飞散的现象在各种自然的、实验室的和技术的过程中都可以遇到．当陨石对行星表面冲击时，陨石被强烈地制动，并将动能转变为热量．如果冲击的速度很大，近于几十千米/秒，

1) 如 А. С. 康帕涅茨所指出的，当 $\delta=0$ 时方程(8.24)可用贝塞尔函数精确地求解．

那么就要形成高达几万至几十万度的高温．在这种情况下陨石体和行星的部分土壤都要蒸发． 其现象与行星表面上的强爆炸相似[1)]．如果行星没有大气层，比如像月球那样，那么所形成的具有很大飞散速度的蒸气云就能克服引力而不受阻碍地向真空膨胀．有这样一种假设，认为在巨大陨石冲击时所发生的“爆炸”乃是形成月球上火山口的原因．

在太阳系中的小物体——小行星彼此频繁碰撞的时候，也会产生类似的现象．在一些新星爆炸的时候，可以观察到有巨大的气云向真空飞散，那时因星体的能量平衡遭到破坏而要释放出大量的能量，并且自中心各层向四周传播一个激波，激波可以脱离星体并将气云抛向宇宙空间．

在实验室条件下也可以遇到虽然其尺度小得无法比拟但在一定程度上类似的一些现象，例如：在脉冲伦琴管中，在强电子脉冲作用下所发生的阳极针的蒸发现象(B. A. 楚柯尔曼和 M. A. 曼纳柯娃(文献[15])，在抽空的容器中以电流燃断细金属丝的现象，等等．当然，在实验室条件下膨胀不是无限制的，因为它受到抽空容器之器壁的限制，但是在气体尚未达到器壁之前的那一阶段，向真空的飞散就像真空为“无限大”时一样地进行．

在对高层大气进行火箭探测的时候曾设计这样一些实验，用它们得到向真空飞散的气云，比如向空间排放钠的蒸气和一氧化氮．在苏联的宇宙火箭于飞往月球的途中建立人造彗星的时候也出现过同样的现象．

气云向真空飞散的动力学是相当简单的；理想化的(气体比热恒定的)气体球向真空绝热飞散的问题，曾在第一章 §28，§29 中讨论过． 在这里我们所关心的是巨大膨胀阶段内的(也就是说向无限远处飞散时的)气体状态的一些比较精细的问题． 这些问题可以根据最简单的飞散模式加以探讨．在这种模式中所关注的只是气体的按质量平均了的各个参量的行为．显然，某一具体气体

1) 这一过程的流体动力学将在第十二章讨论．

质点的各个参量随时间的变化是和各平均参量的变化完全一样的，只是它们与各平均值相差一个近似于1的数值因子，而这些因子对于我们来说是无关紧要的.

我们来考察质量为M能量为E的气体球[1)]. 在强烈膨胀的阶段内，几乎所有初始能量都转变为飞散动能，因而物质是以下述平均速度惯性地飞散：$u=\sqrt{2E/M}$. 球的半径近似等于$R=ut$；气体的密度随时间按下述规律降低：

$$\rho=\frac{M}{4\pi R^3/3}=\rho_0\left(\frac{t_0}{t}\right)^3, \tag{8.25}$$

此处，通过球的初始半径R_0和物质的初始密度ρ_0将时间尺度近似地表示为

$$t_0=\left(\frac{M}{\rho_0 4\pi u^3/3}\right)^{\frac{1}{3}}=\frac{R_0}{u}. \tag{8.26}$$

如果对巨大膨胀阶段内的气体的温度感兴趣，那就必须考察仍然留在气体内的那一小部分内能，这部分内能在计算飞散速度时是被忽略了的. 我们应注意到，在绝热飞散时气体的比熵S是保持不变的. 为了简单，我们假定，物质的行为和具有某一恒定等效绝热指数值的气体是一样的，这样我们就得到气体的冷却规律：

$$T=A(S)\rho^{\gamma-1}\sim t^{-3(\gamma-1)}, \tag{8.27}$$

此处$A(S)$是熵常数，它可按已知的统计力学的公式来计算. 如果要考察一些比较高的温度，那么考虑到电离和离解等一些过程，便可以取一些大概的绝热指数的值$\gamma\approx 1.2—1.3$. 在所有的情况下，绝热指数都不会大于$5/3=1.66$，因为它对应于气体的所有内部自由度都被完全冻结的情况.

§7 “淬火”效应

我们来看一看，在按立方规律$\rho\sim t^{-3}$膨胀和按规律$T\sim t^{-3(\gamma-1)}$冷却的气体中，一些物理-化学的过程是如何进行的.

---

1) 为了方便，这里我们应回忆第一章§28中的某些推导.

假设在开始时温度很高，因此分子都被离解，原子也被强烈电离．再假设，气体的初始密度非常大，就像由原为固体的物质靠能量的快速释放所形成的气云通常具有的那样大．在高温和大密度之下，在飞散的初期阶段，所有弛豫过程都进行得很快，因而气体处于热力学上的平衡态，并且一些状态特性，比如电离度或离解度，也能“跟上”冷却和膨胀．假如在整个飞散过程中气体继续保持热力学上的平衡，那么随着膨胀和冷却的进展，所有电子都应该和离子结合为中性原子，而所有具有化学亲合力的原子都应该结合为分子．

事实上，平衡电离度或平衡离解度 α，是按指数规律依赖于温度，按幂指数规律依赖于密度的：α 大约为 $\rho^{-1/2}\exp(-I/2kT)$，此处的 I 是电离势或离解能．当膨胀和冷却到低温时，平衡电离度和平衡离解度都很快趋近于零，因为当 $T\sim\rho^{\gamma-1}\longrightarrow 0$ 时，指数因子的减小是非常快的，它比指数前的因子的增加快得多．

但容易看出，不管在初期建立热力学平衡的速度与冷却和膨胀的速度相比是多么大，都必然会出现那样的时刻，到该时刻这些过程的速度对比关系要倒转过来，热力学的平衡也不能再建立，而电离度和离解度也要开始越来越大地偏离于平衡值．

实际上，平衡电离度和平衡离解度的建立，乃是由于正向过程和逆向过程相互补偿的结果．但在低温之下，需要消耗大量能量的电离过程和离解过程都要显著减慢．这两个过程的速度按指数规律 $\exp(-I/kT)$ 依赖于温度，当 $kT\ll I$ 时它们特别强烈地依赖于温度，进而也就特别强烈地依赖于时间．然而，两个逆过程——两个复合过程的速度，对于密度、温度的依赖，也就是对于时间的依赖，却只是遵守幂指数规律．这就是说，当电离过程和离解过程进行到某一时刻之后，电离度和离解度将按照幂指数规律随着时间减小，与此同时它们的平衡值却要按指数规律下降．

由于膨胀，两种复合过程的速度要减小，甚至两种过程可以完全停止．这一点可用原子复合为分子为例加以证实(电子与离子的复合将在以后几节讨论)．

当密度很大时，复合是以三体碰撞进行的；而当密度很小时，复合是以二体碰撞进行的，因此，当我们关心巨大膨胀阶段时，就应该对后一种过程进行充分的考察．令N为1厘米^{3}中的原子数，$\bar{v}\sim\sqrt{T}$为热运动速度，σ为复合截面——它不大于气体动力论的截面．复合速度是$dN/dt=-N\bar{v}\sigma$，特征时间(在它之内离解度发生显著变化)是$\tau\approx 1/N\bar{v}\sigma$．甚至如果不考虑由于复合所引起的原子数的减少，1厘米^{3}中的原子数N也要由于气体的膨胀而与$1/t^3$成正比地减少：$\bar{v}\sim\sqrt{T}\sim t^{-\frac{3}{2}(\gamma-1)}$，所以$\tau\sim t^{3+\frac{3}{2}(\gamma-1)}=t^{\frac{3}{2}(\gamma+1)}$，即特征时间$\tau$比$t$增加得快，因而到某一个时刻它就开始大于$t$．可是，用来表征密度和温度之变化的时间尺度乃是自飞散开始的时刻算起的时间t本身，这是因为$dT/dt\sim -T/t$，$d\rho/dt\sim -\rho/t$．这样一来，从某一个时刻起，复合就开始越来越严重地"落后于"冷却．不但如此，而且大致上从这一时刻开始，在以后的直到无穷远的整个飞散过程中，某一指定原子与所有其它原子复合的几率要小于1，即复合根本不能进行到底．

实际上，这个几率等于

$$w=\int_{t_1}^{\infty}N\bar{v}\sigma dt=\int_{t_1}^{\infty}\frac{dt}{\tau}\lesssim\frac{1}{\tau_1}\int_{t_1}^{\infty}\left(\frac{t_1}{t}\right)^{\frac{3}{2}(\gamma+1)}dt\approx\frac{t_1}{\tau_1}=\text{常数}. \tag{8.28}$$

从使$\tau_1>t_1$的时刻t_1开始，某一指定原子的复合几率$w<1$．这就是说，气体向无穷远飞散时仍然处于离解的状态．这种效应被称为关于离解的"淬火"或"冻结"．

从某一时刻开始，在气体中几乎停止了气体动力论的碰撞，停止了由粒子轰击所引起的对分子的振动激发和转动激发的退激作用．这一结论是从同一个碰撞积分式(8.28)的收敛性而得到的．但是，并不发生分子的振动和转动的"淬火"效应：分子的振动和转动的能量由于自发地发射出光量子而被散失．振动跃迁给出的是红外光谱段的辐射，而转动跃迁给出的是无线电波范围内的辐射．

由于碰撞积分在代入(中性原子的)气体动力论的截面之后具

有收敛性，所以在球形飞散中，随着时间的进展各原子的紊乱平移运动之能量的交换将被停止．而此后的飞散则在根本没有撞碰的情况下继续进行[1]．

所有粒子都依惯性以它们在最后一次碰撞时所获得的速度继续飞散．同时，一般来说粒子都具有非径向的（"紊乱的"）速度分量．看来，似乎应该发生关于紊乱速度的，即关于"温度"的"淬火"效应．但在实际上，正如 B. A. 别娄克思（文献[16]）所指出的，由于纯粹几何上的特性而使这成为不可能．问题在于，在没有粒子碰撞的条件下，关于"流体动力学"能量和"内"能这两个概念如何定义．单位体积气体的内能等于总动能 $N\frac{m\overline{v^2}}{2}$（$N$ 是 1 厘米^3 中的粒子数，m 是它们的质量，而 $\overline{v^2}$ 是速度平方的平均值）与"流体动力学"运动的动能 $N\frac{m(\bar{v})^2}{2}$（$(\bar{v})^2$ 是平均速度的平方）之差：

$$E_{内} = E_{总} - E_{流} = N\frac{m}{2}\left(\overline{v^2} - (\bar{v})^2\right).$$

设碰撞在时刻 t_1 时停止，那时气体占据着其半径为 r_1 的球体（图 8.12）．再设一些粒子分别在时刻 t' 和 t'' 由该球来到点 A 和点 B，而它们的速度的方向则被限制在两个锥体之内，如图 8.12

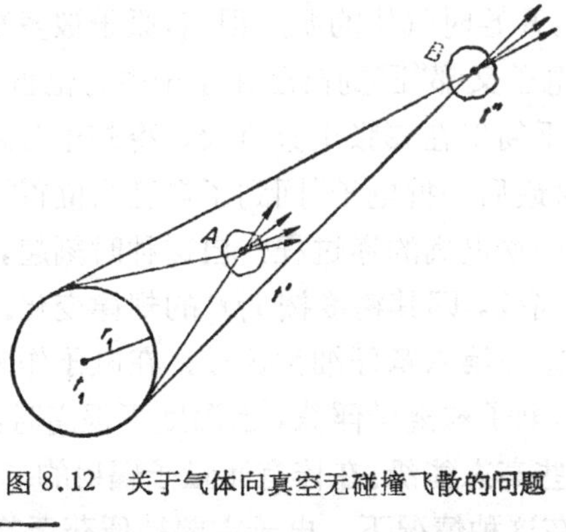

图 8.12　关于气体向真空无碰撞飞散的问题

1) 很有趣的是，在 $\gamma = 5/3$ 的飞散中，荷电粒子的"库仑碰撞"频率在形式上并不减少，因为 $\sigma \sim T^{-2}$ 和 $nv\sigma \sim nT^{-3/2} \sim n^{5/2-3\gamma/2} =$ 常数．

所示.

很显然,距中心的距离越大,圆锥的张角就越小,$\overline{v^2}$ 就越接近于 $(\bar{v})^2$,即差值 $\overline{v^2}-(\bar{v})^2$ 就越小. 在 $t\longrightarrow\infty$, $r\longrightarrow\infty$ 的极限之下,所有粒子都是沿着严格的径向方向飞行,而 $\overline{v^2}=(\bar{v})^2$,即所有动能都转变为"流体动力学的"动能.

至于说到柱形飞散和平面飞散的情况,那么,在那里热力学平衡也必然遭到破坏,但是,其离解度和电离度随着时间的变化当然要依照另外的规律. 应该说明,如果气体的质量是有限的,那么,当膨胀达到足够大的时候,"平面"和"柱形"的情况都必然转变为"球形"的情况.

我们指出几项工作[15a,24—26],它们研究了无碰撞之气体向着真空作自由分子飞散的各种问题(在这些论文中可以找到有关其它一些工作的索引). 在文献[27]中曾考察了电离气体向着有磁场的真空的飞散问题.

§8 电离平衡的破坏

我们仔细谈谈关于气体膨胀时电离平衡的破坏问题,并指出可以如何近似地确定出平衡被破坏的时刻(下面所说的方法是本书一位作者(文献[17])推荐的).

我们假设,开始时气体的温度很高,原子被多次电离. 当膨胀气体冷却时,电子又都"回到自己在原子中的位置",电离度减小. 我们认为电离平衡仅在膨胀十分巨大、冷却十分剧烈的阶段才遭到破坏,而那时最后一批电子"回到了自己的位置",即那时进行的过程是原子第一次电离的逆过程. 自这种时刻起,气体实际上以常速度作惯性飞散,即其密度按 $1/t^3$ 的规律变化. 电子与离子复合的机制我们曾在第六章仔细讨论过. 在电子作为第三粒子参加的三体碰撞中,电子被离子俘获;当温度不很高时,电子通常被俘获至原子的一些高态能级.在伴有光量子辐射的二体碰撞中,俘获也是可能的(在这种情况下,电子主要被俘获至基态能级). 光复合仅在电子密度——N_e1/厘米^3 很小时才存在,而温度越低这一密度就越小. 根据公式(6.105), 光复合只是在 $N_e < 3.1 \times 10^{13} T_{电子伏}^{3.75} = 3.2 \times 10^9 T_{千度}^{3.75}$ 的条件下才占有优势. 然而,在大多数有意义的飞散情况下, 在温度约为几千度平衡遭到破坏的那一阶段内,电子的密度是十分大的,所以光复合无论是在平衡遭到破坏的时刻还是在以后的时刻都是不起作用的.

如果在还算靠近平衡的那一阶段内是三体碰撞的复合起主要作用,那么电离就是由逆过程(主要是电子从激发原子上轰击出电子)产生的. 根据细致平衡原理,电离的速度可通过复合系数和平衡常数或平衡电离度来表示.

这时,关于电离度 $x = N_e/N$(N 是 1 厘米³ 中的原子核数, 即原子和离子的数目)的动力论方程具有如下形式:

$$\frac{dx}{dt} = bN(x_p^2 - x^2), \tag{8.29}$$

这里的 b 是复合系数,在不特别高(不超过几千度)的温度下,它由公 (6.104)来表示:

$$b = \frac{ANx}{T^{9/2}}, \tag{8.30}$$

$A = 8.75 \times 10^{-27}$ 厘米⁶·电子伏$^{9/2}$/秒 $= 5.2 \times 10^{-23}$ 厘米⁶ · 千度$^{9/2}$/秒; x_p 是平衡电离度,它由沙赫公式来决定. 当 x_p 与 1 相比不算大的时候, 似地有

$$x_p \approx 7 \times 10^7 \left(\frac{g_+}{g_a} \frac{T^{03/2}}{N}\right)^{1/2} e^{-\frac{I}{2kT}}. \tag{8.31}$$

当已知膨胀规律 $N(t)$ 和冷却规律 $T(t)$ 的时候 (这两个规律由公式(8.25)和(8.27)给出), 表达式 (8.29) 就成为关于待求函数 $x(t)$ 的常微分方程. 由于我们关心的主要是定性方面的问题, 所以我们将近似地求解这一方程.

在起初, 电离速度和复合速度(它们分别与方程(8.29)之右端的两个可加项成正比)与膨胀和冷却的速度相比较都是很大的. (为了比较不同过程的速度,我们将考察以秒分之一为单位的相对速度,例如,$\frac{1}{T}\frac{dT}{dt}$, $\frac{1}{N}\frac{dN}{dt}$.)这时电离和复合几乎完全互相抵消;

电离度能够“跟上”膨胀和冷却，并始终保持接近于平衡状态．近似地有 $x(t) \approx x_p(t) \equiv x_p[T(t), N(t)]$ 及差值 $|x_p^2 - x^2| \ll x_p^2$.

由于温度和密度随着时间变化，不可避免地要产生电离度与平衡值的小的偏差，而这一偏差是可近似估计的，这只要假定方程(8.29)的左端 $dx/dt \approx dx_p/dt$，同时在复合系数的表达式(8.30)中以 x_p 代替 x，并再假设 $x_p^2 - x^2 \approx 2x_p(x_p - x)$．容易验证，相对偏差 $|x_p - x|/x_p$ 是随时间而增加的（因为与宏观参量——温度和密度的变化速度相比较，弛豫过程的速度变得越来越小）.

当电离速度和复合速度的差值增加到近于这些速度本身量值的时候，即当量 $|x_p^2 - x^2|$ 变得近于 x_p^2 的时候，电离平衡才遭到明显的破坏.

和以前一样，假设 $dx/dt \approx dx_p/dt$ 和复合系数中的 $x \approx x_p$，并再令差值 $x^2 - x_p^2$ 等于量 x_p^2，就可以估计出平衡遭到破坏的时刻 t_1 和这一时刻的量 T_1，N_1，x_1.

利用冷却规律(8.27)——它给出 $\dfrac{dT}{dt} = -3(\gamma - 1)T/t$，按公式(8.31)将平衡电离度对时间微分，并注意到变化得最快的是指数的玻耳兹曼因子，我们便可求得用来确定平衡遭到破坏之时刻的方程：

$$b_1 N_1 x_{p1} t_1 = \frac{3}{2}(\gamma - 1)\frac{I}{kT_1}. \tag{8.32}$$

这里的 $b_1 = b(T_1 N_1 x_{p1})$．这个方程连同属于 t_1 时刻的：膨胀规律(8.25)，冷却规律(8.27)，沙赫公式(8.31)，一起化为一个关于温度 T_1 的超越方程．求得 T_1，便容易计算出其余的量 t_1，N_1 和 x_{p1}.（在该近似下，实际电离度 x_1 可认为就等于平衡值 x_{p1}.）

§9 电离平衡破坏以后复合的动力论和气体的冷却[1]

在平衡破坏以后，与 x_p^2 成正比的电离速度继续按照指数规律

1) 本节内容的基础是 H. M. 库兹涅佐夫和本书一位作者的工作（文献[28]）.

$e^{-\frac{I}{kT(t)}}$随时间很快地减小．但与实际电离度之平方成正比的复合速度则下降得十分缓慢，并很快成为比电离速度大很多的量：$x(t) \gg x_p(t)$．在这样的条件下，假定只有复合在进行，则电离的基元动作可以忽略．动力论方程(8.29)近似地写成如下形式：

$$\frac{dx}{dt} = -bNx^2, \quad 当 t > t_1 时. \tag{8.33}$$

假如复合系数 b 根本不依赖于或者很弱地依赖于温度，那么由于密度很快地减小，复合速度就要很快地下降，复合本身不久也就停止．在原子复合为分子时，情况刚好就是这样的(见§7)．但在现在的情况下，复合系数(8.30)相反对温度非常敏感($b \sim T^{-9/2}$)，而且由膨胀气体密度的下降所引起的复合速度的减小，可在相当大的程度上由依靠冷却所引起的复合系数的增高所补偿．因此，关于温度随时间降低的规律的问题就具有特殊的重要性．事实上，对于具有复合系数(8.30)的微分方程(8.33)，我们可以写出其形式解：

$$x = \frac{x_1'}{\left[1 + 2Ax_1'^2 \int_{t_1'}^{t} \frac{dtN^2}{T^{9/2}}\right]^{1/2}}, \tag{8.34}$$

这里的 t_1'，x_1' 的值由初始条件来决定(在近似的程度内，可以要求积分曲线 $x(t)$ 经过平衡破坏之点；那时 $t_1' = t_1$，$x_1' = x_1$)．我们将和以前一样，还是用幂函数 $T \sim t^{-m}$ 来描写温度随时间的下降．

根据公式(8.34)，电离度的渐近行为主要依赖于冷却的速度，即主要依赖于指数 m．如果气体冷却得"慢"和 $m < \frac{10}{9}$ (它对应的绝热指数是 $\gamma = 1 + \frac{m}{3} < 1.37$)，那么当 $t \longrightarrow \infty$ 时，(8.34)中的积分是收敛的，而电离度则趋近一个不等于零的常数：即复合不能进行到底．

而如果气体冷却得"快"和 $m > \frac{10}{9}$，那么当 $t \longrightarrow \infty$ 时，积分

是发散的,而电离度则按 $x \sim t^{-\frac{9}{4}\left(m-\frac{10}{9}\right)}$ 趋近于零. 当 $m=\frac{10}{9}$时,电离度也趋近于零,只不过这时所遵循的规律是对数的: $x \sim (\ln t)^{-1/2}$. 这就是说,当 $m \geqslant \frac{10}{9}$时,电子和离子最终应全部复合.

但气体冷却的速度本身依赖于复合的进程,因为在复合时要放出原先从原子上被击出的那种自由电子的势能,这种势能要部分地转变为热量. 因此,求解电离度随时间变化之行为的问题,需要同时考察复合的动力论和气体之热能的平衡.

在进行三体碰撞的电子复合时,先是电子被离子俘获至原子的一个高的能级,这个能级的结合能 E 近似于 kT (见第六章). 然后激发原子经受第二类电子轰击,再后进行自发辐射跃迁,两者使得束缚电子按原子的各个能级下降到基态能级. 激发原子的退激过程与离子俘获电子的速度和气体温度变化的速度相比较,一般来说进行得是很快的. 因此,可以近似地认为,所形成的激发原子是在俘获之后立即退激的,复合时的势能 I 也是立刻就转变为其它形式的能量的. 该势能的一部分 E^* 在进行第二类电子轰击时直接地转移给了自由电子(然后它在整个气体中进行分布,这是由于电子和离子间的能量交换所致). 而在辐射跃迁时所放出的另一部分结合能 $I-E^*$,则要首先转变为线状光谱内的辐射. 这种辐射部分地离开气体的体积,部分地被原子所吸收,并且被吸收的主要是共振辐射,后者对应于激发原子的直接至基态的跃迁.

在吸收共振量子的时候,原子被激发,然后它辐射,而新的量子又被另一个原子所吸收,如此一直进行到量子从气体体积中跑出去为止. 这里所发生的是所谓共振辐射的扩散. 在量子扩散的期间,激发原子可以经受第二类轰击,而将激发能量以热量的形式放出. 这就是说,原先转变为辐射的结合能 $I-E^*$ 的一部分又随着时间的增加而转变成了热量. 气体的透明性越好,即共振辐射的扩散拖延得越短,这部分能量就越小.

为了简单起见,我们假设能量 $I-E^*$ 全部被气体所失掉(这相当于假设气体的体积是透明的)．这个假设降低了气体中的热量释放，从而降低了温度，即在这种条件下计算复合的动力论导致了气体电离度的降低，给出了电离度的下限．气体越透明，即我们所考察的飞散阶段越靠后，上述假设就越正确，因此它是渐近地正确．

在这里，我们建立气体能量的平衡方程，为了简单起见，我们认为电子和离子(原子)的温度是相同的．估计表明，在很多情况下，在电离平衡遭到破坏之后的相当长的时间内，电子气体和离子气体之间的能量交换进行得还是很快的，因此它们的温度是彼此接近的[1)]．我们写出按一个重粒子(按一个原有原子)计算的气体的能量方程．热能等于 $\varepsilon=\frac{3}{2}(1+x)kT$，比容 $V=1/N$，气体的压力 $p=N(1+x)kT$．那时

$$\frac{d\varepsilon}{dt}+p\frac{dV}{dt}=E^*\left(-\frac{dx}{dt}\right). \tag{8.35}$$

再考虑到膨胀规律 $N\sim t^{-3}$，由此便得到关于温度的方程

$$\frac{dT}{dt}+2\cdot\frac{T}{t}=\frac{\frac{2}{3}\frac{E^*}{k}+T}{1+x}\left(-\frac{dx}{dt}\right). \tag{8.36}$$

为了计算出按一个复合基元动作计算的热量释放值 E^*，我们考察在电子被离子俘获时所形成的激发原子的退激过程．就如上面曾指出的，在三体碰撞时电子一般要被俘获至原子的一个很高的能级，而这个能级的结合能 $E\sim kT$．在这个状态区域内，能级之间的距离比 kT 小得多．当与自由电子碰撞时，激发原子中的束缚电子就要跃迁到相邻的能级，并且“向上”的跃迁和“向下”的跃迁几乎是等几率的，所以在电子轰击的作用之下激发原子的能量变化就具有沿能量轴扩散的特点；在复合时扩散流是朝下的，朝着原子基态的方向(见第六章 § 18)．退激的速度即束缚电子之结合能的增大速度 dE/dt 是可以计算的，如果将非定常的扩散方程

1) 在文献[28]中所建立的几个方程考虑了电子温度和离子温度的不同．

(6.109)乘以能量 E，并对整个谱进行积分的话．由于我们所考察的是沿着能量 E 轴从位于小能量范围的源出发的电子运动的非定常情形，所以在大能量范围内应提出如下边界条件：分布函数和扩散流都等于零．上述运算给出关于电子结合能之变化速度的近似表达式

$$\frac{dE}{dt} \approx \frac{D}{kT},$$

此处，D 是扩散系数，它已在第六章 § 18 中写出过．这个公式在能级间的距离大于 kT 的能量范围内失去效力，因为在这种范围内向低能级的跃迁比向高能级的跃迁可几得多，因而运动也就具有单一方向的特点．在这种范围内

$$\frac{dE}{dt} \approx \beta_{n,\,n-1} N_e \Delta E_{n,\,n-1},$$

此处，$\beta_{n,n-1}N_e$ 是自能级 n 到能级 $n-1$ 的跃迁几率(以 1 秒$^{-1}$ 为单位)；$\Delta E_{n,n-1}$ 是能级间的能量距离．（关于退激跃迁之速度常数 $\beta_{n,n-1}$ 的表达式，已在第六章 § 15 中列出过．）

束缚电子沿着能量轴的运动从扩散运动转变为单一方向的运动是发生在结合能为 E' 的时候，在这一能量之下能级间的距离 $\Delta E_{n,n-1}$ 等于 kT．这个能量等于

$$E' = \frac{1}{2} kT \left(\frac{2I}{kT}\right)^{1/3} = 2.1 \times 10^{-4} T^{\circ 2/3}$$

（对于氢原子来说）．就如已知的（见第五章 § 13），辐射退激的速度——它在结合能小时是很小的，随着激发程度的降低迅速地增大．在原子因受轰击而退激到某一能级之后，辐射跃迁就突出到主要的地位．对应于到最邻近能级的辐射跃迁的辐射速度——它决定了辐射退激的速度 $(dE/dt)_{辐射}$，已被列在第五章 § 13 中．

从轰击退激到辐射退激的转变是发生在那种结合能之下，这种结合能使得速度 $(dE/dt)_{轰击}$ 与速度 $(dE/dt)_{辐射}$ 的大小相当．很显然，这一结合能就是我们要求的热量释放值 E^*．需要说明，原子中的自高能级直接到基态的辐射跃迁能够促进辐射退激，而

如果发生这种跃迁，原子的作用就被排除在外(见第五章§13).计算[28]表明，这种过程的贡献与在向邻近能级跃迁时所发生的逐级辐射的贡献相当.

在工作[28]中所进行的对热量释放值 E^* 的计算，近似地给出[1)]

$$E^* = I \times \begin{cases} 4.3 \times 10^{-4} N_e^{1/3} T^{\circ -1/2}, & \text{如果 } kT < E^* < E', \\ 3.1 \times 10^{-4} N_e^{1/6} T^{\circ 1/12}, & \text{如果 } E^* > E'. \end{cases} \quad (8.37)$$

在确定了热量释放值 E^* 之后，现在就可以解方程组(8.33)—(8.36). 如文献[28]中指出的，这一方程组可以降阶，而被化成一个一阶的非线性微分方程. 对方程所进行的定性分析和数值解都表明，按照在电离平衡被破坏的时刻所具有的不同条件，存在着两种关于电离度变化的体系.

如果气体云膨胀得快(云的质量小，而飞散的速度大)和电离平衡是在电离度还较高时(那时气体中的电离势能的储备大于热能)就被较早地破坏，那么在复合过程中就要放出很多的热量. 这就妨碍了气体很快地冷却，并对复合起到了阻止作用. 在这些条件下，复合将很快地停止，而电离度则趋近一个不等于零的常数值，即发生了电子和离子的淬火. 实际上，如果在电离平衡被破坏的时刻气体的所有原子都是至少被电离过一次($x_1 \gtrsim 1$)的，那么就会发生这种情况.

而如果气体云膨胀得比较慢(质量大，飞散的速度小)和电离平衡是在电离度小的时候(那时势能的储备小于热能)被较晚地破坏，那么在复合时所放出的数量不大的热量就没有能力拖延气体的由其膨胀所引起的很快的冷却，而复合的速度也就足够大. 这时，复合在全部时间内都将继续进行，电离度也要连续地减小，并

1) 如果在某一组值 T 和 N_e 之下有 $E^* < kT$，那么这意味着，从电子俘获一开始就应该进行辐射退激. 这种情形一般来说是不存在的，因为在这种情况下光复合要优势于三体碰撞的复合，而当发生光复合时电子一般不是被俘获至原子的高态能级，而是被俘获至低态能级. 如果按公式(8.37)所计算的 E^* 比电离势 I 大到一定程度，那么这意味着，全部结合能 I 都要变成热量，而公式(8.37)不再适用，且 $E^* = I$.

要向零趋近．这种情况一直继续到电子气体和离子气体间的能量交换遭到破坏时为止．这后一种破坏是发生在当交换的特征时间 τ_{ei}（见第六章 § 21）变得比从飞散开始的时刻算起的时间 t 为大的时候，而时间 t 能表征膨胀和冷却的相对速度 $\frac{1}{V}\frac{dV}{dt}$ 和 $\frac{1}{T}\frac{dT}{dt}$．

在交换遭到破坏以后，复合时所放出的热量不能再在气体的所有粒子之间进行均匀的分布，而只能留在电子气体之中．（离子和原子比电子冷却得要快，它们的温度降得比电子的温度低．）在这些条件下，电子气体中的热量释放相对地增高，因为现在来说，复合能量只是被转移给了少量的电子．由于这一点，电子温度的下降变得缓慢，复合也受到阻碍．在这些新的热交换条件下，电离度向零的趋近要停止，而在气体中保持着剩余电离（即发生了淬火）．但是，与前一种情况不同，现在的剩余电离是很小的，因为至电子和离子间的能量交换遭到破坏的时刻为止，已有相当大的部分自由电子得以进行复合．

在文献[28]中针对两种典型的气体云飞散的情况计算了曲线 $x(t)$，它们都已画在图 8.13 上．

计算时，取原子的电离势等于 13.5 电子伏，原子量为 14．上

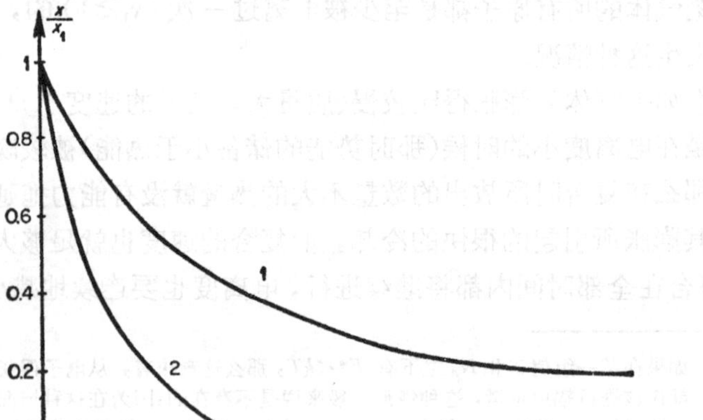

图 8.13　气体向真空膨胀时的电离度的变化（说明请见正文）

边一条曲线对应于电离平衡遭到破坏之时刻的电离度 $x_1 = 0.58$，而该时刻的气体的温度和密度分别为 $T_1 = 12000°K$ 和 $N_1 = 1.7 \times 10^{16} 1/厘米^3$. 平衡遭到破坏的时刻是 $t_1 = 2 \times 10^{-6}$ 秒. 气体云在这一时刻的半径是 $R_1 = 4.9$ 厘米，飞散速度是 $u = 24$ 千米/秒. 所给出的气体在平衡遭到破坏之时刻的这些参量，可在不同的初始条件下得到. 其中包括下述的与它们相适应的初始条件：初始温度、初始密度和球的初始半径分别为 $T_0 = 50000°K$，$N_0 = 2 \times 10^{18} 1/厘米^3$，$R_0 = 1$ 厘米. 就如从图形上所看出的，在上述条件下，气体的电离度趋近一个相当大的常数值——0.2，即发生了显著的淬火.

下边一条曲线对应于平衡遭到破坏之时刻的参量值：$t_1 = 2.1 \times 10^{-6}$ 秒，$T_1 = 11700°K$，$N_1 = 4 \times 10^{16} 1/厘米^3$，$x_1 = 0.34$，$R_1 = 5$ 厘米，$u = 24$ 千米/秒. 与这种情况相适合的初始条件，比如说，同样可以是：$T_0 = 50000°K$，$N_0 = 5 \times 10^{18} 1/厘米^3$，$R_0 = 1$ 厘米. 这时，电离度趋近于零，即仿佛没有发生淬火. 就如上面曾指出的，实际上至某一阶段复合还是要停止的(当从电子到重粒子的能量转移被阻止的时候)，但这时的电离度是很小的.

在结束本节的时候，我们再强调一次，这里没有计算在内的共振辐射的扩散，能够促进气体中的热量释放的增加、复合速度的减少和剩余电离的增大. 这一过程应据据问题的具体条件来考察，因为共振辐射的扩散依赖于气体云的线度和透明度，依赖于光谱线加宽的特性和气体的组成等等.

4. 绝热膨胀时蒸气的凝结

§10 蒸气的饱和与凝结中心的产生

如果任意一种物质的蒸气绝热地膨胀和冷却，那么到某一时刻它就成为饱和的，而后成为过饱和的，随后便开始凝结. 众所周知，当有离子、细尘、异种粒子存在的时候，凝结特别容易，上述这些东西成为凝结中心，围绕着它们形成液滴. 离子和细尘只是为尽快地形成凝结中心创造比较有利的条件，但它们的存在并非十分必要．在纯净的过饱和蒸气中，由于分子粘合为分子络合物而出现凝结中心．当达到所谓临界尺度之后，络合物成为稳定的，不再分裂，并表现出继续增长和变为液滴的趋势．

蒸气在绝热膨胀时的凝结现象，在技术中、实验室中和自然界都可以遇到．它是威尔逊云室的工作基础，这种云室在核物理中被广泛用来记录快速的带电粒子．威尔逊云室是一个充满了水、酒精或其它液体之蒸气的容器．在云室中，当将活塞快速抽出时，由于蒸气的绝热膨胀而造成所需的过饱和．这时，沿着快速粒子的轨道形成一些离子，蒸气便凝结于它们之上，再用光学方法把液滴记录下来．

当空气在航空动力学管道中膨胀的时候，常常会观察到空气中所含水蒸气的凝结现象．

关于蒸气绝热膨胀到某一时刻必然开始凝结这一点，不难借助温度-比容图加以解释．就如从热力学知道的，与液体相平衡的饱和蒸气的压力，遵守克拉贝隆-克劳修斯方程(比如见文献[18])．如果蒸气可以视为理想气体，那么这个方程便给出下述饱和蒸气的比容 $V_{蒸}$ 和温度之间的关系1)：

$$V_{蒸} = BTe^{\frac{U}{RT}},\ T = \frac{U}{R}\left(\ln\frac{V_{蒸}}{BT}\right)^{-1}, \tag{8.38}$$

此处，U 是蒸发热，R 是气体常数，而 B 是系数，可近似认为它是个常数．

从这个公式看出，饱和温度很弱地依赖于蒸气的比容，即按照对数的规律．另一方面，蒸气的泊松绝热曲线是一条幂指数型的曲线，$T \sim V^{-(\gamma-1)}$，它必然与饱和曲线相交(图 8.14)．在交点 O 原先是未饱和的正在膨胀的蒸气将成为饱和的．

我们来跟踪过程随时间的进程．如果蒸气随时间总是膨胀的，那么比容将随着时间单调地增加．利用 T,V 图(见图 8.14)，可

---

1) 这是从公式 $p=$ 常数$e^{-\frac{V}{RT}}$ 和 $pV=RT$．得到的，这里的 p 是饱和蒸气的压力

以考察比容增加时温度的变化 $T(V)=T[V(t)]$，以代替考察温度随时间的变化 $T(t)$.

经过饱和状态之后，蒸气沿着泊松绝热曲线继续膨胀，并将成为过饱和的(过冷却的). 凝结中心的形成速度非常强烈地依赖于过饱和度. 因此当继续增大过饱和度时，液相胚胎的数目迅速地增加. 在经过饱和状态之后不久，凝结的速度已经达到那样的量值，以致所释放出的潜热制止了过饱和的增加(如果膨胀进行得不是特别快的话).

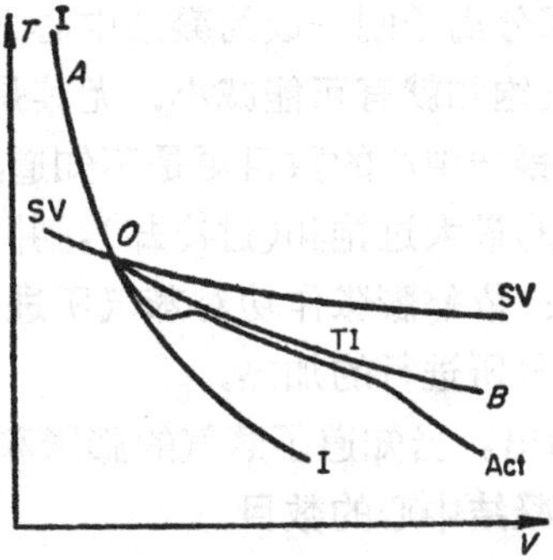

图 8.14 蒸气绝热膨胀时凝结过程的 T,V 图

I——蒸气的泊松绝热曲线，SV——饱和蒸气曲线，O——饱和点，TI——平衡的气-液双相系统的绝热曲线，Act——考虑凝结动力论的蒸气-液滴系统的实际绝热曲线

甚至在凝结中心的数目不变的情况下，由于蒸气分子所粘附的液滴之表面的增加也可使凝结加快. 凝结的加快不仅可以制止过饱和的增加，甚至可以导致过饱和度的减小. 因此新的胚胎的形成——它对过饱和量高度地敏感——将立即被停止，而此后的凝结是靠分子粘附于已有的液滴之办法进行的. 这就是说，所有的凝结中心一般都是在凝结过程的一开始当过饱和刚刚达到足够大的时候产生的.

在威尔逊云室工作时，蒸气迅速地膨胀到一定的体积，因此它之中所建立的是已知的初始过饱和. 这一过饱和选择得足以使所有的离子都能成为凝结中心，从而根据液滴的数目就可以数出离子的数目[1)]．这样一来，在这里就不存在凝结中心的数目问题．

但在那样一些气体动力学的过程中，例如气体在航空动力学管道中的膨胀、气体自喷咀的流出或由原先为固体物质(例如金属)因受热和蒸发所形成的气体云的飞散等，情形则是另外一个样子．在这里，膨胀速度由过程的总的动力学来确定，而凝结中心的数目即最终的冷凝液滴的数目是不知道的，并且它依赖于膨胀的速度．甚至，如果在气体中存在离子(当然，并非总是这样)，当膨胀足够缓慢的时候，它们也远非都能成为凝结中心．根据上面所说的一些原因，当只有部分离子刚一成为凝结中心之后，由于凝结进行得很快，系统中的过饱和就有可能减小．尤其是，在没有他种粒子的纯净蒸气中，其凝结中心的数目更是不知道的．凝结中心的数目依赖于可能达到的最大过饱和(过冷却)，并且由下述两种相反作用的竞争来决定：依靠膨胀作功对蒸气所进行的冷却和由凝结时放出的潜热对蒸气所进行的加热．

在 §12 中将指出，当知道了蒸气的膨胀和冷却的速度之后，如何就可以计算出凝结中心的数目．

§11 凝结过程的热力学和动力论

我们从纯热力学观点来考察绝热膨胀物质中的凝结过程，即假定在每一时刻都存在热力学平衡．在达到饱和的时刻之前，蒸气沿着泊松绝热曲线膨胀．在达到饱和状态和开始凝结之后，物质已成为气-液双相系统，因而绝热方程既由于有部分气相转变为具有另外一种热力学性质的液相，也由于有潜热放出而被复杂化．双相系统的绝热方程可以写成如下形式：

$$[c_1(1-x)+c_2x]dT+RT(1-x)\frac{dV}{V}-[U-(c_2-c_1)T]dx=0. \qquad (8.39)$$

---

1) 同时，不含有离子的胚胎实际上是不能形成的．

这里，c_1 是蒸气的定容比热；c_2 是液体的比热；x 是凝结度，它被定义为液相的分子数与给定质量之物质的总的分子数之比；V 是物质的比容，它比蒸气的比容小，而后者之比为 $1-x$：$V=V_{蒸}\times(1-x)$[1]. 在这个方程中我们略去液滴的表面能量，因为若液滴中含有很多分子，它与潜热相比较是很小的. 绝热方程 (8.39) 在没有热力学平衡时也是正确的. 如果状态是不平衡的，凝结度 x 由凝结的动力论来确定. 在热力学平衡的条件下，即当膨胀为"无限"缓慢时，蒸气在每一时刻都与液体处于平衡，即它是饱和的. 物质的状态这时沿着饱和曲线 (8.38) 变化，如果用物质的比容来代替蒸气的比容，该曲线具有如下形式：

$$\frac{V}{1-x}=BTe^{\frac{U}{RT}}. \tag{8.40}$$

如果从(8.39)和(8.40)两个方程中消去凝结度 x，我们得到一个微分方程，它以 T,V 为变量描述双相系统中的绝热过程. 这个方程的解给出绝热曲线 $T(V)$，其通解中的积分常数由物质的熵来决定. 它可以用饱和点 O 处的温度和比容来表示，因为显然绝热曲线要经过这一点. 在这里，我们不把解写出，而在图 8.14 上画出其绝热曲线. 它的走向要比饱和曲线稍低一些，这是从公式(8.38)与公式(8.40)的比较看出的，如果注意到 $x>0$，$1-x<1$ 的话. 当凝结度不大的时候，那时 $x\ll 1$，双相系统的绝热曲线几乎与饱和曲线相重合. 两条曲线的分歧便确定了凝结度 x：

$$1-x=\frac{V(T)}{V_{蒸}(T)}.$$

当比容增大时，凝结度沿着绝热曲线单调地增加.

指出那一点是很有趣的，当物质绝热地膨胀到无穷大，$V\to\infty$ (和冷却到零度温度，$T\to 0$)时，凝结度沿着热力学上平衡的绝

---

1) 双相系统的比容 $V=V_{液}x+V_{蒸}(1-x)$，此处 $V_{液}$ 是液相的比容. 由于液体的密度比蒸气的密度大很多，所以当凝结度不是特别接近于1的时候，第一项可以忽略不计：$V\approx V_{蒸}(1-x)$. 在公式(8.39)中，液体的比热 c_2 和蒸气的比热 c_1 都假定是常数.

热曲线趋近于 1，$x \to 1$.

换句话说，在物质无限膨胀时，依照热力学上的定律，似乎蒸气应该全部凝结．然而，当绝热膨胀到一定体积时，凝结的只是蒸气的一定部分．

当然，实际上，在凝结的过程中物质的状态在任何时候都不可能精确地遵循平衡的绝热曲线，它只能或近或远地接近于平衡曲线，并且一些外界条件变化得越慢，也即是膨胀进行得越慢，它也就越靠近于平衡的绝热曲线．

上面已经指出，凝结中心基本上是在经过饱和状态之后，在达到最大过饱和的时刻立即诞生的．在此之后，只要膨胀进行得不是特别地快，加速的凝结就会取消过饱和的增加，而新的胚胎也就不再出现． 在经过了与平衡绝热曲线（TI）的最大偏差（最大过冷却，见图 8.14）之后，物质的状态就接近于平衡．

但是，过冷却度并不下降到零，因而实际绝热曲线（Act）在任何时候都达不到热力学上的平衡绝热曲线（$T\ I$），在全部时间内它都是在后者的下方经过．现在的凝结靠液滴的增大进行．同时进行的是两个过程：正的——分子粘附于液滴的过程，和逆的——液滴蒸发的过程．液滴增大的速度（即凝结的速度）由正逆两个过程的速度之差所决定，并且过饱和度越高它就越大．在饱和的蒸气中，也即是在平衡的绝热曲线上，粘附和蒸发正好互相抵消，液滴也就不再增大[1]．

在凝结的进程中，过饱和度对粘附和蒸发之间的平衡能进行调节，从而它自动地在暗中对过程作出那样的安排，使得粘附对于蒸发有所剩余，并使得凝结的速度能够“跟上”物质的膨胀．在系统中保持着与平衡态即与饱和态相接近的状态．

与热力学平衡的显著偏差，只是发生在膨胀特别强烈的时候，那时粘附的基元动作特别稀少．

于是，当蒸气向着真空飞散的时候，与蒸气密度即与 t^{-3} 成正

1）严格地说，热力学上的平衡绝热曲线对应于那样一种饱和状态，在该状态下液体具有平的表面，即液滴的半径是“无穷大的”．

比的粘附速度，从某一个时刻起再也跟不上膨胀；凝结将被停止，而剩余蒸气向着无穷远的飞散将再次沿着气体的泊松绝热曲线进行(图 8.14). 这就产生淬火现象，即物质向着无穷远的飞散并不像热力学定律所要求的那样，全部以被凝结的形式进行；而是部分地以气体的形式，部分地以凝结物之液滴的形式进行(关于这一点的详细情况，请见下一节).

当物质快速膨胀时，凝结来不及"跟踪"膨胀，而从一开始状态就显著地偏离于热力学平衡态. 当很快地膨胀到一定体积时，就像在威尔逊云室中所发生的那样，凝结来不及在膨胀的时间之内进行，而只能在膨胀停止以后才会开始. 当很快地向着真空膨胀的时候，凝结根本不会发生，而物质向无穷远的飞散是以气相进行的. 这对应于与热力学平衡的偏离最大及淬火最强.

§ 12　向着真空飞散的蒸发物质云中的凝结

在这节将比较详细地考察蒸气膨胀时的凝结过程，提出定量计算的一些基本方法，并列举一些数值结果. 我们来看一看，在向着真空膨胀的蒸发物质云中凝结是如何进行的. 这时我们是专指一些大的陨石在它们对(无大气的)行星表面冲击时或者与一些小行星碰撞时所产生的"爆炸"现象，关于小行星我们曾在 § 6 的开头谈到过. 我们关心这样的问题，就是行星土壤和陨石体的蒸发物质是以什么样的形式向行星际空间飞散的：是以纯粹气体的形式，还是以小微粒的形式，而后者的线度又是怎样的. 这一课题曾在本书一位作者的文献[19]中得到解决[1].

所有的数值结果都是关于铁蒸气之凝结的，所以它们适用于铁陨石体的蒸发情况. 我们看一看，在铁蒸气的膨胀中何时达到饱和状态. 在下面表 8.1 中针对蒸气的几个熵值 S，我们列出了所计算的蒸气在饱和时刻的温度 T_1 和密度 (1 厘米^3 中的原子数 n_1). 当假定膨胀过程是绝热进行时，便可以说，"固体铁"在被加

1) 在本书作者们的工作 (文献[20])中，曾对蒸发物质的凝结现象作了某些定性的评注.

热的时刻也具有和蒸气完全相同的熵值．在表 8.1 中列出了铁的与这些熵值相对应的(在它为标准密度固体金属时的)初始加热 ε_0 和温度 T_0．这两个量是用第三章 § 14 中所说的方法计算的(即考虑了原子核的，也考虑了电子的比热)．在表的最后一栏还列有由铁原子组成的气体球的平均飞散速度，它们是按照公式 $u=\sqrt{2\varepsilon_0}$ 来估计的(见 § 6)，即假定至凝结的时刻蒸气已被强烈地冷却，所有的初始加能热量都已变成飞散的动能．

我们再转来估计凝结中心的数目，即估计在终态时的冷凝物的微粒数．纯净过饱和蒸气中的液相胚胎的形成理论，曾为许多作者所发展，他们是：福里米尔，别林哥和捷林哥，法尔卡辛，Я.Б.泽尔道维奇，Я.И.富连凯勒．关于这一理论的带有原著索引的一些详细的叙述，可在 Я.И.富连凯勒的书(文献[21])中找到(也可以参阅文献[22])．在这里我们提到的只是这一理论的一些基本原理．

表 8.1

ε_0，$\frac{电子伏}{原子}$	T_0，电子伏	S，$\frac{卡}{克原子\cdot度}$	T_1，°K	n_1，$\frac{1}{厘米^3}$	u，$\frac{千米}{秒}$
25.6	5	48.3	3100	8.01×10^{19}	9.2
71.9	10	60.8	2130	7.15×10^{16}	15.5
138	15	71.5	1700	2.86×10^{14}	21.4
222	20	81.3	1430	1.43×10^{12}	27.2

在蒸气相中时而发生涨落现象，在涨落时蒸气分子相互粘合，从而形成分子络合物——液相胚胎．在未饱和的蒸气中，气相是稳定的，分子的络合物是不稳定的，它们很快地分解(蒸发)．但在过饱和蒸气中，只是那些线度很小的络合物才是不稳定的．微小的络合物依靠新的分子的粘附来增大，可这在能量上是不利的，因为在区分液相和气相的边界上其表面能量要增加．而一些线度足够大的络合物的增大，在能量上则是有利的，因为当线度足够大的时候有利的体能效应(即所释放出的潜热)要大于不利的表面能

效应．在每一个过饱和度之下，都存在一个确定的、临界的络合物线度．一些超临界的胚胎(其半径大于临界值的)是稳定的，“富有生命力的”，并表现出要继续增大和变为小液滴的趋势．由凝结中心形成“富有生命力”的胚胎的速度正比于具有临界线度的络合物出现的几率．为了形成这样的络合物，应该花费克服势垒所必需的一定的能量 $\Delta\Phi_{\max}$，因此这种涨落的几率按照玻耳兹曼定律正比于 $\exp(-\Delta\Phi_{\max}/kT)$．

势垒 $\Delta\Phi_{\max}$ 或活化能的大小依赖于络化物的临界半径，并单值地与过饱和度相联系，而后者比如说可用过冷却的大小来表征，

$$\theta = \frac{T_p - T}{T_p}.$$

这里的 T_p 是一定密度之下的饱和蒸气的温度，而 T 则是蒸气的实际温度．

富有生命力之胚胎的形成速度，也就是在定常条件下按一个蒸气分子所计算的在 1 秒之内所出现的凝结中心的数目，等于

$$I = Ce^{-\frac{b}{\theta^2}}, \tag{8.41}$$

此处

$$C = n\bar{v}2\omega\sqrt{\frac{\sigma}{kT}},$$

$$b = \frac{16\pi\sigma^3\omega^2}{3k^3q^2T},$$

上面所说的定常条件要求，在系统中要维持不变的过饱和(过冷却)，而一些超临界的胚胎因用等价的蒸气量来代替已被从系统中排除．

在这里，n 是 1 厘米^3 中的蒸气分子数，$\bar{v}$ 是它们的热运动速度，σ 是表面张力，ω 是一个分子在液体中所应占有的体积，$q = U/R$ 是用度表示的蒸发热． 胚胎的临界半径 r^* 与过冷却度之间由下式相联系：

$$\theta = \frac{2\sigma\omega}{kqr^*}.$$

可将理论推广到在电学上荷电之胚胎的情况，在这种胚胎中含有离子(见文献[19]). 这时，胚胎的形成速度也和先前一样由公式(8.41)描述，只是常数 b 要减小.

我们来建立凝结的动力论方程. 为此，我们作如下基本假设，认为蒸气膨胀的过程进行得如此之慢，以致胚胎形成的过程可被视为准定常的. 这时，胚胎的形成速度在每一时刻都与定常速度(8.41)相符合，而这一定常速度本身对应于系统中在该时刻所存在的实际过饱和 θ.

如果 $I(t')$ 是在时刻 t' 时在 1 秒之内所产生的凝结中心的数目(按一个蒸气分子计算的)，而 $g(tt')$ 是至时刻 t 时在液滴中所含有的分子数(所说的液滴是由在时刻 t' 时所出现的胚胎发展而来的)，那么时刻 t 时的凝结度 $x(t)$ 可以写成如下形式:

$$x(t)=\int_{t_1}^{t} I(t')g(tt')dt'. \tag{8.42}$$

这里，按时间的积分是从饱和时刻开始的，也就是从胚胎开始出现的时刻开始的.

具有超临界线度之液滴的增长速度等于蒸气分子向液滴表面的粘附速度与液滴的蒸发速度之间的差值. 它可以近似地写成(见文献[19,21])

$$\frac{dg}{dt}=4\pi r^2 n\bar{v}\left(1-e^{-\frac{q\theta}{T}}\right), \tag{8.43}$$

此处 $4\pi r^2$ 是液滴表面的大小，$n\bar{v}$ 是蒸气的分子流. 括号中的因子正比于粘附速度和蒸发速度之间的差值. 在 $\theta=0$ 的饱和状态下，粘附和蒸发彼此抵消，因而增长速度等于零[1]. 在 $\theta>0$ 的过饱和的蒸气中，液滴平均来说是增长的，$dg/dt>0$；而在 $\theta<0$ 的未饱和的蒸气中，液滴平均来说是蒸发的，$dg/dt<0$.

方程(8.42)，(8.43)，(8.41)连同双相系统的绝热方程(8.39)和饱和蒸气的公式(8.38)以及向真空飞散情况下的物质的膨胀规律

---

1) 这里忽略了液滴曲率的影响.

(8.25)，一起组成一个关于计算凝结动力论的完备方程组.

根据前几节所说的定性图象，解这个方程组可以分为两个独立的步骤. 第一步，考察饱和状态刚一达到之后的一个小的时间间隔，在这一间隔内过冷却开始是增加的，然后，经过最大值，便因开始凝结而下降. 在这个短的阶段内，出现胚胎. 它们的数目等于

$$\nu = \int_{t_1}^{\infty} I(t')\,dt',$$

计算出这个数，就得到了冷凝物之微粒的总数(按一个原有分子计算). 事实上，这里对时间的积分并不需要延续到 $t=\infty$，而只是在一个极短的时间间隔内进行，因为根据公式(8.41)速度 I 下降得很快，过冷却在刚一经过最大值之后也开始下降.

第二步，是考察数目已知的液滴在直到 $t\to\infty$ 的整个后来阶段内的增长.

当然，严格解这个方程组是很困难的. 在文献[19]中求出了近似解. 对第一步可进行近似考察的依据就是关系 $I(\theta)$ 的变化非常急剧，由于这一点，便可假设，实际上所有胚胎都是在一个(靠近过冷却取最大值之时刻的)很短的时间间隔内形成的(实际上，求解化成求关系 $\theta(t)$ 的极值).

关于求解的详细情况可在文献[19]中查到，作为具体例子，我们只引述其计算结果.

我们考察一个由铁原子组成的质量为 33000 吨的气体球，比如说，它是在当巨大的铁陨石对月球的表面进行冲击时而被加热和变成稠密气体的. 设冲击的速度很大，它使得具有标准密度的铁的初始加热为 $\varepsilon_0=72$ 电子伏/原子. 这时的初始温度是 $T_0=10$ 电子伏 $=116000\,^\circ\mathrm{K}$. 在至饱和时刻的强烈冷却的阶段内，蒸气实际上以惯性飞散，其平均速度是 $u=15.5$ 千米/秒. 从飞散开始算起到时刻 $t_1=6.8\times10^{-2}$ 秒时，即当膨胀达到半径 1050 米时，蒸气成为饱和的. 这时 $T_1=2130\,^\circ\mathrm{K}$，$n_1=7.15\times10^{16}$ 厘米$^{-3}$.

当原先被强烈电离的气体向着真空飞散的时候，在它的里面甚至在强烈冷却的阶段内也保持有比热力学平衡值高出很多的剩余电离. 这时，凝结中心将包含有离子. 一些计算表明，凝结中心的数目很弱地依赖于它们是否带电，因此关于凝结是在离子上进行的假定，并不十分重要.

在我们的例子中所达到的最大过冷却是 $\theta_{max} = 0.0765(b/\theta_{max} = 43.1)$. 在这样的过冷却之下，具有临界线度的胚胎含有 46 个原子. 按一个原子计算的凝结中心的数目是 $\nu = 4 \times 10^{-11}$，它远小于按一个原子计算的离子的数目，这与在威尔逊云室中所进行的过程不同，在那里所有的离子都变成了凝结中心.

对第二个阶段即液滴增长阶段所进行的考察表明，在一个长的时间间隔内凝结能够"跟上"物质的膨胀，并在系统中维持着接近于饱和的状态. 只是至时刻 t_2 大约为 2.5 秒时，即当球飞散至 40 千米时，物质的密度变得如此之小，以致液滴停止继续增长，并开始出现淬火. 这意味着，到这一时刻之前总共大约有一半铁的蒸气凝结. 当知道凝结度 x_∞ 和冷凝物的微粒数之后，便可以求出微粒的线度（微粒中的原子数等于 $x_\infty \nu^{-1}$）. 在我们的例子中，飞散到无穷远的铁微粒的半径是 3.1×10^{-5} 厘米；它们的总数大约为 3×10^{21}. 大约有一半的物质是以气体的形式到达无穷远的.

对于从一种初始条件到另外一些初始条件的过渡来说，理论上容许我们建立近似的相似规律. 人们发现，在膨胀足够缓慢的条件下，原来的一些假设成立，某种物质飞散到无穷远时的凝结度与初始条件无关，冷凝物微粒的线度正比于蒸发物体的初始线性线度（质量的立方根），并随着初始加热的增大而很快地减小.

§13 关于宇宙尘埃的形成机制问题. 关于凝结实验室研究的注记

应该想到，上节所考察的向真空飞散时的蒸发物质的凝结过程是形成太阳系中宇宙尘埃的一种机制（这一假设是在文献 [19] 中提出的）. 在星际空间中存在一些线度不等的细小的微粒，它们被称之为宇宙尘埃．有时这些微粒会以陨石雨的形式降落到地球上．当自己围绕太阳转动的时候，这些微粒在光压之光行差分量的作用下要经受某种滞止[1]．这时，一些最小的其线度约为 10^{-6}—10^{-5} 厘米的微粒就要落到太阳上去，从而消失不见(关于这一点，请参阅文献[23])．因而，在太阳系中应存在能补充宇宙尘埃小微粒之储藏的来源．

曾有人指出(特别是，K. П. 斯塔扭克维奇)，在下面两种情况下，物质被机械地粉碎可以作为这样的来源，一种情况是太阳系中的一些小物体——小行星彼此碰撞的时候，另一种则是当陨石体对无大气的行星表面进行冲击的时候．在后一种情况下，获得相当大速度的微粒能够脱离引力场，且不受大气的滞止而跑到星际空间中去．

可以设想，上面所叙述过的行星土壤的、陨石体的或小行星的蒸发物质的凝结现象是这种小微粒的贡献者．

当小行星进行如此猛烈的碰撞以致冲击动能对于两个碰撞体的完全蒸发来说是足够大的时候，固体物质被机械粉碎的效应就根本不存在，因为所有质量都被完全蒸发了．在这种情况下，凝结便是形成小微粒的唯一机制．

在凝结过程中发展起来的液滴，因其能量损失于热辐射而逐渐变冷，并被固体化．可以证明，辐射致冷过程比受热微粒的蒸发过程快得多，因为后者随着冷却而变得特别缓慢．这样一来，一些冷凝物的微粒一旦生成就以固体细尘的形式继续保持自己的存在．由于在宇宙中要进行其线度和速度都是极不相同的一些物体的碰撞，所以所产生的一些冷凝物的微粒其线度也是极不相同的．

蒸发物质在气体动力学膨胀中的凝结现象，可以用来对金属蒸气或其它固体(和液体)物质的蒸气的凝结进行实验室研究，以

---

1) 光压本身主要作用在径向方向上． 其压力反比于微粒到太阳之距离的平方，而它的作用仅相当于吸引力有某一微小的减少，即光压的径向分量只能影响到轨道半径．而滞止作用则只能由与轨道相切的光压的切向分量所引起，但这种分量本身是由光行差所产生的．关于这一点的详细情况，请参阅 B. Г. 费谢柯夫的书[23]．

及对一些细小微粒的光学性质进行研究．

冷凝物之微粒的线度依赖于初始条件，因此适当选择这些条件，就可以在实验室里获得具有所希望之线度的微粒．我们引述一些在近于实验室的条件下所作出的一些粗糙估计的结果．如果用某种办法给 1 克铁以初始能量 $\varepsilon_0 = 13$ 电子伏/原子——它所对应的初始温度(在固体金属的密度下)是 $T_0 = 35000\,°K$——从而使铁很快地蒸发，那么在(抽空的容器内)向真空飞散时，蒸气的凝结是在时刻 $t = 5 \times 10^{-5}$ 秒时结束，那时气云飞散至 30 厘米．这时，凝结物之微粒的线度约为 10^{-4} 厘米．

所进行的凝结动力论的计算不难转用于另外一些可能遇到的物质膨胀的规律，比如说在航空动力学管道中或在来自喷咀的气流中所能遇到的规律．与向真空飞散的情况相比较，对这些规律所作出的计算在原则上并不包含任何新的东西，因此我们不再讨论它们．我们指出，如果蒸气的凝结度不大或者蒸气的总能量远大于蒸发热，那么凝结对于气体动力学过程的影响就很小，这时，凝结的动力论就可以根据已知的气体动力学的解来讨论，而这种解可在不考虑凝结的一级近似下事前求得．在上一节正是这样处理的．

第九章　在激波中和空气中强爆炸时出现的一些光现象

1. 气体中大强度激波波阵面的亮度

§1　亮度温度与阵面之后的真实温度之间的定性关系

光学测量对确定高度受热之物体的温度，以及一般地对一些高温过程的研究，有着重大的意义．通常的办法是利用某种方式测量发光物体的表面亮度(利用光电管、光电倍加器等进行摄影)．然后根据亮度求出辐射的等效温度，而等效温度按照定义就等于从其表面发出和研究客体的光流完全相同的光流之绝对黑体的温度(见第二章§8)．特别流行的确定亮度和等效温度的摄影方法，其原理是比较发自物体的光和发自标准源的(比如说太阳的)具有已知温度和光谱的光在底片上所发生的发黑程度．为保证有高的精度，通常是在一个很狭的谱段内进行摄影，这是因为研究客体和标准源具有不同的温度，它们发射出的辐射光谱是不同的，此外光学材料的感光性也与光的波长有关，而这会给从发黑程度到温度的换算造成困难．

光学的(特别是摄影的)方法也被广泛地应用于激波的研究．在强激波中被加热到高温的气体要向外辐射，而其波阵面的表面也要发光．发光的亮度依赖于激波的强度和阵面之后的加热区域的线度．为了能根据实验测得的等效温度或起同样作用的亮度温度而来推测出波阵面之后物质的真实温度，就必须确认发光客体像绝对黑体一样向外辐射．

如果激波的阵面是一个“经典”跃变，而在它之后还延伸一个相当长的光学厚的区域，且该区域内的温度是大致不变的，就等于阵面之后的温度，那么由激波阵面表面所包围着的被加热的物质从其表面向外的辐射就和绝对黑体的一样[1)]. 当测量了波阵面表面的亮度之后，在该情况下就可以直接确定出激波阵面之后的温度，即波的强度，这不仅对于实验研究是很重要的，而且也具有很大的实用意义. 一些实验表明，在一定的强度范围内(当然，是在阵面之后的被加热区域的厚度为足够大的时候)，激波的阵面实际上是和黑体一样地辐射. 这一点为下述事实所证实，就是亮度温度与计算出的阵面之后的温度相符，而后者是按照激波关系和状态方程根据另外一个由实验所确定的阵面参数比如激波的传播速度而计算出来的.

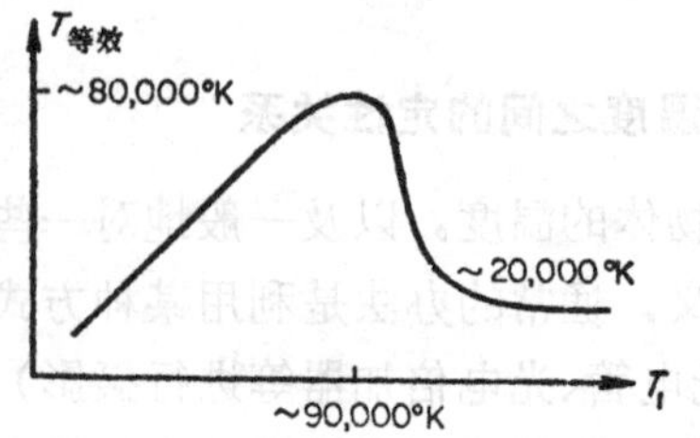

图 9.1 空气中的激波阵面表面的亮度温度与阵面之后的真实温度之间的关系曲线(对于红光)

但是，实验和理论研究均表明，这样的符合不可能在任意的强度之下都观察得到. 足够强大的激波的亮度温度要低于阵面之后的真实温度，并且从某一个强度开始，当强度增大时它很快地下降，从而达到极限的、比较低的值，而其后当再随意加大强度时它几乎保持不变. 激波阵面的亮度温度与阵面之后的真实温度之间的典型关系曲线已画在图 9.1 上，在那里画出了根据(后面几节所作的) 理论估计而得到的关于标准密度空气中激波的红光等效温度曲线. 图 9.1 证明，存在亮度"饱和"的效应. 无论激波将气体加热到多高的温度，甚至加热到几百万度的高温，还是不

1) 如果"经典"跃变之后的被加热气体区域是光学薄的(例如，当激波离开形成它的向气体中推进的活塞的距离很小的时候)，那么气体就像体积辐射体一样地发光. 就如第二章 §7 中所证明的，由光学薄层的表面所发出的、在表面之法线方向上的光流等于：$S_\nu = S_{\nu p}[1 - \exp(-\kappa'_\nu d)]$，此处 $S_{\nu p}$ 是与具有同样温度的绝对黑体相对应的能流，κ'_ν 是吸收系数，而 d 是激波加热层的厚度. 当光学厚度很小 $\kappa'_\nu d \ll 1$ 时，$S_\nu = S_{\nu p}\kappa'_\nu d \ll S_{\nu p}$. 在 $\kappa'_\nu d \gg 1$ 的极限之下，光流趋近于普朗克流，$S_\nu = S_{\nu p}$. 如第五章 §21 中所指出的，为研究亮度 S_ν 随时间 $t = d/D$(D 是波速)的增加，И. Ш. 莫杰里曾测量了红光在激波中的吸收系数(文献[1]).

能“看见”高于十万度的温度；激波阵面之后的温度存在一个可“见”的上限.

这一效应不难根据考虑到辐射的激波阵面结构的概念来加以解释，而这些概念曾在第七章第3部分中叙述过. 关于大强度激波阵面的亮度问题，曾在本书作者们的文献[2—4]中探讨过.

我们假定在平面激波的阵面之后伸展一个相当长的、光学厚的、具有不变高温的区域，而来看一看，从波阵面表面所发出的、并被安放在距波阵面很远的即在“无穷远”处的仪器所记录的、可见光的辐射能流是怎样的.

我们先来考察强度不是特别大的激波，在这种波中辐射的作用微乎其微，而密聚跃变之前的气体也没有任何预先加热. 如果撇开与气体中各种弛豫过程有关的温度在波阵面中的变化，那么温度在激波中的分布就是“经典”的跃变，如图9.2a所示. 跃变的厚度加上弛豫层一般还是要比辐射自由程小很多，因此我们遇到的是一个典型的绝对黑的辐射体：一个光学厚的被加热到恒温 T_1 的物质层——它被一个带有急剧温度跃变的表面所限定. 如果波阵面之前的冷气体，像通常那样，在可见光的谱段内是透明的(无色的)，那么仪器所记录的光流就与温度为 T_1 的普朗克辐射相对应；辐射的等效温度就等于波阵面之后气体的真实温度.

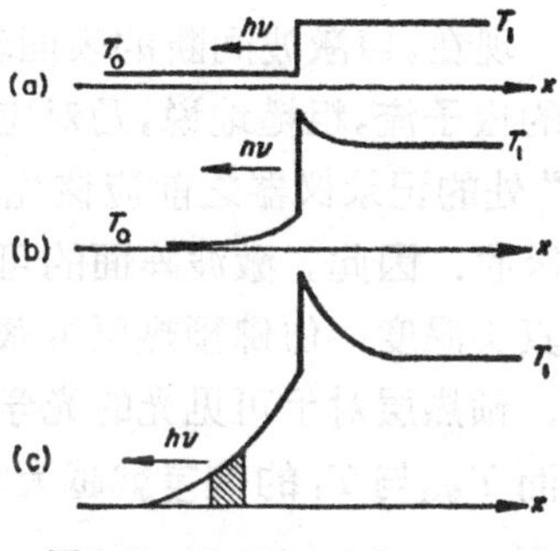

图 9.2 关于激波的发光问题

现在我们来考察大强度的激波，比如说它阵面之后的温度是 $T_1 = 65000°K$. 从激波间断表面辐射出的量子，主要是那些能量约为十个或几十个电子伏的量子(当温度 $T = 65000°K$ 时，普朗克谱的最大值出现在 $h\nu = 2.8kT = 16$ 电子伏的量子处). 这样的量子超过了原子和分子的电离势，它们在激波间断之前的冷气体中被强烈地吸收，并因而把气体加热. 在激波间断之前形成一个预热层，而激波中的温度剖面则具有图 9.2，b 上所画的形式(例如，在空气中，当 $T_1 = 65000°K$ 时，间断之前的最高预热温度等于 $T_- = 9000°K$).

与冷的气体不同，被加热的气体总是要吸收小的可见光的量子 ($h\nu$ 大约为 2—3 电子伏). 在单原子气体中，一些小于原子电离势 I 的量子要被那些其激发能超过 $I - h\nu$ 的激发原子所吸收；按照玻耳兹曼定律，激发原子的浓度乃正比于 $\exp\left[-\frac{I-h\nu}{kT}\right]$，因此吸收系数是很快地、按照玻尔兹曼定律随着温度的升高而增大，$\varkappa_\nu \sim \exp\left(-\frac{I-h\nu}{kT}\right)$. 在像空气那样的分子气体中，还存在另外一些吸收可见光的机制；在所有情况下，可见光的吸收系数对温度都是极为敏感的，当有加热时它很快地增大.

现在，自激波间断的表面辐射出的可见光量子(它们在间断附近的量子流，粗糙地说，乃对应于温度 T_1)[1] 在未射到安放在"无穷远"处的记录仪器之前应该先经过预热层. 它们在该层内被部分地吸收. 因此，激波阵面的可见辐射的等效温度要低于阵面之后的真实温度：仿佛预热层屏蔽了激波阵面之后的高度受热的气体. 预热层对于可见光的光学厚度 τ_ν[2] 越大，则屏蔽作用就越大，进而 $T_{等效}$与 T_1 的偏差就越大，即预热的温度越高，波的强度也就越大.

当光学厚度 $\tau_\nu \ll 1$ 时，屏蔽是微乎其微的，而 $T_{等效}$ 与 T_1 的偏差也很小；波阵面就像温度为 T_1 的黑体一样地发光. 鉴于可见光的吸收与温度之间有急剧的关系，以及预热温度本身与波的强度之间也有相当急剧的关系（见第七章 §16)，强烈的屏蔽（这相

---

1) 实际上，量子流要稍微大一些，因为紧贴间断之后的温度要高于阵面之后的温度(见图 9.2，b).

2) 我们强调指出，预热层对于可见辐射的光学厚度 τ_ν 不是整个层的按照光谱平均的光学厚度，后者乃适用于"导致"加热的大量子. 就如第七章 §16 中所证明的，预热层中的温度大致是指数地随着平均光学厚度而下降，$T = T_- \exp(-\sqrt{3} \times |\tau|)$(当 $T_- < T_1$ 时)，所以层的平均光学厚度乃近似于 1.

当于光学厚度 τ_ν 达到了近似等于 1 的量）是开始于当波的强度有极为显著增加的时候．在空气中，当阵面之后的温度近于 $T_1=90000°K$ 时，就开始强烈的屏蔽(见 §3)．

在强度更大的激波中，预热层对于可见光的光学厚度要大于 1，因而该层对于由波阵面之后的高度受热气体所辐射出的可见光量子来说几乎是完全不透明的：该区域的屏蔽作用几乎是完全的．这就是说，当波的强度逐渐增大时，可见光的等效温度起初是与阵面之后的温度相符，而后又开始低于后者，在经过一个明显的最大值("饱和"亮度)之后，便要很快地下降．

但是，由预热层所产生的强烈屏蔽作用，并不意味着强度很大的激波其阵面亮度要下降到零和波要停止发光．在激波间断之前被加热气体不仅能吸收而且其本身也能辐射出可见光．当预热温度不很高和层为透明的时候，该层的固有辐射消失在经过该层的由阵面之后加热程度更高的气体发射出来的可见辐射的背景之中．而当预热层完全不让要经过它的高温光通过的时候，则它的固有发光就突出到首要的地位．

为了得到关于预热层固有发光之亮度的概念，我们提醒一下，在这一层内温度是从"零度"开始，确切一些，是从阵面之前的冷气体的温度开始，单调地增加的．由于可见光的吸收与温度有急剧的关系，所以在温度很低的、预热区域之前边的一些层内既没有对光的吸收也没有对光的辐射．而在比较深的(靠后的)一些层内在高温之下要强烈地发射可见光量子，但这些量子很快又被重新吸收，由于气体的不透明性它们不能跑到外面来．能从波阵面表面到达"无穷远"的那些量子，乃产生于预热区域内的某一中间的辐射层，该层距"无穷远"的(与可见光的频率相适应的)光学距离近似等于 1．在图 9.2，c 上辐射层打有阴影线．很显然，辐射的等效温度要与辐射层的平均温度相符合．辐射层的位置仅由气体的温度剖面 $T(x)$ 和吸收系数的温度关系 $\varkappa_\nu(T)$ 依照下述条件来决定：辐射层距冷气体的光学距离大致等于 1．就如第七章 §17 中所指出的，在大强度激波的预热区域的前端温度的剖面几乎不依赖于波的强度．因而，预热层的固有发光，即很强大激波的等效温度不依赖于波的强度．在标准密度的空气中，关于红光的这一极限亮度温度大致等于 20000°K（见 § 4）．

屏蔽效应、激波阵面的亮度温度与阵面之后的真实温度相比有明显降低的效应，都曾被 И. Ш. 莫杰里在实验上观察到（文献[1]）．在他的几个实验中，以摄影的方法测量了一些重的惰性气体中的激波阵面的亮度温度，这些气体是：氙、氪和氩，在它们之中成功地用激波获得了高温．在这些实验中，波阵面的速度等于 17 千米/秒．激波阵面之后的受热区域的光学厚度明显是很大的，因此在没有屏蔽作用时波阵面就应该和黑体一样地辐射．但在实验上所观测到的亮度温度是 30000—35000°K，这比根据波阵面的速度用激波关系所计算出的阵面之后的温度 T_1 小了好几倍（在 Xe 中，$T_1 \approx 110000°K$；在 Kr 中，$T_1 \approx 90000°K$；在 Ar 中，$T_1 \approx 60000°K$）．如果考虑到对可见光（红光）的等效温度的实验测定的精度不小于 ±20%，那么上述的分歧就应该认为正是由于预热层的屏蔽效应所引起．很遗憾，在 И. Ш. 莫杰里的几个实验中，所记录的只是关于波的强度的一个点，这就没有给出考察亮度温度与阵面之后真实温度之间的整个关系曲线之特点的可能性．

应当指出，有许多作者在火花放电中都观察到在高温之下有亮度"饱和"的现象[1]．大家知道，当从某一个速度开始，继续增加向火花放电管中送进能量的速度时，并不会使得空气中的亮度温度增加到高于大约 45000°K 的程度．当在氩和氙中放电时，发光温度也同样受到限制（在微型管中放电时，曾观察到比较高的温度——在空气中近于 90000°K）．

这种饱和效应可能与对管中高温的屏蔽有关，这种屏蔽在一定程度上类似于激波中的屏蔽，但也可能由于辐射损耗等原因而使管中的真实温度受到了限制．

1）一些文献资料可在 M.П. 瓦扭柯夫和 A.A. 马克关于高亮度脉冲光源的评论[5]中找到，也可以在论文[1]中找到．

§ 2 光量子在冷空气中的吸收

标准密度空气中的强激波的亮度问题具有很大实际意义，因此我们要比较详细地讨论它．必须确定出这种强度范围的上界，在这种范围内激波的阵面就像绝对黑体一样地辐射可见光，还必须估计出最大的亮度温度和极限的亮度温度．很显然，问题就归结为估计预热层对于可见辐射的光学厚度——因为它决定了波阵面之后的高度受热区域被屏蔽的程度，并寻求预热层的固有发光．

为此，首先应该清楚，预热层的几何厚度多大，以及温度在这一层内沿几何坐标怎样分布，而这本身又依赖于其能量约为十个至一百个电子伏的、引起激波间断前之气体预热的那种比较大的量子在空气中的吸收机制．我们来总结从一些文献中所知道的关于这种量子在冷空气中被吸收的一些资料．

上面已不只一次地指出过那一众所周知的事实，就是冷空气对于可见光来说是完全透明的．显著的吸收是开始于光谱的紫外区域，就是当波长为 $\lambda = 1860$ Å ($h\nu = 6.7$ 电子伏)的时候[1]．这时承担吸收的是氧分子的苏曼-隆哥带组，它在 $\lambda = 1760$ Å ($h\nu = 7.05$ 电子伏）时过渡为与氧分子吸收光时所产生的离解有关的连续区．随着量子能量的增大吸收很快地增加（当 $\lambda = 1860$ Å 时，$\varkappa_\nu = 0.0044$ 厘米$^{-1}$)，而当 $h\nu \approx 8$电子伏时，它达到近似等于 $\varkappa_\nu \approx 100$ 厘米$^{-1}$ 的量值．属于这一谱段内的吸收系数与波长之间的实验关系曲线已画在图 9.3 上[2]．那些超过氧分子和氮分子之电离势 $I_{O_2} = 12.1$ 电子伏和 $I_{N_2} = 15.6$ 电子伏的量子，要经受强烈的光电吸收．始之分子基态能级的吸收其有效截面在从 $h\nu = I$ 到 $h\nu \sim 25$ 电子伏的能量间隔内对频率的依赖是很弱的，并且大致等于 $\sigma_{O_2} = 3 \times 10^{-18}$ 厘米^2，$\sigma_{N_2} = 5 \times 10^{-18}$ 厘米^2，这所给出的吸收

1) 对于 λ 约为2000—3000 Å 的太阳近紫外辐射的强烈吸收，乃与在约 25 千米的高空存在一个臭氧层有关系．但在这一谱段内氧和氮都是不吸收的，因此当谈论地表面附近的空气中的激波时，就应该把空气的透明性的上界确定在 λ 约为 1860 Å 处．

2) 曲线取自斯那依德尔的工作（文献[6]).

系数是 $\varkappa_\nu \approx 120$ 厘米$^{-1}$. 当继续增大频率时，吸收系数应该经受跳跃，这种跳跃乃与占据氮原子和氧原子的 L 壳层的各不同电子陆续参与吸收有关系.显然，L 壳层的各个能级彼此相距不会太远，所以这种跳跃大概是处在 $h\nu$ 从 13 到 30—40 电子伏的能量间隔内（关于这种跳跃的实验资料，据我们所知是没有的）.

自此之后，吸收系数随着频率的增加而单调地下降，直到量子能量 $h\nu_K=410$ 电子伏时为止，这个能量等于氮原子中的 K 电子的结合能（对于氧来说，K 吸收的边界是 $h\nu_K'=530$ 电子伏）.当能量 $h\nu_K=410$ 电子伏时，吸收系数急剧地增加，这是因为大于 $h\nu_K$ 的量子能够从氮原子中击出 K 电子，然后又单调地下降，直到 $h\nu_K'=530$ 电子伏时为止，因那时氧原子的 K 电子又参与了吸收. 根据文献[7,8]所计算的 $h\nu_K=410$ 电子伏的量子的吸收系数，在氮气中的 K 吸收跳跃之前和跳跃之后分别等于 1.6 厘米$^{-1}$和 35 厘米$^{-1}$. 在从几十到几百电子伏的中间频率范围内，关于空气吸收的实验资料是非常稀少的：据我们所知，仅对下述两条线进行了测量，$h\nu=182$ 电子伏（文献[9]）和 $h\nu=280$ 电子伏（文献[10]）.

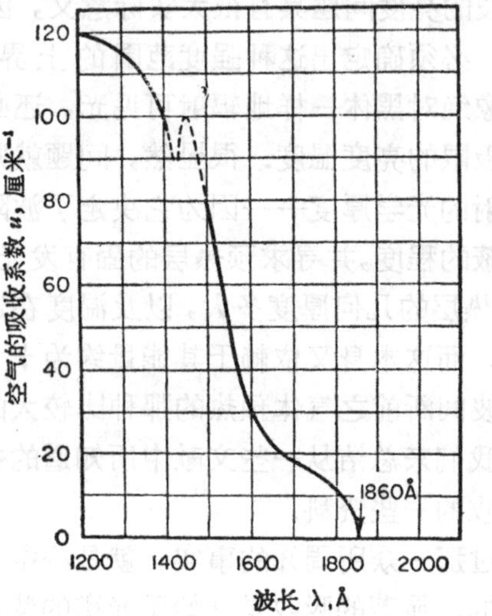

图 9.3　冷空气中紫外辐射的吸收系数

根据所有这些不完整的资料制出表 9.1，它给出了关于从十个到数百个电子伏的量子在具有标准密度的冷空气中的吸收系数和自由程的稍为清楚一点的概念.

§3　关于空气的最大亮度温度

在第七章 §16 中曾经指出，如果激波的强度小于临界值（在具

表 9.1

$h\nu$，电子伏	$\varkappa_\nu$，厘米$^{-1}$	l_ν，厘米
8	100	0.01
13—25	~120	0.0083
182	12	0.083
280	5.3	0.19
410（跳跃前）	1.6	0.63
410（跳跃后）	35	0.029

有标准密度的空气中，临界强度所对应的阵面之后的温度是 $T_1 \approx 285000°K$)，那么自阵面之后的高度受热区域到位于激波间断之前的各层的辐射输运就不具有扩散的特点．在这些层内空气被加热到的温度要比阵面之后的温度低很多，而预热区域内所发射的辐射对于在间断之后产生的要经过预热区域的辐射也就没有任何实际的贡献．由于在近似等于吸收自由程的距离上要吸收所经过的量子，所以空气被单纯地加热，而预热区域的厚度 Δx 在数量级上就等于那些携带光谱基本能量的量子的自由程 l．在数学上，这是由规定预热要随着平均光学厚度 τ 而指数下降的公式(7.55)来表示的，其平均光学厚度对应于某一按光谱平均了的吸收系数 $\varkappa = 1/l$：

$$\varepsilon = \varepsilon_- e^{-\sqrt{3}\,|\tau|}, \qquad \tau = \int_0^x \varkappa dx^{1)}. \tag{9.1}$$

这个公式表明，预热层的有效光学厚度近似等于 1，即几何厚度约为 $\Delta x \sim 1/\varkappa = l$．

由表 9.1 得到，能量的量级为 10—100 电子伏的量子在冷空气中的自由程是从 10^{-2}变到 10^{-1}厘米．

不难看出，在预热区域内不是特别热的空气中，这种量子的自由程大致也和上述的一样．

---

1) 公式(7.55)不是对比内能写出的，而是对温度写出的．公式(9.1)更为普遍，它在比热与温度有关的情况下(比如在空气中就是这样)，也是正确的．

例如，我们来考察其阵面之后的温度为 $T_1 = 65000°K$ 的激波．普朗克谱的最大值所对应的量子是 $h\nu = 16$ 电子伏，即光谱的相当大部分能量是集中在超过原子和分子之电离势的 $h\nu > I \approx 13$ 电子伏的这种量子的能量范围之内．

预热的最高温度，就如表 7.2 所显示的，是等于 $T_- = 9000°K$．在这种温度下原子的电离度和激发程度还都很小，即对 $h\nu \geqslant I$ 之量子的吸收实际上是和在冷空气中一样．如果取比较强的激波，比如说其阵面之后的温度 $T_1 = 100000°K$，那么谱的最大值所对应的量子是 $h\nu = 24$ 电子伏，而光谱的基本能量则集中在近于几十个电子伏的这种量子的较高的能量范围之内．

当预热温度 $T_- = 25000°K$ 时，原子的第一次电离是显著的，但第二次电离实际上还没有开始．其能量为几十个电子伏的量子从原子中击出的主要不是外层的光学电子，而是那些位置比较深的、在温度约为 25000°K 时还没有被热电离和热激发所触动的电子．这样一来，在这种情况下承担预热的量子它被吸收也大致和在冷空气中一样．

由此可以得出结论，在亚临界强度($T_1 < 285000°K$)的波中，其激波间断之前的预热区域的厚度就近似等于其能量为十至一百电子伏的量子在冷空气中的自由程，即 Δx 约为 10^{-2}—10^{-1}厘米．同时，如果波的强度愈来愈大，其阵面之后的温度从几万度变到 $T_1 \sim 200000°K$，与此相应量子的特征能量从 $h\nu$ 约为 10—30 电子伏移动到 $h\nu$ 约为 30—100 电子伏，那么 Δx 就在上述间隔内增加．

现在我们来看一看，预热区域对可见光的屏蔽达到何种程度．在表 9.2 中列出了 $\lambda = 6500$ Å 的红光在标准密度空气中的不同温度之下的吸收系数和自由程．

当随着温度的升高而很快减小的自由程 l_ν 成为可与预热区域的厚度进行比较的时候，也就是与预热辐射的(按光谱平均了的)自由程 l 可以比较的时候，就开始有显著的屏蔽．为了方便，我们引进“透明温度”T^*的概念，它由下述条件定义

表 9.2

$T\times10^{-3}$, °K	$\varkappa_\nu$, 厘米$^{-1}$	l_ν, 厘米	$T\times10^{-3}$, °K	χ_ν, 厘米$^{-1}$	l_ν, 厘米
15	4.1	2.5×10^{-1}	30	290	3.45×10^{-3}
17	13.5	7.4×10^{-2}	50	350	2.85×10^{-3}
20	60	1.66×10^{-2}	100	2000	5×10^{-4}

$$l_\nu(T^*)=l. \tag{9.2}$$

这一概念的意义是很清楚的：透明温度将激波中的温度分为两个区域．当 $T<T^*$ 时，$l_\nu>\Delta x$，预热区域内的空气对于可见光是透明的．而当 $T>T^*$ 时，$l_\nu<\Delta x$，空气则是不透明的．

由于可见光的吸收很强烈地依赖于温度，以及平均自由程的变化比较小（总共才为一个数量级），所以由等式 (9.2) 所定义的透明温度被限制在一个相当窄的范围之内，即：$T^*\approx17000$—20000°K．可以估计出预热区域对于可见光的光学厚度，为了简单，我们给出关于可见光之吸收系数的玻耳兹曼式的温度关系 $\varkappa_\nu=$ 常数 $\cdot\exp\left(-\frac{I-h\nu}{kT}\right)$，并且认为平均吸收系数 $\varkappa$ 是不变的．考虑到在标准密度之下和温度约为几万度的时候，空气的内能，粗糙地说，是 $\varepsilon\sim T^{1.4}$，我们可以借助公式(9.1)近似地求出在预热区域内从"无穷远"处(即从冷空气区域)到温度为 T 之点的光学厚度：$\tau_\nu(T)$（预热区域的总的光学厚度为 $\tau_\nu(T_-)$）

$$\tau_\nu(T)=\int_{-\infty}^{x}\varkappa_\nu dx=\int_0^T\varkappa_\nu\frac{dx}{dT}dT=\int_0^T\frac{\text{常数}}{\varkappa}\frac{1.4}{\sqrt{3}}e^{-\frac{I-h\nu}{kT}}\frac{dT}{T}$$

$$\approx\frac{1}{\varkappa}\frac{1.4}{\sqrt{3}}\frac{kT}{I-h\nu}\cdot\text{常数}\cdot e^{-\frac{I-h\nu}{kT}}$$

$$=\frac{1.4}{\sqrt{3}}\frac{kT}{I-h\nu}\frac{\varkappa_\nu(T)}{\varkappa}. \tag{9.3}$$

在 $T_1=90000$°K 的激波中，其间断之前的温度就等于透明温度 $T_-=T^*=20000$K，预热区域的光学厚度依照透明温度的定义(9.2)等于 $\tau_\nu=0.81\frac{kT^*}{I-h\nu}\approx0.12$($I\approx14$ 电子伏，$h\nu\approx2$

电子伏).

因此，如果是从垂直于表面的方向来看激波阵面的表面，那么由激波间断的表面所发出的可见辐射的流将被预热层削弱大约12%，而等效温度不是 90000°K 而是大约等于 80000°K (在这样的温度下小的可见量子是处在光谱的瑞利-琴斯区域，它们的强度正比于温度的一次方；因此等效温度就简单地正比于亮度).

当继续增大波的强度时，层的光学厚度增加，而亮度下降；例如，当阵面之后的温度增加了 10000°K 而达到 $T_1 = 100000°K$ 的时候，$T_- = 25000°K$, $\tau_\nu(T_-) \approx 0.37$, $T_{等效} \approx T_1 e^{-0.37} \approx 67000°K$, 即等效温度已低于 80000°K.

最大亮度所对应的阵面之后的温度约为 $T_1 = 90000°K$，而最大的等效温度大致等于 $T_{等效max} = 80000°K$[1]. 当阵面之后的温度 $T_1 = 140000°K$ 时，$T_- \approx 50000°K$, $\tau_\nu(T_-) \approx 1.5$, 其屏蔽几乎是完全的.

§4 空气中很强大激波的极限亮度

我们要估计大强度波中预热层的固有发光，正是它决定了激波阵面的极限亮度. 我们来考察一个具有超临界强度的激波，它的阵面之后的温度远大于临界值 285000°K. 在第七章§ 17 中曾经指出过，波中的温度按平均光学厚度 τ 的分布具有图 9.4 上所画的形式. 激波间断本身之前的预热温度和阵面之后的温度 T_1 相同. 预热层内的温度是单调地下降到冷空气的温度，并且整个预热区域的平均光学厚度可以是很大的；波的强度越大，它越大. 预热区域的主要部分是从温度 $T_- = T_1$ 到接近临界值的温度 $T_{接近} \approx 300000°K$ 之间的区域. 实际上，当强度增大时，区域的这一部分是要拉长的(见图 9.4).

在温度低于 300000°K 的区域的前端，温度的分布也和在亚临界的波中一样具有指数的特点，并且几乎与强度无关:

1) 我们强调指出，所有这些值都是估计值，因为根据克拉梅尔斯公式所计算的可见光在热空气中的吸收系数不能被认为是完全可靠的.

$$\varepsilon = \varepsilon_{\text{接近}} e^{-\sqrt{3}|\tau-\tau_{\text{接近}}|}, \quad T = T_{\text{接近}} e^{-\frac{\sqrt{3}}{1.4}|\tau-\tau_{\text{接近}}|} \tag{9.4}$$

(见第七章 §17 的公式(7.64),以及图 9.4; 光学坐标 $\tau_{\text{接近}}$是属于温度大致等于 $T \approx T_{\text{接近}} \approx 300000°\text{K}$ 那一点的).

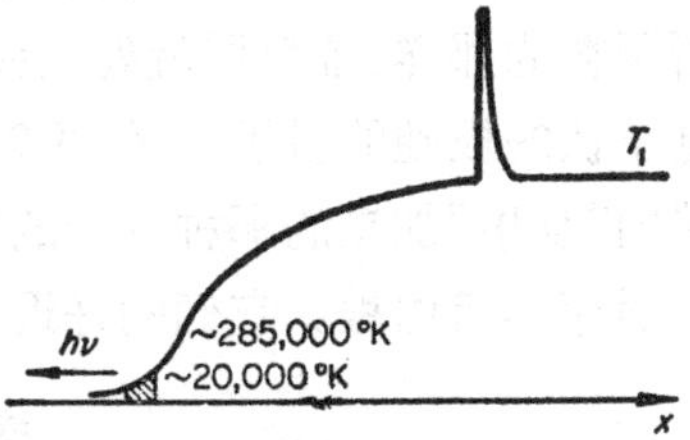

图 9.4 强度很大激波中的辐射层(阴影区)的位置

在 §1 的末尾已经指出过,具有类似温度分布的物体是如何辐射可见光的. 在低温处,空气是透明的,它并不辐射;而在高温处,则是完全不透明的,“不向外边发射”可见量子. 辐射层——它基本上能将可见光流发射到“无穷远”而使其进入冷空气之中,是处于透明区域和不透明区域之间的某一个地方(在图9.4 上该层打有阴影线). 很显然,辐射层内的温度接近于由等式(9.2)所定义的空气的透明温度,式中的 l 是辐射层所在区域内的按光谱平均了的自由程. 可见辐射的亮度温度也近似地与透明温度相符. 如果平均自由程还和原先一样是处在 10^{-2}—10^{-1} 厘米的间隔内,那么极限的亮度温度就应该等于 17000—20000°K (见表 9.2).

可以相信,这一估计实际上是正确的,换言之,可以相信,在很强的激波中预热区域之前端的加热就是由具有上述那种自由程的量子引起的. 为此,我们指出,当温度高于临界温度时在预热区域内存在有局部平衡,而当温度较低时辐射则是不平衡的,这就像在亚临界激波中的预热层内一样.

可以近似地认为,从温度等于 $T_{\text{接近}} \approx 300000°\text{K}$ 的表面向左发出的是该温度下的普朗克辐射谱(见图 9.4),而这与该表面之后的温度如何升高没有关系.

与温度为 300000°K 的辐射谱相适应的那些大量子(谱的最大值所对应的量子是 $h\nu \approx 70$ 电子伏)其吸收的总趋势是那样的: 吸收系数 $\varkappa_\nu$ 随着频率的增高而下降. 就如从表 9.1 所看出的, 在量子能量为几百电子伏的范围内，$\varkappa_\nu$ 是随频率的增加而单调地下降．因此，当从温度 $T = 300000°K$ 的表面向着温度下降的方向移动时，首先被吸收的是一些不太大的量子，然后才是比较强的量子．随着向低温区域的移动，光谱变得越来越硬．在文献[4]中所进行的计算表明，能钻入其温度近似等于透明温度之区域的(正如我们所预料的那样，辐射层就处在该区域内)只是那些其能量 $h\nu \approx 200$ 电子伏的极硬的量子．在表 9.3 中列出了在预热区之前端的低温域内"从事"加热的那种量子的能量．在那里也给出了与这些量子相适应的自由程，它们刚好近似地等于按谱平均了的自由程．

表 9.3

T, °K	$h\nu$, 电子伏	l, 厘米	$\varkappa$, 厘米$^{-1}$
50000	140		
20000	200	0.95×10^{-1}	10.5
15000	212	1.02×10^{-1}	9.8
10000	225	1.16×10^{-1}	8.6

我们看出，在温度 T 约为 20000°K 的区域内，平均自由程 l 约为 10^{-1}厘米，即透明温度快接近于 17000°K．

这样一来，很强激波的极限亮度温度就大致等于 17000°K，而这与波的强度无关．亮度温度(关于红光的)与阵面之后的温度之间的一般关系如图 9.1 所示．应该指出，在可见光的谱段内吸收系数对于频率的依赖关系是相当弱的，因此所估计出的亮度温度的值不仅近似地适用于红光，而且也普遍地适用于整个可见光谱．

2. 强爆炸时所观察到的光学现象和空气的辐射致冷

§5 光现象的综述

在空气中进行原子爆炸时会得到很强的激波和很高的温度．波阵面之后的温度在一个从几十万度直到普通温度的很宽的范围内历经一系列的连续值．爆炸时会观察到许多有趣的极其特殊的光学现象．下面，我们对在地球表面附近的空气中(即在标准密度的空气中)所进行的爆炸之发展的物理过程进行综合的叙述。这一叙述全部引自美国1950年出版的《The Effects of Atomic Weapons》(文献[11])这本书[1)]．

“当原子弹中的铀或钚的原子核分裂时，在极小的初始体积和极短的时间间隔内释放出巨大的能量．在以后，我们将认为炸弹爆炸时所释放的能量大体上相当于20000吨三硝基甲苯爆炸时所放出的能量，这大约是10^{21}尔格(确切地说是8.4×10^{20}尔格)．像这样的炸弹就叫作定额的原子弹．由于能量特别高度集中，裂变后的物质温度可达上百万度．由于爆炸是在炸弹所占据的有限体积内进行的，所以压力要急剧地增加，并可达到几十万个大气压．

在物质被加热到非常高的温度时，其能量就以电磁辐射的形式向外释放，而这种辐射的谱所包含的波长范围是很宽的，从(热的)红外线起，经可见光谱，一直延伸到紫外区域，并且超过了后者的界限．大部分辐射被直接与炸弹相毗邻的空气层所吸收，并因而把空气加热到发光的强度．这样一来，爆炸后经过几个微秒，爆炸的炸弹就成为一个发光的球体，叫做火球．

随着传播的进行，辐射能量将周围的空气加热；由于火球尺度的增大，温度、压力和亮度都要相应地降低．在经过0.1毫秒(10^{-3}秒)之后，火球的半径大约等于14米，而它的表面温度则大约等于300000°K．在这一瞬间在10000米的距离处所观测到的照度大约是太阳在地球表面上的照度的100倍．

在上述条件下，在火球的整个体积内几乎保持着相同的温度；由于在球内的任意两点之间辐射能量可以很快地传播，所以球内

1) 我们引用了该书第二章和第六章的2.1;2.6—2.16;2.22;6.2;6.19;6.20中的某些内容，同时引用了照片2和图6.6;6.18;6.20．1957年在美国该书又出了第二版，该版曾被译成俄文(文献[12])．第二版较第一版有所修改．在第二版中大大地扩充了涉及爆炸击毁作用的那些章节，但是简缩了用以叙述火球中物理现象的各个章节．由于我们这里感兴趣的正是后边这些问题，所以我们引用的关于爆炸物理的叙述是取自第一版．所有以英尺、码、英里测量的长度，我们都换算成了米．

也就没有形成明显的温度梯度．又因为火球内的温度处处相等，所以火球就等同于一个等温球，即在该阶段等温球就是一个火球．

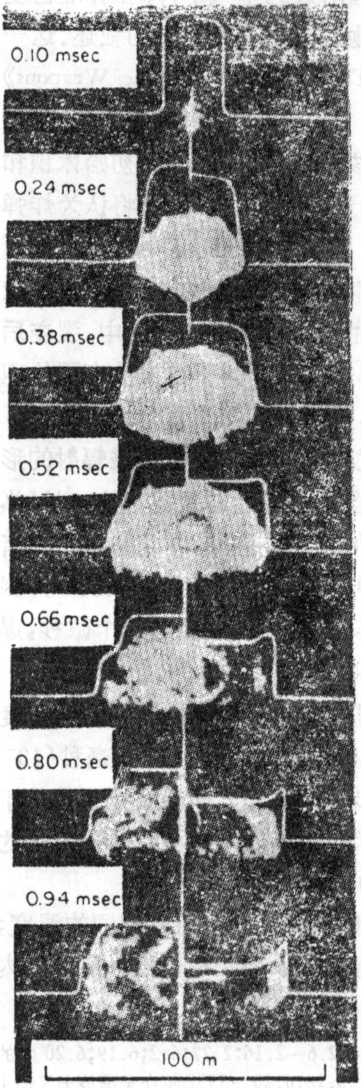

图 9.5　火球中的温度和压力之变化的定性图象
爆炸能量——约为 10^{21} 尔格 ≈16 千克铀≈20000 吨三硝基甲苯

随着火球的扩大，空气中会出现激波；开始时，激波的阵面与等温球表面重合．在温度大约降至 300000°K 之后，激波速度已变得大于等温球的膨胀速度．换句话说，激波对能量的输运开始快于辐射对能量的输运．尽管如此，发光球的尺度还要继续扩大，这是由于激波经过时所产生的对空气的强烈压缩使得温度升高到足以使球发光的程度．

在这一阶段，等温球是范围比它更大的火球之内部的一个高温区域，而火球本身则是由轮廓鲜明的激波阵面所包围．在火球的具有很高温度的核心和被激波所加热的但稍微"冷一点"的空气之间有一个分界面，它被称为辐射的阵面．

上述这些现象简略地反映在一系列关于火球的照片上（图 9.5），这些照片分别对应于原子弹爆炸之后的不同时刻，定性的温度梯度被标在左边，而压力梯度则被标在右边．开始时，在整个火球的范围内温度相同，而火球在这时也就是等温球；然后便出现两个不同的温度区域；在这种时刻火球大于仍留在它内部的等温球．等温球也就不再是可见的，因为它被明亮发光的激波阵面所遮蔽．到这种时刻压力的升高达到了最大值，而后是在火球的表面上急剧地下降，这就证明了火球是和激波的阵面相一致的．

火球的尺度在约为 15 毫秒的时间内继续很快地增大；经过这一段时间它的半径约达 90 米，而表面温度则降到约 5000°K，尽管在火球内部这时温度仍相当高．同时，激波的温度和压力也降低到使激波所经过的空气不再发光．微弱可见的激波阵面继续在火球的前边运动；这种现象称为激波与发光球的脱离．激波的传播速度在该期间约等于 4500 米/秒．

尽管激波阵面的传播速度随着时间逐渐地减小，但在整个时间过程中它都大于火球扩展的速度．经过 1 秒钟，火球达到其最大半径 140 米，而激波阵面这时已向前推进了大约 180 米．经过 10 秒钟，那时火球大概上升了 450 米，而激波离开爆炸地点大约有 3700 米，已超过它最大破坏作用范围的界限．

空气中原子爆炸的一个重要特性就在于在激波阵面与发光球脱离的时刻能观察到一种特殊的效应．发光区表面的温度会下降到约 2000°K，然后再重新开始升高，达到约 7000°K 的第二个最大值．爆炸后大约经过 15 毫秒温度达到了最小值，而大概经过 0.3 秒再次升高到最大值．以后，火球的温度连续地降低，这是因火球不断扩展和能量的耗损造成的．

指出下面一点是很有意义的，原子爆炸时大部分辐射能量是在火球的亮度达到最小值之后辐射出去的．在这一时间之前，辐射出去的只约占总能量的 1%，尽管在那一时期表面温度很高．这一点可如此解释：前一段时间——15 毫秒与亮度达到最小值之后的向外辐射的时间相比较是非常小的．

正如上面所谈到的，火球非常快地在爆炸后不到 1 秒的时间内就达到其最大半径 140 米．因而，如果炸弹在低于 140 米的高度爆炸，那么火球就应该触及地面；这在（新墨西哥州的）阿拉默果尔多所进行的"三一"(Trinity)[1] 试验中曾被观察到过.

由于密度小，火球要像气球那样向上浮起. 运动开始之后经过几秒，火球的速度达到最大值，等于 90 米/秒.

原子爆炸的一些直接效应，可以认为约在 10 秒后结束，那时火球几乎不再发光，而激波的过剩压力也减小到实际上没有危险的程度.

如前面所指出的，火球内部物质的密度很小，因为它们具有很高的温度，所以球要升到高于炸弹爆炸地点的高度；随着不断升高火球被冷却. 大约在 1800°K 之前，冷却主要是由光辐射的能耗所引起；此后温度的降低则是由于气体的绝热膨胀和它们因湍流对流而与周围空气混合所造成. 在停止发光以后，火球可被看成一个大的赤红的气体泡，它的温度随上升而下降.

原子爆炸和普通爆炸的一个极重要差别就在于，原子爆炸时每单位质量释放出的能量极其巨大. 结果就形成比较高的温度，因而爆炸时所释放出的能量有很大一部分是以光辐射的形式放出的. 例如，在原子爆炸时所释放出的总能量中约有 1/3 是以光辐射的形式放出的. 对于定额的原子弹来说，这大约是 6.7×10^{12}卡，即等价于 2.8×10^{20}尔格.

通过火球整个球形表面的能量，也就是通过 4π 立体角的能量，等于 $\sigma T^4\cdot4\pi R^2$，此处 R 是球的半径，而 T 是球的表面温度（R 和 T 与时间的关系如图 9.6 所示）. 由于能通过空气的只是能量中的 f_0 部分[2]，所以能到达距爆炸点为中等距离之球面上的所有各点的总辐射能量等于 $f_0\sigma T^4\cdot4\pi R^2$. 将这一表达式除以球的表面积 $4\pi D^2$，便可得到在距离 D 处单位面积上的辐射能流 φ，即

1）"三一"（Trinity）是美国在 1945 年 7 月 16 日于新墨西哥州阿拉默果尔多所进行的原子弹爆炸的代号. ——译者注

2）我们认为，能穿过空气的只是那些超过 $\lambda_0=1860\,\text{Å}$ 的波长，所以 f_0——它是温度为 T 的普朗克谱中的部分能量——被限制在从 $\lambda_0=1860\,\text{Å}$ 到 $\lambda=\infty$ 的波长范围内. 函数 $f_0(T)$ 画在图 9.7 上.

$$\varphi = f_0 \sigma T^4 \left(\frac{R}{D}\right)^2.$$

根据这一公式可以计算出距离为D的某一指定地点的在原子爆炸之后不同时刻的辐射能流，当然同时还要利用图 9.6 上的R和T的值，及图 9.7 上的f_0值. 为了不必对不同的距离都要画出

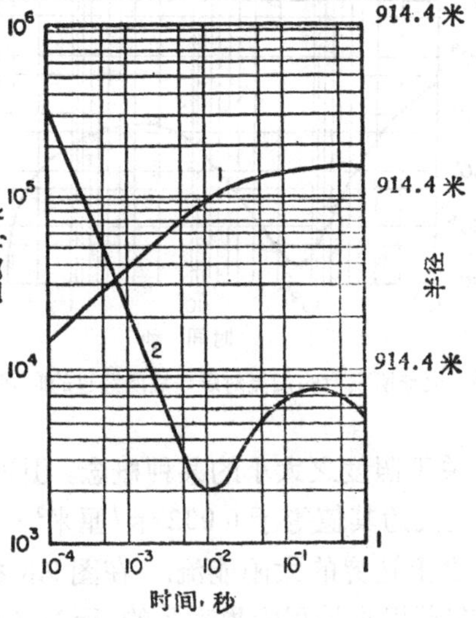

图 9.6 从爆炸时刻算起的：火球的半径与时间的关系(曲线 1) 和温度与时间的关系(曲线 2)

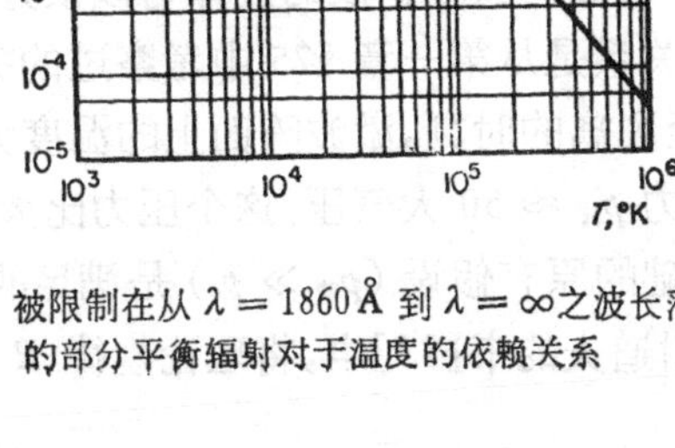

图 9.7 被限制在从 $\lambda = 1860$ Å 到 $\lambda = \infty$之波长范围内的部分平衡辐射对于温度的依赖关系

曲线，在图 9.8 上将量 φD^2（它等于 $f_0\sigma T^4R^2$）作为时间的函数给出；能流以卡/厘米²·秒为单位，而距离以米为单位．根据曲线很容易确定出任意指定距离任意指定时刻的能流．

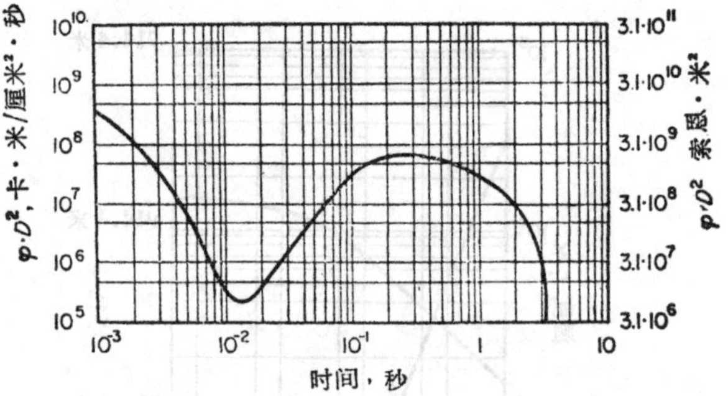

图 9.8　火球所发射的能流对爆炸后所经过的时间的依赖关系

为了得到关于照度之大小的某种概念，引进单位索恩(sun)是合适的，它被定义为其值等于 0.032 卡/厘米²·秒的能流，也就是等于落到大气之上边界的太阳能流．在图 9.8 右边的纵轴上给出了 φD^2 的值，在那里 φ 是用索恩表示的，而 D 是用米表示的．

在亮度最小时，量 φD^2 大致等于 6.8×10^6 索恩·米²，因此这时在距离为 2600 米的地方所观察到的火球就应该大致和太阳一样的亮．实际上它的亮度要稍微低一些，这既是与空气的纯净度有关系，也是与辐射在大气中被吸收有关系”．

至此，我们结束了引用文献[11]的叙述．

在激波的阵面尚未与发光体的边界脱离之前，发光体的边界与激波阵面重合，这时火球扩展的规律可以很好地用公式 $R\sim t^{2/5}$ 来描写，这一关系是从第一章 §25 中考察过的关于强爆炸问题的解而得到的．至脱离的时刻，激波阵面上的温度大体等于 2000°K，它所对应的压力 $p_{阵}\approx 50$ 大气压．这个压力比大气的压力高很多，即作为解之基础的原有假设 ($p_{阵}\gg p_0$) 是满足的．

在 Л.И. 谢道夫的书[13]中，将理论规律 $R\sim t^{2/5}$ 与实验资料进行了比较.

在他的书中画出了 $5/2\lg R$ 对于 $\lg t$ 的依赖关系的直线图,并在图上标出了一些实验点,而这些实验点都是属于 1945 年在新墨西哥州爆炸的原子弹的. 各实验点都很好地落在理论直线上. 根据公式(1.110),直线的截距与爆炸能量 E 有关:

$$R=\left[\alpha(\gamma)\frac{E}{\rho_0}\right]^{\frac{1}{5}}t^{\frac{2}{5}};\quad \frac{5}{2}\lg R=\frac{1}{2}\lg\left(\alpha\frac{E}{\rho_0}\right)+\lg t.$$

在这里 $\alpha=\xi_0^5$,而 ξ_0 是公式(1.110)中的系数.

在空气密度 $\rho_0=1.25\times10^{-3}$ 克/厘米^{3}时,量 αE 等于 8.45×10^{20}尔格. 系数 α 与绝热指数 γ 的关系列在 Л.И. 谢道夫的书(文献[13])中.

如果设 $\gamma=1.4$,就像 Л.И. 谢道夫所作的那样,那么我们得到 $\alpha=1.175$ 和 $E=7.19\times10^{20}$ 尔格. 实际上,等效绝热指数还要稍微小一些,因为在高温之下空气强烈地离解和电离;这时系数 α 要小一些,而爆炸能量却要大一些. 例如,如果取 $\gamma=1.32$,我们得到 $\alpha=0.88$,而 $E=9.6\times10^{20}$ 尔格.

§6 激波阵面与火球边界的脱离

我们看看当激波阵面之后的温度近于几千度时火球的发光性质如何,并来阐明激波阵面与发光体边界的脱离以及火球的亮度取最小值这两种现象的原因. 这些问题曾在本书一位作者的文献[14,15]中考察过.

在被加热的空气中参与对可见光的吸收(和发射)的有一系列的机制: 高度激发的氧和氮的原子与分子以及一氧化氮的分子被光致电离,从负的氧离子中击出多余的弱的束缚电子,处于激发态的 O_2,N_2,NO 分子的(无电子脱出的)分子吸收,最后是被加热之空气中含量不大的 NO_2 分子的分子吸收. 与所有这些机制有关的吸收系数,都在第五章中估计过. 各种不同吸收机制的相对作用和其吸收系数的绝对值都随着空气的温度和密度而强烈地变化. 在温度高于 12000—15000°K时,主要进行的是氧和氮的分子和原子的光致电离．在空气的密度大约为标准密度的 10 倍(这种密度存在于激波的阵面之后)和温度为 12000—15000°K 时，光量子的自由程约为几个毫米．当温度增高时自由程急剧地减小．

在比较低的 8000—6000°K 的温度范围内，分子 NO 的光致电离、负的氧离子的吸收和分子 O_2，N_2 与 NO 的分子吸收就成为首要的．在温度的这种范围内，可见光的自由程也是强烈地依赖于温度的，并且约为 10—100 厘米（当激波内的压缩 $\eta = \rho/\rho_0$ 达到 10 的时候）．在低于约为 5000°K 的一些更低的温度下，所列举的所有这些机制都导致非常弱的并随着温度的下降而很快减小的那种吸收．在实际上，当 $T < 5000°K$ 时，在空气中吸收可见光的唯一机制是二氧化氮 NO_2 的分子吸收．尽管其浓度很小，二氧化氮对可见光的吸收还是相当强烈的，以致使得自由程要以米来测量．例如，在温度 $T = 3000°K$ 和密度为标准密度的 5 倍时，二氧化氮的浓度等于 $c_{NO_2} = 1.6\times10^{-4}$[1]，而以吸收截面 $\sigma_{NO_2} = 2.15\times10^{-19}$ 厘米^{2}计算出的红光的自由程是 $l_\nu = 220$ 厘米．

大家知道，在强爆炸的激波阵面之后，温度是从阵面起向着中心方向增加的(见第一章 §25)．如果所考察的是爆炸的这一阶段，即阵面上的温度等于几千度的阶段，那么在爆炸的定额能量 $E = 10^{21}$ 尔格（这大致相当于 20000 吨三硝基甲苯)的情况下，爆炸波所席卷之球体的半径至此时约为 100 米，而阵面之后的温度当从阵面起向中心移动的距离为几米时就有显著的增加．

在这一阶段，§1 和 §3 中所考察过的对激波间断前的空气所进行的辐射加热和预热层对波阵面表面的屏蔽作用都是小得可以忽略的．由于激波阵面中的弛豫层的厚度（在该层中建立离解和电离的平衡值)比量子的自由程小很多，所以可以断言，在量子的自由程尚小于约为 1 米的量值时，在激波阵面之后延伸的是一个其温度几乎不变的光学厚的区域，而波阵面就像绝对黑体一样地辐射．

根据可见辐射所测量的火球的亮度温度，在这时和激波阵面

1) 浓度 c_i 定义为第 i 种粒子的数目与冷空气中原有分子的数目之比．

的温度没有差别．当激波的强度下降到这种程度，以致阵面之后的吸收变得很弱，而光的自由程也变得可与阵面之后的温度在其上发生显著变化的那种特征尺度进行比较，也就是它已成为近于和大于1米的量值的时候，情况就要发生变化．

但是，在考察亮度温度与波阵面温度的偏差（这一步将在下节进行）之前，我们先来说明被激波所席卷的空气在何时停止发光．

上面曾经指出，在温度低于约5000°K时，是二氧化氮分子负责吸收和发射可见光．但是，鉴于在爆炸波中氮的氧化动力论具有特殊性（见第八章§5），所以一氧化氮分子——然后由它得到二氧化氮分子，实际上不可能在被激波所加热的温度低于约2000°K的空气质点中形成．这既与氮的氧化反应的活化能很大有关，也与由此而得到的关于反应速度的极其尖锐的温度关系有关．在温度低于约2000°K时，为生成其数量稍微显著的一氧化氮所必需的时间，与被加热质点在激波中的存在时间相比较是非常

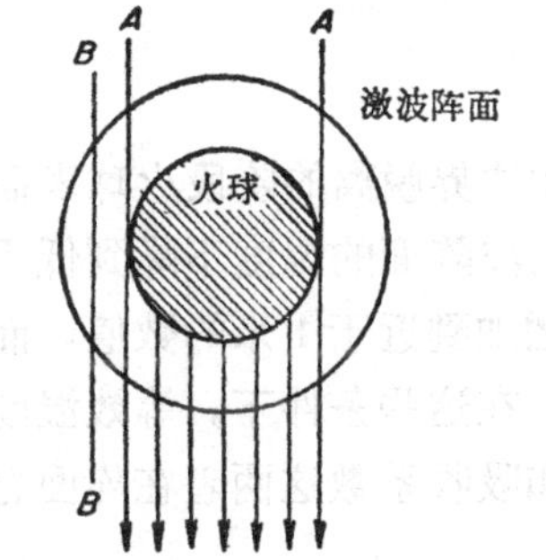

图9.9 在脱离之后火球的发光简图．内圆——发光体（火球）的边界；外圆——激波的阵面

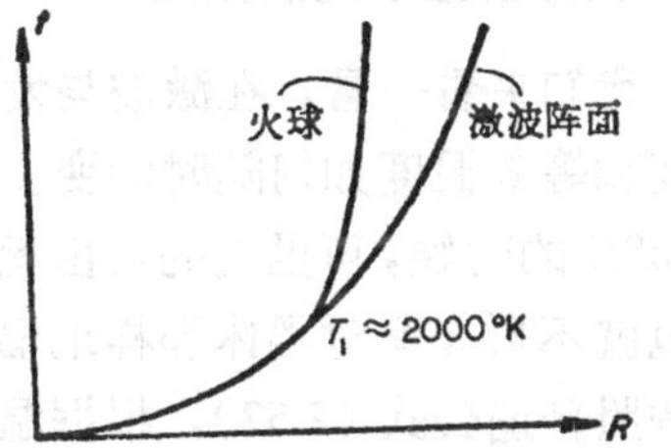

图9.10 R, t 图上的激波阵面线和火球的边界线

之大的，因而反应就来不及进行．

这样一来，在被激波阵面所加热的温度低于约2000°K的那些

空气层内，唯一的吸收者——二氧化氮已永远不能形成；因而这些层对于可见光是完全透明的，其本身也不发光.

在阵面温度 $T_{阵}$ 低于 2000°K 时，比如说在 $T_{阵}=1000°K$ 的时候，从远处将看到一个发光的圆盘，而圆盘的半径小于激波阵面的半径. 在图 9.9 上画出了爆炸波的水平截面. B 一类的射线穿过的是被激波所加热的温度低于约 2000°K 的因而不再发光的那些空气层.

火球为这样一些射线 A 所限定，它们到中心的距离刚好等于 $R_{火球}$，而这一距离对应于这样一些空气层在现有时刻的半径，这些气层曾在早先被阵面加热到约 2000°K，因而在它们之中尚存在着为明显发光所必需的二氧化氮的含量. 由于在爆炸波中空气的质点是自中心向外飞散的(诚然，要比激波阵面本身跑得慢一些)，所以火球的半径 $R_{火球}$ 是增大的. 火球要一直膨胀到爆炸波中的压力下降到大气压力和运动停止的时候为止[1]. 而这时，在阵面温度约为 2000°K 时脱离火球的不再发光的阵面已经跑到很前面去了. (波阵面的轨迹和火球的轨迹都简略地画在图 9.10 上.)

§7 火球的最小亮度效应

我们来看一看，在激波与发光体边界脱离的阶段火球表面的亮度和等效温度如何随时间变化. 当波阵面的温度下降到低于约 5000°K 的时候，可见光的自由程已增加到近于 1 米的数值，而火球也就不再像绝对黑体那样地辐射. 在这些条件下，等效温度应该按照普遍公式 (2.52)，根据温度和吸收系数这两者在阵面之后

1) 当初始温度为 $T_{阵}\approx 2000°K$(该温度所对应的阵面压力 $p_{阵}\approx 50$ 大气压)的空气质点绝热膨胀到大气压力的时候，质点要冷却到 T 约为 800°K. 大概地说，随着时间的推移发光区域的边界要稍微向内部移动，移动到其温度比较接近于 2000°K 的气层，这是因为与 $\exp(-h\nu/kT)$ 成正比的发射本领甚至在吸收系数不变的情况下也要随着温度的降低而很快地下降(当 $h\nu\approx 2$ 电子伏，T 约为 2000—1000°K 时，$h\nu\gg kT$). 确切地说，火球的边界要由灵敏的记录仪器来确定.

的沿半径的分布来计算[1].

作为例子,我们来考察时刻 $t = 1.5 \times 10^{-2}$ 秒,那时阵面的半径 $R = 107$ 米,而阵面上的温度 $T_{阵} = 3000°K$ (所有计算都是属于其能量 $E = 10^{21}$ 尔格的爆炸的).在图 9.11 上画出了 $\lambda = 6500$ Å 之红光的吸收系数在激波阵面之后沿半径的分布(坐标 x 是从阵面起向球的内部计算的). 在那里还在几个点上标出了温度及空气的相对密度(压缩 $\eta = \rho/\rho_0$).阵面之后的温度和密度的分布是取自强爆炸问题的解;而二氧化氮的浓度是按第八章 §5 中所说的方法计算的. 由于激发分子 NO_2 的对于红光的有效吸收截面的精确值是不知道的,所以作为初步计算,曾选取下述的、看来似乎可信的一些截面值(见第五章 § 21).

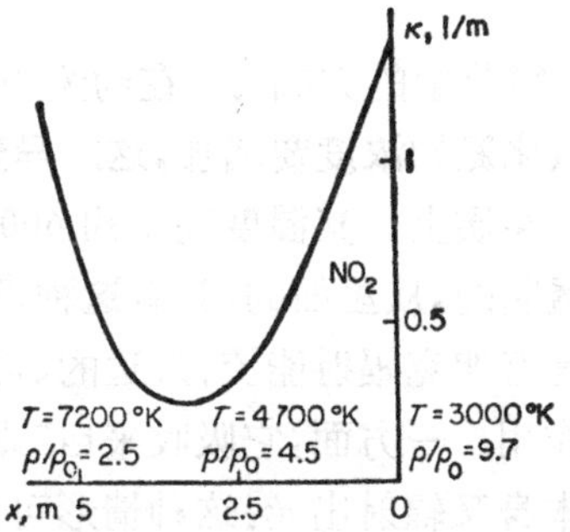

图 9.11 $E = 10^{21}$ 尔格之爆炸在温度 $T_{阵} = 3000°K$ 时其激波阵面之后的红光吸收系数的分布

在几个点上标出了温度和密度的值.绝热指数 $\gamma = 1.23$

表 9.4

T, °K	4000	3000	2600	2000
$\sigma_{NO_2} \times 10^{19}$, 厘米^2	3.0	2.15	1.8	0.84

从图 9.11 看出,在温度高于 6000—7000°K 的时候,由前面所列举的多种机制所引起的吸收是很大的;并且当与阵面远离时,也就是当温度升高的时候,它要很快的增加. 在 T 约为 6000°K 的

1) 辐射层的厚度约为 10 米左右,这大大小于球的半径 $R_{火球}$约为 100 米. 因此可以略去层的曲率,而认为它是平面的,即公式(2.52)可以利用. 我们指出,公式(2.52)(在它之中含有因考虑斜的光线而出现的积分指数)给出的是按圆盘平均了的亮度温度. 如果对圆盘中心的亮度感兴趣,那么应该写出普通指数 $\exp(-\tau_\nu)$ 来代替积分指数 $E_2(\tau_\nu)$,此处 τ_ν 是从波阵面表面起沿着球的半径而向球的深部计算的光学厚度. 在以后,我们计算的都是平均的亮度温度.

区域内，吸收要减弱，并要经过一个最小值，因为在这种温度下所有这些机制都只能给出很小的吸收系数，而二氧化氮的浓度也还很小(在这样的高温下，反应 $NO+\frac{1}{2}O_2 \rightleftharpoons NO_2$ 的平衡要移向二氧化氮分解的方向). 在约为 4000—3000°K 的比较低的温度下，二氧化氮的浓度要增加，这就导致波阵面附近的吸收本领的增强.

实质上，其温度高于约 6000—7000°K 的那些空气层是完全不透明的，从里面的、具有这种表面温度的"热球"而跑到外面来的乃是普朗克辐射能流. 外边的、含有二氧化氮的空气层起着两方面的作用. 一方面，它吸收来自"热球"表面的高温辐射，而另一方面它本身又辐射出光. 这种情形可用公式来描写，这须将公式(2.51)中沿 τ_ν 的积分分成两个部分：一部分是沿其光学厚度为 τ_ν^* 的含有二氧化氮的外层区域，而另一部分则是沿内部的"热区域" $\tau_\nu^*<\tau_\nu<\infty$：

$$S_\nu(T_{等效})=2\int_0^\infty S_{\nu p}E_2(\tau_\nu)d\tau_\nu=2\int_0^{\tau_\nu^*} S_{\nu p}E_2(\tau_\nu)d\tau_\nu$$

$$+\int_{\tau_\nu^*}^\infty S_{\nu p}E_2(\tau_\nu)d\tau_\nu.$$

与公式(2.51)不同，在这里不写出辐射密度而写出辐射流，这是完全一样的.

在第二个积分中可以提出某个与"热球"的等效温度 T^*(T^* 约为7000°K)相适应的平均值 $S_{\nu p}^*$；再利用积分指数的性质，便可以写出

$$S_\nu(T_{等效})=2\int_0^{\tau_\nu^*} S_{\nu p}E_2(\tau_\nu)d\tau_\nu+S_{\nu p}(T^*)E_3(\tau_\nu^*).$$

第一项给出二氧化氮层的固有辐射，而第二项中的因子 $E_3(\tau_\nu^*)$ 则考虑了该层对于"热球"的"高温"辐射的屏蔽. 计算表明：随着时间的进展第二项的相对作用要增大，而二氧化氮的固有辐射要变小，即二氧化氮的作用基本上归结为对高温辐射的屏蔽. 在我们所考察的例子中，$T_阵=3000$°K，二氧化氮层的光学厚度 $\tau_\nu^*=$

2.42，而所得到的火球的等效温度等于 $T_{等效} = 4110°K$.

当激波阵面上的温度下降到低于 2000°K 的时候，则要形成吸收系数沿半径的另一种类型的分布图形. 这时吸收不是在阵面之后马上开始而是要再深一点，这是因为在靠近阵面的、当阵面经过时被加热到温度低于 2000°K的那些气层里没有二氧化氮，这些层也就不吸收光. 这样的图形已画在图 9.12 上 ($t = 2.64 \times 10^{-2}$ 秒，$R = 138$ 米，$T_{阵} = 1600°K$).

我们来仔细研究辐射的等效温度是如何随时间变化的. 当激波阵面上的温度高于约为 2000°K 时，在阵面新近席卷的空气层中能生成二氧化氮，二氧化氮层的总的光学厚度是增加的，而亮度是

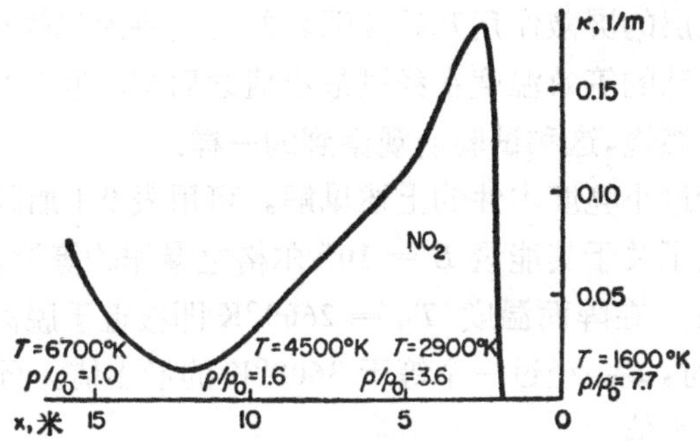

图 9.12 $E = 10^{21}$ 尔格之爆炸在阵面温度 $T_{阵} = 1600°K$ 时其激波阵面之后的红光吸收系数的分布.
在几个点上标出了温度和密度的值. 绝热指数 $\gamma = 1.30$

下降的. 在 $T_{阵} \lesssim 5000°K$ 时，亮度温度要高于阵面的温度，因为此时二氧化氮层不能完全屏蔽来自深部的（其 T^* 约为 7000°K 的）高温辐射. 而在阵面温度变得低于 2000°K 时，在新近席卷的空气层内已不能再生成二氧化氮. 甚至如果让至这一时刻在空气中所含有的 NO_2 分子的总数保持不变，二氧化氮屏蔽层的光学厚度同样还是随着时间而减小，这是因为由于空气的飞散而使得同样数目的 NO_2 分子分布到其半径越来越大的球层中去. 不难看出，二氧化氮层的光学厚度

$$\tau_\nu^* = \int_0^R n_{NO_2}\sigma_{NO_2}dr,$$

此处 n_{NO_2} 是 1 厘米^{3}中的 NO_2 分子数，在总数

$$N_{NO_2} = \int_0^R 4\pi r^2 n_{NO_2}dr \approx 4\pi R^2 \int_0^R n_{NO_2}dr$$

不变的情况下，n_{NO_2} 是减小的，粗糙地说，是与 $R^{-2} \sim t^{-4/3}$ 成正比地减小。

实际上，在二氧化氮停止产生以后，它的总数由于分子 NO_2 的分解甚至还要下降一些（见第八章 §5），这就使得光学厚度 τ_ν^* 下降得更快。

这就是说，从阵面温度变得低于约为 2000°K 的那一时刻起，二氧化氮层的屏蔽作用开始减弱，并逐渐将内部的热区域"暴露"出来．火球的等效温度在经过最小值之后有所回升；仿佛火球又重新开始燃烧，这和试验所观察到的一样．

关于最小亮度本性的上述见解，可用表 9.4 加以说明，在该表中列出了关于其能量 $E = 10^{21}$ 尔格之爆炸的等效温度的一些计算结果．在阵面温度 $T_{阵} = 2600°K$ 即接近于脱离温度 $T_{障} = 2000°K$ 时，$T_{等效}$经过一个等于 3600°K 的最小值，而 τ_ν^* 此时则经过一个最大值．

当从一种爆炸能量过渡到另一种爆炸能量时，我们来研究其最小亮度将发生什么样的变化，那将是很有意义的．在强爆炸波中，所有的时间和线度都以相似的方式与 $E^{1/3}$ 成正比地变化（这是因为强爆炸问题的自模解近似地成立）．粗糙地说，各相应时刻的光学厚度（当阵面的温度相同时）也是按 $E^{1/3}$ 变化（因为在基本区域内二氧化氮的浓度是平衡的，且主要是依赖于质点的温度和密度，而不依赖于质点存在于被加热状态的时间）．由此得出结论，二氧化氮层的屏蔽作用要随着爆炸能量的减少而减弱，而 $T_{等效}$对于 $T_{阵}$的超过量则要增大：最小值变得不是那么很低了．作为例子，在表 9.5 中我们列出了关于其爆炸能量 $E = 10^{20}$尔格的 $T_{等效}(T_{阵})$ 的一些计算结果．最小值的位置没有改变（即还是出现在 $T_{阵} =$

章的第 3 部分就是用来解决它的). 这一问题是不寻常的，因为在波的内部有一个极为急剧的温度分布. 清楚的仅是能流应处在 $\sigma T_1^4 > S_2 > \sigma T_2^4$ 的范围之内，因为波中的辐射层所具有的温度低于上界温度 T_1，但高于下界温度 T_2，而这两个温度是那样的：在温度为 T_1 时，空气是完全不透明的；在温度低于 T_2 时，空气则是透明的、不辐射的，即不能依靠发光放出能量而冷却.

如果知道了能流 S_2，那么冷却波沿质量的传播速度 u（在最终的计算中被加热体积的冷却时间要依赖于这一速度）就可以根据能量平衡的条件求出来. 问题在于，按照估计冷却波沿着未受辐射扰动的空气是以小于声速的速度传播的. 在这种情况下，在薄层——波"阵面"的宽度之内，压力可以来得及拉平，即实际上是不变的. 气体的密度是这样自动地"适应"温度的变化，以致当经过波和被冷却时，空气的质点要正比于 $1/T$ 地被压缩（如果认为压力 $p \sim \rho T$ 的话）. 这可用图 9.15 加以说明.

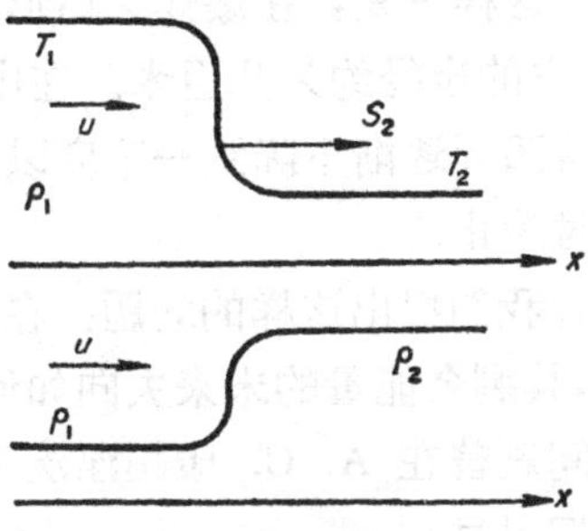

图 9.15 冷却波阵面内的气体的温度和密度之剖面的简图
u 的箭头指出了流入波中之空气的速度方向

空气在波中的冷却过程是在不变的压力下进行的. 如果 ρ_1 是波到达之时刻的空气的初始密度，那么在 1 秒之内流进 1 厘米^{2}之波阵面表面的空气就等于 $\rho_1 u$. 在从温度 T_1 冷却到温度 T_2 时，这些空气之能量的变化(在比热不变时)是 $\rho_1 u c_p(T_1 - T_2)$. 很显然，这一变化就等于由辐射自波阵面表面所带走的能量，即等于能流 S_2.

这样一来，我们就得到一个关于冷却波的能量平衡的基本方程，在这里我们把冷却波视为间断：

$$S_2 = \rho_1 u c_p(T_1 - T_2). \tag{9.5}$$

如果考虑到比热 c_p 并非不变，那么我们就得到一个比较普遍的表达式：

激波不可逆地加热过的空气．在它们当中集中了“剩余的”爆炸能量，这部分能量也是爆炸总能量中极其可观的一部分（约为百分之几十）．空气仍然被加热到极高的温度．例如，那样一些空气层（它们在强度为 $p_{\text{阵}}=750$ 大气压的激波阵面经过时曾被加热到温度 $T_{\text{阵}}=11000°\text{K}$）在膨胀到大气压力之后仍然热到约为 2000°K 的温度[1]．

比较靠近中心的、原来曾被（波阵面上的压力约为十万个大气压的）激波阵面加热到几十万度高温的那些气层仍然要热到上万度．

这样一来，在爆炸之后形成一个巨大的被加热到高温的空气体，它的半径约为几百米．在中心区域温度可达十万度，而且温度向着四周逐渐下降到一千度以下，直至下降到等于标准大气的温度时为止．

我们提出这样的问题：在被爆炸波不可逆地加热过的空气中，其剩余能量的未来去向如何，以及这种空气是如何冷却的？这一问题曾在 A. C. 康帕涅茨和本书作者们的工作（文献[16,17]）中探讨过．

很显然，靠分子热传导散失能量是不起任何作用的．在空气的热扩散（导温）系数约为 1 厘米^2/秒的情况下，要使其半径约为 10^4厘米的体积冷却下来需要一年．由相同大气压力下的冷热空气的密度差所引起的热球的对流上升，以及与上升相关的、热气体与周围大量冷气体的混合，是比较重要的．但是，在爆炸后的头 2—3 秒之内，上升是不大的．上升不会超过量 $gt^2/2$（此外 g 是重力加速度），该量至 1 秒时，为 5 米；2 秒时，为 20 米；3 秒时，为 45 米．因此，当我们关心爆炸时刻之后的头几秒时，便可以不考虑对流．

能导致空气冷却和不可逆加热能量向空间散失的基本过程是光的辐射．

1）粗糙地说，剩余温度等于 $T_{\text{剩余}}\approx T_{\text{阵}}\times(1\,\text{大气压}/p_{\text{阵}}\,\text{大气压})^{(\gamma-1)/\gamma}$．作为估计，可取等效绝热指数的值为 $\gamma\approx1.3$．

辐射冷却之所以可能，是由于冷空气在某一光谱“窗”内是透明的，光谱“窗”包括：可见光谱段及与其相邻的紫外辐射区和红外辐射区．正是由于这一透明“窗”的存在，才使得被加热气体所辐射出的相应量子可以毫无阻碍地跑到很远的距离，并把能量从被加热体积中带走．

由被加热空气中以发光形式向外放出能量的过程其特殊性就在于它是非定常的．在这方面，它与冷眼看来似乎相似的星体辐射过程有着原则的差别(尤其是太阳，它以发光能量供给我们的行星)．在星体上，因表面辐射而产生的能耗，可由从内部流出的、在中心部位进行核反应时所释放出的能量来补偿(见第二章§14)．其结果就建立了这样一种体系，在这种体系中每一个体积元放出多少辐射能，又可以得到多少辐射能，因而温度沿星体半径的分布就具有确定的、定常的特点(在可观察的时间范围内)．

在我们所考察的情况中没有任何外在能源；温度的初始分布是由现象的以往历史和爆炸波传播过程的气体动力学所决定，而空气逐渐地变冷，是由于辐射将能量带走的缘故．

我们的任务就是要解释冷却过程是如何进行的，在被加热体积内的不同地点温度是如何变化的，最后，也是最重要的，要弄清辐射冷却的速度以及发自被加热物体表面的辐射流是多大．

§9 温度陡坡——冷却波的产生

决定过程特性的主要因素是空气的透明性对温度的极其强烈的依赖关系，关于这一点在前面已不只一次地谈到过．如果考察按谱平均的可作为给定温度之特征的辐射自由程与温度的关系，比如说 $h\nu$ 是 kT 之3—5 倍[1)]的这种量子的自由程与温度的关系，再考虑到在不变的近于大气压力的压力之下空气的密度要随着温度的升高而减小，那么我们就可以得到如下结论．这种量子的自由程是从温度约为 6000°K 时的几千米变化到 T 约为 8000°K 时的

1) 我们提醒一下，普朗克频谱的最大值是出现在量子 $h\nu=2.8kT$ 处；而当用罗斯兰德法对自由程取平均的时候，其权函数的最大值是处于 $h\nu\approx 4kT$ 的区域之内．

一百米、T 约为10000°K 时的几十米和 T 约为 15000°K 时的十厘米.

很清楚，从具有平缓温度分布的被加热体积所发射出来的辐射流，是由这样一层(辐射层)的温度所决定，在该层中自由程近似等于问题的特征线度，即约为十米左右. 外围的比较不热的各层是透明的，它们本身实际上不辐射光. 而比较深的各层则是不透明的，在它们之中所产生的量子也没有能力跑到很远的距离. 类似的情况我们已经碰到过，那是在考察很强激波之间断面前的预热区域内的空气辐射时碰到的. 与此类似，在现在的问题中也可以引进一个透明温度 T_2，它是这样一个温度，在此温度下光的自由程和温度明显变化的特征距离具有同一个量级. 与预热层的发光问题不同，在那里线度是 10^{-2}—10^{-1}厘米，透明温度约为 20000°K；而在这里尺度则近似等于 10 米，透明温度 T_2 约为 10000°K.

现在设想一个不动的球形空气体，它在初始时刻的温度分布是平缓的，并且是沿着半径从中心处的约为 100000°K 变化到外围处的几千度，而来看一看，这一分布随着时间是如何变化的(同时，我们将略去可能由压力梯度所引起的空气的运动).

根据上面所说，可以预料，辐射和冷却开始于温度近似等于透明温度 (T_2 约为 10000°K)的那一层；而在后来的时刻，在原先是平缓的温度分布当中就要形成“凹陷”，就像图 9.13 上所表示的那样. 在以后，这种“凹陷”要变成温度陡坡的形式，它朝着中心向热球的深处传播. 空气要一层接一层地从初始温度冷却到近似等于 10000°K的温度，而后便成为透明的，且实际上停止了辐射. 而这时，里面的一些层在陡坡尚未到达它们之前则几乎不改变自己的温度，这是因为在这些层里光的自由程很小，而所发射出的量子马上又被吸收回来.

这就是说，空气的冷却乃是由于有某一狭窄的温度陡坡沿它进行传播的结果，这一陡坡可以称为“冷却波”. 冷却波中的温度是陡然地 (与初始的平缓分布相比较) 从初始值 T_1——它等于波的上沿在该时刻所到达之点的温度，下降到低值——使空气实际上停止辐射的透明温度 T_2.

在图 9.13 上画出了温度分布的一系列的变化，在那里我们撇开了由气体动力学的运动所引起的温度的变化，而认为空气是不动的. 实际上，陡坡的形成还要早一些，是在空气的压力下降到大气压力和运动停止之前形成的，也就是当其温度约为 10000°K 之气层的辐射致冷的速度成为可与绝热冷却的速度进行比较的时候形成的，而绝热冷却乃是由空气在爆炸波中的飞散和膨胀所引起的. 在爆炸的比较早的阶段内，绝热冷却的速度是很大的，而空气来不及发光放出自己的能量，因为可使陡坡形成的约为 10000°K 的温度区域乃是很快地"跑过去"，从而使空气成为透明的，于是就来不及将大量的能量消耗于辐射. 而在后来，当绝热冷却随着压

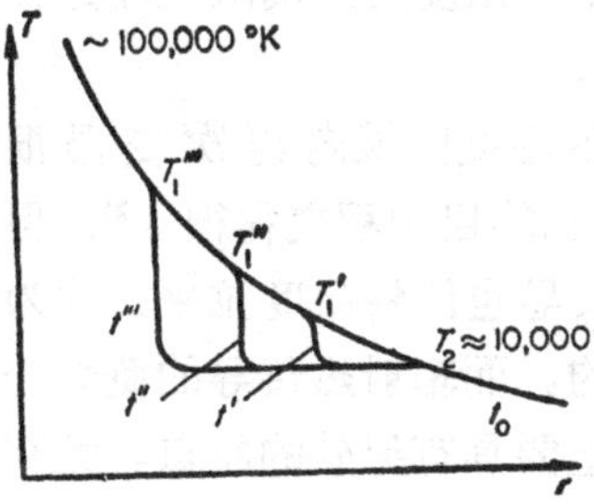

图 9.13 连续温度分布中的陡坡（冷却波）的产生和它在静止空气中的传播；$t_0<t'<t''<t'''$

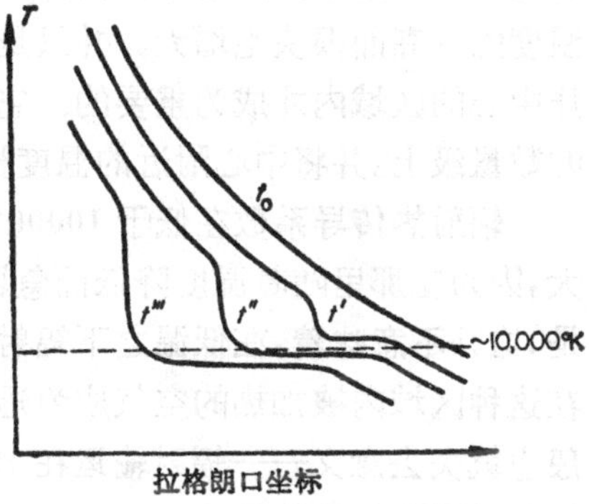

图 9.14 在飞散和绝热冷却的空气中冷却波的产生和传播；$t_0<t'<t''<t'''$

力下降和飞散减缓而减小了的时候，辐射致冷就突出到首要地位. 一些估计表明，在能量 $E=10^{21}$ 尔格的爆炸中，激波阵面之后的陡坡在 T 约为 10000°K 的层中开始出现的时刻是 t 约等于 10^{-2} 秒，那时波阵面上的温度约为 2000°K，而波阵面上的压力则约为 50 大气压（在爆炸波中，压力从阵面到中心的变化很小，见第一章§25）.

在图 9.14 上画出了考虑绝热冷却的温度（在有冷却波传播之空气中的）分布图形．横轴不是欧拉坐标而是拉格朗日坐标，即图 9.14 表示的乃是空气的一些确定质点的温度是如何变化的，以及冷却波沿着气体的“质量”（而不是沿着空间）是如何传播的．

§10 能量的平衡和冷却波的传播速度

冷却波是沿着实际上未受辐射扰动的空气奔跑的．在陡坡的上沿到达的时刻之前，气体的温度仅由过程的以往历史和流体动力学的运动所确定(如果这种运动是存在的话).这可以作那样的解释，当初始分布中的温度约为几万度和温度梯度约为每米上千度的时候,对于要在冷却波尚未到达的、不透明的区域内建立起稍为显著一点的能流来说辐射热传导显得是太小了．辐射热传导——它的系数正比于罗斯兰德自由程 $l(T)$ 和温度的三次方[1]，要随着温度的升高而很快地增大，并只是在温度约为几十万度的靠近爆炸中心的区域内才成为重要的．它将中心温度的升高限制在这样的数量级上,并将中心附近的温度拉平．

辐射热传导系数在低于 10000°K 的温度区域内再次变得很大,因为在那里随着温度降低而急剧增加的自由程变得很大[2]．但是,这并不意味着,在低温之下辐射热传导也能将温度拉平．因为在这种区域内被加热的空气成为透明的，而辐射热传导的概念一般也就失去意义——辐射输运在本质上要具有另外的特点，尤其是导致了冷却波的形成．

由于在冷却波的上沿处热传导很小，所以自内部进入到波中的辐射能流趋近于零,且不可能影响到波的性质．所有能将(在波中冷却的)空气质点的能量带走的辐射能流,都是产生于波的本身之中.我们用 S_2 来表示这个能流,确定它乃是基本理论的课题(本

---

1) 我们提醒一下，由辐射热传导所引起的输运能流 $S=-\chi\partial T/\partial r$，式中的辐射热传导系数 $\chi=16\sigma l(T)T^3/3$（见第二章 §12)．

2) $l(T)$ 是在 T 约为 50000°K 时经过最大值，而正比于 $l(T)T^3$ 的辐射热传导系数则是在 T 约为 10000°K 时经过最大值．

章的第 3 部分就是用来解决它的). 这一问题是不寻常的，因为在波的内部有一个极为急剧的温度分布. 清楚的仅是能流应处在 $\sigma T_1^4 > S_2 > \sigma T_2^4$ 的范围之内，因为波中的辐射层所具有的温度低于上界温度 T_1，但高于下界温度 T_2，而这两个温度是那样的：在温度为 T_1 时，空气是完全不透明的；在温度低于 T_2 时，空气则是透明的、不辐射的，即不能依靠发光放出能量而冷却.

如果知道了能流 S_2，那么冷却波沿质量的传播速度 u（在最终的计算中被加热体积的冷却时间要依赖于这一速度）就可以根据能量平衡的条件求出来. 问题在于，按照估计冷却波沿着未受辐射扰动的空气是以小于声速的速度传播的. 在这种情况下，在薄层——波"阵面"的宽度之内，压力可以来得及拉平，即实际上是不变的. 气体的密度是这样自动地"适应"温度的变化，以致当经过波和被冷却时，空气的质点要正比于 $1/T$ 地被压缩（如果认为压力 $p \sim \rho T$ 的话）. 这可用图 9.15 加以说明.

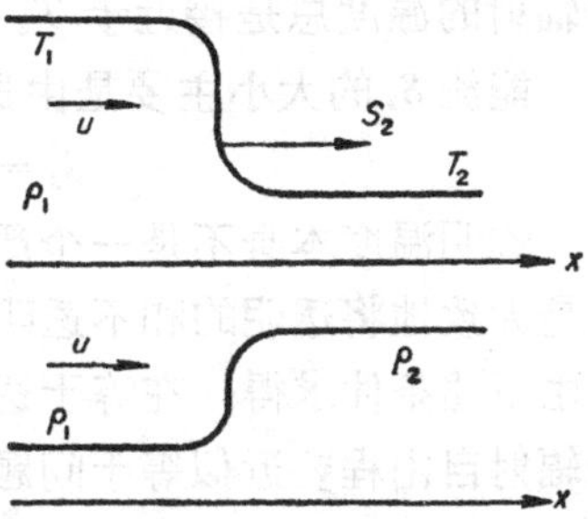

图 9.15 冷却波阵面内的气体的温度和密度之剖面的简图
u 的箭头指出了流入波中之空气的速度方向

空气在波中的冷却过程是在不变的压力下进行的. 如果 ρ_1 是波到达之时刻的空气的初始密度，那么在 1 秒之内流进 1 厘米^{2}之波阵面表面的空气就等于 $\rho_1 u$. 在从温度 T_1 冷却到温度 T_2 时，这些空气之能量的变化（在比热不变时）是 $\rho_1 u c_p(T_1 - T_2)$. 很显然，这一变化就等于由辐射自波阵面表面所带走的能量，即等于能流 S_2.

这样一来，我们就得到一个关于冷却波的能量平衡的基本方程，在这里我们把冷却波视为间断：

$$S_2 = \rho_1 u c_p(T_1 - T_2). \tag{9.5}$$

如果考虑到比热 c_p 并非不变，那么我们就得到一个比较普遍的表达式：

$$S_2 = \rho_1 u(\omega_1 - \omega_2), \tag{9.6}$$

式中的 ω 是空气的比焓.

如果 γ 是等效绝热指数，那么 $\omega = \frac{\gamma}{\gamma-1}\frac{p}{\rho}$，而波速就等于

$$u = S_2 \frac{\gamma-1}{\gamma}\frac{1}{p}\left(1-\frac{w_2}{w_1}\right). \tag{9.7}$$

在本章第 3 部分将要证明，从冷却波的表面所发出的辐射总是产生于陡坡的下沿，而这一点与波的“强度”（它可用比值 T_1/T_2 或 w_1/w_2 来表征）无关，即不管原有气体的温度 T_1 如何高，用以发出辐射的温度总是接近于 T_2

能流 S_2 的大小主要是由透明温度来确定，它近似等于

$$S_2 = 2\sigma T_2^4. \tag{9.8}$$

透明温度本身不是一个严格确定的量. 就如前面已经说过的，它是大致地将透明的和不透明的两个温度区域分开，并且它本身可由下述条件求得：在等于透明温度的温度下所求得的按谱平均的辐射自由程要近似等于问题的特征尺度 d，例如 d 是这样一个距离，在它之上空气的温度从 T_2 下降到相当小的量值比如说是 2000°K.

当波是沿着膨胀的空气传播时，这一尺度要由整个过程的流体动力学来决定；绝热冷却的速度越大，它就越小. 如果近似地用具有某一等效“电离势”值[1]的玻耳兹曼关系 $\varkappa \sim \exp(-I/kT)$ 来描写空气的吸收系数，那么透明温度只是很弱地、对数地依赖于尺度 d，同时还依赖于空气的密度，而后者只出现在指数前的因子当中：

$$l(T_2) = \text{常数}\, e^{\frac{I}{kT_2}} = d; \quad T_2 = \frac{I}{k}\left(\ln\frac{d}{\text{常数}}\right)^{-1}. \tag{9.9}$$

上面已经说过，在 d 约为 10 米和压力为大气压力时，T_2 约为

1) 实际上，χ 是型为 $e^{-I/kT}$ 的各项之和，而这里的 I 是与光电吸收相对应的各种成份的电离势和与分子吸收相对应的各种成份的激发能. 所有的 I 值都近似等于 5—10 电子伏；如果所考察的温度范围不是很大的话，那么总是可以用型为 $\exp(-I/kT)$ 的关系来插补 $\chi(T)$.

10000°K(在 d 约为 100 米时，T_2 约为 8000°K；在 d 约为 1 米时，T_2 约为 12000°K). 这就是说，能流 $S_2=2\sigma T_2^4$ 的值是在一个足够窄的范围内变化，如果所考察的是一些具有大的温度降落（$T_1\gg T_2, w_1\gg w_2$）的强冷却波，那么就会发现，波沿原有气体的传播速度基本上只依赖于气体的压力 p，而与上界温度 T_1 无关：

$$u\approx S_2\frac{\gamma-1}{\gamma}\frac{1}{p},\qquad \text{当 } w_1\gg w_2 \text{ 时}.$$

表 9.6

u，千米/秒；当 $p=1$ 大气压时

T_1,°K \ T_2,°K	10700	9700	9300
20000	2.7	2.1	1.7
50000	1.8	1.4	1.1
100000	1.6	1.2	1.0

为了说明数字的大小，在表 9.6 中我们列出了速度 u 的一些值，它们是在大气压力和几个不同的 T_1 和 T_2 的值之下得到的. 从表中看出，冷却波速度的量级为 1 千米/秒.

§11 冷却波的向心收缩

在冷却的特点上和在冷却时间与被加热体的线度之间的关系上，我们所讨论的情况和热量借助普通的热传导机制而流散的情况有着本质的不同. 在普通的热传导之下，整个物体的温度都要逐渐地发生相似的降低，而半径为 R 的物体其冷却时间要与半径的平方成正比，$t\sim R^2c_p\rho/\varkappa$，此处 $\varkappa$ 是热传导系数. 而在辐射致冷时，则是有一个波沿物体跑过，其冷却的时间正比于半径的一次方，$t\sim R/u$.

如果被加热物体的线度 R 约为 100 米而压力约为大气压力，那么在冷却波的速度 u 约为 1 千米/秒时，它由四周收缩至中心所需要的时间是 t 约等于 0.1 秒. 空气就是在这样的时间内，由约

为几万和十万度的高温冷却到透明温度 T_2 约为10000°K的.

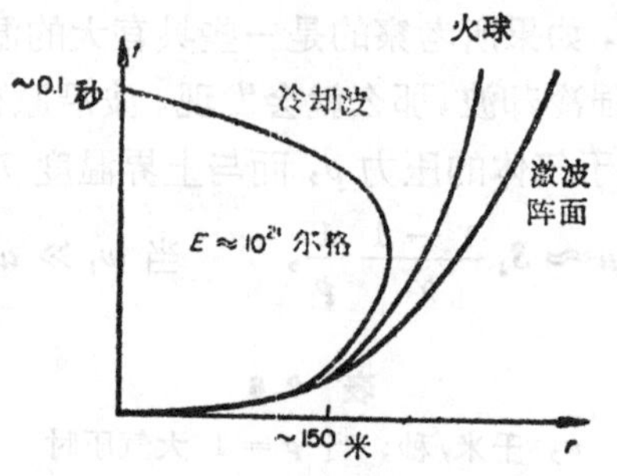

图 9.16 r, t 图上的激波阵面线、火球边界线和冷却波阵面线

图示曲线适用于能量 $E\approx10^{21}$ 尔格的爆炸

在图 9.16 的 r, t 图上简略地画出了冷却波的传播线、激波的阵面线,以及火球的边界线.

冷却波产生于那一时刻,即当激波阵面上的温度近似等于 2000°K 的时候[1]. 陡坡是在 T 约为 10000°K 的层内形成的,该层距波阵面表面的距离大约为 10 米. 在一开始,当压力还很高的时候(在陡坡产生的时刻 p 约为 50 大气压),冷却波沿着质量传播的速度还不大,尽管波是沿着质量向内部朝中心奔跑的,但在空间里它是被快速飞散的空气所带动而向前运动的. 渐渐地,冷却波(在空间上)变慢,然后又折向后方,并在中心处"汇拢".

用以决定冷却波阵面表面之最大半径的转折点乃对应于波在空间的零速度,即对应于方向相反的两个速度(空气质点的气体动力学飞散的速度和波沿着质量传播的速度)的相等.

在冷却波经过被爆炸所加热过的空气之后,空气的温度处处低于约 10000°K,而整个体积也变得多少是透明的.自此以后,辐射致冷进行得相当缓慢,并带有体积辐射的特点,即每一质点都是依照自己的发射本领而发射出光,且这种光几乎是无吸收地从爆炸

1) 尽管冷却波产生的时刻和激波阵面与火球边界脱离的时刻近似地符合,但在这两种完全不同的现象之间并没有直接的物理上的联系.

地点跑到很远的距离. 当然,体积并非是完全透明的,有一部分辐射要在沿途被一些外层所阻拦, 即发生了从中心区域到四周的某种对能量的汲出作用.特别是, 在温度为 3000—1000°K 的一些外层中 (这些层在早些时候曾被激波加热到高于 2000°K) 所含有的二氧化氮,更能促进这一点.

在冷却波正在经过的时候, 也要发生类似的对能量的汲出作用,因为发自波表面的辐射流要在"透明的"(而实际上并非完全透明的) 一些外层之内被部分地吸收. 在光谱的紫外区域内吸收一般是很强的,一些紫外量子就是在波阵面附近被吸收的. 但是,这不会使得上述的关于空气是由波来冷却的这一总的定性图象 (它的依据是假设在低于 T_2 的温度之下空气是高度透明的)发生重大的改变,因为在波长 $\lambda < 2000$ Å 的强吸收区域内所集中的能量只占与温度 10000°K 相对应的光谱能量的不到 4%的部分.

不应该那样去想,在冷却波于中心"汇拢"的时刻之后,冷却了的空气就不再发光;也不应该认为,在冷却波还存在的时期, 它的表面就是火球的边界. 经过了冷却波的空气, 它的辐射仍是完全足够的, 甚至当辐射的能量效应已经变得很小和已经停止继续冷却的时候,它仍然能够明亮地发光.

冷却波是处在火球的内部,并向中心汇拢,在它后面的空气仍然是相当热的, 并能明亮地发光. 在爆炸的后期, 火球的边界(即发光的边界)应处在其温度约为 2000—3000°K 的那些层, 而这些层的辐射致冷特别地缓慢. 在压力成为大气压力和运动实际停止了之后, 这些层实际上就成为不动的. 火球的边界开始是随着飞散的空气一起自中心向前运动, 然后受到滞止, 最后停止, 如图 9.16 所示.

伴随着冷却波向中心的接近, 要产生空气质量自四周向中心的流动,因为在冷却波之后所留下的是急剧冷却下来的质点,而在常压之下的冷却就要伴随有压缩.例如,如果在开始时中心的温度是 100000°K, 而波"汇拢"后成为 10000°K, 并且在汇拢时刻压力没有改变(仍然等于大气压力), 那么这时在中心处空气的密度要增高几十倍，而这种增高就是由于质量的向心流动所引起的．但是，这种流动并不会影响到距中心很远的、其温度较低的约为2000—3000°K 的那些气层,因此火球边界的位置仍然不变．

至此，我们就结束了对空气的冷却过程在总体上的讨论，以及对冷却波的传播和火球的发光之规律性的讨论，也就是结束了对“宏观”图象的讨论[1]．

在下一部分，我们将研究冷却波的内部结构，这就和在气体动力学中除了研究气体的带有激波的总的流动之外还要研究“微观的”图象（激波阵面的内部结构）是一样的．正是由于对冷却波的内部构造进行了考察，才使得有可能求出波的一个重要特性——发自波表面的辐射能流．

§ 12　空气中的火花放电

当在空气中进行火花放电的时候，也要产生某些带有爆炸特性的流体动力学的现象．这些现象曾被 С. Л. 曼杰里斯塔姆和他的同事们(文献 [19—24]) 所研究．过程的总的图象是这样的．在击穿之后，在两个电极中间的用于空气放电的间隙之内立刻形成一个细的导电的渠道．在这个渠道内依靠所放出的焦耳热空气被加热到近似等于几万度，并被强烈地电离(不亚于第一次电离)．由于压力的升高，渠道要膨胀，并像活塞那样作用于周围的空气，向空气中发出一个柱形的激波[2]．

在早期阶段，空气密度沿半径的分布具有柱形爆炸所固有的特点．在文献[22]中，曾用干涉法测量了一系列时刻的密度分布．其典型的发展情况如图 9.17 所示(在这个实验中，电路的电学参数如下：$C = 0.25$ 微法，$L = 2$ 微亨，$V = 10$ 千伏；放电间隙的

---

1) 我们指出，在激波到达超新星的表面之后，在星体的外层要产生冷却波．这一点曾被 В. С. 依姆辛尼柯和 Д.К. 纳捷日恩所证明(文献[18])，他们对重星的一种飞散问题进行了数值解，这种飞散是由在星体的中心释放出的大量能量所引起的．

2) 在激波所通过的距离超过渠道的长度之后，激波的形状就逐渐地具有球形的特点．

长度为5毫米). 就如从图形上所看到的，在开始时，激波是相当强的(其速度约为2千米/秒),因而其密度分布也就与强爆炸时的相适应. 而在后期阶段,波被削弱,激波跟前的空气也要开始出现反相压力(见第一章 §27). 这时，在爆炸波的四周部分其密度与标准密度没有太大的差别，而在中心区域其密度则是很小的. 鉴于爆炸波中的压力是按空间调匀的，所以中心区域内的温度是很高的. 这一特别稀薄的、温度很高的中心区域就是导电渠道. 渠

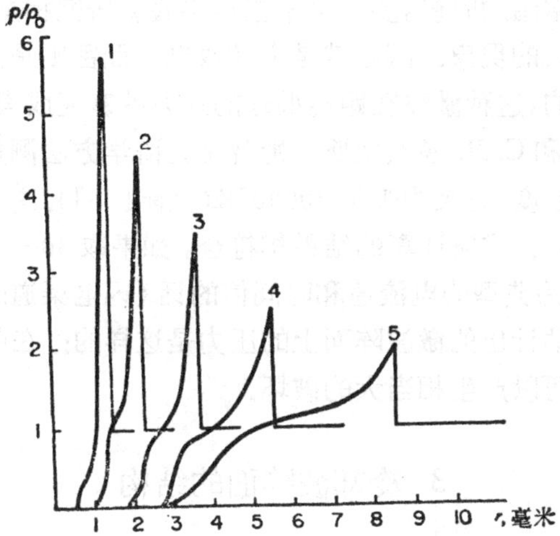

图 9.17 空气密度沿火花半径的分布. 曲线1—5分别属于下述时刻: 1.0;1.7;2.9;5.6;9.8 微秒

道中的空气的平均密度大约是未受扰动空气的密度的$\frac{1}{1000}$，而其平均温度大约是 40000°K.

光谱学测量给出同样结果. (在渠道中建立热力学平衡是相当快的(文献[23, 24])，所以可用光谱学方法测定气体的实际温度.)

C. И. 德拉波凯纳曾发展了关于火花放电的爆炸波理论(文献[20]).应该说明,与能量瞬时释放的流动相比较,现在的流动还是稍有差别的,因为在现在的情况下,在渠道中放出焦耳热所需要的

时间——它由放电的半周期所决定，可与激波呈现的时间进行比较．这个时间曾在文献[20]中计算过．那时，出现在所求得的激波运动规律之中的能量释放速度已由实验上获得．在С.И.玻拉盖斯基的工作(文献[25])中，不仅从理论上考察了空气的运动，而且也考察了放电的机制，在考察后者的时候曾考虑了电导性及火花渠道的膨胀．这就可能直接将激波的各个参量与放电电流的增长规律联系起来．

在有大雷雨的时候，要发生某些与实验室研究相类似的、但其尺度是相当大的现象．闪电就是火花放电，而雷则是由当时形成的激波造成的，这种激波在距离很远的地方就衰变成声学波．Ю. Н. 依夫留克和 С. Л. 曼杰里斯塔姆曾用光谱学方法测量了闪电渠道中的平均温度，它大约等于 20000°K(文献[26]).这个值与根据文献[25]中的公式所计算的结果相符合，如果取 30 千安和 100—1000 微秒作为典型的电流值和时间值的话（闪电渠道的半径约为 10 厘米）．估计出的激波阵面上的压力是这样的：在距离雷约为几米的地方可以产生相当大的破坏．

3. 冷却波阵面的结构

§13 问题的提法

至今，我们谈到冷却波，总是把它视为某种间断，在它之上气体的温度经受急剧的跃变．同时，我们曾给出一个能量平衡条件，该条件就等价于描写（在气体流经间断时）总的能流守恒的关系，这就像在考察激波时所做过的那样．与激波不同的是，在这里充分体现出来的只是一个能量方面的关系，因为冷却波中的运动是亚声速的，经过波阵面时的压力变化也是可以忽略的(在这方面，冷却波类似于缓慢燃烧的阵面)．作这样“宏观的”考察，并不能对一个很重要的、用以决定波速的量即从波阵面到达“无穷远”的辐射流 S_2 作出任何的结论．为了求出辐射流 S_2，就必须研究波阵面的过渡层的内部结构，也就是要求出描述波中辐射输运的方程之连续解．这在已经引证过的文献[16,17]中进行过．

撇开大量冷却气体的具体的线度和形状，我们来寻求辐射热交换的非定常方程的型为 $T(x-ut)$ 的解，这种解对应一个以常速度 u 沿具有给定的温度 T_1 和密度 ρ_1 的气体传播的平面波．

速度 u 本身应该从方程中求得，如像确定火焰在可燃性混合气体中的速度一样．

事实上，方程没有精确的型为 $T(x-ut)$ 的解．随着波的传播，冷却气层的厚度要增大，虽然在这种气层中对光的吸收很小，但总还是不等于零的，因而由关系 $l(T_2)=d$ 所定义的透明温度(此处可把 d 了解为冷却层的厚度)就要随着时间的流逝而降低．

在无限大的介质中，当自由程对温度有倒逆关系的时候，透明温度根本就是等于零的，因为不管气层冷却到多么低的温度，都由于它自己的宽度是无限的而成为完全不透明的，甚至当辐射自由程非常巨大的时候也是如此；这时发自波阵面的辐射流就等于零，而冷却波体系在严格的意义上讲是根本不存在的．在一定的程度上，在火焰的定常传播理论中存在着与此相类似的情况．如果不假定，在未燃的混合气体中化学反应的速度恒等于零，尽管实际上其速度是有限的，是微乎其微的，但混合气体还是要在火焰的阵面尚未到达之前就开始燃烧．

这一在无限大介质的情况下带有原则性的因素，在一些实际的条件下仅能造成表面上的困难．要知道，被加热的区域，也就是要由波来冷却的区域，事实上总是有限的，透明温度只是对数地依赖于冷却区域的线度，即当波所通过的距离增加时它的变化是很弱的，而对于一些真实物体来说它将被限制在一个极窄的范围之内．解对于时间的附加的缓慢的依赖关系 $T(x-ut,t)$，只是产生在最低的、被强烈拉伸的波沿上，即产生在已经冷却的几乎透明的气体区域之内．当波是沿着膨胀气体传播的时候，由于绝热冷却的存在使得这一附加关系更是不那么重要，因为穿过波的空气还可以靠膨胀而冷却到低温，并能很快地“跑过”它在其内还不是完全透明的那一温度区域．

附加的缓慢的对时间的依赖关系 $T(x-ut,t)$ 只是存在于纯属绝热冷却的区域之内，它对波本身中的温度剖面几乎没有影响.

为了求得冷却波阵面之内的温度分布（这种分布决定了能流 S_2），就应该像在第七章以激波为例所说明过的各种体系的理论中通常所作的那样，要在与波阵面相固联的坐标系中来考察平面的定常的过程.

为了排除上面所指出的困难和使问题成为定常的，也就是要从真实解 $T(x-ut,t)$ 变化到理想化的解 $T(x-ut)$（在实验室坐标系中），我们可以利用表面上是人为的、但实际上根据前面所说在物理上是完全合理的、也是与事物的真实情况相适应的两种方法之一.

第一种方法，可向能量方程中引进一个附加的常数项 A，它起着绝热冷却的作用. 量 A 就给出了用以确定透明温度 T_2 的不变尺度 d，并限制了被辐射所冷却过的区域内的吸收，从而使得这一区域的光学厚度成为有限的.

第二种方法，可以不考虑绝热冷却，但要从一开始就根据(9.9)型的估计引进透明温度 T_2，并形式地假定当 $T<T_2$ 时介质是绝对透明的（自由程 $l=\infty$）. 那时气体将只能冷却到温度 T_2，自此以后，与 $x=1/2$ 成正比的发射和继续的冷却都要停止.

由于在冷却波中气体的运动是亚声速的（关于这一点已由一些估计所证实），所以气流的动能与热能相比较就可以忽略. 这时，关于波内流动点 x 的能量方程，在考虑了描写绝热冷却的附加项之后的这种普遍情况下，就应写成如下形式：

$$u\rho_1 c_p \frac{dT}{dx}+\frac{dS}{dx}=-A, A>0. \tag{9.10}$$

如果不假设比热是不变的，那么这个方程用气体的比焓来书写是方便的：

$$u\rho_1 \frac{dw}{dx}+\frac{dS}{dx}=-A. \tag{9.11}$$

这里的 S 是波中的点 x 处的辐射能流（由于质量流守恒，所以 ρu

$(x) = \rho_1 u$，此处 u 是波速，它等于气体流进波中的速度，ρ_1 是气体的原有密度，而 ρ 和 $u(x)$ 是属于流动点 x 处的量)．

能流的方向、x 轴的方向和速度的方向都表示在图 9.15 上，在那里还简略地画出了温度在波阵面中的落差．气体是自左向右地流进波中，而波是自右向左地沿未扰动气体传播．在波之前，当 $x = -\infty$ 时，温度具有给定的值 $T = T_1$，而能流 $S = 0$，这符合于 §10 中所作的如下说明：在高度受热的气体中辐射热传导不大，而这种区域内的能流也很小．当 x 从 $-\infty$ 增加到 $+\infty$ 时，辐射流 S 是从零变化到量值 S_2，而后者就等于从波阵面到达"无穷远"的能流．

如果不考虑绝热冷却而假设透明温度 T_2 是给定的(第二种方法)，那么能量方程(9.11)就给出积分

$$S = u\rho_1(w_1 - w). \tag{9.12}$$

这里的积分常数是通过原有气体的焓 $w_1 = w(T_1)$ 来表示的，这是根据边界条件 $x = -\infty$ 时，$T = T_1$，$S = 0$ 而得到的．当应用到波中的低点（在那里 $T = T_2$，而能流就等于到达无穷远的能流，$S = S_2$)时，就如所预料的那样，能量积分(9.12)就导出了能量平衡方程(9.6)，后者将波阵面两边的各个量联系起来，如果是把波阵面视为间断的话．

必须再给能量方程补充一个用以确定能流 S 的辐射输运方程．同考察考虑辐射的激波阵面的结构一样（见第七章，第 3 部分)，这里也将用扩散近似来描写辐射的输运．

此外，也和以前一样，引进某个按谱平均的量子自由程 l．扩散近似方程这时写成如下形式：

$$\frac{dS}{dx} = c\,\frac{U_p - U}{l}, \tag{9.13}$$

$$S = -\frac{lc}{3}\frac{dU}{dx}, \tag{9.14}$$

这里的 U 是实际辐射密度，而 U_p 是与点 x 处的物质温度相对应的平衡辐射密度：$U_p = \frac{4\sigma T^4}{c}$．

就如后面将要证明的，在波中大部分地方辐射密度是接近于平衡值的．在这样的条件下，就如已知的那样(见第二章 §12)，对谱自由程 l_ν 的平均应按罗斯兰德方法进行．在被强烈冷却了的空气区域内，局部平衡已不存在，而罗斯兰德平均法也就不再适用．但是，平均方法的不同并不会使得所研究的结果发生性质上的改变，因为能有效地描述自由程的基本温度关系的指数型的、玻耳兹曼因子 $e^{I/kT}$ 在任何平均中都将被保留，而且波中的全部效果又都像透明温度 T_2 一样仅是很弱地、对数地依赖于指数前的因子——当然这一因子在平均方法变换时是要改变的．因此，为了简单，我们总是把 $l(T)$ 了解为罗斯兰德自由程．

在方程(9.13)，(9.14)中，将坐标变换为光学坐标 τ 是方便的，它是从点 $x=+\infty$ 算起的，在那里气体是透明的，而且 $l=\infty$(τ 轴的方向和 x 轴的方向相反)：

$$d\tau=-\frac{dx}{l},\quad \tau=-\int_{+\infty}^{x}\frac{dx}{l}=\int_{x}^{+\infty}\frac{dx}{l}.$$

这时，方程(9.13)，(9.14)具有如下形式：

$$\frac{dS}{d\tau}=-c(U_p-U), \tag{9.15}$$

$$S=\frac{c}{3}\frac{dU}{d\tau}. \tag{9.16}$$

必须给辐射输运方程加上边界条件．在波的上沿，当 $\tau=\infty$ 时，就如上面已经指出的，

$$\tau=\infty,\quad S=0,\quad T=T_1. \tag{9.17}$$

在波的下沿——它是吸收介质和绝对透明介质(真空)之间的边界，应使辐射流和辐射密度满足在介质与真空交界处的已知的扩散条件(见公式(2.66))：

$$\tau=0,\qquad S_2=\frac{cU_2}{2}. \tag{9.18}$$

辐射输运方程和能量方程及边界条件一起，就完全确定了波阵面的结构、能流 S_2 和速度 u。

§ 14　发自波阵面表面的辐射能流

具有实际意义的主要是一些强的冷却波，在这种波中当气体从原来温度 T_1 冷却到透明温度 T_2 时要以发光放出自己的相当大一部分能量：$T_1 \gg T_2$．对于那些其 T_1 和 T_2 间的差别很小的弱波[1]感到兴趣，主要是从方法的角度着眼，之所以如此，是因为在这种情况下能成功地得到方程的精确解析解．很显然，发自阵面的辐射流 S_2 乃是被限制在 $\sigma T_1^4 > S_2 > \sigma T_2^4$ 的范围之内，在弱波的情况下由于两个极端值很靠近 S_2 可以被相当精确地确定，因此，一个很重要的关于辐射流的问题实际上就不存在：$S_2 \approx \sigma T_2^4 \approx \sigma T_1^4$．关于弱波的解析解可在文献[16]中找到；这里我们不来谈它，而是直接地转到对于强冷却波的考察．

在上一节曾经指出，为了得到定常体系必须利用两种方法之一：或是向能量方程中引进关于绝热冷却的常数项，或是从一开始就确定透明温度 T_2，并认为当 $T < T_2$ 时气体是绝对透明的（$l = \infty$），从而从讨论中去掉已经由辐射冷却过的区域，这种区域对光的吸收本来就是很弱的．第一种方法能给出温度分布的比较完整的图象，因为它允许对冷却空气中的温度的行为进行研究和考虑这种空气内的弱吸收．但是，当考察波本身内部的温度剖面（当温度高于透明温度时）和确定从波阵面到达无穷远的能流时，它会引起过分的数学上的复杂性．其实在波的内部绝热冷却与辐射冷却相比较乃是小的，因此，在研究波的内部结构时最好是利用第二种方法．在 §16 中将要指出体系的某些与绝热冷却的存在有关的特性．

无绝热冷却时，能量方程的积分由公式 (9.12) 给出，为了简单，假设比热不变，而来把它改写一下：

$$S = u\rho_1 c_p (T_1 - T). \tag{9.19}$$

问题就归结为求解方程组(9.15)，(9.16)，(9.19)，而其边界条

---

1) 尽管 T_1 与 T_2 接近，但是这时仍然假设自由程 $l(T)$ 的温度关系是如此急剧，以致 $l(T_1) \ll l(T_2)$．这后一种关系乃是冷却波本身存在的条件．

件是(9.17),(9.18).

在研究这个方程组之前，我们根据最普遍的物理理由对发自阵面的辐射流 S_2 作一估计. 这样的讨论会告诉我们在解方程组和求波中的温度剖面时可做什么样的近似.

根据问题本身的提法，波中任何一点的温度都不能低于透明温度 T_2,因为被冷却到温度 T_2 的气体就不再吸收和发射辐射，而继续的冷却也要停止.因此，T_2 是波中最低的温度,在波的下沿附近,温度是随着对"真空"交界处的远离,即是对 $T=T_2$ 和 $l=\infty$ 的绝对透明区域的边界的远离而增加的. 这就是说，在下沿，当 $\tau=0$ 时，$\frac{dT}{d\tau}\geqslant 0$. 由能量方程(9.19)得出结论：当自下沿向波的深部移动时能流是减小的,即当 $\tau=0$ 时,$\frac{dS}{d\tau}\leqslant 0$. 辐射的"连续性"方程(9.15)证实，这时波的下沿处的辐射密度不高于平衡值,$U_2\leqslant U_{p2}=\frac{4\sigma T_2^4}{c}$(能流散度 dS/dx 不是负的；物质不是被辐射加热). 在扩散近似中，介质、真空之交界处的能流与辐射密度之间是由条件(9.18)相联系的: $S_2=cU_2/2$. 注意到 $U_2\leqslant U_{p2}$,我们得到能流 S_2 的上限是 $2\sigma T_2^4$. 实际上

$$S_2=\frac{cU_2}{2}\leqslant\frac{cU_{p2}}{2}=2\sigma T_2^4.$$

另一方面,由等式$S_2=\sigma T_{等效}^4$所定义的辐射的等效温度 $T_{等效}$要与辐射层中的某一中间温度相一致,因而它也就不可能低于 T_2,因为辐射层中的物质的温度也和波中其它任何一点的温度一样总是要高于 T_2 的. 由此得出结论，$S_2>\sigma T_2^4$，故由波阵面到达无穷远的能流 S_2 乃是被限制在一个极窄的范围之内，

$$\sigma T_2^4<S_2<2\sigma T_2^4, \tag{9.20}$$

$$T_2<T_{等效}<\sqrt[4]{2}\ T_2. \tag{9.21}$$

这就是说,与波的强度无关,即不管初始温度 T_1 如何的高,总是由波的最下沿向外辐射，而发自波阵面表面的辐射流所对应的温度也总是接近于 T_2. 无论如何不应该认为，是我们为了描写辐

射输运而采取的扩散近似(它导出了边界条件 (9.18))起了什么作用. 其实扩散条件 (9.18) 乃对应于那样的假设，从介质进到真空的量子其角分布是各向同性的，而量子不能从真空进入介质(因为真空中没有光源).

甚至如果我们作另外一种极端的假设，认为在与真空交界处辐射表现出强烈的各向异性，从介质中发出的所有量子都与介质的表面垂直，这时扩散条件(9.18)被条件 $S_2 = cU_2$ 所代替，这就导出不等式 $\sigma T_2^4 < S_2 < 4\sigma T_2^4, T_2 < T_{等效} < \sqrt[4]{4}\, T_2$，它们与 (9.20)，(9.21)仅相差一个不重要的数值因子.

实际上，对能流的限制 $S_2 < 2\sigma T_2^4$ 乃与冷却体系的定常性有关，由于有这种性质，能够完全确定能流的温度剖面就不可能是任意的，而是要以完全确定的方式根据体系的方程来建立.

由不等式 (9.21) 得出一个重要结果，它可以使我们用最简单的办法来解决本来是由非线性方程所描述的阵面结构的全部问题. 与透明介质(或真空)相交界的被加热物体的辐射基本上是发生在靠近物体表面的一层，而这一层的光学厚度约为一个或几个单位(在比较深的一些层内所产生的量子没有能力跑到外面来，因沿途几乎被全部吸收了). 辐射的等效温度与该辐射层内的某一中间温度相符合. 但根据不等式(9.21)，等效温度很接近于波的下沿的温度 T_2. 这意味着，在 $T = T_2$ 的点 $\tau = 0$ 之后，在向波的内部计算约为几个单位的光学距离上，物质温度的变化是很小的. 这就使我们得以作出如下结论.

在 $T_1 \gg T_2$ 的强冷却波中，在波的下沿处，即在辐射层内，辐射流的变化是很小的，几乎是不变的. 实际上，当温度的改变量是 $\Delta T \lesssim T_2$ 时，流的改变量是

$$|\Delta S| \sim u\rho_1 c_p \Delta T \lesssim u\rho_1 c_p T_2,$$

而当 $T_1 \gg T_2$ 时，在 $T = T_2$ 的点 $\tau = 0$ 处，流的本身近似地等于 $S_2 \approx u\rho_1 c_p T_1$ (见(9.19)). 因而，

$$\frac{|\Delta S|}{S_2} \approx \frac{T_2}{T_1} \ll 1.$$

由于在强波的下沿处流近乎不变，所以其状况就完全类似于在定常星体的光球中所发生的情况，在后者当中辐射流是严格不变的量. 这样一来，决定能流 S_2 与透明温度 T_2（即介质与真空交界处的温度）之间的关系的问题，在强波的极限之下就等价于已知的米勒问题（见第二章 §15）. 后者在严格考虑辐射角分布的情况下具有精确解

$$S_2 = \frac{4}{\sqrt{3}} \sigma T_2^4, \tag{9.22}$$

它只是略微地不同于扩散近似的解：

$$S_2 = 2\sigma T_2^4. \tag{9.23}$$

顺便说一下，由此看出，在扩散近似的范围内辐射流 S_2 的量值在强波极限下与不等式(9.20)的上界相符.

§15 强波阵面中的温度分布

在光学厚度约为几个单位的辐射层的宽度之内温度的变化很小，这一事实就证实存在着辐射与物质的局部平衡. 波越强，即比值 T_1/T_2 越大，则波的下沿处的辐射密度与平衡值的相对偏差也就越小. 实际上，由方程(9.15)得到

$$\left(\frac{U_p - U}{U_p}\right)_{\tau=0} = \frac{U_{p2} - U_2}{U_{p2}} = -\frac{1}{cU_{p2}}\left(\frac{dS}{d\tau}\right)_2.$$

但根据上面所说

$$\left|\frac{dS}{d\tau}\right|_2 \sim \frac{|\Delta S|}{\Delta\tau} \lesssim S_2 \frac{T_2}{T_1} = 2\sigma T_2^4 \frac{T_2}{T_1},$$

因为 $|\Delta S| \sim S_2 T_2/T_1$ 是辐射流在其光学距离为 $\Delta\tau \sim 1$ 的宽度之上的变化. 因此，在强波中辐射密度与平衡值的相对偏差乃是

$$\frac{U_{p2} - U_2}{U_{p2}} \sim \frac{S_2}{cU_{p2}} \frac{T_2}{T_1} \sim \frac{T_2}{T_1} \ll 1.$$

可以证明，当自波的下沿向它的深部移动时，相对偏差，即辐射的不平衡程度，只能减小，所以如果波是足够强的且在它的下沿处偏差很小，那么局部平衡的条件就在波的整个宽度之内得到满

足[1]. 这样一来,描写强冷却波阵面结构的方程就可以用辐射热传导近似求解,这时要假设

$$S \approx \frac{c}{3} \frac{dU_p}{d\tau} = \frac{16\sigma T^3}{3} \frac{dT}{d\tau}.$$

将这个方程与表达式(9.19)联合, 我们就得到一个关于函数 $T(\tau)$ 的方程,后者可用求积法积分.

在波的下沿处,我们得到解的近似形式,它自然要与米勒问题的扩散解相符合,因为流 $S \approx$ 常数(见第二章 §15):

$$T = T_2 \left(1 + \frac{3}{2}\tau\right)^{\frac{1}{4}}. \tag{9.24}$$

在强波的上沿处,温度的渐近剖面具有下述形式:

$$T = T_1 \left(1 - e^{-\frac{\tau}{\tau_k}}\right), \quad \tau \gg \tau_k, \tag{9.25}$$

此处, 量 τ_k 可以视为波的有效光学厚度, 它只依赖于波的强度:

$$\tau_k \approx \frac{8}{3}\left(\frac{T_1}{T_2}\right)^4.$$

波的光学厚度要随着比值 T_1/T_2 的增加而急剧地增大. 在这

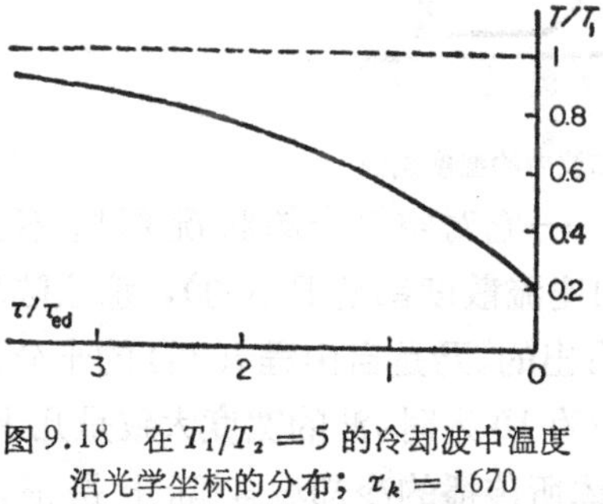

图 9.18 在 $T_1/T_2 = 5$ 的冷却波中温度沿光学坐标的分布; $\tau_k = 1670$

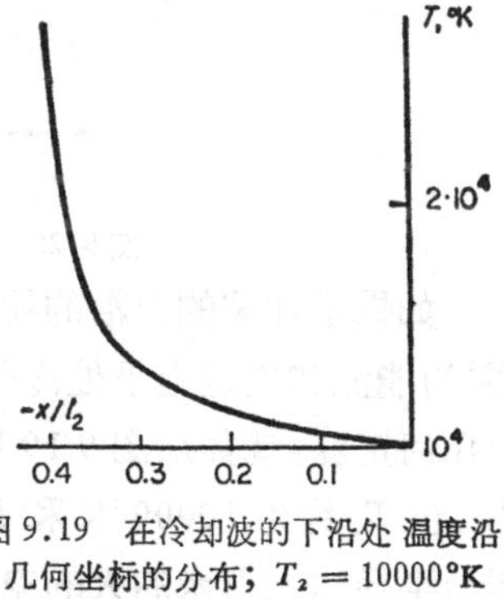

图 9.19 在冷却波的下沿处 温度沿几何坐标的分布; $T_2 = 10000°K$

里,我们不来推导关于温度剖面 $T(\tau)$ 的普遍表达式 (这一表达式

1) 附带说一下, 这就证明, 在强波的情况下可将罗斯兰德平均自由程作为辐射的自由程.

在下沿和上沿得到简化，分别具有(9.24)和(9.25)的形式(见文献[17]))，而是在图上将温度剖面画出. 图 9.18 是属于下述情况的：$T_1/T_2 = 5, \tau_k = 1670$.

知道了剖面 $T(\tau)$ 和依赖于温度的自由程，利用定义 $-x = \int_0^\tau l(T)d\tau$[1]，不难求出温度沿几何坐标的分布.

在图 9.19 上针对玻耳兹曼关系 $l(T) = 常数 \times \exp(I/kT)$ 的情况，画出了温度在波的下沿处的分布 $T(x)$. 取量 $l_2 = l(T_2)$ 作为长度尺度；而透明温度取为 $T_2 = 10000°K$. 图 9.19 表明，波具有陡坡的形式. 事实上，能够保障波中的温度具有急剧陡坡的那种玻耳兹曼关系 $l(T)$，只是存在于低于 30000—40000°K 的温度，因那时气体的多次电离尚未开始. 当温度比较高的时候，自由程要经过一个最小值，然后开始随着温度的升高而增加. 因此，在 T_1 约为 50000—100000°K 的那种足够强大的波内，其上沿要被强烈地拉伸(当 $l =$ 常数时，其上沿的剖面 $T(x)$ 就与按公式 (9.25) 计算的剖面 $T(\tau)$ 相符). 在图 9.20 上画出了温度在波中的典型分布，该波的 $T_1 = 40000°K$.

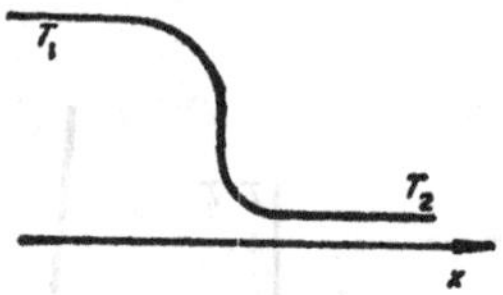

图 9.20　冷却波中的温度剖面

如果不计波的上沿的拉伸——它对空气冷却状况影响不大(因为能流和决定上沿处冷却的能流散度都是很小的)，那么陡坡的几何宽度，就如从图 9.19 所看出的，乃是自由程 $l(T_2)$ 的十分之几. 在 T_2 约为 10000°K 和 l_2 约为 10 米时，波的宽度大致是几米，即沿半径达上百米的大的空气体所传播的冷却波实际上是很窄的，并可以看成是关于物质的温度和密度的间断(但不是压力的间

1) 由于实际上 $l(T_2) \neq \infty$，故下沿处的温度不是渐近的而是以不等于零的斜率向量 T_2 趋近的. 因此，坐标的原点 $x = 0$ 可以放在 $T = T_2$ 的 $\tau = 0$ 之点.

断，因为在波的宽度之内压力的变化是很小的).

§16　考虑绝热冷却的情形

在前面几节，通过对透明温度 T_2 时的吸收进行人为的截断（当 $T < T_2$ 时，$l=\infty$）的办法，在讨论中去掉了其温度低于透明温度的冷空气的区域．实际上，这个区域内的吸收虽然很小，但总还是有限的，因此我们自然要问一问，在冷却气体的区域内其温度的行为如何，发自波阵面的辐射流又将如何变化．在这一区域内，过程是严重不平衡的，它依赖于一些具体条件：线度、流体动力学的运动和光吸收的机制．在这里，我们来考察一个在实际上是很重要的情况：冷却波不是沿着不动的而是沿着膨胀的空气进行传播而且已被辐射冷却过的空气还要继续绝热地冷却．绝热冷却可以很快地把空气带入完全透明的、已对冷却波的体系没有任何影响的温度区域．在比较短的时间间隔内，当绝热冷却着的空气对光的吸收还稍微明显的时候，绝热冷却的速度变化很小．因此带有绝热冷却的过程可以近似地认为是定常的，并可用带有常数项 A 的能量方程(9.10)来描写它．这个方程的积分是

$$u\rho_1 c_p T + S = -Ax + \text{常数}. \tag{9.26}$$

在这里，积分常数是任意的，因为它简单地取决于坐标 x 的计算原点的选择；可以假定它等于零．

在波的上沿，当 $x \to -\infty$ 时，$S \to 0$．可以指出，这一人工加上的条件是与存在温度梯度这一事实相矛盾的，而后者是由于绝热冷却的存在所引起的．但是我们假设，自由程 $l(T)$ 随着温度的增加而减小得是如此之快，以致 $S \sim -l(T)T^3 \dfrac{dT}{dx}$ 在 $T \to \infty$ 时趋近于零，这在物理上是合理的，因为来自热空气区域之内部的辐射热传导能流是很小的．在波的下沿，当 $x \to +\infty$ 时，辐射流趋近一个不变的量 S_0——能到达无穷远的能流[1]、因此，当 $x \to \pm\infty$

1）如下面我们所要看到的，这个流稍微不同于 S_2，后者是从以有效方式确定的波阵面的表面刚发出来的．

时，波中的温度要渐近地趋近于两条直线：

$$u\rho_1 c_p T = -Ax, \quad \text{当 } x \to -\infty \text{ 时},$$
$$u\rho_1 c_p T = -Ax - S_0, \quad \text{当 } x \to +\infty \text{ 时}.$$

这两条直线沿纵坐标相差一个量 S_0（在图 9.21 上移动了一个截距 $S_0/u\rho_1 c_p$）。于是，问题就归结为要确定这个量 S_0。在这里我们不叙述其数学解（见文献[17]），而只限于对于过程的进程进行定性的考察。

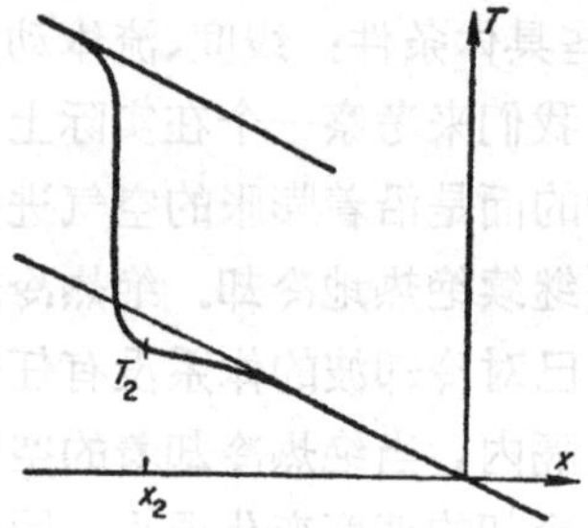

图 9.21　考虑绝热冷却时冷却波中的温度剖面

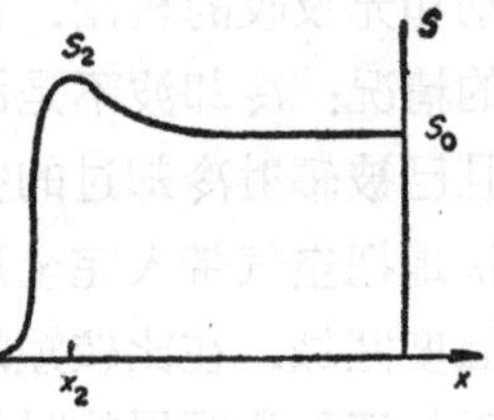

图 9.22　考虑绝热冷却时冷却波中的辐射流的分布

我们来仔细研究进入冷却波的气体质点其状态的一系列变化，即我们是从 $-\infty$ 向 x 轴的正方向推进（图 9.21）。在一开始，当温度很高时，辐射热传导极其微小，而质点的冷却纯粹是绝热的，它的温度要沿着上边的直线下降。然后，由于辐射质点开始变得越来越冷，它的温度要下降到低于上边的直线。这时质点中的辐射密度小于平衡值（质点所发射的光多于所吸收的光），而它之中的辐射流则是增加的。

在这一阶段，辐射冷却的速度比绝热冷却的速度大很多，而温度是急剧地下降（质点通过冷却波）。要这样一直继续到质点冷却到如此低的温度以致使得辐射热交换的速度成为小于绝热冷却的速度的时刻为止。

由于随着温度的降低吸收（和发射）非常急剧地下降，已经不太大的绝热冷却在这一时刻之后会使得质点成为完全透明的，而辐射热交换也就全然停止.

这时，辐射密度(它由产生于较热层的、并能穿过质点的能流所确定)仍然近乎不变. 而与 T^4 成正比的平衡辐射密度却是很快地减小. 因此与“不透明”区域不同，在“透明”区域内辐射密度乃大于平衡值，吸收超过了发射，质点被辐射所加热；而辐射流则被削弱，如图 9.22 所示[1].

所以，在 x 轴上有那样一点 $x=x_2$(与它相对应的温度和能流用 T_2, S_2 表示)，它把正被辐射强烈冷却着的“不透明的”空气区域和被辐射微弱加热的几乎透明的空气区域分开. 在这一点上，辐射密度精确地等于平衡值 $U_2=U_{p2}$，流的散度等于零，而流的本身为最大 $S_{max}=S_2$.

自然，我们认为这一点就是冷却波的下沿，因为在这一点空气的辐射冷却业已停止，该点的温度 T_2 就是透明温度，而能流 S_2 就是由波阵面表面所发出的辐射流. 这个流在透明区域内的吸收是不大的，所以到达无穷远的辐射流 S_0 仅比 S_2 略微小一点.

与所说图象相适应的温度剖面 $T(x)$和能流剖面 $S(x)$ 都画在图 9.21 和 9.22 上. 在低温时，曲线 $T(x)$ 处在下面的渐近直线的下方，它是从下边接近于后者的，因为气体是被辐射加热：流的最大值是处在那样一点，在该点温度向下与直线的偏离最大(这是从方程(9.26)得到的).

可以证明，辐射流 S_2 与透明温度之间也是由关系 $S_2=2\sigma T_2^4$ 联系起来的，这和在无绝热冷却的波中是一样的. 至于说透明温度本身，它可以根据下述条件估计出来：当温度接近于 T_2 时，辐射冷却的速度可与绝热冷却的速度 A 进行比较，以此来近似地确定出波的下沿.

鉴于有指数关系 $l(T)$，温度 T_2 只是对数地依赖于任意给定的量 A，这就像从前它是对数地依赖于任意给定的长度的特征尺

---

1) 这种情况多少类似于带有辐射的激波之阵面中的情形：在激波间断之后，辐射密度低于平衡值，气体被辐射所冷却，并向间断之前的区域发出能流，而在该区域中能流被吸收，辐射密度高于平衡值，气体被加热.

度 d（根据条件 $l(T_2)=d$）是一样的．在目前的情况下，可选这样的距离作为特征尺度，在这个距离上温度由于绝热冷却而从量 T_2 下降到零，刚巧这正好能确定出波的下沿的位置，即坐标 x_2．事实上，为了确定透明温度，仍然要保留条件 $l(T_2)\approx d$，只不过现在所给出的不是量 d 本身，而是与尺度 d 有关的量 A．

第十章　热　　波

§1　物质的热传导

如果物体受热不均匀或者在它之中有能量释放，那么就会出现由热传导所输运的热流．热传导能促进能量的传播和温度的拉平．一般来说，在存在温度梯度的同时也会产生压力梯度，并由此而引起物质的运动．在很多情况下，能量的流体动力学的输运要胜过热传导的输运．但是也常有这样的情况，物质的运动和能量的流体动力学的输运并非重要，而热量自热源向外的传播只由热传导来进行．在不很高的温度下，热量的输运机制是普通的物质热传导．

在普通热传导之下，热扰动在介质中的传播是比较慢的(以后将以气体为例证明这一点)．而压力的小扰动则是以声速传播的(依靠密度的某种重新分布)，所以压力变得均匀要比温度变得均匀快得多．如果介质中的温度变化不大，那么物质运动的速度也就远小于声速，因而当研究热传导引起的热量传播时物质的运动往往可以忽略，即认为过程是在不变的压力下进行的．

这时能量平衡方程具有如下形式：

$$\rho c_p \frac{\partial T}{\partial t} = -\operatorname{div}\mathbf{S} + W, \tag{10.1}$$

此处，ρ 是密度，可近似地认为它是不变的，c_p 是定压比热，$\mathbf{S}$ 是热流矢量，W 是外源在 1 厘米^3 1 秒之内所释放的能量．

热传导的热流在一级近似下正比于温度梯度：

$$\mathbf{S} = -\varkappa \operatorname{grad} T, \tag{10.2}$$

此处 $\varkappa$ 是热传导系数，它与物质的性质有关．将表达式 (10.2) 代入能量平衡方程(10.1)，我们便得到普遍的热传导方程，它描述介质的温度对坐标和时间的依赖关系：

$$\rho c_p \frac{\partial T}{\partial t} = \text{div}(\varkappa \, \text{grad} T) + W. \tag{10.3}$$

在不是特别大的温度范围内，物质的热传导系数和比热变化都很小，即实际上都是常数．这时，热传导方程（10.3）是线性的（除非释放能W以非线性方式依赖于温度）．

当 $\varkappa$ = 常数时，有

$$\rho c_p \frac{\partial T}{\partial t} = \varkappa \Delta T + W. \tag{10.4}$$

如果将热传导方程(10.4)除以 ρc_p，那么在所得到的方程中物质的性质仅由一个参量——导温系数 $\chi = \varkappa/\rho c_p$ 来表征：

$$\frac{\partial T}{\partial t} = \chi \Delta T + q, \quad q = \frac{W}{\rho c_p}. \tag{10.5}$$

在气体中，导温系数近似等于分子的扩散系数：

$$\chi = \frac{l_a \bar{v}}{3},$$

此处 l_a 是分子的自由程，而 $\bar{v}$ 是它们的平均热运动速度；例如，在标准条件下的空气中，$\chi = 0.205$ 厘米^2/秒．在液体和固体中热传导的机制是比较复杂的．关于这个问题在这里我们就不讲了．我们仅指出，在室温下的水中，$\chi = 1.5 \times 10^{-3}$ 厘米^2/秒．

应当给热传导方程加上初始条件和边界条件．给出初始时刻的介质中的温度分布：

$$T(x, y, z, 0) = T_0(x, y, z). \tag{10.6}$$

在两种性质不同的介质 1 和介质 2 的交界面上热流是连续的．

$$(\varkappa \, \text{grad} T)_1 = (\varkappa \, \text{grad} T)_2. \tag{10.7}$$

在所考察的物体的边界上给出作为时间之函数的温度或热流，或者在普遍情况下，给出它们之间的关系．

关于线性热传导的数学理论（它是针对各种具体问题来求解方程(10.5)的理论）已经有了很好的研究，并被广泛地应用于各种极不相同的物理和技术的领域．

§2 非线性(辐射)热传导

当温度高达几万和几十万度的时候，就要出现另外一种完全不同的热量输运的机制——辐射热传导. 对于辐射热传导过程，我们在第二章以及第七章和第九章已经有了详细的了解，在后面两章我们曾研究过很强激波的阵面结构问题和空气由辐射致冷的问题.

辐射热传导与普通热传导的本质区别就在于，辐射热传导系数强烈地依赖于温度，并因此使得热传导方程成为非线性的.

由辐射热传导机制所输运的热流等于(见公式(2.76))：

$$\mathbf{S}=-\frac{lc}{3}\operatorname{grad}U_p=-\frac{lc}{3}\operatorname{grad}\frac{4\sigma T^4}{c},\tag{10.8}$$

此处 $U_p=4\sigma T^4/c$ 是平衡辐射的能量密度，而 l 则是光的罗斯兰德自由程[1). 能流(10.8)可以通过温度梯度而写成(10.2)的形式，如果按下式来定义辐射热传导系数的话，

$$\varkappa=\frac{lc}{3}\frac{dU_p}{dT}=\frac{16\sigma T^3 l}{3}.\tag{10.9}$$

辐射热传导系数依赖于温度，这既是由于辐射比热的正比关系 $c_{辐}=dU_p/dT\sim T^3$，也是由于辐射自由程 l 与温度有关的缘故.

当热传导以辐射机制进行的时候，能量可以用比物质中的声速大很多的速度进行传播. 这一点，乃与在非相对论温度下光速要比声速大很多倍有关. 如果在物体中有能量释放，而物质又被加热到足够高的温度，那么所释放出的能量从一开始就借助辐射热传导很快地流散. 当热量传播的速度比声速大得多的时候，物质还来不及运动，物质中的压力也来不及拉平，而热量是沿着不动的物质流散的. 在以后，我们将对产生运动的条件作出估计. 在

---

1) 我们提醒一下，如果辐射的能量密度在介质中的每一点都接近于平衡值，那么辐射输运就具有热传导的特点. 为此，必须要求加热区域的线度要比辐射自由程大很多.

这里，我们只考察在不动的、其密度不随时间改变的介质中依靠辐射热传导所进行的热量的传播.

能量的平衡仍由方程(10.1)或(10.3)(但不是(10.4)，因为 $\varkappa \neq$ 常数)来描写，其仅有的差别是在方程中要以定容比热 c_V 来代替定压比热 c_p. 同时，要假设与物质的能量密度 $\rho\varepsilon(T)$ 相比较辐射的能量密度 U_p 可以忽略.

如果近似地把比热 c_V 看成是与温度无关的量，并将热传导方程除以 ρc_V，那么我们便得到方程

$$\frac{\partial T}{\partial t} = \operatorname{div}(\chi \operatorname{grad} T) + q, \tag{10.10}$$

它相当于方程(10.5). 辐射的导温系数 χ 等于

$$\chi = \frac{\varkappa}{\rho c_V} = \frac{lc}{3} \frac{c_{辐}}{\rho c_V}. \tag{10.11}$$

在这个量和普通的气体的导温系数 $\chi = l_a \bar{v}/3$ 之间有着深刻的对照. 后者乃与分子的扩散系数相一致，而分子就是热量的携带者.

在辐射热传导之下，被加热和被冷却的是物质，而能量的携带者却是辐射，是它起了"中间人"的作用. 因此，辐射的导温系数就不能简单等于辐射的扩散系数 $lc/3$，而是还要正比于辐射比热与物质比热的比值.

在很多情况下，量子的自由程 l 可近似地认为是温度的幂函数(而介质的密度认为是不变的):

$$l = AT^m, \quad m > 0. \tag{10.12}$$

在完全电离的气体中，光的辐射和吸收的机制纯粹是韧致的，其 $m = 7/2$. 而在气体多次电离的范围内 m 约为 1.5—2.5.

在幂函数规律(10.12)之下，辐射热传导系数也是幂函数:

$$\varkappa = \frac{16\sigma A}{3} T^n = BT^n, \quad n = m + 3, \tag{10.13}$$

并且在多次电离的范围内指数 n 约为 4.5—5.5. 在气体的比热认为是不变的这种近似下，我们可得到方程(10.10)，而它之中的辐射导温系数等于

$$\chi = \frac{\varkappa}{\rho c_V} = \frac{B}{\rho c_V} T^n = a T^n. \tag{10.14}$$

非线性热传导方程具有如下形式：

$$\frac{\partial T}{\partial t} = a \operatorname{div}(T^n \operatorname{grad} T) + q. \tag{10.15}$$

通常，在高温之下的多次电离范围内，气体的比热和比内能可用温度的幂函数来逼近：

$$\varepsilon = \alpha T^{k+1}, \qquad c_V = \frac{\partial \varepsilon}{\partial T} = (k+1)\alpha T^k,$$

此处 α 是常数，而 k 的值大约等于 0.5（见第三章 §8）。在比热的幂函数规律之下，热传导方程也可以化成(10.15)的形式．代替温度，引进单位体积的内能作为未知函数：

$$E = \rho \alpha T^{k+1}, \qquad T = \left(\frac{E}{\rho\alpha}\right)^{\frac{1}{k+1}}.$$

我们得到

$$\frac{\partial E}{\partial t} = a' \operatorname{div}(E^{n'} \operatorname{grad} E) + q', \tag{10.16}$$

此处

$$n' = \frac{nk}{k+1}, \quad a' = \frac{B}{(k+1)(\rho\alpha)^{\frac{n+1}{k+1}}}, \quad q' = W. \tag{10.17}$$

方程(10.16)和方程(10.15)没有什么区别，它们的解也是一致的．为了从方程(10.15)的属于某个具体问题的解 $T = T(x, y, z, t)$ 变换到方程 (10.16) 的属于同一个问题的解 $E = E(x, y, z, t)$，只需用 a' 和 n' 来代替常数 a 和 n，以及用 $q' = W = q\rho c_V$ 来代替源函数 q 就够了．我们看出，当 $n = 5, k = 0.5$ 时，$n' = 3$.

在以后，为了便于把非线性热传导的和线性热传导的理论结果进行对照，我们将从关于温度的方程 (10.15) 出发来讨论问题．这样做，同时也是考虑到，当用这个方程求得了任何具体问题的解之后，立刻就可以写出比热与温度呈幂函数关系之情况下的同样问题的解．

除了具有最大意义的辐射热传导之外，还有一个非线性热传导的例子．这就是等离子体中的电子热传导，关于它我们在第七章 §12 中曾谈到过．(等离子体中的离子热传导也是很强烈地依赖于温度,但它所起的作用与电子热传导相比乃是相当小的)．电子的导温系数是 $\chi_e \sim T_e^{5/2}$.

非常有趣的是，型如(10.15)的非线性热传导方程能描述另外一种全然不同的过程,这就是多方气体(它的压力和密度彼此间由方程 $p=$ 常数 ρ^n 来联系)在多孔介质中的运动．气体的密度 ρ 满足下述方程:

$$\frac{\partial \rho}{\partial t}=b \operatorname{div}(\rho^n \operatorname{grad} \rho),$$

此处，n 是多方指数，而 b 是常数，它取决于介质的多孔性和渗透性以及滤过气体的性能．

非线性热传导中的一些具体问题，对应于渗流理论中的同样一些问题．

关于非线性热传导的一些问题，曾首先由 Я.Б. 泽尔道维奇和 A. C. 康帕涅茨(文献[1])所研究,特别是,他们求得了关于热量从瞬时平面能源向外传播的问题的精确解．而相应的渗流理论中的一些问题,曾独立地由 Г. И. 巴杯博拉特(文献[2])所研究．他对于瞬时的集中的源,得到了完全相同的解,他还解决了其它许多具体问题．

§3 在线性热传导和非线性热传导之下热量传播的特性

非线性热传导过程的一些基本特点和它的不同于线性热传导过程的一些特殊性,最好是用这样一个问题作为例子来加以阐述,这就是由瞬时的平面能源所发出的热量在无限大的原先是冷的介质中的传播问题．假设在 $t=0$ 的初始时刻在 $x=0$ 的平面上于 1 厘米^{2}的表面所释放出的能量是 $\mathscr{E}$ ($\mathscr{E}$ 的单位是尔格/厘米^2)．在以后的时刻,热量是向 $x=0$ 的平面两边流散．

关于所考察之问题的热传导方程(10.10)具有如下形式

$$\frac{\partial T}{\partial t}=\frac{\partial}{\partial x}\chi\frac{\partial T}{\partial x}, \tag{10.18}$$

并且温度在空间的分布要遵守能量守恒的条件

$$\int_{-\infty}^{\infty}Tdx=Q. \tag{10.19}$$

量 Q 等于 $\mathscr{E}/\rho c_p$，如果过程是在不变的压力下进行的话；或者等于 $\mathscr{E}/\rho c_V$，如果比容是不变的话.

在该情况下，两个方程(10.18)和(10.19)就等价于一个其能源为 δ 函数(既按时间，也按坐标)的热传导方程(10.10)：

$$q(x,t)=Q\delta(x)\delta(t).$$

在 $t=0$ 的初始时刻，介质中的温度认为处处恒等于零，但除掉有能量释放的那一点：

$$T(x,0)=Q\delta(x).$$

所提问题的解，在线性热传导 $\chi=$ 常数的情况下是熟知的. 它由下式给出

$$T=\frac{Q}{\sqrt{4\pi\chi t}}\,e^{-\frac{x^2}{4\chi t}}. \tag{10.20}$$

线性热传导的特殊性就在于，热量只是在 $t=0$ 的初始时刻才集中于有能量释放之点(当 $x=0$ 时，$T\to\infty$ 是按 $t^{-1/2}$ 进行的). 在以后的时刻，热量是瞬时地传播到整个空间，温度在无穷远处，即当 $x\to\pm\infty$ 时，仅以渐近的方式趋近于零. 能量的主要部份乃集中在其线度约为 $x\sim\sqrt{4\chi t}$ 的区域之内，而这个区域要随着时间与 $\sqrt{t}$ 成正比地增加. 相应地，温度则要按 $1/\sqrt{t}$ 下降，所以与 $\int Tdx\sim Tx\sim\frac{1}{\sqrt{t}}\sqrt{t}\sim 1$ 成正比的总的热量仍然保持不变. 温度在一系列时刻的分布已画在图 10.1 上.

温度在无穷远处的降低具有渐近的特点和热量可以瞬时地传播到无穷远处，这两点在热传导理论的范围内乃与零温时的热传导系数的有限性有关系.

当然，实际上至某一时刻能够深入到很大距离的只是很小一

部份热量;温度在无穷远处的下降规律乃是非常急剧的高斯规律;但是原则上,不管距能源的距离有多么大只要它是有限的,那里的温度在能量释放的时刻刚一过后立刻就要升高,其增量不等于零。应该指出,温度在无穷远处下降的高斯规律乃是与在热传导理论的范围内对热量传播的近似描写有关系。实际上,很大距离处的温度不是由来自(气体中的)加热区域内的“热”分子的扩散所决定,而是由那些直接从加热区域射到远距离上来的“贯穿”分子所决定,这些分子此时还没有经过任何一次碰撞。因此,事实上温度在无穷远处的下降规律也不是高斯规律(10.20),而仅是一个指数规律,$T \sim e^{-x/l_a}$,此处的 l_a 是分子自由程。很显然,不管指数前的因子为任何值,只要确定一个时刻,简单指数 $\exp(-x/l_a)$ 随着距离的增大终归会变得要比高斯指数 $\exp(-x^2/4\chi t)(\chi = l_a\bar{v}/3)$ 还大。但是,在这个距离很远的区域之中所含有的热量是如此之小,以致对它进行研究没有任何意义。

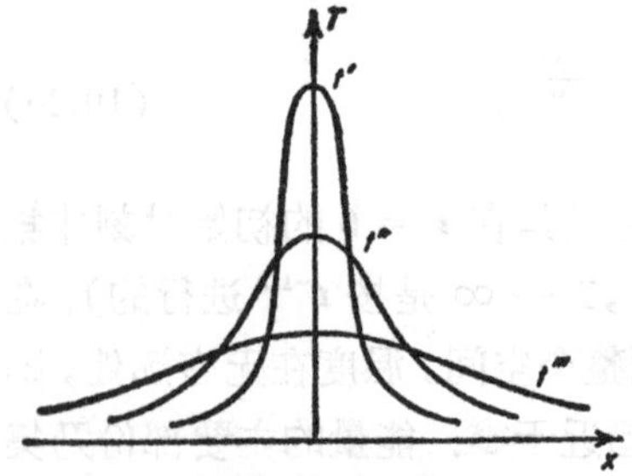

图 10.1　在线性热传导之下热量自瞬时的平面能源向外的传播

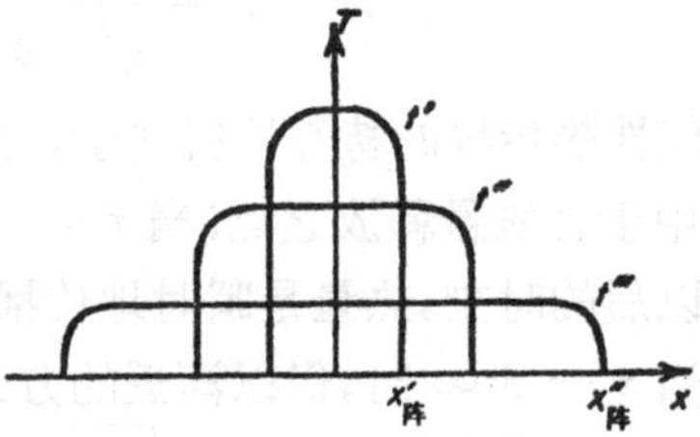

图 10.2　热波自瞬时的平面能源向外的传播

我们来检验一下关于可以忽略物质运动的假设。

如果介质是气体的,那么就要从能量释放之处(在该情况下就是从 $x = 0$ 的平面处)向外传播一个压缩波(或激波)。波沿未扰动物质传播的速度近似等于加热区内的声速,即近似等于被加热的分子的热运动速度 $\bar{v}$。而热量通过热传导向外传播的速度是

$$\frac{dx}{dt} \sim \frac{d}{dt}\sqrt{\chi t} \sim \sqrt{\frac{\chi}{t}} \sim \frac{\chi}{x} \sim \frac{l_a}{x}\bar{v},$$

就是说，当热量刚一传播到比分子的平均自由程为大的距离上热传导的速度就要变得比流体动力学的速度为小．由于考察小于分子自由程的距离是根本没有意义的，所以可以认为热量总是以亚声速进行传播的．如果所释放的能量数量不大，压缩波较弱，那么与声速相比较物质的速度是小的．就如在本章一开头所曾指出的，这时可以认为流体动力学的作用只是简单地归结为压力的拉平，而热量传播的过程是在不变的压力下进行的．

而如果释放的能量很大，并且由能量释放之处走到很远距离的压缩波是激波，那么我们所遇到的就是纯粹强爆炸的流体动力学过程，这时物质热传导在能量传播方面的作用是不重要的，关于强爆炸问题我们曾在第一章 §25 中讨论过．

现在假定热传导系数依赖于温度，并且它随着温度的下降而减小，当温度为零时它变为零，就像在辐射热传导之下所发生的那样．在这种情况下，热量不可能瞬时地深入到任意大的距离，而是以有限的速度以下述方式自源向外传播：存在一个把加热区和热扰动尚未到达的冷区区分开来的明显的边界．热量是以波的形式自源向外传播的，上述边界的表面就是它的波阵面．这种波称之为热波．热波中的温度在一系列时刻的分布已简略地画在图 10.2 上．

在冷的未受扰动的介质中，温度和热流都等于零，这是因为热传导系数在温度为零时等于零的缘故．由于有连续性，热流在波阵面上也等于零．在线性热传导之下，那时 $\varkappa$ ＝常数，热流要变为零仅是在温度的梯度消失时才有可能．但在热传导系数随着 $T \to 0$ 而下降到零的非线性热传导的情况下，热流可以在温度梯度不为零时仅因热传导系数为零而消失．特别是，与此相联系，可以产生一个鲜明的热波阵面．

为了阐明所说情况，我们来考察靠近波阵面的一个层．如果限定一个不长的时间，在这段时间间隔之内波所传播的距离与波所遍及的区域的线度相比较也即是与波阵面的坐标 $x_{阵}$ 相比较为很小(见图 10.2)，那么在这个时间间隔之内波阵面的速度可以近似地认为是不变的.

波阵面附近的温度分布可以用定常波 $T = T(x - vt)$ 的形式来寻求,此处的 v 是波阵面的速度. 波阵面附近的温度剖面,在与波阵面相固联的坐标系中乃是准定常的.

向方程(10.18)中代入型为 $T = T(x - vt)$ 的解,对于波阵面附近的温度剖面,我们得到如下的方程:

$$-v\frac{\partial T}{\partial x} = \frac{\partial}{\partial x}\chi\frac{\partial T}{\partial x}. \tag{10.21}$$

设 $\chi = aT^n (n > 0)$,并注意到当 $x = x_{阵}$ 时 $T = 0$ 的边界条件,将这个方程积分两次,我们得到温度剖面:

$$T = \left[\frac{nv}{a}|x_{阵} - x|\right]^{\frac{1}{n}}. \tag{10.22}$$

它被简略地画在图 10.2 上.

在这个公式中,波阵面的坐标 $x_{阵}$ 和波阵面的速度 $v = \frac{dx_{阵}}{dt}$ 都是未定的时间函数. 它们要在对整个空间求解整个问题时才能求得.

温度按规律(10.22)下降到零,这一点就证实了关于加热区存在一个鲜明的边界——热波阵面的断言是正确的. 如果指数 $n \leqslant 0$,那么导温系数 χ 在 $T = 0$ 时不等于零,方程(10.21)也就没有可在有限距离上变为零的解,与此相应的特征就是热量瞬时地传播到任意远的距离.

由公式(10.22)得到,热波阵面附近的温度梯度是 $dT/dx \sim |x_{阵} - x|^{\frac{1}{n}-1}$.

如果 $n > 1$,波阵面上($x = x_{阵}$处)的温度梯度就是无限大——波阵面是陡峭的. 如果 $n < 1$,$(dT/dx)_{x_{阵}} = 0$. 而热流在 $x = x_{阵}$ 处总是等于零:$S \sim T^n dT/dx \sim |x_{阵} - x|^{\frac{1}{n}} \to 0$,当 $n > 0$ 时.

在第七章 §12 和 §17 中,当考察带有电子热传导和辐射热传导的激波结构时曾经说明过,在沿气体传播的密聚跃变之前如何依靠热传导而伸出一个预热的"舌尖".

密聚跃变之前的温度剖面由公式(10.22)描写（如果跃变之前的气体的运动可忽略的话），并且速度 v 就是激波阵面的运动速度．剖面所具有的形式已画在图 10.3 a 上．“舌尖”要伸到完全确定的有限的距离 $\Delta x = x_{阵} - x_1$(图 10.3，a)，该距离依赖于密聚跃变处的温度 T_1：

$$T_1 = \left(\frac{nv}{a}\Delta x\right)^{\frac{1}{n}}, \quad \Delta x = \frac{aT_1^n}{nv} = \frac{\chi(T_1)}{nv} = \frac{\chi_1}{nv}.$$

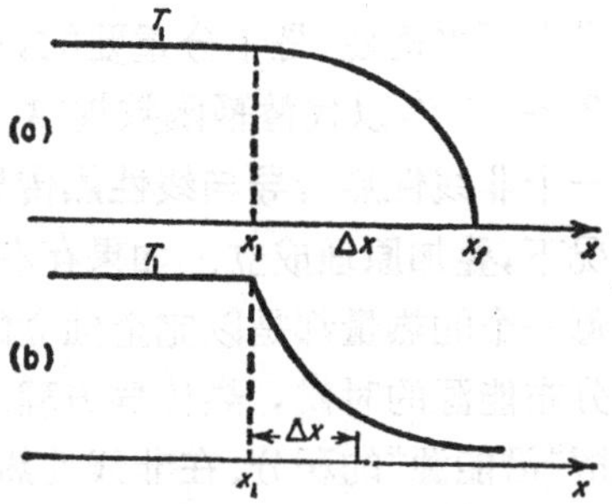

图 10.3　密聚跃变之前的热传导预热：
a）非线性热传导；　b）线性热传导

在 χ = 常数的线性热传导情况下，预热“舌尖”要伸展到无穷远，虽然它的有效宽度是有限的和不变的(当激波的运动速度不变时)．当 χ = 常数时，方程(10.21)的解具有如下形式：

$$T = T_1 e^{-\frac{x-x_1}{\Delta x'}}, \qquad \Delta x' = \frac{\chi}{v}.$$

预热层内的温度剖面如图 10.3，b 所示．就像已经指出的那样，温度只是在无穷远处才变为零．

在分子热传导情况下，由“贯穿”分子所决定的温度在无穷远处的下降规律，乃不同于由不考虑单个分子运动的热传导理论所支配的那种下降规律．与此点类似，当热量是由辐射输运时，边界附近的热波剖面也仅是在辐射热传导近似的范围内才具有(10.22)的形式．如果考虑到有“贯穿”量子存在，即考虑到波的前沿处的辐射是不平衡的，我们就会得到在热波的前沿处温度的下降规律是指数的：$T \sim e^{-x/l}$，此间的 l 是辐射自由程．这个效应在第七章第 3 部分中当考察有辐射输运的激波阵面的结构时曾经仔细地研究过.

到目前为止，我们所考察的都是热量在初始温度为零的介质中的传播. 如果 $T_0 \neq 0$, 那么未受扰动之物质中的非线性热传导的系数就是有限的，温度下降的规律也不同于 (10.22); 但在实际上，当初始温度不是很高时，辐射热传导系数在 $T = T_0$ 时是如此之小，以致这个效应可以忽略不计. 上面所指出的一点——在热波的前沿处辐射具有不平衡性，是十分重要的，正是它导致了温度指数下降的规律 $T \sim e^{-x/l}$，以代替幂函数规律(10.22).

我们再指出一个非线性热传导与线性热传导两者的重要差别. 在线性的情况下，叠加原理成立. 如果存在一个能源的集合，那么它们之中的每一个的热量都是以完全独立的方式向外流散的. 而当有一个分布能源的时候，热传导方程的解便可以表示为相应的集中源的解"沿能源"的积分. 在非线性热传导之下，叠加原理不成立. 热量自一个源向外的传播依赖于介质被加热所达到的温度，而介质的这种加热是由来自其它源的热扰动形成的. 故在一般的分布能源的情况下，方程的解不可能表示为沿源求积分的形式.

§4 热波自瞬时平面能源向外传播的规律

无需方程的精确解，只借助对加热区特征线度的数量级的估计，或者根据量纲知识，就可以很容易得到热量自源向外传播的规律. 关于热量自瞬时的集中的(平面的，点状的，线状的)源向外传播的问题是可以精确求解的(见下面). 但是，一些相似的半定性的估计能够极其清楚地表明规律的物理意义，此外，在讨论那些比较复杂的、不能精确求解的问题时，这些估计也常常是有用的.

我们来考察热量自瞬时的平面能源向外的传播. 关于线性热传导的某些结果已在上一节说明过，在那里曾列出了问题的精确解. 为了展示半定性讨论的一般进程，我们再把这些结果重复一遍. 假设热传导系数是不变的.

在方程(10.18)中包含的唯一一个参量是导温系数χ厘米²/秒. 另外一个带有量纲的参量是按1厘米²表面计算的能量：$\mathscr{E}$尔格/厘米²，或者是量Q度·厘米. 如果x是这样一个区域的宽度，至时刻t时在该区域内集中有主要的热量，那么根据量纲的分析，显然有，$x^2 \sim \chi t$，$x \sim \sqrt{\chi t}$. 热量传播的速度是$\frac{dx}{dt} \sim \sqrt{\frac{x}{t}} \sim \frac{\chi}{x} \sim \frac{x}{t}$. 加热区内的平均温度近似等于$T \sim \frac{Q}{x} \sim \frac{Q}{\sqrt{\chi t}}$. 这些简单的结果在数量级上与问题的精确解(10.20)相符合，并且它们可直接从方程(10.18)得到. 在那里，如果将导数$\partial T/\partial t$，$\partial T/\partial x$用在数量级上与它们相等的比值T/t，T/x来代替，而$\frac{\partial}{\partial x}\left(\chi \frac{\partial T}{\partial x}\right)$用$\frac{\chi T}{x^2}$来代替，那么立刻就可以得到完全相同的规律.

现在我们转到非线性热波的传播问题. 对于导温系数我们取幂函数关系$\chi = aT^n$，这样热传导方程具有如下形式：

$$\frac{\partial T}{\partial t} = a \frac{\partial}{\partial x} T^n \frac{\partial T}{\partial x}. \tag{10.23}$$

方程中所出现的唯一参量是a厘米²/秒·度^n. 另一个带有量纲的参量就是Q度·厘米. 由它们所能组成的唯一的(独立的)只含有长度和时间的量纲组合是：aQ^n厘米$^{n+2}$秒$^{-1}$. 由此得到热波阵面的运动规律是

$$x_{阵} \sim (aQ^n t)^{\frac{1}{n+2}} = (aQ^n)^{\frac{1}{n+2}} t^{\frac{1}{n+2}}.$$

热波传播的速度近似等于

$$\frac{dx_{阵}}{dt} \sim (aQ^n)^{\frac{1}{n+2}} t^{\frac{1}{n+2}-1} \sim \frac{x_{阵}}{t} \sim \frac{aQ^n}{x_{阵}^{n+1}}.$$

我们看出，当指数n很大时，热波随着传播的进行将很快地减速. 这是由于在热量传播的过程中温度要下降和导温系数也要迅速减小的结果. 考虑到，热波中的平均温度约为$T \sim Q/x_{阵}$，而平均导温系数$\chi = aT^n \sim aQ^n/x_{阵}^n$，便可以把热波传播的规律写成与线性理论相对应的形式：$x_{阵} \sim \sqrt{\chi t}$. 这时应注意到，这个公式中

的平均导温系数本身是按下述规律而依赖于时间的:

$$\chi \sim \frac{aQ^n}{x_{阵}^n} \sim \frac{aQ^n}{(aQ^n)^{\frac{n}{n+2}} t^{\frac{n}{n+2}}} = (aQ^n)^{\frac{2}{n+2}} t^{-\frac{n}{n+2}}.$$

热波的传播规律也可由热传导方程得到，如果近似地用各量的比值来代替一些导数的话,

$$\frac{\partial T}{\partial t} \longrightarrow \frac{T}{t}; \quad \frac{\partial T}{\partial x} \longrightarrow T/x_{阵}; \quad \frac{\partial}{\partial x} T^n \frac{\partial T}{\partial x} \longrightarrow \frac{T^{n+1}}{x_{阵}^2}.$$

用这样的办法,我们得到 $x_{阵}^2 \sim aT^n t \sim \chi t$; 再利用关系 $T \sim Q/x_{阵}$,就可得到已经求得的规律.

§5 发自瞬时平面能源的自模热波

在 $t=0$ 的时刻，在 $x=0$ 的平面上有瞬时的能量释放的情况下，我们来寻求关于热波在无限介质中传播之平面问题的精确解. 过程是由非线性的热传导方程(10.23)来描写，并且其解要满足能量守恒定律(10.19).

根据上节所说的量纲分析,很显然,所提问题的解是自模的[1]. 事实上，由坐标 x 与时间 t 和问题的参量 a 与 Q 所能组成的唯一的无量纲组合是

$$\xi = \frac{x}{(aQ^n t)^{\frac{1}{n+2}}}. \tag{10.24}$$

带有温度量纲的量是 $Q/(aQ^n t)^{\frac{1}{n+2}} = (Q^2/at)^{\frac{1}{n+2}}$. 因此,解 $T(x,t)$应以下述形式来寻求

$$T = \left(\frac{Q^2}{at}\right)^{\frac{1}{n+2}} f(\xi), \tag{10.25}$$

此处,$f(\xi)$是新的未知函数.

将表达式(10.25)代入方程(10.23),并利用公式

$$\frac{\partial f}{\partial t} = -\frac{1}{n+2}\frac{df}{d\xi}\frac{\xi}{t}, \quad \frac{\partial f}{\partial x} = \frac{1}{(aQ^n t)^{\frac{1}{n+2}}}\frac{df}{d\xi}$$

---

1) 关于自模的概念,请见第一章 §11 和 §25. 也可以参阅第十二章.

变换成对自模变量的微分，我们便得到一个关于函数 f 的常微分方程:

$$(n+2)\frac{\partial}{\partial\xi}\left(f^n\frac{df}{d\xi}\right)+\xi\frac{df}{d\xi}+f=0. \tag{10.26}$$

这个方程的解应满足由问题的物理条件而得到的如下条件: 当 $x=\pm\infty$ 时，$T=0$；或当 $x=\infty$ 时，$T=0$ 且及当 $x=0$ 时，$\frac{\partial T}{\partial x}=0$(因为相对于平面 $x=0$ 具有对称性). 由此得

$$f(\xi)=0,\text{当 }\xi=\infty\text{ 时;}\quad \frac{df}{d\xi}=0,\quad\text{当 }\xi=0\text{ 时.} \tag{10.27}$$

方程(10.26)的、满足条件(10.27)的解，曾在文献 [1,2] 中求得. 它的形式是

$$f(\xi)=\left[\frac{n}{2(n+2)}(\xi_0^2-\xi^2)\right]^{\frac{1}{n}}=\left[\frac{n}{2(n+2)}\xi_0^2\right]^{\frac{1}{n}}\left[1-\left(\frac{\xi}{\xi_0}\right)^2\right]^{\frac{1}{n}},\quad\text{当 }\xi<\xi_0\text{ 时,}$$

$$f(\xi)=0,\quad\text{当 }\xi>\xi_0\text{ 时,} \tag{10.28}$$

此处的 ξ_0 是积分常数. 常数 ξ_0 可由能量守恒方程 (10.19) 求得，该方程现在的形式是

$$\int_{-\infty}^{+\infty}f(\xi)d\xi=\int_{-\xi_0}^{+\xi_0}f(\xi)d\xi=1. \tag{10.29}$$

计算给出

$$\xi_0=\left[\frac{(n+2)^{1+n}2^{1-n}}{n\pi^{\frac{n}{2}}}\cdot\frac{\Gamma^n\left(\frac{1}{2}+\frac{1}{n}\right)}{\Gamma^n\left(\frac{1}{n}\right)}\right]^{\frac{1}{n+2}} \tag{10.30}$$

(Γ 是伽马函数). 热波阵面 $\xi=\xi_0$ 的运动规律是

$$x_{\text{阵}}=\xi_0(aQ^nt)^{\frac{1}{n+2}}. \tag{10.31}$$

正如所预料的那样，它与在上节根据半定性的分析所求得的规律符合到只差一个数值系数 ξ_0 的程度.

将平面热波中的温度表为下述形式是方便的，

$$T = T_c\left(1 - \frac{x^2}{x_{阵}^2}\right)^{\frac{1}{n}}, \tag{10.32}$$

此处 $x_{阵}(t)$是波阵面的坐标，它是按公式(10.31)，(10.30)而由时间所决定，而 T_c 则是平面 $x = 0$ 处的温度．它可由波中的平均温度(按被加热体积平均的)来表示：

$$T_c = \frac{\overline{T}}{J}, \tag{10.33}$$

此处

$$\overline{T} = \frac{Q}{2x_{阵}};\ J = \int_0^1 (1 - z^2)^{\frac{1}{n}}\, dz = \frac{\sqrt{\pi}}{n+2}\frac{\Gamma\left(\frac{1}{n}\right)}{\Gamma\left(\frac{1}{n} + \frac{1}{2}\right)}.$$

例如，当 $n = 5$ 时，$\xi_0 = 0.77$，$T_c = 1.12\overline{T}$.

在比热可变的情况下，温度剖面与(10.32) 只有很小的差别．实际上，能量剖面是

$$E = E_c\left(1 - \frac{x^2}{x_{阵}^2}\right)^{\frac{1}{n'}}.$$

但 $E \sim T^{1+k}$，$n' = (n - k)/(k + 1)$，由此有

$$T = T_c\left(1 - \frac{x^2}{x_{阵}^2}\right)^{\frac{1}{n-k}}.$$

由于 n 约为5，k 约为0.5，所以这个表达式与(10.32)的差别甚小(在第一种情况下，指数 $\frac{1}{n} = \frac{1}{5}$；在第二种情况下，$\frac{1}{n-k} = \frac{1}{4.5}$)．同样道理，热波传播规律中的新常数 $\xi_0(n')$ 其差别也是很小的．然而传播规律本身的变化却是比较大的．当 $n = 5$，$k = 0$ (比热不变)时，$x_{阵} \sim t^{1/7}$；当 $n = 5$，$k = 0.5$ (即 $c_v \sim T^{0.5}$)时，$x_{阵} \sim t^{\frac{1}{n'+2}} \sim t^{1/5}$.

针对 $n = 5$ 的情况，在图 10.4 a 上，画出了温度剖面 T/T_c 对 $x/x_{阵}$ 的依赖关系．对于热传导系数强烈地依赖于温度的热波来

说，存在一个温度的“高台”是其特征：温度在整个加热区之内几乎是不变的，由热传导将其拉平，例外之处是波阵面附近的一个比较薄的层，因为在那里温度很快下降到零.非线性指数 n 越大，这种趋势就越明显. 热流沿坐标的分布由下式给出

$$S \sim -T^{n}\frac{\partial T}{\partial x} \sim \left(1-\frac{x^{2}}{x_{阵}^{2}}\right)^{\frac{1}{n}} x\,.$$

热流几乎是线性地从 $x=0$ 的原点一直增长到波的边缘，只是在边缘附近才很快地下降到零，就像图 10.4,b 上所表明的那样.热流的散度 $\partial S/\partial x$ 在整个高台之内几乎是不变的. 被加热气体的主要部分几乎是均匀地冷却，只是在波的边缘附近气体方被来自气体主要部分的热量所加热(见图 10.4,c).

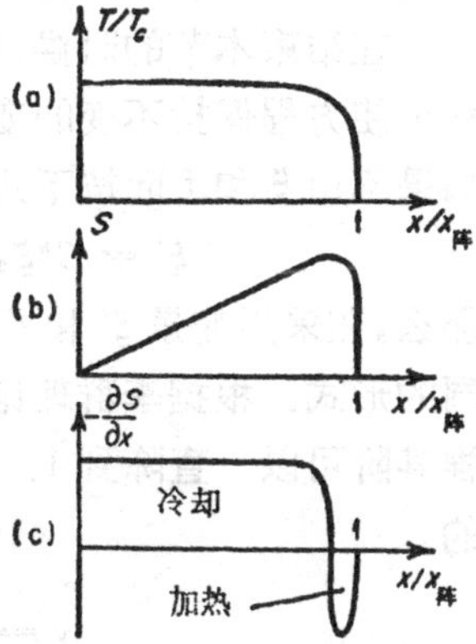

图 10.4 热波中的温度剖面、热流剖面和热流散度剖面

热量传播的过程是这样进行的：被加热气体在自己所占据的体积内几乎是均匀地冷却，而它们所损失的能量则在波阵面附近被吸收，正是由于这种效应波才得以遍及到越来越新的冷的气层.

波阵面附近的温度分布可近似地表示为

$$T \sim \left(1-\frac{x^{2}}{x_{阵}^{2}}\right)^{\frac{1}{n}} \sim \left[\frac{2}{x_{阵}}(x_{阵}-x)\right]^{\frac{1}{n}} \sim (x_{阵}-x)^{\frac{1}{n}},$$

它是已经求得的解(见公式(10.22)).

在解(10.25)，(10.28)，(10.30)中，我们令指数 n 趋近于极限 $n \longrightarrow 0$，这就相当于过渡到线性热传导的情况（方程 (10.23) 中的常数 a 在 $n=0$ 的极限之下就起着不变的导温系数 $\chi=$ 常数的作用).

当 $n \longrightarrow 0$ 时，$\xi_0 \longrightarrow 2/\sqrt{n}$

$$T=\frac{Q}{\sqrt{at}}[f(\xi)]_{n\to 0}=\frac{Q}{\sqrt{at}}\frac{1}{\sqrt{4\pi}}\left[\left(1-\frac{nx^{2}}{4at}\right)^{\frac{1}{n}}\right]_{n\to 0}$$

$$= \frac{Q}{\sqrt{4\pi a t}} e^{-\frac{x^2}{4at}}, \quad a = x,$$

即过渡到线性热传导方程的已知解(10.20)。

在结束本节的时候，我们指出，非线性二阶方程 (10.26) 容许一个使方程保持不变的变换群．实际上，利用直线代换容易验证，如果不用 ξ 和 f 而按下式引进新的独立变量 ξ' 和新的函数 f':

$$\xi' = C^n\xi, \quad f' = C^2 f, \quad C = \text{常数},$$

那么，在采用变量 ξ' 和 f' 之后，新的方程将具有和 (10.26) 完全相同的形式．根据李群理论，一个容许有单参量变换群的常微分方程其阶可以一直降到 1．为了降阶再引进下述新的变量是方便的，

$$y = \xi^{-\frac{2}{n}} f, \quad z = \ln\xi.$$

在采用这两个变量之后，新的方程只是在微分号下含有 z，因此还可以引进新的变量 $p = dy/dz$，从而将 z 消去，并得到一个以 p, y 为变量的一阶方程:

$$y^n p \frac{dp}{dy} + np^2 y^{n-1} + \frac{4+3n}{n} p y^n + \frac{1}{n+2} p$$

$$+ \frac{4+2n}{n^2} y^{n+1} + \frac{y}{n} = 0.$$

因而求解二阶方程 (10.26) 的问题就归结为求解一阶方程和求积分的问题．对于非线性热传导理论中的许多自模问题来说，这种情况可算是一个特征[1]．

§6 热量自瞬时点状源向外的传播

我们来考察球形对称的问题．假定在 $t = 0$ 的时刻在 $r = 0$ 之点所释放出的能量是 $\mathscr{E}$ 尔格．在这种情况下，热传导方程具有如下形式

---

1) 对于气体动力学中的自模问题来说，情况也是这样．关于这一点，详细的请见第十二章．

$$\frac{\partial T}{\partial t}=\frac{1}{r^2}\frac{\partial}{\partial r}\left(r^2\chi\frac{\partial T}{\partial r}\right). \tag{10.34}$$

能量守恒定律给出

$$\int_0^\infty T4\pi r^2dr=\frac{\mathscr{E}}{\rho c_V}=Q\text{ 度}\cdot\text{厘米}^3.$$

对于 $\chi=$ 常数的线性热传导来说,问题的解是已知的:

$$T=\frac{Q}{(4\pi\chi t)^{\frac{3}{2}}}e^{-\frac{r^2}{4\chi t}}. \tag{10.35}$$

热量是这样流散的:它的基本能量集中在一个球体之内,而该球体的半径 r 约为$\sqrt{4\chi t}$,这类似于平面的情况,那时 x 约为$\sqrt{4\chi t}$. 球心的温度是按规律 $T\sim Q/r^3\sim Q/(\chi t)^{3/2}$ 而下降的.

这些规律性直接由量纲分析而得到,它们也可以通过由方程(10.34),(10.35)所作出的估计来得到,如果是以各量的比值来代替相应的导数的话(见 §4).

现在我们来考察具有 $\chi=aT^n$, $n>0$ 的非线性热传导的情况. 方程具有如下形式:

$$\frac{\partial T}{\partial t}=\frac{a}{r^2}\frac{\partial}{\partial r}\left(r^2T^n\frac{\partial T}{\partial r}\right). \tag{10.36}$$

我们来求热波阵面的运动规律,就像在平面情况下所做的那样.我们有

$$r_{\text{阵}}^2\sim\chi t.$$

此处 χ 是导温系数,它对应于时刻 t 时的加热区域内的平均温度.

但

$$T\sim\frac{Q}{r_{\text{阵}}^3}, \tag{10.37}$$

所以 $r_{\text{阵}}^2\sim aT^nt\sim aQ^nr_{\text{阵}}^{-3n}t$,由此得

$$r_{\text{阵}}\sim(aQ^n)^{\frac{1}{3n+2}}t^{\frac{1}{3n+2}}. \tag{10.38}$$

热波阵面的速度正比于

$$\frac{dr_{\text{阵}}}{dt}\sim\frac{r_{\text{阵}}}{t}\sim\frac{(aQ^n)^{\frac{1}{3n+2}}}{t^{\frac{3n+1}{3n+2}}}\sim\frac{aQ^n}{r_{\text{阵}}^{3n+1}}. \tag{10.39}$$

它随着波的传播而非常迅速地减小．例如，当 $n=5$ 时，$dr_{阵}/dt \sim 1/r^{16}$．我们用下述自模的形式来寻求热传导方程的精确解，

$$T=\left(\frac{Q^{\frac{2}{3}}}{at}\right)^{\frac{3}{3n+2}}\varphi(\xi), \tag{10.40}$$

此处自模变量 ξ 定义为

$$\xi=\frac{r}{(aQ^n t)^{\frac{1}{3n+2}}}. \tag{10.41}$$

将(10.40)代入方程(10.36)，我们得到一个关于函数 $\varphi(\xi)$ 的常微分方程，它稍微不同于平面情况下的方程(10.26)．这个方程曾由已故的 С. З. 别林基和与他独立的 Г. И. 巴林博拉特所求解(文献[2])[1]．

最终的解可以写成与(10.32)相类似的形式，

$$T=T_c\left(1-\frac{r^2}{r_{阵}^2}\right)^{\frac{1}{n}}, \tag{10.42}$$

此处，波阵面半径是

$$r_{阵}=\xi_1(aQ^n t)^{\frac{1}{3n+2}}. \tag{10.43}$$

常数 ξ_1 等于

$$\xi_1=\left\{\frac{3n+2}{2^{n-1}n\pi^n}\frac{\Gamma^n\left(\frac{5}{2}+\frac{1}{n}\right)}{\Gamma^n\left(1+\frac{1}{n}\right)\Gamma^n\left(\frac{3}{2}\right)}\right\}^{\frac{1}{3n+2}}$$

球心温度 T_c 等于

$$T_c=\frac{4\pi}{3}\xi_1^3\left[\frac{n\xi_1^2}{2(3n+2)}\right]^{\frac{1}{n}}\overline{T}, \tag{10.44}$$

此处

$$\overline{T}=Q\Big/\frac{4\pi}{3}r_{阵}^3$$

---

1) 近于球形的热波的传播，曾由 Э. И. 安得里昂钦和 О. С. 雷约夫所研究(文献[3])．在 Э. И. 安得里昂钦的工作(文献[4])中，曾考察了计及辐射能量的球形的热波．

是在波阵面的半径等于 $r_{阵}$ 那一时刻所求得的按体积平均的温度.

例如，当 $n=5$ 时，$\xi_1=0.79, T_c=1.28\bar{T}$. 当比热可变时，如当 $c_V \sim T^{0.5}(k=0.5)$ 时，

$$E=E_c\left(1-\frac{r^2}{r_{阵}^2}\right)^{\frac{1}{n'}}, \quad T=T_c\left(1-\frac{r^2}{r_{阵}^2}\right)^{\frac{1}{n-k}},$$

即和平面的情况一样. 关于热波传播的规律，我们得到 $r_{阵} \sim t^{1/(3n'+2)}$，而不是 $r_{阵} \sim t^{1/(3n+2)}$. 当 $n=5, k=0$ 时，$r_{阵} \sim t^{1/17}, \frac{dr_{阵}}{dt} \sim r_{阵}^{-16}$；当 $n=5, k=0.5$ 时，$n'=4.5, r_{阵} \sim t^{1/15.5}, \frac{dr_{阵}}{dt} \sim r_{阵}^{-14.5}$.

在球形情况下，温度沿半径的分布和平面的情况完全一样. 在从球心到波阵面的整个区域内，热流几乎一直沿着半径线性地增加，只是在波阵面附近才下降到零：

$$S \sim -T^n \frac{\partial T}{\partial r} \sim \left(1-\frac{r^2}{r_{阵}^2}\right)^{\frac{1}{n}} r.$$

除了波阵面附近的一个薄层而外，在整个球体之内热流的散度几乎是不变的：气体在所占据的体积内比较均匀地冷却，并且放出能量，而这些能量在波阵面附近被吸收，再去加热越来越新的物质层.

我们设想这样一种情况，在体积很小的气体中快速释放大量能量，并以此把物质加热到很高的温度. 这时，就由释放能量的地点沿着周围气体向外传播一个热波.

按照公式(10.39)，热波的传播速度要随着波的传播和热球温度的下降而按下述规律减小：$dr_{阵}/dt \sim aQ^n/r_{阵}^{3n+1}$. 但 $r_{阵} \sim (Q/T)^{1/3}$，因此 $dr_{阵}/dt \sim aT^{n+1/3}Q^{-1/3}$. 在辐射热传导之下，$n=5$，而 $dr_{阵}/dt \sim T^{5.3}$. 粗糙地说，被加热气体中的声速正比于 $\sqrt{T}$. 因而，如果在一开始温度就很高(“无限大”)，那么热波传播的速度就必然大于声速. 当波沿着具有常密度的、不动的冷气体传播时，气体中的压力就要升高. 粗糙地说，热波阵面之后的压力正比于温度即 $p \sim \rho T$，所以压力剖面大体上与温度剖面一致. 因波中存在压力的梯度，这就导致气体的散开，即自球心向四外的飞散，它的

质量也要重新分布，即向着热波阵面前沿附近集中．这些扰动沿着气体是以声速传播的．因此，在一开始，当热波的运动尚比声音快很多的时候，它之后的物质就来不及明显地运动．就如我们已经看到的，热波要随着传播而迅速地减速．经过某一段时间之后，它的速度就下降到近似等于声速的量值，以后就变得比声速还小．自这一时刻起，热波再也赶不上声扰动，而物质却要运动起来，激波也要形成，且激波跑在前面，在热波之前以这样一种速度传播，这种速度在数量级上和激波之后的被加热气体中的声速相符合．过程要逐渐地进入由强爆炸问题的解所描述的体系（见第一章§25）．这就是说，形成激波和激波向前脱离热波的那一时刻乃近似地与热波的速度下降到被加热气体中的声速的那一时刻相符．

估计表明，在标准密度的空气中，这是发生在当热球中的温度下降到近于 300000°K 的时候．如果空气在能量释放时刻的初始温度比这个量大许多，那么就存在这样一个非常明显的阶段，在这一阶段内，能量是沿着不动的空气借助辐射热传导以热波的形式进行传播的．当不断扩大的热球中的温度下降到约 300000°K 的时候，激波就要形成，并要跑到前边去，而这时辐射热传导的唯一作用就是要将中心区域的温度拉平．

而如果能量的浓度一开始就使得空气的温度低于 300000°K，那么热波根本不会产生，而能量从一开始就是通过流体动力学的途径——由激波来传播的．

在§3 的末尾曾经指出，热波下沿处的温度剖面与很强激波中的预热区域内的温度剖面相符合（在很强激波中的密聚跃变之前要伸出一个由辐射热传导所造成的预热“舌尖”）．特别是，在热波的最前沿，依靠“贯穿量子”的作用辐射是不平衡的，其温度下降到零也是要按依赖光学坐标的指数规律．这就意味着，热波阵面之表面的可见亮度与很强激波之阵面的表面亮度相一致．在第九章§4 中曾指出，在标准密度的空气中，这个极限亮度所对应的可见光谱中的等效温度大约是 17000°K．而热波阵面之表面的等效温度和这个温度是一样的．这就是说，当从远处来观察沿着空气传播的热波的时候，我们所能“看见”的温度大约是 17000°K，尽管在波的中心区域温度可能达到几十万度.

§7 某些自模平面问题

我们考察三个自模问题. 对于其中两个，我们用 §4 中所说的半定性方法进行研究. 而对另外一个，我们给出精确解.

恒温边界　假定在初始温度为零的平面半空间的边界 $x=0$ 处维持一个恒温 T_0. 从边界向介质内部有一个热波在传播，如图 10.5 所示. 因为有一个温度尺度 T_0，所以导温系数在数量级上等于 $\chi\sim aT_0^n$，而热波的阵面是按下边规律传播的.

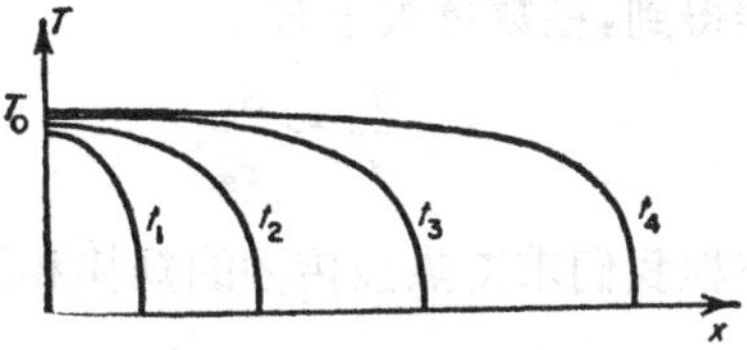

图 10.5　当在边界上给定温度时，热波的传播

$$x_{阵}\sim\sqrt{\chi t}\sim(aT_0^nt)^{\frac{1}{2}}.$$

这个公式中的数值系数以及温度剖面(显然它是自模的)都可借助对无量纲函数 $f(\xi)$ 的常微分方程进行数值积分而得到

$$T=T_0f(\xi),\qquad \xi=\frac{x}{(aT_0^nt)^{\frac{1}{2}}},$$

边界条件 $f(0)=1, f(\infty)=0$.

经过边界的热流随着时间按下述规律减小:

$$S\sim aT_0^n\frac{\partial T}{\partial x}\sim\frac{aT_0^{n+1}}{x_{阵}}\sim\frac{aT_0^{n+1}}{(aT_0^nt)^{\frac{1}{2}}}\sim\frac{a^{\frac{1}{2}}T_0^{\frac{n+2}{2}}}{t^{\frac{1}{2}}}.$$

热波中的能量随时间如何变化，可由下面两种方法中的任何一种估计出来:

$$\mathscr{E}\sim\int_0^{x_{阵}}Tdx\sim T_0x_{阵}\sim t^{\frac{1}{2}}.\quad \mathscr{E}\sim\int_0^tSdt\sim\int_0^t\frac{dt}{t^{\frac{1}{2}}}\sim t^{\frac{1}{2}}.$$

恒流边界　我们假定，在边界上给定一恒定的热流 S_0，它是由外面流进物体的：

$$S_0=-\kappa\left(\frac{\partial T}{\partial x}\right)_0=-c_V\rho aT^n\left(\frac{\partial T}{\partial x}\right)_0=\text{常数},\text{当 } x=0 \text{ 时}.$$

用各量的比值代替相应的导数，我们能求出热波传播的规律和波中温度随时间的变化.

在热波的范围内，热流是从 S_0 变化到零. 热波中的平均温度在数量级上由下述关系给出

$$S_0\sim c_V\rho\frac{aT^{n+1}}{x_{\text{阵}}}.$$

但由热传导方程得到，在数量级上有

$$\frac{T}{t}\sim\frac{S_0}{x_{\text{阵}}}.$$

由这两个近似方程我们求得热波传播的规律和温度随时间变化的规律：

$$x_{\text{阵}}\sim(c_V\rho aS_0^n)^{\frac{1}{n+2}}t^{\frac{n+1}{n+2}},\quad T\sim\left(\frac{S_0^2}{c_V\rho a}\right)^{\frac{1}{n+2}}t^{\frac{1}{n+2}}.$$

当 $n=5$ 时，$x_{\text{阵}}\sim t^{6/7}$，$T\sim t^{1/7}\sim x_{\text{阵}}^{1/6}$，$\frac{dx_{\text{阵}}}{dt}\sim t^{-1/7}$.

热波的速度缓慢地减小，而平均温度则缓慢地增加. 温度的增加可以这样解释：随着波的传播，温度的梯度要减小，而要维持恒流就应增大热传导系数. 波的传播情况已画在图 10.6 上.

偶极子型的解　假定在半空间平面边界附近的某一层内有能量释放. 我们再假设，热量在物体中的流散是如此之快，以致边界上的温度很快地下降到小量，实际上达到零度. 尽管边界上的温度很低，但穿过边界的热流仍然有限(因为温度的梯度很大)，所以能量是由物体向外流出的. 在这个问题中不存在能量的积分.

我们把所提的问题理想化，以便从中消去具有长度量纲的参量(比如能量释放层的厚度，或者是它到边界的距离). 为此，我们认为：能量释放是在物体的表面 $x=0$ 处的一个无限薄的层内瞬

时进行的，而且在能量释放层的厚度趋近于零和该层本身接近于表面 $x=0$ 的极限之下，温度"矩"仍然是有限的.

$$\int_0^\infty xT(x,0)dx < \infty, \quad 当\ T(x,0)\to\delta(x)\ 时.$$

容易证明，在这种情况中，在边界温度等于零的条件下，不存在平面瞬时能源问题中所存在的能量积分，而存在一个"矩"的积分：温度矩在时间上是守恒的．这个原理曾由 Г. И. 巴林博拉特所确立(文献[5]).

将热传导方程(10.23)乘以 x，再从 0 到∞积分，并注意到热流在无穷远处是不存在的．进行分部积分，我们求得

$$\frac{d}{dt}\int_0^\infty xT(x,\ T)dx = -\frac{a}{n+1}T^{n+1}(0,t).$$

如果在边界上 $T(0,t)=0$，那么矩在时间上守恒，即温度的"偶极矩"守恒：

$$\int_0^\infty xT(x,t)dx = P = 常数. \tag{10.45}$$

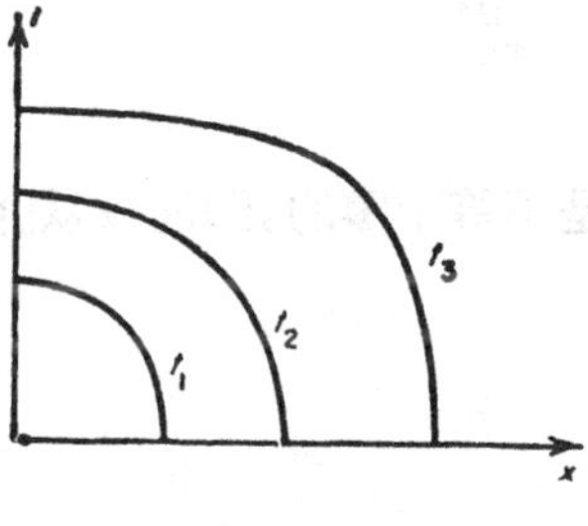

图 10.6　当在边界上给定热流时，热波的传播

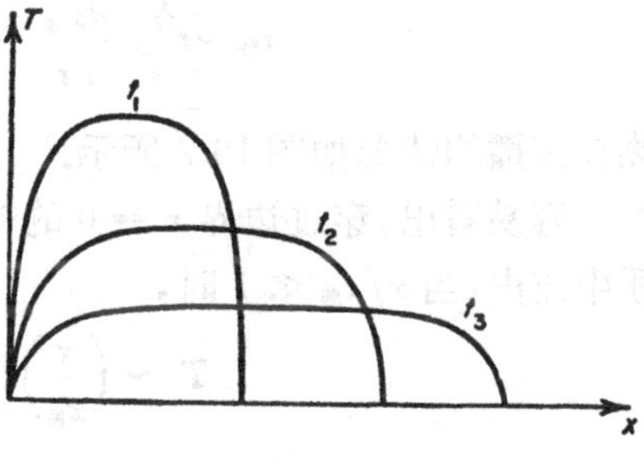

图 10.7　偶极子型的解

这时，问题是自模的，因为只有两个带有量纲的参量：P 度·厘米^{2}和 a 厘米^{2}秒$^{-1}$度$^{-n}$. 这个问题曾在 Г. И. 巴林博拉特和 Я. Б. 泽尔道维奇的工作中针对气体的过滤过程而解决（文献[6]）. 热波阵面的传播规律是：

$$x_{阵} = \xi_0(aP^n t)^{\frac{1}{2(n+1)}}.$$

温度可以表示为

$$T = \left(\frac{P}{at}\right)^{\frac{1}{n+1}} M \left(\frac{x}{x_{阵}}\right)^{\frac{1}{n+1}} \left[1 - \left(\frac{x}{x_{阵}}\right)^{\frac{n+2}{n+1}}\right]^{\frac{1}{n}}, \qquad (10.46)$$

数值常数 ξ_0 和 M 分别等于

$$\xi_0 = (n+2)^{\frac{1}{2}}(n+1)^{-\frac{n}{2(n+1)}} n^{-\frac{1}{2(n+1)}} 2^{\frac{1}{2(n+1)}} \left[B\left(1 + \frac{1}{n}, \frac{n+1}{n+2} + 1\right)\right]^{-\frac{n}{2(n+1)}},$$

$$M = \left[\frac{n}{2(n+2)}\right]^{\frac{1}{n}} \xi_0^{\frac{2}{n}}$$

(这里的 $B(p,q)$ 是百特函数，它的值可以查表)。

当 $n=5$ 时，温度函数具有如下形式：

$$T \sim \frac{1}{t^{\frac{1}{6}}}\left(\frac{x}{x_{阵}}\right)^{\frac{1}{6}}\left[1 - \left(\frac{x}{x_{阵}}\right)^{\frac{7}{6}}\right]^{\frac{1}{5}},$$

而波阵面的传播规律是

$$x_{阵} \sim t^{\frac{1}{12}}, \quad \frac{dx_{阵}}{dt} \sim \frac{1}{t^{\frac{11}{12}}} \sim \frac{1}{x_{阵}^{11}}.$$

热波传播的情况如图 10.7 所示。

容易看出，穿过边界 $x=0$ 的热流是不等于零的，即能量从介质中流出，当 $x/x_{阵} \ll 1$ 时，

$$T \sim \left(\frac{x}{x_{阵}}\right)^{\frac{1}{n+1}},$$

$$S \sim T^n \frac{\partial T}{\partial x} \sim \frac{\partial T^{n+1}}{\partial x} \sim \frac{\partial}{\partial x}\left(\frac{x}{x_{阵}}\right) \neq 0. \qquad (10.47)$$

Г.И. 巴林博拉特在自己的工作中(文献[2])曾研究了整个这样一类平面问题的自模解，这类平面问题的特征就是它们在半空间的边界上所具有的条件是极为普遍的：

$$T = 常数\ t^q, \quad q \geqslant 0$$

或者

$$S = 常数\, t^q, \quad q \geqslant 0.$$

(边界上的温度或热流随着时间按幂函数规律增加). 他还考察了一些具有柱形对称和球形对称的问题.

§8 评注: 考虑运动时热量向介质中的穿透

前面曾经指出, 在研究热波时介质的运动之所以可以被忽略乃与下述原因有关: 在热波自源向外传播的初期——那时的温度很高,波的传播速度比声速大得多,而物质还来不及发生“位移”.

但是,在某些情况下,介质的运动从一开始就是重要的.

我们假设,介质边界上的温度随着时间按幂函数规律增长,即 $T_0 = 常数\, t^q (q > 0)$.

热量依靠辐射热传导机制而向介质中穿透的距离是

$$x_{阵} \sim \sqrt{\chi t} \sim T^{\frac{n}{2}} t^{\frac{1}{2}} \sim t^{\frac{nq+1}{2}} (\chi \sim T^n). \tag{10.48}$$

热波传播的速度是

$$\frac{dx_{阵}}{dt} \sim \frac{x_{阵}}{t} \sim t^{\frac{nq-1}{2}}.$$

而激波自介质边界上的能源向介质深部的传播是以近似等于被加热物质中的声速的速度进行的:

$$D \sim \sqrt{T} \sim t^{\frac{q}{2}}.$$

我们来比较热波的传播速度 $\frac{dx_{阵}}{dt}$ 和激波的传播速度 D. 如果 $\frac{nq-1}{2} < \frac{q}{2}$, $q < \frac{1}{n-1}$,那么,在过程的一开始,当 $t \to 0$ 时,热波的速度总是大于激波的速度,热波要超前激波. 在这个阶段内,介质的运动是可以忽略的, 就像前面所做过的那样. 只是从某一时刻 t' 开始,因那时速度 D 已变得大于 $\frac{dx_{阵}}{dt}$, 激波才能跑到前边去,超过热波,而热波范围内的物质也就运动起来(当然,明显的时间界限 t' 是不存在的,物质“驱散开”的过程是逐渐发生的;t' 是两

个阶段之间的等效界限).

如果 $\frac{nq-1}{2}>\frac{q}{2}$, $q>\frac{1}{n-1}$,情况刚好相反：当 $t\to 0$ 时，$D>\frac{dx_{阵}}{dt}$,即激波超前热波,而热波从过程的一开始就是沿着运动的物质传播的.从某一个"等效"的时刻 t'' 开始,热波要跑到激波的前面去,并沿着不动的介质进行传播.被运动所席卷之物质的质量正比于 $Dt\sim t^{\frac{q}{2}+1}$（按1厘米^{2}表面计算),而被热波所加热之物质的质量则正比于 $x_{阵}\sim t^{\frac{nq+1}{2}}$，因此这时前者在后者中所占的份额要越来越小.

在 $\frac{nq-1}{2}=\frac{q}{2}$,$q=\frac{1}{n-1}$ 的中间情况下，热波的传播速度和激波的传播速度是按照同样的规律随着时间增加的.一般来说，这时并不存在这样一个明显的阶段，在这个阶段内能量向介质中的穿透仅是用一种方式(或者是流体动力学的途径,或者是热传导的途径),就像在 $q\lessgtr\frac{1}{n-1}$ 的两种极端情况下所发生的那样．物质由热传导加热和它进行运动几乎是同时发生的.

非常绝妙的是,在 $n=6$ 的特殊情况下(那时辐射自由程 $l\sim T^3$),考虑辐射热传导(但不考虑辐射的能量和压力)的流体动力学方程容许有自模解．与这个解相适应的、温度在介质边界上的增长规律是 $T_0\sim t^{1/5}$(在马尔沙克的工作中指出这样的自模解是存在的(文献[7]))．这时,密度尺度不变,并就等于介质的初始密度 ρ_0，而压力 $p\sim\rho T\sim t^{1/5}$,物质的速度 $u\sim\sqrt{p/\rho}\sim t^{1/10}$.

扰动区域之边界的(热波阵面的或激波阵面的)坐标随着时间按下述规律增加:

$$x\sim ut\sim\sqrt{\chi t}\sim\sqrt{T^6 t}\sim t^{\frac{11}{10}}. \tag{10.49}$$

自模变量应是组合 $\xi=$ 常数 $xt^{-11/10}$，因此方程的解可表示为 $T=$ 常数 $t^{\frac{1}{5}}f_1(\xi)$，$u=$ 常数 $t^{\frac{1}{10}}f_2(\xi)$，等等.

非常重要的是，不管热传导(辐射自由程)按任何规律依赖于密度即$\chi = f(\rho)T^6$，自模解都是可能的（因密度尺度与时间无关）.

关于考虑辐射热传导的气体动力学方程确实容许上述自模解这一点，很容易通过对这种方程的直接考察而得到证实[1].

自模体系的特性要由下面一点来决定：就是声速 $c \sim \sqrt{T}$ 和扰动由热传导来传播的速度$x/t \sim \sqrt{\chi/t}$那一个更大一些. 两个量是按照同一个规律 $t^{1/10}$ 随着时间而增加的，它们之间的比值要由规律中的比例系数来决定. 因此，过程的特性依赖于介质边界上的温度随时间增长规律 $T_0 \sim t^{1/5}$ 中的系数的数值. 可以有这样的体系：在前边沿未扰动物质奔驰一个激波，而跟在它的后面沿被加热和被压缩的物质传播一个热波. 还可以有这样的体系：未扰动区域和扰动区域之间的边界是热波的阵面，而该阵面之后的物质都已运动起来.

我们指出 И. B. 聂姆奇诺夫的工作[8]，在那里研究了某些考虑介质运动的辐射输运热量的问题.

§9 自模解可作为非自模问题的极限解

一些自模解令人感兴趣不仅在于它们是个别的少数几类问题的特解，而主要的还在于它们可作为那些相当一般的、按自身提法是非自模的问题的解所渐近地趋近的极限. 关于自模解可作为非自模问题的极限解这一问题，曾在Я. Б. 泽尔道维奇和 Г. И. 巴林博拉特的工作中针对一维平面情况下的非线性热传导方程(10.23)的哥西问题进行了研究（文献[9]）.

解的渐近行为的一些主要物理特性，最好还是用线性热传导的例子来加以说明，因那时的解是特别简单的. 假如在初始时刻 $t = 0$ 时给定温度沿 x 轴的分布：$T(x,0) = T_0(x)$，并且只是在 x 轴的一个有限区间内温度才不等于零[2].

---

1) 我们回忆一下，在考虑辐射热传导时，连续性方程和运动方程都是不变的，而能量方程却要增加一个附加能流式(10.8)（见第二章 §9）.

2) 这样的初始条件是针对非线性热传导问题建立的. 在线性的情况下，条件可以更普遍一些，容许温度在无穷远处的下降是足够快的.

众所周知，在这种情况下，热传导方程(10.18)的解具有如下形式(χ = 常数)：

$$T(x,t)=\frac{1}{\sqrt{4\pi\chi t}}\int_{-\infty}^{\infty}T_0(y)e^{-\frac{(x-y)^2}{4\chi t}}dy. \tag{10.50}$$

它是解(10.20)向分布源情况的一个推广.

我们来考察在距热量于初始时刻集中之地很远的地方即 $x\gg y$ 之处的温度在 $t\to\infty$时的行为. 将积分号下之表达式的核展开为小量 y/x 的幂级数，我们得到

$$T(x,t)=\frac{1}{\sqrt{4\pi\chi t}}e^{-\xi^2}\left[\int_{-\infty}^{\infty}T_0(y)dy+\frac{\xi}{\sqrt{\chi t}}\int_{-\infty}^{\infty}T_0(y)ydy\right.$$
$$\left.+\frac{2\xi^2-1}{4\chi t}\int_{-\infty}^{\infty}T_0(y)y^2dy+\cdots\right], \tag{10.51}$$

此处

$$\xi=\frac{x}{\sqrt{4\chi t}}.$$

解被表示为一些自模项之和的形式，在这些项里时间的幂每次增加 1/2，而其系数则是通过温度的初始分布函数的逐级矩来表示的. 在 $t\to\infty$的极限之下，仍保留方括号中的第一项，它对应于集中能源的解(10.20)，而展式中的第二项——它表征真实解与极限解的差别，按照它与首项的比值来说，其阶为 $1/t^{\frac{1}{2}}$：

$$T=T_{极限}\left[1+\frac{\varphi(\xi)}{t^{\frac{1}{2}}}+\cdots\right]. \tag{10.51'}$$

由于方程(10.18)容许任意选择坐标和时间的原点以及温度的尺度(容许有变换群 $x'=x-x_0, t'=t+\tau, T'=kT$)，因而满足方程(10.18)且比(10.20)更为普遍的自模解的形式是

$$T_{自模}(x-x_0,t+\tau,Q)=\frac{Q}{\sqrt{4\pi\chi(t+\tau)}}e^{-\frac{(x-x_0)^2}{4\chi(t+\tau)}}. \tag{10.52}$$

这个解所对应的情况是：在时刻 $t=-\tau$ 时在 $x=x_0$ 之点瞬时地释放出其数量为一定的热量 $E=c_V\rho Q$.

容易证明，只要对参量 x_0，τ 和 Q 进行适当选择就可以达到

这样的目的：用型如式(10.52)的自模解来描述精确解(10.51)，要比用 $x_0=0$ 和 $\tau=0$ 的自模解(10.20)更好一些.

实际上，我们可以把函数(10.52)用小量 x_0/x 和 τ/t 展开为幂级数(在 $t\to\infty$，$x\to\infty$ 的极限之下). 将展开式与精确解(10.51)进行比较，我们看出，如果取 Q，x_0和 τ 的值等于下述各量：

$$\left.\begin{aligned}Q&=\int_{-\infty}^{\infty}T_0(y)dy,\\x_0&=\frac{\int_{-\infty}^{\infty}T_0(y)ydy}{\int_{-\infty}^{\infty}T_0(y)dy},\\\tau&=\frac{\int_{-\infty}^{\infty}T_0(y)y^2dy}{\chi\int_{-\infty}^{\infty}T_0(y)dy},\end{aligned}\right\}\tag{10.53}$$

那么展开式中的其阶为 $t^{-1/2}$ 和 t^{-1} 的项便被消去，所以

$$T(x,t)=T_{自模}(x-x_0,t+\tau,Q)[1+\phi t^{-\frac{3}{2}}+\cdots].\tag{10.54}$$

当 $t\to\infty$时，方括号中的第二项与表达式(10.51′)中的第二项相比乃是更高一级的小量.

自模解(10.52)之所以能与精确解很好的符合，其物理原因就在于，自模解(10.52)所对应的是同样多的热量在点 x_0 处的瞬时释放，而这个点正是温度初始分布 $T_0(x)$的"重心" $\bar{x}$. 释放的时刻则刚好对应于热量借助热传导从点 $x=0$ 流到"重心"$\bar{x}=x_0$ 处所必需的时间. 改进的自模解(10.52)中的"有效"热量 $E=c_V\rho Q$精确地等于实际的热量 $c_V\rho\int_{-\infty}^{\infty}T_0(x)dx$.

在非线性热传导的情况下，也可以类似地求得这样的自模解，它以极好的方式接近于属于分布热源的精确解.

方程(10.23)的自模解（它对应于热量在时刻 $t=0$ 在点 $x=0$ 处的瞬时释放）曾在§5 中叙述过（见公式（10.32)，(10.33)，(10.31)，(10.30)). 在文献[9]中可以进一步了解到在数学方面的

一些研究，在那里曾经证明，只要将坐标和时间适当地移动，即适当地选择 x_0 和 τ，便可以达到这样的目的：使得自模解 $T(x-x_0,t+\tau,Q)$ 和精确解 $T(x,t,Q)$ 之间相差的各项都是比 $t^{-\frac{2n+3}{n+2}}$ 更为高阶的项.

§10 关于热量借助非平衡辐射的输运

我们设想在稀薄的空气中形成一个温度很高的、半径为 R_0 的球形区域，该区域的温度 T 如此之高以致对固有热辐射来说热球是完全透明的，并像体积辐射体一样地向外辐射. 如果表征空气的辐射发射本领的平均辐射自由程是 $l_1(T)$，那么透明性的条件就是 $l_1(T)\gg R_0$.（我们提醒一下，当温度升高的时候，辐射自由程通常是很快地增大.）

产生于高热区域的光量子几乎不受阻碍地从区域的里面跑出来，并在周围的冷空气层内被吸收. 这就是说，中心球内的空气是由于发射光而被冷却，而周围的一些冷气层则是由于吸收光而被加热. 热的区域要向外膨胀，而它里面的温度应该降低. 这个过程与热波传播的过程极其相似，仅有的差别就在于输运能量的辐射现在是严重不平衡的. 所说的这种热量由非平衡辐射所输运的过程，曾由 A. C. 康帕涅茨和 E. Я. 兰茨布尔格所研究（文献[10，11]）.

辐射是在原先为不透明的、球的外围各层之内被吸收的，并把这些层加热到这样的温度 T^*，在该温度之下空气成为透明的. 假设能将温度为 T 之中心球的辐射谱中的能量主要份额带到外围区域的那种量子的自由程是 l_T. 该自由程既依赖于特征频率，即依赖于 T，也依赖于发生吸收之处的空气的温度. 很显然，用以决定透明温度 T^* 的近似条件是

$$l_T(T^*)=R, \tag{10.55}$$

与初始半径 R_0 相比较，此处的 R 是已经增长了一定时间的热球的半径.

如果在一开始中心球内的温度是很高的，它之中的空气对于

辐射是极端透明的，那么透明温度 T^* 就要明显地低于温度 T，而其温度近似等于 T^* 的外围各层的固有辐射也就可以忽略不计.

在这种情况下，热区域的膨胀速度直接由能量平衡方程来决定. 在时刻 t 时，在时间 dt 之内，由高度受热的中心区域所辐射出的能量大约是

$$\frac{cU_p(T)}{l_1(T)} \cdot \frac{4\pi R_0^3}{3} dt,$$

此处，$U_p = \frac{4\sigma T^4}{c}$. 这个能量要在其厚度为 dR、其半径为 R 的一个外围层之内被吸收，并把该层内的空气加热到近似等于透明温度 T^* 的温度.

因而，

$$\frac{cU_p(T)}{l_1(T)} \cdot \frac{4\pi R_0^3}{3} dt = 4\pi R^2 dR \rho \varepsilon(T^*),$$

此处，ρ 是空气的密度，而 ε 是空气的比内能. 由此得到球的膨胀速度

$$v = \frac{dR}{dt} = c\frac{U_p(T)}{\rho\varepsilon(T^*)} \frac{R_0}{3l_1(T)} \cdot \left(\frac{R_0}{R}\right)^2, \tag{10.56}$$

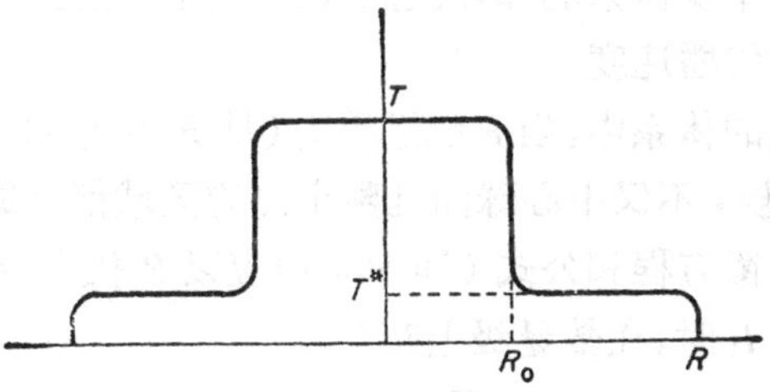

图 10.8

并且正在辐射着的中心区域之内的温度 T 本身要依照冷却方程而下降，

$$\rho\frac{d\varepsilon(T)}{dt} = -\frac{cU_p(T)}{l_1(T)}. \tag{10.57}$$

乍一看公式(10.56),似乎觉得球的边界速度 v 可以随意增大,甚至可以大过光的速度(如果近似等于量 U_pR/l_1 的辐射能量密度 U 比物质的能量密度 $\rho\varepsilon$ 为大的话)。当然,事实上并不会这样. 直接的原因,就在于公式(10.56)只适用于 $v \ll c$ 的情况. 如果球的膨胀速度可与光速比较,那么这意味着,辐射的能量不仅消耗于对物质的加热,而且还消耗于用辐射来"填充"正在膨胀的球体. 在数学上,这要由这样一点来反映,即速度 v 不是与 $\frac{U}{\rho\varepsilon}$ 成正比,而是与 $\frac{U}{U+\rho\varepsilon}$ 成正比;这就自动地给出了速度的上限: $v < c$。

随着热球的不断膨胀和中心区域内空气的不断冷却,中心区域内的空气要变得越来越不透明,而温度 T 和 T^* 也要彼此接近. 当两个温度成为可以比较的时候,便开始出现不透明性. 同时,各外围层内的固有辐射也要成为重要的,这些层不仅要像中心区域那样向外围发射量子,而且还要向球的内部发射量子.

球内的辐射密度要趋近于所说温度之下的平衡值,而过程也要逐渐地具有热波的特点,关于热波我们在前面几节已经考察过.

为了更好地说明,在整个球还具有"透明性"的条件下,即当 $T \approx T^*, l_1 \approx R$ 的时候,是如何从一种体系过渡到另一种体系的,我们将根据非平衡体系的和热波的公式来估计出这种过渡情况下的热球边界的传播速度.

在非平衡的体系中,当 R 趋近于 l_1(从 $R \ll l_1$ 的方面)和 T 趋近于 T^* 的时候,不仅中心球而且整个热的区域都已成为辐射体,所以在能量平衡方程和公式(10.56)中应以 R 代替 R_0。那时,当 $T \sim T^*, R \sim l_1$ 时,在数量级上有

$$v \sim c\,\frac{U_p}{\rho\varepsilon}\,\frac{R}{l_1} \sim c\,\frac{U_p}{\rho\varepsilon}. \tag{10.58}$$

另一方面,在平衡的体系中,热波的速度大致等于(见 §6)

$$v = \frac{dR}{dt} \sim \frac{\chi}{R}\,(R \sim \sqrt{\chi t}),$$

此处,辐射的导温系数 χ 可按定义(10 11)表示为 $\chi \sim lcU_p/\rho\varepsilon$,因

而，热波的速度在数量级上等于

$$v \sim c\,\frac{U_p}{\rho\varepsilon}\,\frac{l}{R},$$

并且在平衡的情况下，$R \gg l$. 如果现在令 R 趋近于 l，那么在透明的条件下，即当 $R \sim l \sim l_1$ 的时候，我们将得到和 (10.58) 完全相同的量：$v \sim c\,\dfrac{U_p}{\rho\varepsilon}$.

第十一章 固体中的激波

§1 引言

研究激波在凝聚物质中，比如在金属、水等物质中的传播规律，具有很大的理论意义和实践意义．尤其，对于了解和计算某些爆炸现象来说，这种研究是必不可少的．从理论上对研究资料进行整理，将会给我们提供一些关于高压下固体和流体之状态方程的知识，而这对解决地球物理、天体物理和其它科学分支中的许多问题来说是极为重要的．

要描写流体动力学过程，就需知道物质的热力学性质．

如果说计算气体的热力学函数不会遇到很大困难的话，那么要对处在由强激波所达到的那种高压下的固体和液体的热力学性质进行理论描述，却是个很复杂的问题，目前这个问题离最终解决还相差很远．因此，一些研究压缩状态下凝聚物质的实验方法就具有特殊的作用．

直到不久以前，高压物理还仅限于研究在静力学条件下被压缩的物质，而这种压缩是利用各种构造不同的测压器来实现的．但是，用这种办法，不建造巨大的设备是不可能把物质压缩到超过十万大气压的，而且更主要的是不能保证进行可靠测量所必要的条件，因为在比较高的压力下测压器开始出现变形，而这就妨碍对一些物理参量进行准确的测量．然而，对于现代的科学和技术来说，所感兴趣的压力乃高达几十万和几百万大气压．

在二次世界大战战后年代，在苏联和国外都提出了另外一些与此全然不同的、以利用强大的激波为基础的实现高压力和高压缩的动力学方法．曾得到并研究了金属和其它凝聚物体中的压力高达几十万和几百万大气压的激波．在苏联新的方法是由Л.В. 阿里特书列尔，С.Б. 柯尔米尔，К.К. 克鲁坡尼柯夫，Б.Н.

列杰涅夫，A.A. 巴卡诺娃，M.B. 希尼钦，A.И. 富吉柯夫，B.И. 儒奇黑等人的工作(文献 [1—5]) 所发展；在美国，是由沃尔斯，赫黎斯琴，麦劳林，高兰逊，巴柯罗夫特，马克-库因，马尔斯等人的工作(文献 [22—26]) 所发展.

苏联的学者在这方面获得了特别巨大的成就，他们达到了创记录的五百万大气压的高压(美国的作者所研究的激波其强度较小，他们的最高压力达到二百万大气压的工作是在苏联作者的工作之后发表的)[1].

在人类的实践中，固体的密度第一次被压缩到两倍或数倍；迄今像这样密实的物质还只能在地球和其它宇宙体的中心才会“遇到”. 这些在获得高压和高密度固体方面的杰出成绩，使得有可能对处在非寻常条件下的物质的热力学行为作出有益的论断，并能利用半经验的方法确定出被强烈压缩之金属的一些重要热力学性质.

由于激波加载的持续时间非常短，所以需要寻找新的测量方法，以便能在高速过程条件下测量各种物理参量，并要同时建造一些相应的仪器. 在这方面，苏联的研究人员 B.A. 楚柯尔曼，Г.Л. 斯尼尔曼，A.C. 杜波维克，П.B. 凯夫里斯维里，E.K. 扎乌依斯基等人作出了很大的贡献(文献 [6—12]).

用以区分凝聚态和气态的、并能决定激波压缩下固体和液体之行为的主要特性，乃是物体中的原子(或分子)彼此间的强相互作用. 原子间力的作用半径是极其有限的. 它的数量级为原子和分子本身的线度，即约为 10^{-8} 厘米. 在足够稀薄的气体中，粒子间的平均距离比粒子的线度大很多，其相互作用基本上只是在原子或分子彼此紧密靠近以致发生碰撞时才表现出来.

气体中的压力来源于热运动，它和参与热运动的粒子所进行的动量输运有关，并且总是与温度成正比：$p = nkT$.

为强烈压缩气体，所需的压力比较来说不是那么大的. 受各

---

1) 这是指(苏联和美国)最初发表的一些文献. 在近几年又出现一些工作，它们叙述了在更高压力下所进行的研究. 请参阅评论 [55].

守恒定律制约的、大气在激波中的极限压缩，是在阵面后的压力为几十或上百个大气压时达到的，因此对于气体来说具有这样强度的激波就已经被视为是强的了.

对于凝聚物质的压缩是以另一种方式进行的. 在固体和流体中，原子或分子彼此所处的距离很近，并要强烈地相互作用. 特别是，这种相互作用能将原子束缚在物体之中. 相互作用力具有两方面的特点. 一方面，彼此分离相当大距离的粒子要相互吸引；另一方面，当彼此紧密靠近时又因原子中的电子壳层的相互渗透而要互相排斥. 当没有外界压力时，固体中的原子所处的平衡距离刚好使吸引力和排斥力互相抵消，即这一距离对应于相互作用势能的最小值. 为使原子分开到很大的距离，必须要克服联结力，并要消耗与结合能相等的能量，对于金属来说这个能量具有几十和几百千卡/克分子的量级(约为几个电子伏/原子)[1]. 而要将物质压缩，则必须克服排斥力，这种力随着原子的靠近而非常迅速地增加. 金属的压缩性，按照定义，等于 $\varkappa_0 = -\frac{1}{V}\cdot\frac{\partial V}{\partial p}$，它在标准条件下具有 10^{-12} 厘米^2/达因 $\approx 10^{-6}$ (大气压)$^{-1}$的量级. 为把冷金属压缩 10%，必须对它施加约为 10^5 大气压的外界压力；一般来说压缩性是随着压力的增高而减小的；因此要把金属压缩到一半就需要近几百万大气压的压力.

这样一来，当凝聚物质被强烈压缩的时候，甚至根本没有任何加热而只是由于原子的互相排斥，就可以在物质内部造成巨大的内压力. 这种完全不是气体所固有的、并非来源于热运动的压力的存在，就决定了在经受激波压缩时固体和液体之行为的一些基本特性. 在强度很大的激波中，就如下面将要看到的，物质被强烈地

---

1) 固体中的联结力往往有不同的来源. 根据这种力的性质，一般将固体分为五种：1) 离子晶体，例如 NaCl，其结合能 $U = 180$ 千卡/克分子；2) 共价键晶体，例如金刚石，$U = 170$ 千卡/克分子；3) 金属，U 约为 30—200 千卡/克分子；4) 由范德瓦尔斯力联系的分子晶体，这种联系较弱，例如，对于 CH_4，$U = 2.4$ 千卡/克分子；5) 氢键晶体，例如冰，$U = 12$ 千卡/克分子. 这里我们关心的主要是金属.

加热，这也引起压力的出现，而这种压力乃与原子(和电子)的热运动有关，它被称之为“热的”压力，以此区别于由排斥力引起的弹性的或者叫做“冷的”压力. 在原则上，如果激波的强度向无限大变化，那么热压力的相对作用要增加，而在极限之下弹性压力与热压力相比就要成为小的；在强度非常大的激波中原为固体的物质其行为要变得和气体一样. 但是，在实验室条件下所得到的压力为几百万大气压的激波内，两种压力却是可以互相比较的. 在不是太强的压力不超过几十万大气压的激波内，弹性压力占有优势，在这种情况下，受激波压缩之物质的热能是少量的. 波中物质所具有的全部内能都用于克服物体被压缩时所产生的排斥力，并以势能即弹性能的形式储存起来. 和在气体中不同，小扰动在凝聚物质中的传播速度与温度没有任何关系. 它是由物质的弹性压缩来决定的.

激波“强度”的数值特征也发生改变. 在气体中，波阵面两边的压力之比可作为波“强度”的一个度量. 当这个比值等于几十或上百时，极限压缩达到几倍或十来倍. 这时激波的传播速度要比初始气体中的声速超过很多，而且波阵面之后的气体被驱赶的速度也接近于激波的速度. 如果气体开始时是处于大气压力之下，那么强度为上百个大气压的激波就已经是“强的”了.

在固体或液体物质中，甚至强度达到十万大气压的激波还算是“弱的”. 这种波与声学波的差别很小：它的传播速度近于声速，它最多能把物质压缩百分之几或百分之十，它所造成的波阵面之后的物质速度也要比波本身的传播速度小几十倍.

如果用激波的速度与未扰动物质中的声速之比值，或者用压缩与极限压缩靠近的程度来表征激波“强度”的话，那么对于凝聚物体来说压力不小于几千万或者几亿大气压的波才算是“强的”.

在本章中，我们将详细地研究处于高压和高密度下之固体的一些物理特性，介绍激波压缩的性质，叙述研究激波在固体中传播的一些实验方法，并说明由这些方法得到的结果. 还将研究下述一些物理现象，它们是激波在金属和其它物质中传播时，以及激波到达自由表面后物质发生卸载时所能观测到的.

关于这些问题的许多宝贵情报，可在刚发表不久的 Л.В. 阿里特书列尔的评论 [55] 中找到，该文中搜集和分析了大量实验资料.

1. 在高压和高温下固体的热力学性质

§2 冷物质的压缩

固体物质的压力 p 和比内能 ε 可分为两部分. 一部分是弹性分量 p_x，ε_x，它们仅与物体中的原子间的相互作用力有关[1]，而根本不依赖于温度. 另一部分是热的分量，它们与物体的受热有关，即是与温度有关. 弹性分量 p_x，ε_x 只依赖物质的密度 ρ 或比容 $V = 1/\rho$，在温度为绝对零度时它们分别等于总压力和总比内能，因此它们有时叫做"冷的"压力和"冷的"能量.

在这一节将只考察压力和能量的弹性项. 因此，我们假定物体的温度为绝对零度.

从力学上看，在零温零压[2]下固体平衡态的特点是原子间的吸引力和排斥力互相抵消，弹性势能具有最小值，而该值可作为计算这种能量的起点 $\varepsilon_x = 0$[3].

我们用 V_{0k} 表示这种状态 $(p = 0, T = 0)$ 下的物体的比容. 这个体积(容积)要比标准条件 $(T_0 \approx 300°\mathrm{K}$，$p = 0$ 或者等于 1 大气压，两种情况一样)下的物体单位质量体积 V_0 略微小一些，因为当把物质从绝对零度加热到室温 T_0 时要产生热膨胀，关于热膨胀我们将在下节谈到. 金属的标准体积 V_0 一般要比体积 V_{0k}（我

---

1) 在这里，我们研究的主要是金属，它们不是由分子而是由原子组成的.

2) 大气压力与由物体的（那怕是非常小的）体积变化所产生的压力相比较是微乎其微的. 因此，物体是处于真空中 $(p_x = 0)$ 还是处于大气压力之下 $(p_x = 1$ 大气压$)$，两者完全一样.

3) 在温度为绝对零度时，原子作所谓的零振动，与这种振动相联系的按一个频率为 ν 的简谐振动所计算的能量是 $h\nu/2$. 而这个能量可以加到势能 $\varepsilon_x(V)$ 之中，因此 ε_x 是从 $p_x = 0$ 时的物体平衡态的零振动能级开始起算的.

们称它为零温体积)大1—2%.在很多情况下,体积 V_0 和 V_{0k} 的这一小的差别可以忽略.

在这里,当我们研究固体物质在体积变化下的行为时,我们是指物体的全向压缩(和膨胀)而言,不考虑那些与弹性各向异性、切变和强度等有关的效应,这些效应是在比较低的压力和压缩之下表现出来的.

物体的势能与它的比容V之间的关系曲线,在性质上就和分子中的两个原子的相互作用势能与它们的核间距离之间的关系曲线是一样的.这条曲线被简略地画在图11.1上.如果体积大于零温体积 V_{0k},那么吸引力就占有优势.相互作用力要随着原子的彼此远离而迅速地减小,因此当体积增加时,即当原子被拉开时,势能要逐渐地增加,并趋近于常数值U,这个值就等于物体中的原子结合能.

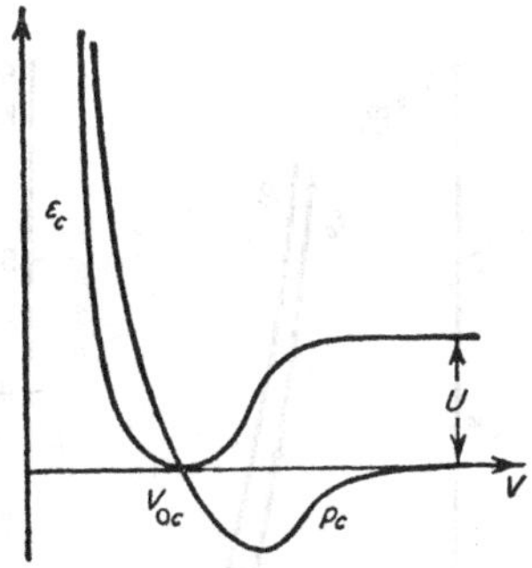

图 11.1 物体的势能和弹性压力对比容的依赖关系曲线

U是把1克物质中的所有原子都拉开到"无穷远"处时所必须花费的能量;它大致等于物体的汽化热(严格地说,等于温度为绝对零度时的汽化热).金属的汽化热一般具有几十或上百千卡/克分子的量级,即每一个原子约为几个电子伏特[1].联结力在近于原子格胞之线度的距离上变得很弱,因此当物体膨胀到这种程度时(当原子间的距离增加一倍时),曲线 $\varepsilon_x(V)$ 就接近自己的渐近线 $\varepsilon_x(V)=U$.

在物体被压缩时,起主导作用的是排斥力,它随着原子的靠近而急剧地增加,因此当体积小于零温体积时势能 $\varepsilon_x(V)$ 增加得很快.为了显示能量增加的速度及其量级,根据文献[1]的资料,我

1) 例如,对于铁——94 千卡/克分子=4.1 电子伏/原子=6.96×10^{10} 尔格/克;对于铝——55 千卡/克分子=2.4 电子伏/原子=8.45×10^{10}尔格/克.

们指出：当把铁冷压缩 7% 时，能量 $\varepsilon_x = 5.25 \times 10^8$ 尔格/克 $= 0.03$ 电子伏/原子；而当压缩到一半时，$\varepsilon_x = 2.42 \times 10^{10}$ 尔格/克 $= 1.4$ 电子伏/原子(这时的压力分别等于 $p_x = 1.31 \times 10^5$ 大气压和 $p_x = 1.36 \times 10^6$ 大气压).

弹性压力与势能由下述关系相联系：

$$p_x = -\frac{d\varepsilon_x}{dV}, \tag{11.1}$$

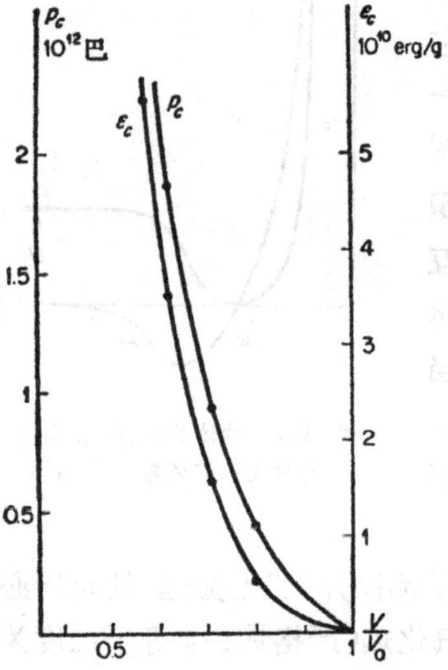

图 11.2 铁的弹性压力 p_x 和能量 ε_x
(根据文献 [1] 的资料)

它具有自然的力学意义(能量的增量等于压缩功),并可以把它看成关于冷压缩的等温曲线方程或绝热曲线方程. 事实上,公式(11.1)可由普遍的热力学关系 $TdS = d\varepsilon + pdV$ 而得到，如果考虑到温度 T 等于零的话. 但当 $T = 0$ 时，根据能斯脱理论[1)]，熵 S 也等于零，即它也保持常数. 因此等温曲线 $T = 0$ 同时也就是绝热曲线 $S = 0$.

压力曲线 $p_x(V)$ 也被简略地画在图 11.1 上. 在点 $V = V_{0k}$ 处压力等于零;当压缩时压力迅速地增加,而当膨胀时它在形式上成为负的.

压力的负号描述了如下物理事实：要使物体从 $T = 0$, $p = 0$ 时的、与力学平衡相适应的零温体积向外膨胀,就必须对物体施加拉力,这个拉力应能克服企图使物体回到平衡体积 V_{0k} 的联结力.

不可能在实验上直接研究 $V > V_{0k}$ 时的冷膨胀曲线 $p_x(V)$ 的走向，因为实践上不可能实现很强的对金属的全向拉伸. 关于

1) 按照能斯脱理论,在绝对零度时任何物质的熵都等于零. ——译者注

负压力的量值，可以根据物质的气化热来进行推测. 按照定义，物体的从零温体积到无限大体积的冷膨胀曲线所围成的面积等于

$$\int_{V_{0k}}^{\infty} p_x(V)dV = -U. \tag{11.2}$$

如果联结力在物体大约膨胀 10 倍（原子间的距离增加一倍）时显著地减弱，那么负压力的最大量值就具有 $p_{\max} \sim U/10V_{0k}$ 的量级，例如对于铁来说，就是 $p_{\max} \sim 6 \times 10^{10}$ 巴 $= 6 \times 10^4$ 大气压[1)].

弹性压力曲线在压力为零之点的斜率与普通条件下所定义的物质的压缩性相符（绝热压缩性和等温压缩性的差别很小；在 $T = 0$ 时它们严格地相符）. 铁的压缩性

$$\varkappa_0 = -\frac{1}{V_0}\left(\frac{\partial V}{\partial p}\right)_{T_0} = 5.9 \times 10^{-13}\ \text{巴}^{-1},$$

由此有

$$-V_{0k}\left(\frac{dp_x}{dV}\right)_{V_{0k}} \approx 1.7 \times 10^{12}\ \text{巴}.$$

冷压缩曲线的斜率决定了弹性波在物体中的传播速度——“声”速. 以后我们将证明，固体中存在几个“声”速. 暂时我们指出一个以通常的公式由压缩性所定义的声速 $c_0 = V\left|\frac{\partial p}{\partial V}\right|_s^{1/2}$，在标准条件下的铁中它等于 5.85 千米/秒.

在实际所能达到的压缩和压力的范围内，对冷压缩曲线 $p_x(V)$ 或者 $\varepsilon_x(V)$ 的理论计算，是根据对原子间的相互作用进行量子力学的考察来进行的. 同时，在许多情况下成功地得到了与压缩性实验数据的令人满意的符合，尤其是对于压力不大时的碱金属和碱土金属. 关于这些计算的详细叙述，以及它们与布里奇曼的将物质在静力学条件下压缩到几万大气压的实验数据所进行的比较，都可以在高姆巴斯的书（文献 [13]）中找到；在那里还列出了有关文献的索引.

---

1) 这个量大于铁在断裂时的强度极限，后者一般约为 10^9 巴 $= 10^3$ 大气压. 断裂强度之所以小，乃与拉伸具有单向性、实际金属中存在裂纹，以及多晶化结构等因素有关. 我们指出，一些品种的钢其强度极限可达 $(1 \div 2) \times 10^4$ 大气压.

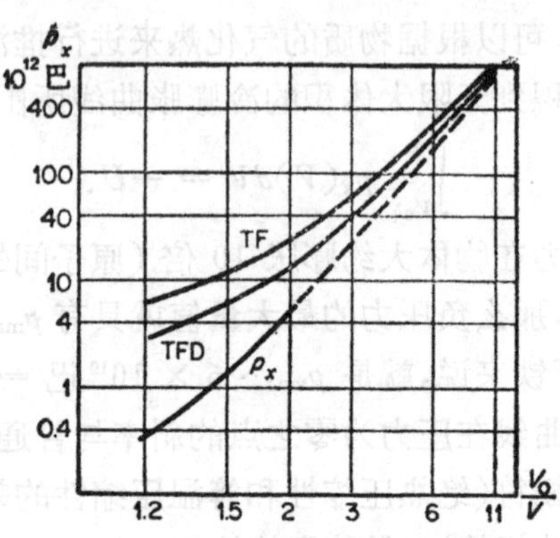

图 11.3　铁的弹性压力 p_x

p_x——实验曲线；TF——根据托马斯-费米模型所计算的曲线；TFD——根据托马斯-费米-狄拉克模型所计算的曲线．虚线——p_x 的外推线．横轴上标志的是压缩 V_0/V

关于许多金属以及氯化钠的(其压力直到几百万大气压，其密度约比标准密度大到两倍的)冷压缩曲线的详细数据，曾由 Л.В. 阿里特书列尔，К.К. 克鲁坡尼柯夫，С.Б. 柯尔米尔，А.А. 巴卡诺娃，Р.Ф. 特鲁宁，М.Н. 巴甫洛夫斯基，Л.В. 库列索娃，В.Д. 乌尔林等人在工作(文献 [1—5, 14, 15]) 中所得到，他们是根据对激波压缩的实验结果进行理论加工而得到的(参阅评论 [55])．

关于这些实验下面还要谈到；在这里，为了图示，我们画出铁的 $p_x(V)$ 和 $\varepsilon_x(V)$ 曲线(图 11.2)．

在理论上可以对压力和密度都很大时的物质的冷压缩建立一个极限情况的规律．在压缩为很强的条件下，原子中的电子壳层在某种程度上失去自己的个体性结构．这时，物质的状态可以近似地用托马斯-费米的原子统计模型，或者稍为精确一些，可用托马斯-费米-狄拉克模型进行描述(在后者当中考虑了交换能量)[1]．关于采用托马斯-费米模型的物质的状态方程曾在第三章 § 13 中叙述过．在压力和密度都是很大的范围内，冷压缩的压力是

1) 按照托马斯-费米-狄拉克方法进行计算，只是在交换修正为很小的情况下才有实际意义．实质上，这指出了托马斯-费米-狄拉克方法所适用的范围．如果交换修正很大，那么这意味着，托马斯-费米-狄拉克方法已经失去了意义．

$$p_x \sim \rho^{\frac{5}{3}} \sim V^{-\frac{5}{3}}. \tag{11.3}$$

这个规律对于原子统计模型本身来说乃是极限性的，因为当压缩不是特别大时模型将导出另外一个关系 $p_x(V)$. 为了将弹性压力的实际曲线与根据统计模型所计算的曲线进行比较，我们引用了文献[1]中的图形，在这个图形上用对数尺度画出了铁的实验曲线和用托马斯-费米模型及托马斯-费米-狄拉克模型所计算的曲线(图 11.3).

从图上看出，当压缩达到实验上所实现的 1.2—1.8 倍时，统计模型所给出的压力过于偏高. Г.М. 岗杰尔曼在很宽的压力范围内对铁的冷压缩曲线进行了量子力学的计算(文献 [37]).

§3 原子的热运动

当物质中的原子受热时就要产生运动. 原子的热运动与一定的能量和压力相联系. 当温度达一万度以上时，电子的热激发就要起重要的作用.

上节已经指出，总能量和总压力可以表示为弹性分量和热分量两项之和的形式. 而热项本身又可分为两个部份：一部分是与原子（原子核）的热运动相对应的项——ε_T，p_T，另一部分是与电子的热激发相对应的项——ε_e，p_e. 这时，固体的比内能和压力可以写成如下形式：

$$\varepsilon = \varepsilon_x + \varepsilon_T + \varepsilon_e, \tag{11.4}$$

$$p = p_x + p_T + p_e. \tag{11.5}$$

其中电子项我们将在下面研究. 在温度大约低于一万度的时候，电子项很小，在表达式 (11.4)，(11.5) 中可以只保留前两项.

我们来考察原子的热运动. 这时，将不区别固体和液体，也不涉及熔解的效应. 液体中的热运动与固体中原子的热运动差别很小. 当温度高达一万度以上时，熔解在能量上对物质热力学函数的影响是不大的，因为熔解热是比较小的. 例如，对于标准压力下的铅来说，其熔解温度是 $T_{熔} = 600°K$，而熔解热 $U_{熔} = 1.3$ 千卡/克分子，如果将它除以气体常数 $R = 2$ 卡/克分子 · 度，那么这个量所对应的温度是 650°K；而对于铁，$T_{熔}=1808°K$，$U_{熔}=3.86$ 千卡/克分子，$U_{熔}/R=1940°K$.

如果温度不是特别高，固体(和液体)中的原子就在平衡位置(固体晶格的结点)附近作微小振动．当振动的振幅尚比原子间的距离小很多的时候，换言之，当振动的能量(每个原子约为一个 kT)尚显著地小于为使原子从一个晶格结点跳到结点之间或其它一个空闭结点所必须克服的势垒高度的时候，振动一直是简谐的．在标准密度的固体中，势垒的高度具有一个或几个电子伏特的量级[1)]，也即是当温度约为一万或几万度的时候量 kT 可与势垒高度进行比较．当温度更高的时候，原子几乎可以自由地在物体中移动．这时，热运动就失去振动的特点，而很快地接近于紊乱的、与气体相类似的运动：物质变成由相互作用很强的原子所组成的稠密气体．

但是，如果在加热的同时再把物质压缩，那么情况就要发生变化．在压缩时相邻原子间的排斥力增加得非常快，因此势垒的高度也急剧地增加，而这个高度正是原子在离开自己的格胞(离开自己的晶格结点)时所必须克服的．这时，原子在物体中的自由移动是非常困难的，原子的运动仍然被限制在自己格胞的有限空间之内．这可由图 11.4 加以说明．

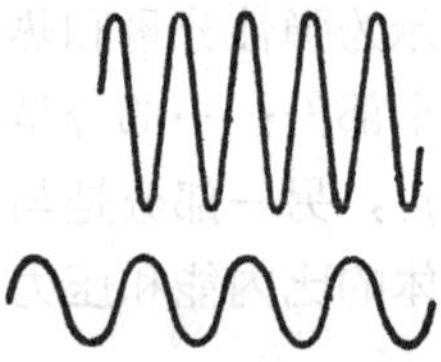

图 11.4 压缩固体时原子势垒高度的变化(示意图)

在粗糙近似下，甚至当温度为极高的 20000—30000°K 的时候，也可以把压缩物质中的原子热运动视为平衡位置附近的微小振动，像这样的高温是实验上研究过的、极强大的激波所能达到的．

当温度超过几百度(开尔文温度)时，振动的量子效应不起任何作用，而原子作简谐振动之物体的比热就等于自己的经典值，

1) 这个量大约等于为使原子在物体中进行自动扩散所必需的活化能 ΔU．该活化能一般要比结合能略小一些，但和后者具有同样的量级，

$$\Delta U\approx(0.5\div0.7)U.$$

每一个原子为 $3k$，或者按 1 克计算 $c_V = 3Nk$，此处 N 是一克物质中的原子数. 注意到低温量子范围内的比热与这个值有差别，我们把原子振动热能的表达式写成如下形式:

$$\varepsilon_T = c_V(T - T_0) + \varepsilon_0, \quad c_V = 3Nk, \tag{11.6}$$

此处 $\varepsilon_0 = \int_0^{T_0} c_V(T)dT$ 是室温 T_0 时的热能，它可以从相应的表中查到.

当温度 T 超过 T_0 很多时，可以略去 $c_V T_0$ 和 ε_0 的差值，因为这两个量与 $c_V T$ 相比较都很小. 这时

$$\varepsilon_T = c_V T, \quad c_V = 3Nk. \tag{11.7}$$

只是在原子的热运动具有振动特点的时候，比热才等于每个原子 $3k$. 当温度足够高时，原子在物体中自由移动，那时比热仅与原子的平动自由度相对应，即它等于每个原子 $\frac{3}{2}k$，就和单原子气体的一样. 从原子的振动到平动的转变，以及由它所引起的比热的减少是在这样一个温度范围内逐渐进行的，在该范围内原子的动能 $\frac{3}{2}kT$ 近似于原子在物体中移动时所必须克服的势垒高度 $\Delta U/N$. 可以选取温度:

$$T_k = \frac{2}{3}\frac{\Delta U}{kN}, \tag{11.8}$$

作为区分比热具有极端值 $3k$ 和 $\frac{3}{2}k$ 这两个温度区域的等效界限.

在 $T \gg T_k$ 的高温之下，一个原子的热能可以表示为平动动能 $\frac{3}{2}kT$ 和平均势能之和的形式，在小振动情况下平均势能也等于 $\frac{3}{2}kT$，而现在它则近似于 $\frac{\Delta U}{N}$.

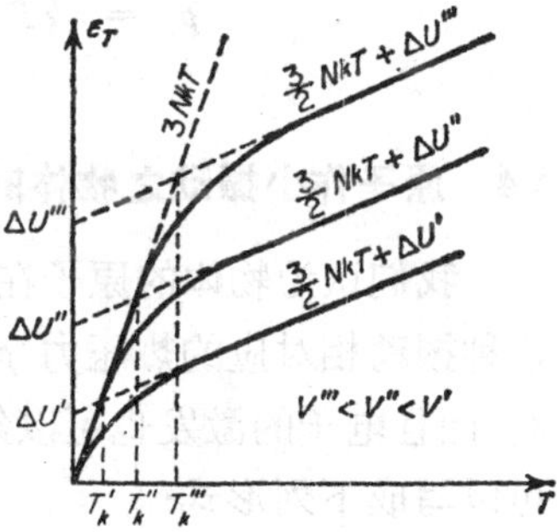

图 11.5 在不同密度(体积)下，热能与温度的关系

这与下面分段定义有效比热相适应:

$$c_V = 3Nk, \quad \text{当 } T < T_k \text{ 时};$$
$$c_V = \frac{3}{2}Nk, \quad \text{当 } T > T_k \text{ 时}.$$

如果 $T > T_k$，这时能量等于

$$\varepsilon_T = \int_0^T c_V dT = \int_0^{T_k} 3Nk dT + \int_{T_k}^T \frac{3}{2}Nk dT$$
$$= \frac{3}{2}NkT + \Delta U. \tag{11.9}$$

作为例子,我们指出在标准密度的铁中

$$\frac{\Delta U}{N} \approx 2.5 \text{ 电子伏}, \ T_k \approx 20000°\text{K}.$$

当物体被压缩时势垒高度要增加,界限温度 T_k 也要增高，因此不同密度(体积)下的热能与温度的关系曲线就具有图11.5上所简略画出的形式.

在 $T \gg T_k$ 的极限情况下,原子的(确切一些,是原子核的)热运动与气体中的情况没有什么差别,而与这种运动相关的热压力，就和往常一样,等于

$$p_T = nkT = \frac{NkT}{V} = \frac{2}{3}\frac{\varepsilon_T}{V}.$$

§4 原子作小振动之物体的状态方程

我们认为物体的原子在平衡位置附近作小振动，而来求出与这种振动相对应的热压力 $p_T(V, T)$ 的量值. 如果温度不是特别高,而且电子的激发也可以忽略,那么物体的状态方程和内能这时可以写成下列形式:

$$p = p_x(V) + p_T(V, T), \tag{11.10}$$
$$\varepsilon = \varepsilon_x(V) + 3NkT. \tag{11.11}$$

我们立刻就可以建立热压力的温度关系，这只要借助下面普遍的热力学恒等式:

$$\left(\frac{\partial \varepsilon}{\partial V}\right)_T = T\left(\frac{\partial p}{\partial T}\right)_V - p. \tag{11.12}$$

根据方程 (11.1)，弹性项自动满足这个关系． 注意到比热 $c_V = 3Nk$ 不依赖于体积，从公式 (11.12) 得到，热压力与温度成正比：$p_T = \varphi(V)T$，此处 $\varphi(V)$ 是体积的某一个函数．

将这个公式改写为

$$p_T = \Gamma(V)\frac{c_V T}{V} = \Gamma(V)\frac{\varepsilon_T}{V}. \tag{11.13}$$

量 Γ 表征了热压力与晶格热能之比，它被称为哥留乃森系数．物体具有标准体积时的哥留乃森系数 $\Gamma_0 = \Gamma(V_0)$ 与物质的其它一些参量之间可由下面已知的热力学关系相联系（例如，可见文献[16]）：

$$\left(\frac{\partial p}{\partial T}\right)_V \left(\frac{\partial T}{\partial V}\right)_p \left(\frac{\partial V}{\partial p}\right)_T = -1. \tag{11.14}$$

由于 $-\dfrac{1}{V_0}\left(\dfrac{\partial V}{\partial p}\right)_T = \varkappa_0$ 是标准条件下的物质的等温压缩性，而 $\dfrac{1}{V_0}\left(\dfrac{\partial V}{\partial T}\right)_p = \alpha$ 是体积热膨胀系数，所以我们得到

$$\Gamma_0 = \frac{V_0 \alpha}{c_V \varkappa_0} = \frac{\alpha}{\rho_0 c_V \varkappa_0} = \frac{\alpha c_0^2}{c_V} \tag{11.15}$$

表 11.1

金属在标准条件下的某些特性

	Al	Cu	Pb
ρ_0，克/厘米^3	2.71	8.93	11.34
$c_V \times 10^{-6}$，尔格/克·度	8.96	3.82	1.29
$\varkappa_0 \times 10^{12}$，厘米^2/达因	1.37	0.73	2.42
$\alpha \times 10^5$，度$^{-1}$	2.31	1.65	2.9
Γ_0	2.09	1.98	2.46
c_0，千米/秒	5.2	3.95	1.91
$\varepsilon_0 \times 10^{-8}$，尔格/克	16.1	7.71	3.23
β_0，尔格/克·度^2	500	11.0	144

（c_0 是由压缩性所定义的声速）．

几种金属在标准条件下的一些参量被列在表 11.1 中，这个表

取自文献 [3][1].

哥留乃森系数 Γ 相当于比热不变之理想气体情况下的绝热指数减一$\left(\text{我们回忆一下气体的状态方程 } p=(\gamma-1)\frac{\varepsilon}{V}\right)$.

由于在推导公式 (11.13) 时使用了比热 c_V 不依赖于体积这一条件，所以哥留乃森系数就不依赖于温度. 而实际上，在温度很高的极限之下，那时原子的(原子核的)热运动成为紊乱的，方程 (11.13) 应变为单原子气体的状态方程，即当 $T\to\infty$ 时，$\Gamma\to\frac{2}{3}$. 如果设想，物体的原子由于外力(体积的增加)而彼此失去联系，并被拉开到很大的距离，那么甚至在低温之下物质也要变为气体，因此在形式上有 $V\to\infty$ 时，$\Gamma\to\frac{2}{3}$. 如从表中看出的，在标准条件下金属的哥留乃森系数接近于 2.

随意函数——哥留乃森系数 $\Gamma(V)$ 的出现，在形式上是由于积分热力学恒等式 (11.12) 的结果，为了阐明它的物理意义，应该从统计物理学上已知的关于原子作简谐振动之物体的自由能表达式出发. 当温度很高时，kT 很大于振动量子的能量 $h\nu$，这时比自由能等于(见文献 [16])

$$F=\varepsilon_x(V)+3NkT\ln\frac{h\bar{\nu}}{kT}, \tag{11.16}$$

此处 $\bar{\nu}$ 是某一平均的振动频率，它与德拜温度 θ 由关系 $h\bar{\nu}=e^{-1/3}k\theta=0.715k\theta$ 相联系(例如，对于铁，$\theta=420°\mathrm{K}$). 公式 (11.16) 中的第一项是原子间相互作用的势能，它与冷物体的能量相符合. 第二项描述的是自由能中的热的部份. 借助普遍的热力学关系，很容易从公式 (11.16) 求出物体的比内能和压力:

$$\varepsilon=F-T\frac{\partial F}{\partial T}=\varepsilon_x(V)+3NkT=\varepsilon_x+\varepsilon_T$$

(自然，我们又回到了公式 (11.11))，而

---

1) 关于 β_0 是什么，我们将在下一节谈到.

$$P = -\frac{\partial F}{\partial V} = -\frac{d\varepsilon_x}{dV} - 3NkT\frac{\partial \ln \bar{\nu}}{\partial V}.$$

第一项给出了我们已知的弹性压力，而第二项则是热压力。注意到哥留乃森系数的定义(11.13)，我们求得

$$\Gamma(V) = -\frac{\partial \ln \bar{\nu}}{\partial \ln V}. \tag{11.17}$$

通过下面简短的讨论，可以把哥留乃森系数与冷压缩函数联系起来。晶格弹性振动谱的平均频率 $\bar{\nu}$，显然是接近于最大频率的。最大频率在数量级上就等于体压缩的弹性波传播速度 c_0 与最小波长之比，而该波长本身则近于原子间的距离 r_0，所以 $\bar{\nu} \sim c_0/r_0$。但声速 $c_0 = \left(-V^2\frac{dp_x}{dV}\right)^{\frac{1}{2}}$，而 $r_0 \sim V^{1/3}$，由此有

$$\bar{\nu} \sim V^{\frac{2}{3}}\left(-\frac{dp_x}{dV}\right)^{\frac{1}{2}}.$$

将这个表达式取对数求导，我们得到

$$\Gamma(V) = -\frac{\partial \ln \bar{\nu}}{\partial \ln V} = -\frac{2}{3} - \frac{V}{2}\left(\frac{d^2p_x}{dV^2}\right)\Big/\left(\frac{dp_x}{dV}\right). \tag{11.18}$$

这个公式是由斯累特(文献[17])和 Л.Д. 朗道与 К.П. 斯塔扭柯维奇(文献[18])得到的。

实验表明，在压缩时(比容 V 减小时)哥留乃森系数要减小一些。

为了说明热压力(11.13)的数量级，我们举一个例子，如果把铝在不变的等于标准体积的体积下加热到 1000°K 的温度，那么它之中的压力要升高到 $p_T = 51000$ 大气压。

当将固体在普通条件下，即在不变的大气压力下加热时，物体是要膨胀的。物体热膨胀的理由是十分清楚的，这只要看一看压力公式(11.10)就会明白。在加热时正的热压力 p_T 是增加的。为使总的压力保持不变，弹性压力 p_x 应该成为负的，即在将原子束缚于晶格的联结力或负的压力尚未平衡由正的热压力所造成的排斥作用之前，物体应该一直是膨胀的。由此看出，哥留乃森系数、热膨胀系数和压缩性之间的关系是明显的，这一关系由公式

(11.15) 表示．事实上，常压下的小膨胀和小加热是由下述条件联系的，

$$dp = dp_x + dp_T \approx \frac{dp_x}{dV}dV + \frac{\partial p_T}{\partial T}dT$$

$$= \frac{dp_x}{dV}dV + \Gamma_0 \frac{c_V}{V_0}dT = 0,$$

由此便得到关系 (11.14) 和 (11.15)[1]．

作为例子，我们来估计铝将膨胀多少，如果将它在常压之下(等于零或者等于大气的压力，实际上是一样的)从绝对零度加热到室温 $T = 300°\mathrm{K}$ 的话．利用表11.1中所列的常数，我们求得

$$\frac{\Delta V}{V} \approx \Gamma_0 \frac{c_V}{V_0} \varkappa_0 \Delta T \approx 2\% (\Delta T = 300°\mathrm{K}).$$

这时，在 $T_0 = 300°\mathrm{K}$ 的状态中热压力和弹性压力的绝对量一样，也等于 $p_{T_0} = 17000$ 大气压．由此可见，大气压力总可以被认为是等于零的，因为它与两个压力分量相比甚至在室温之下也是非常小的．

如果已知函数 $\Gamma(V)$，便很容易求得物质的熵． 当所考察的状态之密度与标准状态时的差别很小时，可以认为 Γ 是常数，并就等于自己的标准值 Γ_0．这时，关于熵我们得到方程

$$dS = \frac{d\varepsilon + pdV}{T} = \frac{d\varepsilon_T + p_T dV}{T} = c_V\frac{dT}{T} + \Gamma_0 c_V \frac{dV}{V},$$

由此得到比熵等于

$$S = c_V \ln \frac{T}{T_0}\left(\frac{V}{V_0}\right)^{\Gamma_0} + S_0, \tag{11.19}$$

此处 S_0 是标准条件 T_0, V_0 之下的熵，它一般可在表中查到．温度和体积之间的绝热性关系由下述方程给出

$$\frac{T}{T_0} = \left(\frac{V_0}{V}\right)^{\Gamma_0} \text{[2]}. \tag{11.20}$$

---

1) 我们只考察那些具有正常性质的在加热时膨胀的物质．

2) 与比热不变之气体的 T 和 V 的绝热性关系 $T \sim V^{-(\gamma-1)}$ 作比较；Γ 就相当于 $\gamma - 1$．

借助状态方程

$$p = p_x(V) + \Gamma_0 \frac{c_V T}{V}, \tag{11.21}$$

将温度用压力表示，便求得压力和体积之间的绝热性关系：

$$\frac{p - p_x(V)}{p_{T_0}} = \left(\frac{V_0}{V}\right)^{\Gamma_0+1}, \tag{11.22}$$

此处 $p_{T_0} = \Gamma_0 c_V T_0 / V_0$ 是标准条件下的压力的热分量[1]. 当压缩不大但伴有压力的明显升高(与大气压力相比较，而不是与 p_{T_0} 相比较)的时候，绝热曲线 $p(V)$ 几乎与冷压缩曲线 $p_x(V)$ 保持一个不变的距离而在其上方行走.

当相对来说压缩很大(为 1.5—2 倍) $p \gg p_{T_0}$ 时，绝热曲线与冷压缩曲线的相对偏差 $[p - p_x(V)]/p_x(V)$ 就成为小量.

§5 电子的热激发

在最简单的金属物体的模型中，金属原子的外层价电子脱离了自己在原子中的位置，它们作为整体共同形成了充满整个晶体的自由电子气体，而在晶体的结点上分布的乃是离子或原子残骸[2]. 电子气体遵从费米-狄拉克量子统计，这种统计法的基础曾在第三章 §12 中叙述过.

当温度为绝对零度时，电子气体是完全简并的；根据泡利原理电子要占据最低的能量状态，并且它们所具有的动能不超过费米边界能量 (3.88)：

$$E_0 = \frac{h^2}{8\pi^2 m_e}(3\pi^2 n_e)^{\frac{2}{3}}$$

(n_e——1 厘米^{3}中的自由电子数，m_e——电子的质量).

金属中的能量 E_0 一般具有几个电子伏特的量级，它所对应的简并温度 $T^* = E_0/k$ 具有几万度的量级[3].

1) 等温曲线是 $[p - p_x(V)]/p_{T_0} = V_0/V$. 当体积的变化很小时，等温曲线几乎与绝热曲线相重合(这时压力的变化是大的).

2) 在这里，我们仅限于一些基本概念，而不去涉及金属的近代电子理论.

3) 例如，对于 Na，$T^* = 37000°K$；对于 K，24000°K；对于 Ag，64000°K；对于 Cu，82000°K，

完全简并的电子气体的动能——它对于每个电子约为 E_0，乃被包含在物体的弹性能量之中，而与热能没有关系．完全同样，它所对应的“动”压力，也和由电子与离子间的静电相互作用所引起的“势”压力一起被包含在弹性压力之中．在求和中，这个总的非由受热而产生的压力等于零，如果物体在温度为绝对零度时处于真空中的话．

当温度升高的时候，要有部分电子跃迁到超过费米边界能量的较高能量状态，而电子气体的能量也要增加．

如果温度 T 很小于费米温度 T^*，那么粗糙地说，要有这样一些电子从原来的动量空间中的费米球中挣脱出来，它们距费米边界的能量距离约为 kT．激发电子的数目约占电子总数的 kT/E_0 部分．每一个激发电子所获得的附加能量近于 kT．这样一来，按一个电子计算的热能在数量级上就等于 $(kT/E_0)kT$，并正比于 $V^{2/3}T^2$（因为 $E_0 \sim n_e^{2/3} \sim V^{-2/3}$）．考虑数值系数之后，在 $T \ll T^*$ 时按 1 克金属计算的电子的热能等于（例如，见文献 [16]）

$$\varepsilon_e = \frac{1}{2}\beta T^2, \tag{11.23}$$

此处的系数 β 依赖于物质的密度，并等于

$$\beta = \beta_0\left(\frac{V}{V_0}\right)^{\frac{2}{3}}, \quad \beta_0 = \frac{4\pi^4}{(3\pi^2)^{\frac{2}{3}}}\frac{k^2 m_e}{h^2}N_e^{\frac{1}{3}}V_0^{\frac{2}{3}} \tag{11.24}$$

（N_e——1 克金属中的自由电子数；V_0——金属的标准比容）．定容比热正比于温度，并等于

$$c_{Ve} = \beta T.$$

当知道金属原子所具有的自由电子数之后，便可以按照公式 (11.24) 计算出系数 β_0，并能求出该温度下的电子比热．在实验上，电子比热是在这种极低的温度下测量的，在该种温度下晶格的比热遵守量子规律，并与 T^3 成正比．在足够低的温度下，仅与 T 的一次方成正比的电子比热是主要的，因而也是可以测量的．而在室温之下电子的比热一般要比晶格的比热小几十倍甚至上百倍，在这种条件下后者是不变的并就等于自己的经典值 $c_V = 3Nk$，

关于某些金属的电子比热系数 β_0 的实验值已被列在表 11.1 之中[1].

如果将各种温度下的电子比热和晶格比热的数值作一比较，那么可以看出，当温度近于 10000°K 的时候，电子比热就已经成为极显著的，比如说在 50000°K 时甚至会大过晶格的比热. 但是应该注意到，关系式 (11.25) 只是在温度低于费米温度的时候才是正确的.

当 $T \gg T^*$ 时，具有恒定电子数的自由电子气体不再是简并的，它的比热就等于经典值 $c_{Ve}=\frac{3}{2}N_e k$. 然而实际上，当温度很高时，"自由"电子数本身要增加，而物质的电子比热也就不能用简单公式来描写. 关于高温下的稠密气体的电子比热问题曾在第三章 § 14 中详细地讨论过.

当温度约为 10000—20000°K 的时候（这种温度是实验上用激波压缩金属时所曾达到的），距离上述的情形还相差很远，而电子的比热仍可以近似地认为与温度成正比，就像从公式 (11.25) 所得到的那样. 应当说明，在压缩金属时简并温度 T^* 是要增高的 ($T^* \sim V^{-2/3}$)，因此可使近似关系 $\varepsilon_e \sim T^2$，$c_{Ve} \sim T$ 成立的那一温度范围，在压缩物质时比物质具有标准密度时还要更大一些.

根据自由电子气体的状态方程（无论是简并的，还是不简并的），电子压力的热分量等于

$$p_e=\frac{2}{3}\frac{\varepsilon_e}{V}=\frac{1}{3}\beta\frac{T^2}{V}\sim V^{\frac{1}{3}}T^2. \tag{11.26}$$

如果用类似于 (11.13) 的关系对电子定义一个"哥留乃森系数" Γ_e，

$$p_e=\Gamma_e\frac{\varepsilon_e}{V}, \tag{11.27}$$

那么对于自由电子气体来说它等于 2/3.

С.Б. 柯尔米尔曾根据托马斯-费米和托马斯-费米-狄拉克的

1) 它们在数量级上与根据公式 (11.24) 所进行的计算相符合.

原子格胞的统计模型(见第三章§12—§14)对电子的温度行为进行了仔细的分析(文献[3]). 并参照了盖里瓦里的近似计算(文献[19])和莱特的计算(文献[20]),以及一些实验的资料. 盖里瓦里曾研究了对于托马斯-费米冷原子模型进行修正的温度项,而莱特的计算我们曾在第三章§14中谈到过. 上述分析表明,当温度大约低于 30000—50000°K 的时候,电子的比热和采用自由电子模型时一样仍然正比于温度: $c_{Ve} \sim T$, $\varepsilon_e \sim T^2$, 并且随着密度的增大允许这一规律得以保持的温度越来越高.

至于谈到热压力,那么系数 Γ_e 仅是在温度很高或密度很大的极限情况下才等于 2/3, 而那时电子的动能很大于库仑能. 在实际的、激波压缩实验所能达到的温度和密度的范围内, Γ_e 的量值要稍微小一些; 它大约等于 0.5—0.6. 结果发现,可以相当高的精度取 $\Gamma_e =$ 常数 $= 1/2$.

这时,为了不与热力学恒等式(11.12)发生矛盾,在改变系数 Γ_e 的同时必须改变和它有关的能量与体积关系中的幂指数,就是要以关系 $\varepsilon_e \sim V^{1/2}T^2$ 来代替 $\varepsilon_e \sim V^{2/3}T^2$ 1).

令标准体积下的电子比热的系数等于实验值,那么当 $T <$ 30000—50000°K 的时候,便可以按照 С.Б. 柯尔米的方法近似地写出

$$\varepsilon_e = \frac{1}{2}\beta T^2, \quad \beta = \beta_0\left(\frac{V}{V_0}\right)^{\frac{1}{2}}, \tag{11.28}$$

$$p_e = \frac{1}{2}\frac{\varepsilon_e}{V}. \tag{11.29}$$

§6 三项状态方程

我们简单归纳一下§2—§5的一些结果. 固体或液体物质的比内能和压力可以表示为三个分量之和的形式,它们分别描写冷物体的弹性性质,原子(原子核)的热运动和电子的热激发. 当所

---

1) 容易验证,在能量与体积关系为 $\varepsilon_e \sim V^k T^2$ 和状态方程 $p = \Gamma_e \varepsilon_e / V$ 中的 $\Gamma_e =$ 常数的情况下,要想使得热力学恒等式得到满足,只有令 $k = \Gamma_e$.

考察的温度不是特别高即不超过几万度(而压缩很大)的时候，在一定程度上可以近似地认为,原子是作小振动,而它们的比热就等于 $c_V = 3Nk$. 在这样温度下两个电子项由近似公式 (11.28), (11.29) 来描写. 这样一来,能量和压力分别等于

$$\left.\begin{aligned}
&\varepsilon = \varepsilon_x(V) + \varepsilon_T + \varepsilon_e,\ p = p_x(V) + p_T + p_e,\\
\text{此处}\quad &\varepsilon_x(V) = \int_V^{V_{0k}} p_x(V)dV,\\
&\varepsilon_T = 3Nk(T - T_0) + \varepsilon_0,\\
&\varepsilon_e = \frac{1}{2}\beta_0\left(\frac{V}{V_0}\right)^{\frac{1}{2}} T^2,\\
&p_T = \Gamma(V)\frac{\varepsilon_T}{V},\ p_e = \frac{1}{2}\frac{\varepsilon_e}{V}.
\end{aligned}\right\}\quad(11.30)$$

T_0 是室温；ε_0 是室温下的原子晶格的热能，它可从表中查到. 标准体积下的电子比热的系数 β_0 是由在很低温度下对比热进行测量的实验而得到的.

哥留乃森系数 $\Gamma(V)$ 与函数 $p_x(V)$ 之间由微分关系 (11.18) 相联系. 只剩下一个未知量——作为体积之函数的弹性压力 $p_x(V)$，它应通过实验办法来求得.

2. 激波绝热曲线

§7 凝聚物质的激波绝热曲线

激波阵面上的质量流、动量流和能量流的守恒定律 (1.61)—(1.63) 具有非常普遍的意义，而不管波在其中传播的物质处于何种物质状态. 由于甚至在很弱的激波中也要以上千个大气压来测量,因而初始大气压力总是可以忽略的,并就认为它等于零. 和通常一样,我们还是用 D 来表示激波沿未扰动物质传播的速度,而用 $\boldsymbol{u}$ 来表示质量速度在波阵面中的跃变，它就等于波阵面之后的物质的速度(在实验室坐标系中)，如果在波阵面之前物质是静止的话. 略去波阵面之后各量的脚标，我们把质量和动量的守恒定律

写成如下形式·

$$\frac{V_0}{V} = \frac{D}{(D-u)}, \tag{11.31}$$

$$p = \frac{Du}{V_0}. \tag{11.32}$$

从这两个方程中消去速度 u，我们得到

$$p = \frac{D^2}{V_0}\left(1 - \frac{V}{V_0}\right). \tag{11.33}$$

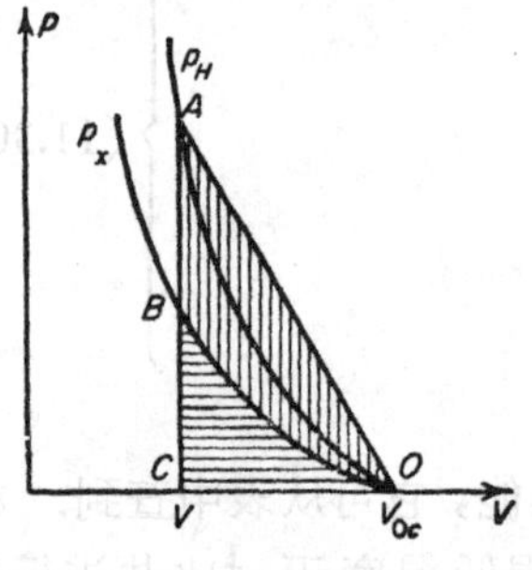

图 11.6 关于冷物质激波压缩的 p, V 图

p_H——激波绝热曲线，p_x——冷压缩曲线

我们取 $p_0 = 0$ 的激波绝热曲线方程 (1.71) 作为第三个关系即能量关系:

$$\varepsilon - \varepsilon_0 = \frac{1}{2} p(V_0 - V). \tag{11.34}$$

1克物质因激波压缩 $p(V_0-V)$ 的作用而获得的总能量，要在动能 $u^2/2$ 和内能 $\varepsilon - \varepsilon_0$ 之间进行平均分配(在未扰动物质处于静止的坐标系中). 而内能变化本身又由弹性能和热能的变化相加而得到.

首先来研究这种激波，它们是沿着初始温度为零的物体进行传播的: $T_0 = 0$, $\varepsilon_0 = 0$, $V_0 = V_{0k}$. 在 p, V 图(图 11.6) 上画出冷压缩的绝热曲线 $p_x(V)$ 和激波绝热曲线 $p_H(V)$，自然后者要在上方通过，因为波阵面之后的总压力是由弹性压力和热压力相加而得到的. 物质所获得的弹性能量 ε_x 在数量级上就等于打有横线的曲线三角形 OBC 的面积 $\left(\varepsilon_x = \int_V^{V_{0k}} p_x dV\right)$. 总的内能 ε，根据 (11.34) 就等于三角形 OAC 的面积;打有竖线的面积之差就是经受激波压缩的物质所获得的热能. 就如从图 11.6 所看出的，OAC 的面积必定要大于 OBC 的面积，只要冷压缩曲线对于体积轴而言是向下凸的话 $\left(\frac{d^2 p_x}{dV^2} > 0\right)$，而一般来说总是这样的. 因

此，在激波中物质总是被加热的，而它的熵也是增加的．这是个十分普遍的原理，在第一章中它曾以比热不变的理想气体为例而得到直接的证实，在固体的情况下它也可以同样的直观性由物质的弹性性质而推导出来．

现在我们来考察原来处在标准条件 V_0，T_0 之下的物体的激波压缩，这时初始的弹性压力是负的，而曲线 $p_x(V)$ 的走向就如图 11.7 所画的那样．经初态点而画出的普通绝热曲线或者叫做等熵曲线 $p_S(V, S_0)$，当体积减小时它多少要向上偏离于冷压缩曲线．

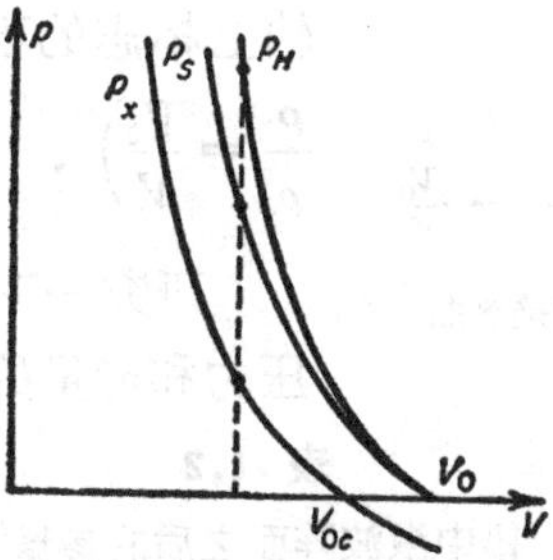

图 11.7　关于热至室温之固体的激波压缩的 p，V 图

p_H——激波绝热曲线，　p_S——等熵曲线，　p_x——冷压缩曲线

当压缩不大时，电子的压力是非常小的；可认为哥留乃森系数是不变的，而绝热曲线 $p_S(V, S_0)$ 就由方程 (11.22) 来描写．

就如已知的（第一章，§ 18），激波绝热曲线 $p_H(V)$ 在初始点与普通绝热曲线 $p_S(V)$ 是二级相切的，因此激波绝热曲线的走向就如图 11.7 所表示的那样．图 11.7 是用这样的比例尺制成的，它能使三条曲线 p_x,p_S 和 p_H 的相互位置在比较低的量级为十万大气压的压力范围内显得很清楚．如果考察高达几百万大气压的压力范围，那么 V_0 和 V_{0k} 之间的差别，以及普通绝热曲线与冷压缩曲线的偏差，几乎都显不出来，而激波绝热曲线与等熵曲线 p_S 或与曲线 p_x 的偏差则变得很大，这是由于能量和压力之热分量的作用增强的结果，或者同样地，是由于熵显著增加的结果．这时的图形和图11.6一样，在那里可以认为 $V_{0k} = V_0$，而绝热曲线 p_{S_0} 和冷压缩曲线是一致的.

在压力近于几百万大气压的激波中，与物质熵的增加相关的热能可与总能量进行比较. 同样地，热压力也可与总压力进行比较. 这可以图 11.8 加以说明（该图取自文献 [3]），在那里画出了压力大约达 4×10^6 大气压的铜和铅的实验激波绝热曲线和以实验为基础通过计算办法而得到的冷压缩曲线（横轴上标志的不是体积，而是压缩量，$\dfrac{\rho}{\rho_0}=\dfrac{V_0}{V}$）1）.

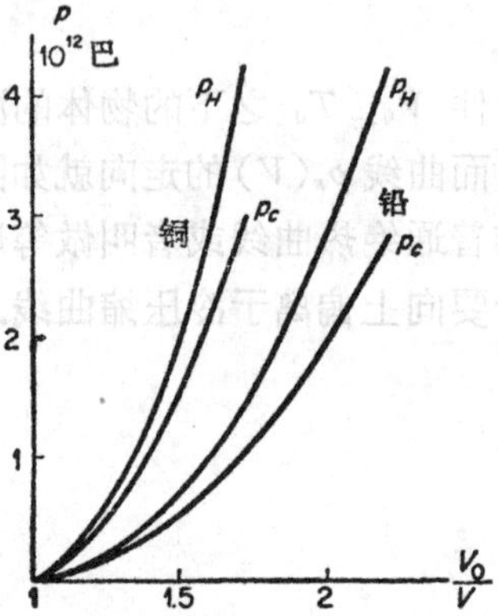

图 11.8　铜和铅的激波绝热曲线与冷压缩曲线

研究一下表 11.2，便可以看出压力和能量的所有分量在不同压力

表 11.2

铅中激波阵面之后的参量

ρ/ρ_0	p	p_x	p_T	p_e	$\varepsilon-\varepsilon_0$	ε_x	$c_V(T-T_0)$	ε_e	Γ	T, °K
	以 10^{10} 达因/厘米² $=10^4$ 大气压为单位				以 10^8 尔格/克为单位					
1.3	25.0	21.6	3.35	0.051	25.4	15.3	9.6	0.69	1.9	1045
1.5	65.5	51.0	13.9	0.63	96.3	46.7	42.3	7.4	1.77	3580
1.7	133.0	95.3	34.0	3.8	242.0	95.8	107.0	39.4	1.60	8600
1.9	225.5	156.0	56.0	12.7	471.0	163.2	191.0	118.0	1.35	15100
2.1	335.5	233.0	73.0	29.0	775.0	248.0	284.0	243.0	1.07	22300
2.2	401.0	277.0	93.0	41.5	965.0	297.0	337.0	332.0	0.98	26400

1）关于这些实验和获得冷压缩实验曲线的办法，请见 § 12，§ 13.

的激波压缩中的相对作用[1]。

由表中得到，当用激波把铅压缩到 2.2 倍时，波阵面之后的物质被加热到 26400°K；这时热压力占总压力的 32%，而热能则占总能量的 69%，并且有一半热能是属于电子的，而另一半是属于原子振动的．电子的热压力占总热压力的 34%．

所有其它一些被研究过的金属，在波的强度增加时，其行为在定性方面也是这样的．一些定量的资料可在文献 [3] 和 Л.В. 阿里特书列尔的评论 [55] 中找到；这里我们不再列出它们．

激波的强度越大，压力和能量的热分量所起的作用也就越大．在几亿大气压以上的很高压力下，“弹性”分量的作用就成为很小的了，而物质的行为实际上就和理想气体的一样(理想的意思，是指粒子间没有相互作用)．相应地，这种条件下的激波绝热曲线原则上也就和理想气体的激波绝热曲线(考虑“电离”过程的，见第三章)没有什么差别，即对于固体来说在激波中也存在一个极限压缩．在 $p\to\infty$ 的极限之下，温度也趋近于无限大，原子完全电离，而物质则要变成理想的、经典的电子-原子核气体，这种气体的绝热指数 $\gamma=5/3$，而它所对应的极限压缩等于 4 (如果不计与辐射有关的效应的话；见第三章)．

§8 激波绝热曲线的解析表示

借助热力学函数 $p(V, T)$，$\varepsilon(T, V)$ 原则上可用显式求得激波绝热曲线 $p_H(V, V_0)$ 的方程．而事实上这是做不到的，因为弹性压力与体积的理论关系——函数 $p_x(V)$ 是不知道的．但是，写出激波绝热曲线的方程是有好处的，虽然它之中仍保留一个未知函数 $p_x(V)$．我们将考察强度不是特别大的激波，在这种波中可以略去压力和能量的电子分量，并认为哥留乃森系数 Γ 保持不变，就等于它在标准条件下的数值 Γ_0．同时还认为，波也不是特别弱的，因而可以略去未扰动物质的初始能量 ε_0．事实上，这相当于：

---

1) 该表取自文献 [3]． 为使资料完整，在表中填补了一些量．这些量是借助文献 [3] 中所列的一些常数而计算出来的．

我们认为初始温度等于零，并对标准体积 V_0 和零温体积 V_{0k} 不加区别.

向激波绝热曲线方程 (11.34) 中代入能量 $\varepsilon = \varepsilon_x + \varepsilon_T$，并将其中热的部份 ε_T 按照公式 (11.21) 用压力表示:

$$p - p_x = p_T = \Gamma_0 \frac{\varepsilon_T}{V};\quad \varepsilon = \varepsilon_x + \frac{V(p - p_x)}{\Gamma_0}.$$

对于 p 来求解所得到的方程，我们便得到如下形式的激波绝热曲线方程

$$p_H = \frac{(h-1)p_x(V) - 2\varepsilon_x(V)/V}{h - V_0/V},\quad \varepsilon_x = \int_V^{V_{0k}} p_x(V)dV, \tag{11.35}$$

此处用 h 表示量 $h = 2/\Gamma_0 + 1$.

如果形式地把公式 (11.35) 推广到强度很大的激波，那么我们得到，在极限 $p_H \to \infty$ 之下，$V_0/V = h$，即在形式上 h 就是激波中的"极限压缩". 这里的情况完全类似于在比热不变的理想气体中所遇到的情形. 我们回忆一下，哥留乃森系数 Γ 就相当于绝热指数 γ 减 1. 由此得到，"极限压缩" h 就对应于量 $(\gamma+1)/(\gamma-1)$——气体中的极限压缩.

与气体在形式上的相似乃是由于: 在 $p_H \to \infty$ 的极限之下，热压力起主要的作用 ($p_T = p_H - p_x \to \infty$，而 $p_x(V) \to$ 常数)，因而这种情况下的状态方程也就与气体的没有什么差别.

利用某种插值公式将激波绝热曲线表示为解析的形式，有的时候是方便的. 实验表明，在一个很宽的激波强度的范围内，波阵面的速度和波阵面后之物质的速度(相对于未扰动物质)之间的关系是线性的:

$$D = A + Bu. \tag{11.36}$$

例如，对于铁 $A = 3.8$ 千米/秒，$B = 1.58$[1]. 借助关系式 (11.36)，按照公式 (11.34)，(11.32)，很容易求得激波绝热曲线

1) 不可能将公式 (11.36) 外推到 $p \to 0$，$u \to 0$ 的小强度的情况，因此常数 A 并不是标准状态下的声速.

的方程:

$$p_H = \frac{A^2(V_0 - V)}{(B-1)^2 V^2 \left[\frac{B}{B-1} - \frac{V_0}{V}\right]^2}. \tag{11.37}$$

激波绝热曲线 $p_H(V, V_0)$ 可用型如

$$p_H = \sum_{k=1}^{m} a_k \left(\frac{V_0}{V} - 1\right)^k$$

的多项式来插值，式中的常数系数有一部分是由激波压缩实验的结果来确定，而另一部分是通过标准状态下的物质的各个参量来确定.

§9 弱强度激波

数量级为几万和十万大气压的压力范围，对于实践来说具有很大的意义. 这是一些典型的压力，它们是在炸药爆炸、水中爆破、爆炸产物撞击金属等情况下所能达到的. 在等熵流的范围内，常常利用下述经验的凝聚物质的状态方程

$$p = A(S)\left[\left(\frac{V_0}{V}\right)^n - 1\right], \tag{11.38}$$

式中指数 n 是常数，系数 A 依赖于熵，而实际上后者也总被看成常数. 常数 A 和 n 之间由这样一个关系来联系，在该关系中包含标准条件下的物质的压缩性(声速):

$$c_0^2 = -V_0^2\left(\frac{\partial p}{\partial V}\right)_S = V_0 A n. \tag{11.39}$$

Ф.А.巴乌姆,К.П.斯塔扭柯维奇和Б.И.谢赫切尔(文献[21])，依照尹谢诺的数据对金属取指数 n 等于 4，并按照公式 (11.39) 利用压缩性的实验值计算了许多金属的常数 A.

并且，在许多情况下得到了与他们自己在实验上所确定的 A 值符合得很好的结果.

例如，对于铁，$A_{计算} = 5 \times 10^5$ 大气压，比实验值大 11%. 对于铜，$A_{计算} = 2.5 \times 10^5$ 大气压，比实验值大 6%；对于杜拉铝

(硬铝——译者)，$A_{计算} = 2.03 \times 10^5$ 大气压，它实际上与实验值相符合. 对于水，一般取 $n \approx 7—8$，而 $A \approx 3000$ 大气压.

在计算带有上述压力范围内之激波的流动时，可在一级近似下略去熵在激波中的变化，而利用绝热的 $A =$ 常数的状态方程(11.38)，该式将波阵面中的压力与压缩联系起来. 这时速度 D 和 u 是由前两个激波阵面上关系(11.31)，(11.32) 或 (11.31)，(11.33) 求得. 能量方程 (11.34)，这时可用来在下一级近似下估计出由激波压缩的不可逆性所引起的内能的增量. 事实上，如果把 (11.38) 看作等熵方程，那么内能对 V 的依赖关系便可求得，这要利用方程 $TdS = d\varepsilon + PdV = 0$，

$$\begin{aligned}\varepsilon(V) - \varepsilon_0 &= -\int_{V_0}^{V} PdV \\ &= AV_0\left\{\frac{1}{n-1}\left[\left(\frac{V_0}{V}\right)^{n-1} - 1\right] - \left[1 - \frac{V}{V_0}\right]\right\}.\end{aligned}$$

自然，这个能量值和由 (11.38) 所得到的压力值是不会满足激波阵面上的能量方程 (11.34) 的. 差值

$$\Delta\varepsilon = \frac{1}{2}p(V_0 - V) - \int_{V}^{V_0}(PdV)_{S=常数},$$

按照定义，乃等于由熵在激波中的增加所引起的内能的增量. 这个量与能量在激波中的总增量 $\varepsilon - \varepsilon_0$ 相比较应是个小量，这一点乃是激波压缩的"绝热性"近似能够成立的条件.

当指数 $n = 4$ 时，对比值 $\Delta\varepsilon/(\varepsilon - \varepsilon_0)$ 所进行的计算表明，当 $V_0/V = 1.1$ 时，这个比值等于 4.5%，而当 $V_0/V = 1.2$ 时，则等于 17.5%(比值与 A 无关). 1.1 倍的压缩所对应的压力其量级为 100000 大气压(对于铝，为 90000 大气压；对于铁，为 210000 大气压).

这就是说，当压力约为 10^5 大气压时，激波压缩的"绝热性"近似所给出的误差在能量上不超过 5% (在压力上还要更小一些)，这就使得有可能在许多实际的计算中把激波视为声波.

§ 10 多孔物质的激波压缩

多孔物体的激波压缩过程具有一些独特的特性. 对同一种物质在不同初始密度下进行激波压缩的实验研究，使得有可能得到关于高温高压下物质热力学性质的更为完整的资料. 多孔物体可以具有不同的属性和构造(粉末体,内有空穴物体,纤维质物体,等等). 它们的共同特点是,都或多或少地具有一些大的颗粒或密度为标准密度 $\rho_0 = 1/V_0$ 的连续物质区域和空穴区域，因此平均比容 V_{00} 要大于标准比容 V_0(而平均密度 ρ_{00} 则要小于标准密度 ρ_0). 我们设想多孔物体经受一个缓慢的全向压缩. 在开始时，外界压力所作的功只是用于"消除"空穴、密聚物质,从而使它变为标准体积. 这个功乃与克服颗粒间的摩擦力、破碎颗粒、揉皱纤维等项有关.

作这个功所需要的压力是比较小的，它的尺度就是材料的强度极限,即对于金属来说这个压力约为上千个大气压,而对于多数物质来说则要小很多. 如果所考察的压缩是属于要以十万大气压来度量的压力范围内的话，那么在使物质密聚到标准体积的那一段绝热曲线上,实际上可以认为压力等于零，而发自点 V_{00} 的绝热曲线也就由横轴上的从 V_{00} 到 $V_0(p = 0)$ 的线段来表示; 然后当压缩高于标准密度时,则由连续物质的等熵曲线来表示(图 11.9).

现在来研究多孔物体的激波压缩. 为了简单，我们将考察要用几十万和几百万大气压来度量的高压力的激波压缩，因此可以认为连续物质的普通绝热曲线与冷压缩曲线是符合的. 同时还将略去与强度有关的一些效应,以及初始温度 $T_0 \approx 300°\mathrm{K}$ 和零度之间的差别.

我们将认为，在激波阵面之后的终态，物质是连续的和均匀的. 由激波阵面上的各守恒定律和物质的状态方程得出结论，激波绝热曲线具有图 11.10 上所画出的形式(这将在下面解释). 与标准体积 V_0 和零压力 $p = 0$ 相对应的点乃处在激波绝热曲线上. 物质在激波中所获得的内能 $\varepsilon = 1/2p(V_{00} - V)$ 就等于打有横线

的三角形的面积． 它的弹性部分则等于由曲线 $p_x(V)$ 所限定的

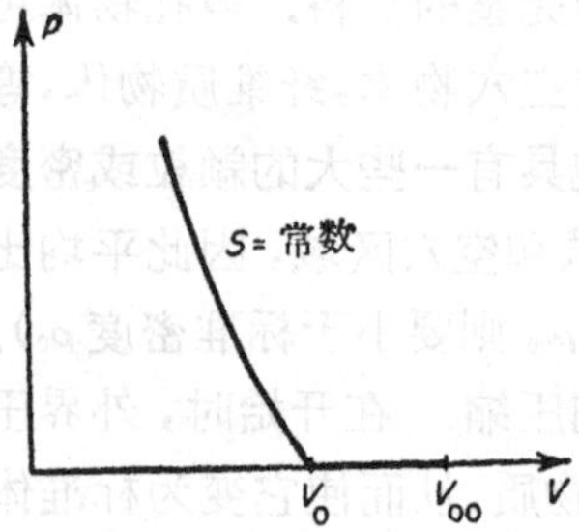

图 11.9 多孔物质的等熵压缩

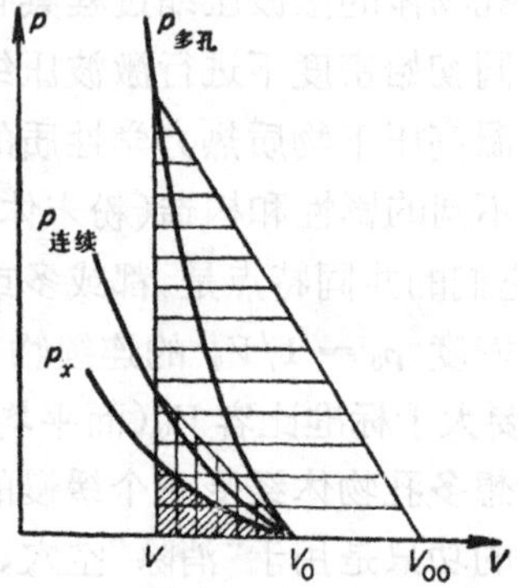

图 11.10 关于多孔物质激波压缩的 p, V 图

$p_{多孔}$——多孔物体的激波绝热曲线，$p_{连续}$——连续物体的激波绝热曲线，p_x——连续物体的冷压缩曲线

在图 11.10 上打有深阴影线的曲线三角形的面积． 初始体积 V_{00} 越大，即物质的多孔性越强，那么当把多孔物质压缩到同一终态体积时，与热能部分相对应的面积之差也就越大（在给定体积下，弹性能量保持不变，而总的能量是增加的）．

但热能越大，热压力就越大．因此，多孔性越强，激波绝热曲线的走向也就越陡． 尤其是，多孔物质的激波绝热曲线要在连续物质的激波绝热曲线上方行进，就象图 11.10 所表示的那样．

要把多孔物质和连续物质压缩到同样的体积，则前者所需要的压力较高，并且多孔性的程度越强，所需要的压力就越高．

如果认为初始温度（和熵）不等于零，图象在定性方面不变．

与对连续物体的压缩相比，多孔物体经受激波压缩时其压力和能量的热分量是急剧增加的，为了能得到关于这种增加急剧到何种程度的概念，我们画出了具有标准密度的铁和密度低至

$$\frac{1}{1.4}\ (V_{00}=1.412V_0)$$

的多孔铁两者的实验激波绝热曲线． 这几条曲线（图 11.11）取自

文献 [1]（横轴上标志的不是体积，而是相对于标准密度的压缩 V_0/V）．例如，当相对于标准体积的压缩 $V_0/V=1.22$ 时——这相当于多孔铁的体积缩小至 $\frac{1}{1.74}$ $(V_{00}/V=1.74)$，这时多孔铁情况下的压力要比连续铁时的压力大到 2.63 倍，而能量则要大到 8.64 倍．

激波压缩多孔物体时的大量加热可以导致激波绝热曲线之行为的明显反常．即是，当把多孔性很强的物质压缩到一定压力时，热压力的相对作用变得如此之大，以致使得高压下之终态的密度要小于标准密度 $(V>V_0)$．这时，随着压力的增加，体积并不像通常那样是减小的而是增加的，而激波绝热曲线就具有图 11.12 上所画的反常走向．

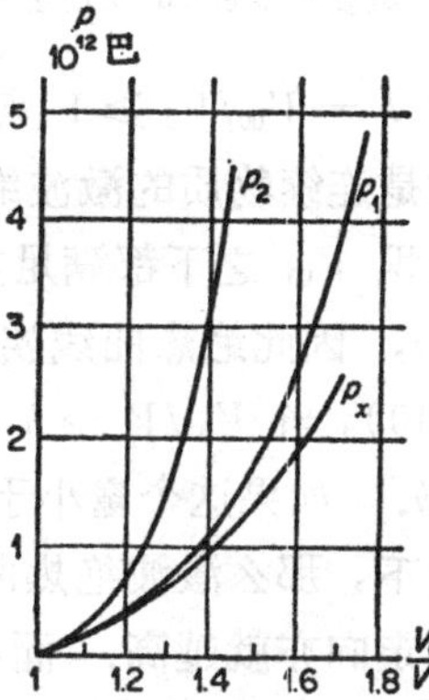

图 11.11　连续铁的激波绝热曲线（p_1）和多孔铁的激波绝热曲线（p_2）

p_x——冷压缩曲线

为了阐明这种奇异效应的起因，我们要利用在这种假设下所导出的激波绝热曲线方程，这种假设是：电子的压力和能量都很小，哥留乃森系数保持不变，而物质的初始能量可以忽略．这个方程就是 (11.35)，在它之中应把初始体积 V_0 理解为多孔物质的初始体积 V_{00}（在推导方程 (11.35) 时，任何地方都没有预先声明物质在初始状态需是连续的）：

$$p_H(V,V_{00})=\frac{(h-1)p_x(V)-\dfrac{2\varepsilon_x(V)}{V}}{h-\dfrac{V_{00}}{V}},\quad h=\frac{2}{\Gamma_0}+1. \tag{11.40}$$

方程 (11.40) 描写了一族激波绝热曲线，它们分别对应于不同的初始体积 V_{00}，即对应于不同的多孔性程度，而这种程度可由

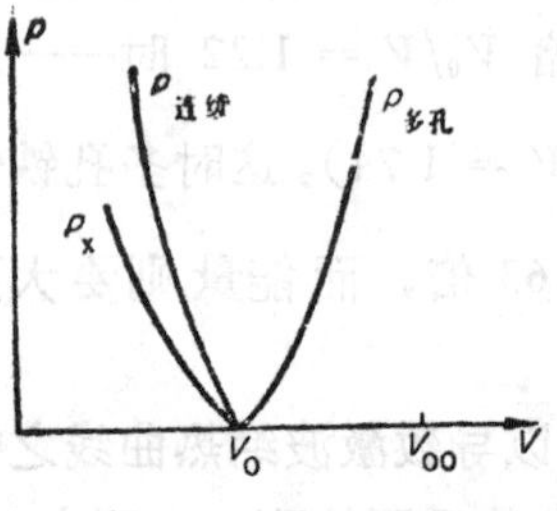

图 11.12 当物质的多孔性很高时，激波绝热曲线的反常走向

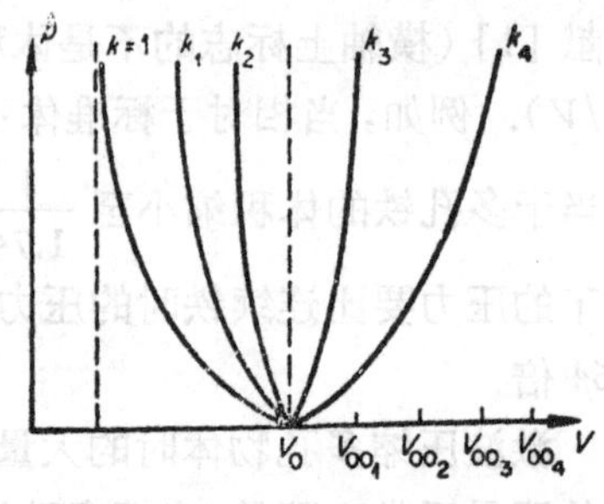

图 11.13 不同多孔程度下的激波绝热曲线： $k_4>k_3>h$； $h>k_2>k_1>1$

系数 $k=V_{00}/V_0 \geqslant 1$ 来表征．当 $k=1$ 时，$V_{00}=V_0$，我们得到的是连续物质的激波绝热曲线．点 $V=V_0$，$p_H=0$ 在任何初始体积 V_{00} 之下都满足方程 (11.40)（因为 $p_x(V_0)=0$，$\varepsilon_x(V_0)=0$），因此绝热曲线族乃是由该点发出的一束曲线． 按照公式 (11.40)，当 $V_{00}/V \to h$ 时，$p_H \to \infty$，即极限体积就等于 $V_{极限}=V_{00}/h$． 如果这个量小于 V_0——这是发生在多孔性不大 $k<h$ 的情况下，那么激波绝热曲线就具有正常的走向，并且初始体积越大其走向亦就越高． 而如果 $V_{极限}>V_0$（这是发生在多孔性很高 $k>h$ 的情况下)，那么这时曲线的走向是反常的：当压力增加时终态的体积是增大的． 在图 11.13 上画出了一族与不同的多孔系数相对应的激波绝热曲线．

我们再次强调，方程 (11.40) 只是描写了在小压力范围内的激波绝热曲线的初期走向．实际上，当压力很大时，电子项的作用是很重要的，而哥留乃森系数也不再保持不变． 但这并不破坏关于强多孔性物质的激波绝热曲线有可能出现反常走向这一定性结论的正确性．

在С.Б. 柯尔米尔，А.И. 富吉柯夫，В.Д. 乌尔林和А.Н. 考连斯尼考娃的工作（文献 [56]）中，叙述了对多孔金属进行激波压缩研究的一些结果，而这种压缩的压力是从0.7到 9 百万大气压．在那里还对多孔物质的状态方程进行了一系列理论推导，并根据实验资料确定了状态方程中所含有的一些参量．

§ 11　不很强的激波向物体自由表面的奔驰

当用实验来确定固体激波绝热曲线的时候(这一点将在下一节讨论),要广泛地应用所谓的卸载波中的倍速原则.

当沿固体传播的激波奔至自由表面时，被压缩过的物质要膨胀,或者说,它们实际上要卸载到零的压力. 卸载(稀疏)波要以与激波阵面后的状态相对应的声速沿物质向后传播，而卸载物质本身则在激波原来运动方向上获得一个附加的速度[1].

这一节我们只研究不很强的激波，它们给固体物质的能量不足以使固体熔解，更不能使之蒸发[2]，因此卸载后的物质终态被假定为是固体的. 在这种情况下,卸载物质的终态体积 V_1 和固体的标准体积 V_0 之间的差别甚小.

同时还认为激波也不是特别弱的，以致能略去与固体强度有关的效应. 在受激波压缩的物体中,压力被假定是各向同性的,就像在气体或液体中一样. 当压力与强度极限、临界切应力等相比为很大的时候,这是正确的. 这时声速由物质的压缩性、全向压缩模量来确定,完全和在气体与液体中一样. 在相反的情况下,卸载要由弹性理论的公式来描写,关于这一点将在以后谈到.

假令沿固体传播一个强度不变的平面激波(压力为 p，质量速度为 u，体积为 V，后者仅比标准体积 V_0 略小一些). 在某一确定时刻激波奔至自由表面，而这个表面被认为与激波阵面平行. 不是特别强的激波其压缩很小，$V_0 - V \ll V_0$，它与压缩的声学波没有什么差别，并就由声学波的一些公式来描写. 它沿物体的

---

1) 如果物体不是与真空交界，而是与空气交界，那么卸载物质的运动边界对空气所起的乃是活塞的作用，并要在它自己的前面“推出”一个空气的激波. 因此，严格地说，物质不是卸载到零的压力，而是卸载到空气激波中的压力. 但是，这个压力（尽管它与大气压力相比可以是很大的）与激波所压缩过的固体中的初始压力相比是如此之小，以致它总可以被忽略，从而可以认为：向空气的卸载和向真空的卸载没有什么差别. 空气中激波的强度，这时由“活塞”的速度即卸载的固体物质的速度所决定.

2) 关于原先被强激波所压缩的固体的蒸发问题，将在 § 21，§ 22 中谈到.

传播是以声速 c_0 进行的． 它之中的压力与质量速度之间由关系 $p=\rho_0c_0u\ (\rho_0=1/V_0)$ 来联系．从激波奔至自由表面的时刻 $t=0$ 开始，沿物体向后传播一个卸载波，它也是声学波．它是以(与标准条件下的声速 c_0 差别很小的)声速沿物质传播的．波中的压力要由初态的 p 下降到零，而物质获得了速度 u'，它与压力变化 $\Delta p=-p$ 之间由声学公式联系起来：

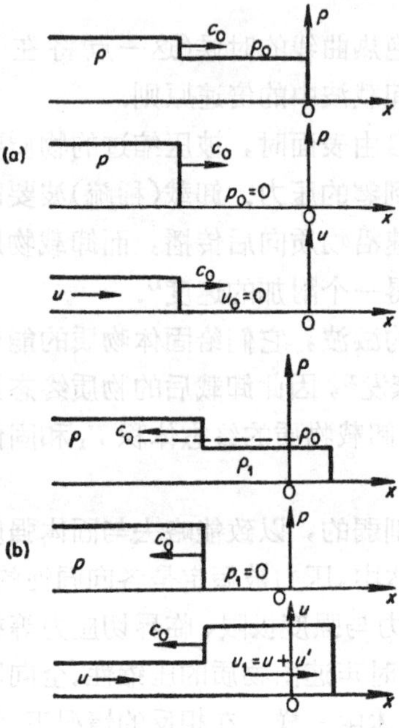

图 11.14 不很强的激波奔至自由 表面时的密度剖面、压力剖面和速度剖面

a) 奔至表面时刻之前 $t<0$

b) 奔至表面时刻之后 $t>0$

$$u'=-\frac{\Delta p}{\rho_0c_0}=\frac{p}{\rho_0c_0}$$

(图 11.14；密度下降的不多：终态密度 ρ_1 与固体的标准密度差别很小：$V_1-V_0\ll V_0$)． 由公式 $p=\rho_0c_0u$ 与 $u'=p/\rho_0c_0$ 的比较看出，卸载时物质所获得的附加速度 u' 就等于激波中的质量速度 u，即当不是特别强的激波奔至自由表面时物质的速度是加倍的：$u_1=u+u'\approx 2u$．

倍速原则可由关于激波和稀疏波的普遍方程得到，如果将这些方程转变到小强度波的极限情况的话．

由气体动力学得知(见第一章，§10)，当从初态压力 p 卸载到终态压力 $p_1=0$ 时，物质所获得的附加速度等于

$$u'=\int_0^p\frac{dp}{\rho c}=\int_0^p\left(-\frac{\partial V}{\partial p}\right)_s^{\frac{1}{2}}dp=\int_V^{V_1}\left(-\frac{\partial p}{\partial V}\right)_s^{\frac{1}{2}}dV,$$

鉴于卸载过程是绝热的，此处的导数是在等于激波阵面中熵的常

熵下取的．激波中物质的初始质量速度，根据守恒定律(11.31)，(11.32)，等于

$$u=\sqrt{p(V_0-V)}.$$

在强度不大的激波中，熵的变化是很小的，压缩也并不很大；在一级近似下体积的增量可以表示为

$$V-V_0=\left(\frac{\partial V}{\partial p}\right)_s p,$$

要把 S 了解为是激波压缩之前物质原有状态的熵．这时激波中的质量速度等于

$$u\approx\left(-\frac{\partial V}{\partial p}\right)_s^{\frac{1}{2}} p\approx\frac{p}{\rho_0 c_0}.$$

在同样近似下，可以略去从 0 到 p 压力范围内的绝热压缩性的变化，而认为 u' 公式中的导数是不变的．我们得到

$$u'=\int_0^p\left(-\frac{\partial V}{\partial p}\right)_s^{\frac{1}{2}} dp\approx\left(-\frac{\partial V}{\partial p}\right)_s^{\frac{1}{2}} p\approx\frac{p}{\rho_0 c_0}\approx u.$$

沃尔斯和赫黎斯琴（文献 [22]）根据极其普遍的理由确定了附加速度 u' 的量值所能变动到的上限和下限，并指出当压力 p 约为 4×10^5 大气压时，对于许多金属来说，倍速原则可以 2% 的精度成立．就像由文献 [3] 的作者们所作的实验验证表明的那样，对于铁来说倍速原则一直近似地满足到约为 1.5×10^6 大气压的极高的压力．一般来说，激波的强度越高，与倍速原则的偏差也就越大．

现在我们注意到，激波，那怕是弱的激波，并不是声波，它之中的熵是增加的．这时，在一级近似下仍和原来一样认为卸载后的附加速度 u' 就等于 u，而终态的密度和温度则要在下一级近似下来考察．

当物体绝热地卸载到最开始的等于零的压力时，与激波压缩前的最初状态相比，它是被加热和膨胀了的．容易求出不可逆加热的能量和卸载物质的终态温度 T_1，如果一些热力学函数和激波中的初始状态是已知的话．为此，要利用关于卸载的绝热曲线方

程 $d\varepsilon + pdV = 0$，根据它，终态能量 ε_1 等于

$$\varepsilon_1 = \varepsilon - \int_V^{V_1} (pdV)_S. \tag{11.41}$$

由于激波中的能量是 $\varepsilon = \varepsilon_0 + \frac{1}{2} p(V_0 - V)$，所以卸载后的能量不可逆增量就等于

$$\varepsilon_1 - \varepsilon_0 = \frac{1}{2} p(V_0 - V) - \int_V^{V_1} (pdV)_S. \tag{11.42}$$

这个能量值由图 11.15 上的曲线三角形 $DBCS$ 和三角形 ABC 的面积之差来表示，在这个图形中曲线 H 是激波绝热曲线，而曲线 S 是卸载绝热曲线. 这个能量在数值上就等于上下两个打有阴影线的图形面积之差.

我们假定，激波的强度不很大，因此所有的三个体积 V, V_0, V_1 彼此的差别都很小，而哥留乃森系数可以认为是不变的，并就等于自己的标准值 Γ_0. 在这种情况下，温度和体积的绝热关系由公式 (11.20) 给出，因此终态的温度 T_1 和激波中的温度 T 由下述关系相联系：

$$\frac{T_1}{T} = \left(\frac{V}{V_1}\right)^{\Gamma_0}. \tag{11.43}$$

另一方面，当考察物体在不变的零压下从最初体积 V_0 到体积 V_1 的热膨胀过程时，我们可以写出

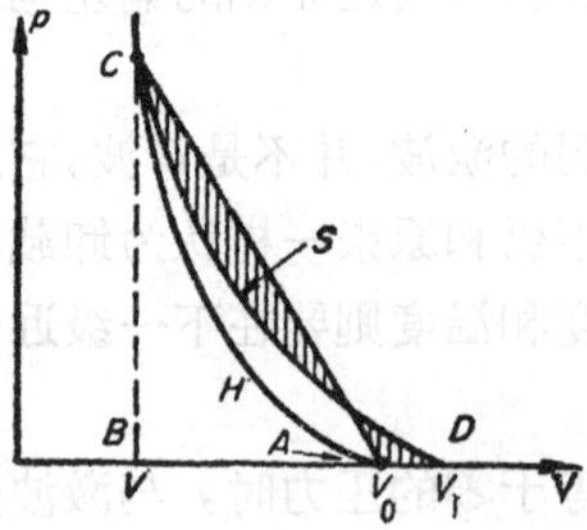

图 11.15 关于固体激波压缩和卸载的 p, V 图

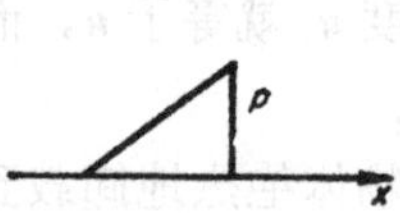

图 11.16 三角形压缩脉冲

$$V_1 - V_0 = V_0\alpha(T_1 - T_0), \tag{11.44}$$

此处 α 是体热膨胀系数. 能量的不可逆增量 (11.42), 可按下述公式通过温度增量来表示:

$$\varepsilon_1-\varepsilon_0=c_p(T_1-T_0),$$

此处 c_p 是物体的定压比热[1)].

如果已知激波中的体积和温度,那么利用由 (11.43), (11.44) 两个方程组成的方程组可以计算出终态的体积和温度.

作为例子, 我们列举文献 [23] 中所得到的关于铝的一些结果. 当用激波将铝压缩至 $p=2.5\times10^5$ 大气压时, 体积减小到 $V=0.82V_0$, 而温度升高了 $T-T_0=331°\mathrm{K}$ (最初的温度 T_0 等于 300°K). 卸载之后的剩余加热是 $T_1-T_0=134°\mathrm{K}$[2)].

当 $p=3.5\times10^5$ 大气压时, $V=0.78V_0$, $T-T_0=522°\mathrm{K}$, 而 $T_1-T_0=216°\mathrm{K}$.

自然, 激波越强, 它使物质所具有的熵也就越大,其剩余加热也就越高.

如果沿平板之法线方向传播这样一个激波, 它阵面之后的压力和速度不是常量, 而是下降的, 比如说是三角形压缩脉冲(图 11.16), 那么当这种波奔至物体自由表面之后, 便可以产生剥离. 剥离现象概述如下. 在压缩波自自由表面反射之后, 物体中的压力剖面是由两个波的叠加而构成, 它们是: 入射的激波和反射的卸载波. 在声学近似下(见第一章, § 3)

$$p=\rho c[f_1(x-ct)+f_2(x+ct)],$$

此处函数 f_1 描写的是以声速向右传播的入射波,而 f_2 描述的则是向左传播的反射波. 在该情况下, 函数 f_1 就对应于图 11.16 上所表示的三角形压力剖面. 函数 f_2 可以被确定, 这只要从边界条件(在自由表面上压力等于零)出发.

在图 11.17 上画出了函数 f_1 和 f_2, 以及在激波奔至自由表面

---

1) 在固体中,当温度变化范围不大时,它实际上与定容比热 c_V 没有差别.

2) 文献 [23] 所计算的剩余温度要比公式 (11.43) 给出的更精确一些,它考虑了体积变化时哥留乃森系数的小变化;为此曾积分带有变动 $\Gamma(V)$ 的"精确的"绝热曲线方程.

时刻和两个后来时刻由它们所构成的物体中的压力分布．如果自由表面的坐标是 x_1（图 11.17），那么 $x > x_1$ 的区域就是真空，而函数 f_1 和 f_2 在 $x > x_1$ 区域内的定义纯属形式的．从物理上看，仅是 $x < x_1$ 区域内的即物体之中的压力 f_1 和 f_2 才具有真实的意义．为了强调这一点，在图 11.17 上将 $x > x_1$ 区域内的函数 f_1 和 f_2 用虚线表示．

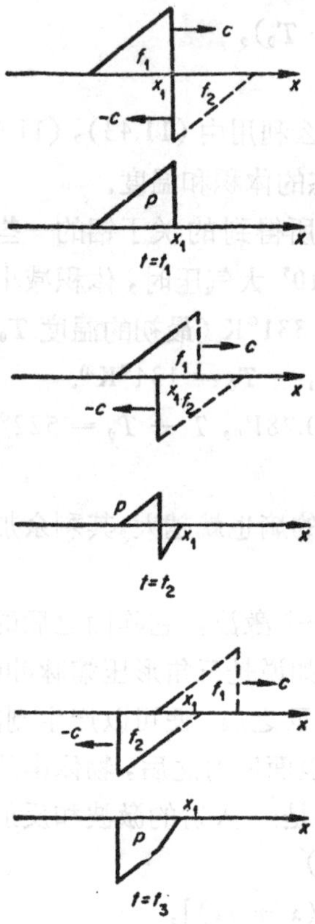

图 11.17 三角形剖面的压缩声波自自由表面的反射

a) $t = t_1$ 是波的前锋奔至自由表面的时刻；b) $t = t_2$ 和 c) $t = t_3$ 是两个后来的时刻

由图 11.17 看出，在压缩波自自由表面反射之后，在物体中产生了负压力，即有拉伸力作用于物体．如果拉伸张力超过了物质断裂的强度极限，那么在物体的相应之处就要发生断裂和"剥离"：从物体表面上脱落下一片物料薄片，它脱离于所剩下的物体，并以一定的速度自表面向外飞出．例如，在脉冲载荷的情况下，当力近于 30000 公斤/厘米²时，钢将被破坏．

§12 寻求固体激波绝热曲线的实验方法

质量和动量的守恒定律 (11.31)，(11.32)，把激波阵面上的四个参量彼此联系起来：激波沿未扰动物质的传播速度 D，质量速度的跃变 u——它等于压缩物质相对于未扰动物质的运动速度，压力 p 和比容 V（或密度 $\rho = 1/V$）．如果在实验上测得速度 D 和 u，那么根据公式 (11.31)，(11.32) 可以求出压力和体积，然后再利用能量方程 (11.34) 便可计算出比内能 ε．

这样一来，寻求激波阵面上的全部力学参量的问题就归结于在实验上确定这些参量中的任意两个的问题，其中最容易实现的是测量运动学参量：速度D和u.

波阵面的速度D可由比较简单的实验测得，这种实验就是要记录激波阵面通过一些已知坐标点的时刻——这些坐标点彼此处于一定的距离．然而想采用像这样直接的方式来测量质量速度的跃变u，从实验的角度来看是相当困难的,因此为了寻求第二个参量就要采用各种不同的间接方法，为达到此目的则应参照力学上的一些考虑．

下面所叙述的借助强激波来研究固体的压缩性和测量波阵面之参量的一些实验方法，是由Л.В. 阿里特书列尔，К.К. 克鲁坡尼柯夫，Б.Н. 列杰涅夫和 А.А. 巴卡诺娃(文献 [1—5])，以及美国的作者沃尔斯和赫黎斯琴等人(文献 [22—26]) 所建议和拟定的(对于后面几位,“制动”方法除外；请见下面)．但是，苏联学者所研究的压力范围要宽广得多，曾达到四百万大气压．

关于利用测量运动学参量的方法来研究激波绝热曲线的这种思想，独立于上述研究家们，在Ф.А. 巴乌姆，К.П. 斯塔扭柯维奇和Б.И. 谢赫切尔的工作(文献[21])中也得到过发展，他们曾以比较弱的激波进行了一些测量．

在文献 [1—3] 中叙述了三种测量激波参量的方法，我们现在来讲述它们的实质内容(也可以参阅文献 [55])．

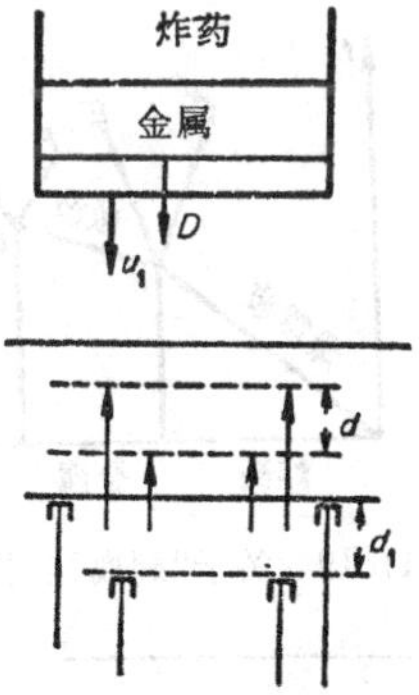

图 11.18 “剥离”法的实验简图

1.“剥离”法　这种方法的基础就是在激波奔至表面后来测量卸载物体自由表面的运动速度，并同时运用倍速原则，按照这个原则质量速度u近似地等于自由表面的运动速度u_1的二分之一．但这种方法的实用性是有限的，因为当压力很高时与倍速原则的偏差就要益发明显，而这就引起在确定 u 值时的实验误差．这种实验的原则性方案如下．

将所要研究的材料制成一块平板，并与炸药相衔接，如图 11.18 所示(其相应的 x，t 平面上的运动图被画在图 11.19 上)．当爆震波从炸药物质中出发到达与金属的交界时，间断要进行分解；沿金属以速度 D 传播一个激波(线 AB)，而炸药和金属之间的接触边界(沿线 AE)的运动速度就等于金属的质量速度 u(沿炸药传播一个反射波 AC)．当激波奔至自由表面(点 B 处)后，间断再次进行分解，沿样品向后奔驰一个卸载波 BF，而金属的边界却获得两倍的速度 $u_1 \approx 2u$ (线 BH)．在文献 [1—5] 中，为了测量波阵面的速度 D，在样品内部一些确定的距离上设置了电接触传感器，如图 11.18 所示．这些传感器在波阵面经过的时刻始被接通，并发出脉冲信号，而这些信号再由特殊的电路和示波器加以记录．

将距离 d 除以时间，就可求出在测量"基线" d 之内的波阵面的平均速度(基线 d 约为 5—8 毫米，速度 D 约为 5—10 千米/秒，时间约为 10^{-6} 秒．这就需要研究能记录极短时间的一些特殊方法)．可以类似的方式，用电接触传感器来测量卸载物质的边界经过各指定坐标点的时刻(见图 11.18)[1]．用电接触的方法测量速度是由 B.A. 楚柯尔曼和 K.K. 克鲁坡尼柯夫所提出的．曾用这种方

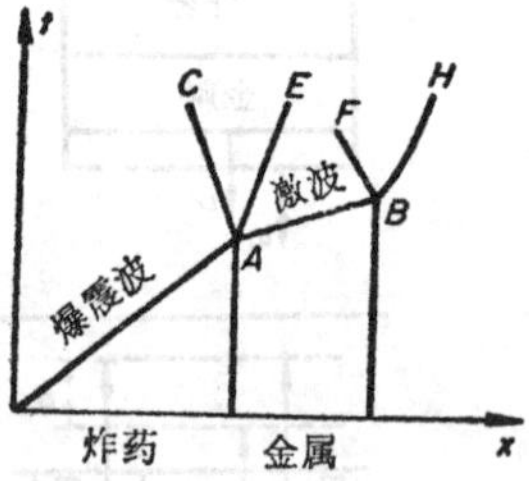

图 11.19 关于"剥离"实验的 x，t 图

图 11.20 制动法的实验简图

1) 为了预防传感器被空气的激波所接通(这种激波被金属的边界所追赶)在传感器上装有防护罩．

法测量了铁的激波绝热曲线，其压力达 p 约为 1.5×10^6 大气压（D 约为 7.5 千米/秒，u 约为 2.4 千米/秒）.

“剥离”法不适用于多孔材料的研究，因为在这种情况下卸载时的附加速度 u' 要比速度 u 小很多，而倍速原则也就失去了意义.

2.“制动”法　对比较强大的激波来说倍速原则会引起显著的误差，为了研究它们，文献 [1] 的作者们曾利用另外一种办法，他们称这种方法为“制动”法.

对于任意材料(其中包括多孔材料)的研究来说，此种办法在原则上都是绝对准确和适用的.

这种方法是利用炸药将由研究材料制成的平板推进到速度 W. 再由该平板(炮弹)去轰击另外一块静止的平板(靶子)，它也是由同样材料制成的. 实验方案用图 11.20 表示，而 x, t 图则被画在图11.21 上. 在轰击时刻产生两个激波，它们是沿两个物体(x, t 图上的 AB 和 AC) 传播的. 两个物体之接触边界两边的压力 p 和质量速度 u 是相同的，并都等于两个激波阵面上的量值，这在两个激波尚未达到两个样品的另外两个边界之前一直是这样的[1]. 接触边界本身(线 AE) 也具有同样的速度 u. 轰击后的压力剖面和速度剖面被画在图 11.22 上.

鉴于材料是相同的，两个激波也是相同的，即两个激波中的质量速度的跃变是相等的. 对于靶子来说，这个速度跃变就与被压缩物质的运动速度 u 相符，因为靶子原来是静止的. 至于说到炮弹，那么在激波之前物质是以炮弹的飞行速度 w 运动的，而在激波之后则是以速度 u 运动的，所以速度跃变在绝对值上就等于 $w-u$. 因而 $w-u=u$, $u=w/2$. 这样一来，问题就归结于要测量靶子中的波阵面速度 D 和炮弹的飞行速度 w. 这个问题在实验上也是利用一组电接触传感器来解决的，就和“剥离”法时一样.

在文献[1]中，利用制动法曾得到了压力达 p 约为 5×10^6 大气压的铁的激波绝热曲线（D 约为 12 千米/秒，u 约为 5 千米/秒，

---

1) 参阅第一章，§ 24.

V_0/V 约为 1.75). 还曾研究了密度比标准密度小至 $\frac{1}{1.4}$ 的多孔铁.

制动法可转用于这种情况，就是所要研究的靶子和炮弹是由不同材料制成的，不过此时作为炮弹一定要选取激波绝热曲线为已知的物质. 在许多情况下，这样做要比炮弹也是由研究材料制成的更为合适，因为通过对炮弹物质的适当选择就可以由同样的装药在研究物质中得到比较强大的激波.

如果炮弹和靶子的材料是不同的，那么，尽管两个激波中的压力相同，但速度跃变不再相同，因此 $w-u\neq u$.

但如果炮弹的激波绝热曲线是已知的，那么压力和质量速度跃变之间的关系，即函数 $p=f(w-u)$ 就是已知的. 另一方面，压力 p 与靶中质量速度跃变(它等于接触边界的速度 u) 之间是由公式 (11.32) 相联系的: $p=Du/V_0$.

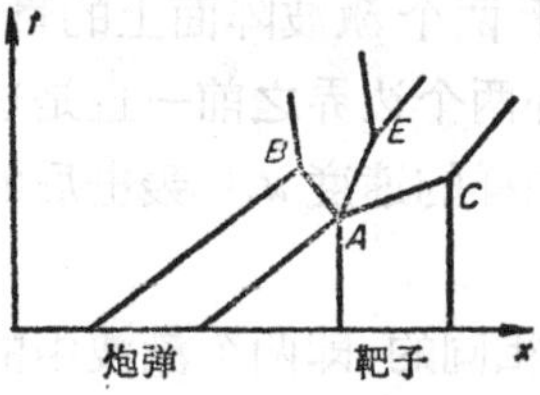

图 11.21 关于制动实验的 x,t 图

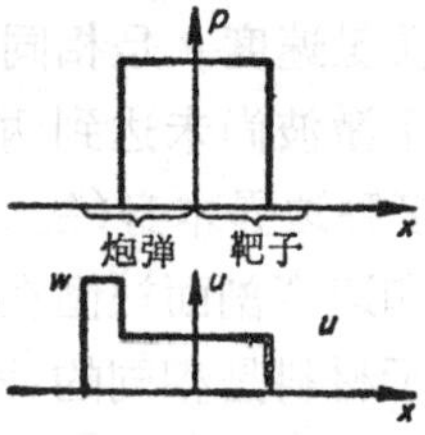

图 11.22 制动法中轰击后的压力剖面和速度剖面

和以前一样，只要测得靶子中激波的速度和炮弹的速度 w，就可由下述方程求得速度 u：

$$f(w-u)=\frac{Du}{V_0}. \tag{11.45}$$

为此目的，运用以压力-速度图 (见第一章, § 24) 为依据的图解法是很方便的. 这类图被广泛地用来研究各种不同的、有两种介质相互接触的激波过程，因为在两种介质的接触边界上压力和速度都是相同的.

我们借助 p,u 图来考察炮弹和靶子的碰撞，此处的 u 是实验室坐标系中的物质的质量速度，在该情况下也就是靶子最初为静止的坐标系中的物质的质量速度． 在图 11.23 上， 靶子的初态 ($p=0$，$u=0$) 和飞行炮弹的初态 ($p=0$，$u=w$) 分别由点 O 和 A 来表示． 如果测得靶中激波的速度 D，那么靶物质在激波中之状态的几何轨迹就是斜率 D/V_0 为已知的直线 $p=\dfrac{Du}{V_0}$． 我们再画出炮弹物质的激波绝热曲线，但所考察的并不是压力与体积之间的关系，而是压力与速度跃变（在该情况下它就等于 $w-u$）之间的关系：$p=f(w-u)$． 按照方程 (11.45)，交点 B 就确定了两个激波中的状态(压力和质量速度)．如果炮弹和靶子是由同一种材料制成的，那么就如已知的那样，交点的横坐标刚好落在点 O 和点 A 的中间 ($u=w/2$)．

3. "反射"法　这种方法利用了激波在两种介质交界面反射时所产生的任意间断的分解过程所必须遵守的一些规律性（见第一章，§ 24）． 它与上述两种方法相比具有这样一种优越性，它不需要测量质量速度，而测量后者在实验上要比测量激波阵面的速度复杂得多．但是，采用这种方法，必须要有状态方程为已知的标准物质． 此种方法是由文献 [2] 的作者们和 Г. М. 岗杰尔曼共同拟制的．

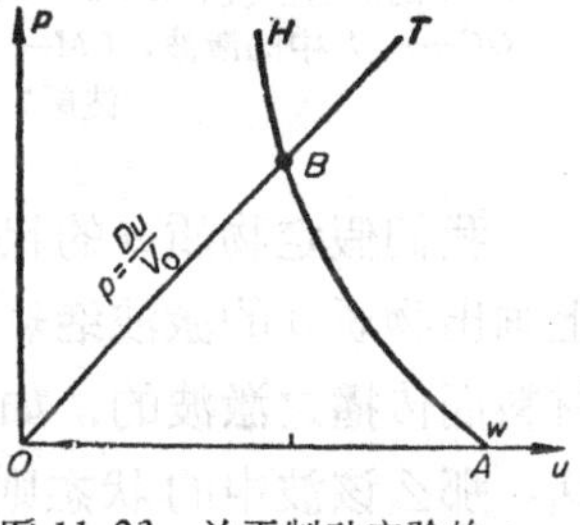

图 11.23　关于制动实验的 p，u 图： HBA——炮弹的激波绝热曲线；OBT——轰击后靶状态的几何轨迹

我们来考察强激波自介质 A 到介质 B 的过渡．这时物质 B 中传播的总是一个激波，而 A 中的反射波或者是个激波，如果物质 B 比 A"坚实"；或者是个稀疏波，如果 B 比 A"松软"(这是最容易想见的，如果所考察的是这样一些极端情况： A 是气体，B 是固体，或者 A 是固体，B 是气体)．

两种情况下的速度剖面和压力剖面都被画在图 11.24 上． 在那里还画出了相应的 x,t 图．

我们利用压力——速度图来考察这个过程(在最初状态下，两种物质A和B在实验室坐标系中都是静止的).

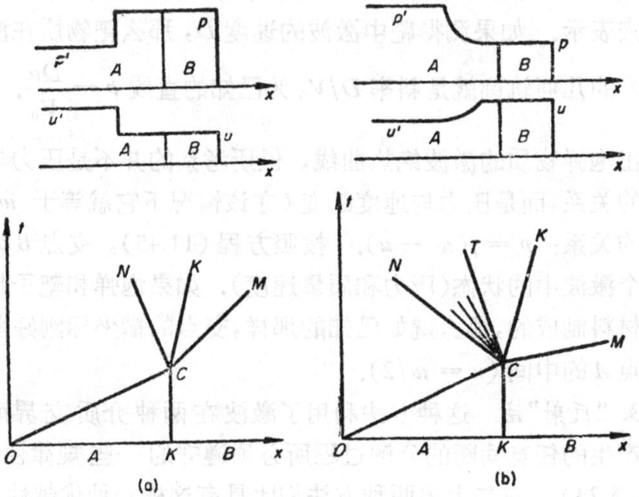

图 11.24 关于反射实验的压力剖面、速度剖面和 x, t 图

a) 反射波为激波的情况. OC——A 中的激波；CM——B 中的激波；CN——A 中的反射激波；KCK——A 和 B 的接触线. b) 反射波为稀疏波的情况. OC——A 中的激波；CM——B 中的激波；CN——稀疏波头；CT——稀疏波尾；KCK——A 和 B 的接触线

我们假定物质A的状态方程是已知的. 在 p, u 图(图 11.25)上画出物质A的激波绝热曲线 $p_A(u)$，这是属于第一个、沿未扰动材料而传播之激波的. 如果在实验上测得第一个激波的阵面速度 D_1，那么该波中的状态则由直线 $p=D_1u/V_{0A}$ 与激波绝热曲线 $p_A(u)$ 的交点——点 $a(p_a, u_a)$ 来描述.

当这个激波于介质A和介质B的交界面反射之后，在物质A中产生新的状态. 如果反射波是激波，那么状态就落在第二次压缩的激波绝热曲线上，对这条曲线来说，状态 $a(p_a, V_a, u_a)$ 是出发点；这条激波绝热曲线我们用从点 a 出发向上画出的曲线 p_H 来表示.

而如果反射波是绝热的稀疏波，那么新的状态就落在由点 a

出发向下画出的稀疏波的等熵曲线上(曲线p_S). 由于物质A的状态方程假定是已如的，所以无论是第二次压缩的激波绝热曲线$p_H(V, V_a, p_a)$，也无论是熵等于

$$S_a = S(p_a, V_a)$$

的稀疏波的等熵曲线，都可以进行这样的变换：代替体积而引进速度作为宗量．在第一种情况下，这是利用激波阵面上的几个关系做到的，而在第二种情况下则是利用对于稀疏波而成立的一些关系(见第一章，§10).

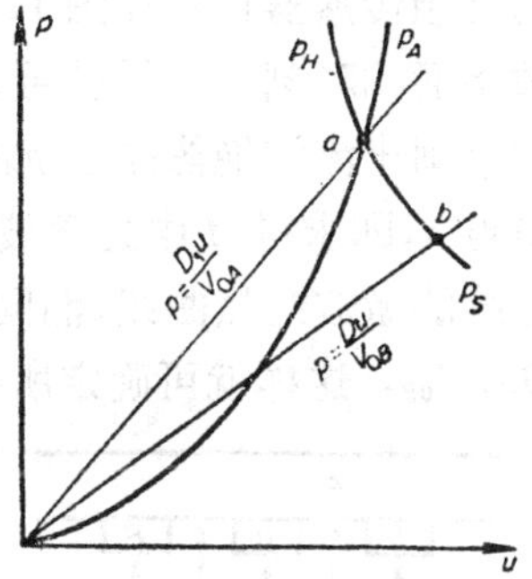

图 11.25 关于反射实验的p, u图

如果在实验上测得介质B中的激波速度D，那么这个波中之状态的几何轨迹就是直线$p = Du/V_{0B}$. 这条直线与曲线$p_H a p_S$的交点b(它是激波反射之后在物质A中所可能有的状态之几何位置)就确定了B中之激波内的压力和速度,而后两者就等于A和B之接触边界上的压力和速度(见图 11.24).

在p, u图 11.25 上画出的是第二种情况,即反射时产生的是稀疏波．而在第一种情况下,直线$p = Du/V_{0B}$则要在直线$p = D_1u/V_{0A}$的上方经过，交点b也要落在物质A的第二次压缩的激波绝热曲线上的a点之上方，因为该绝热曲线是由ap_H来表示的[1].

这样,"反射"法可叙述如下.在由状态方程为已知的材料A所制成的平板内造成一个激波,这或是直接利用炸药的爆发,或是利用另外一块平板(它预先由炸药力量推进到很大的速度)的轰击来形成．然后这个波同时进入由材料B制成的一些研究样品和由材

1) 顺便说一下，由此看出应以何量表征物质的"坚实性". 我们假定，两个激波都不是很强的，它们的速度接近于声速：$D \approx c_B$, $D_1 \approx c_A$. 我们说物质B比物质A坚实,反射波是激波,如果$c_B/V_B > c_A/V_A$或$\rho_B c_B > \rho_A c_A$的话.

量ρc有时称为声学阻抗．它确定了声波或弱激波中的压力和速度的关系：

$$p = \rho c u.$$

料 A 制成的标准样品之中.（实验方案如图 11.26 所示). 将一些电接触传感器布置在图 11.26 上的箭头所指的地方，并记录它们被接通的时刻，这样就可以确定波阵面的速度 D_1 和 D. 在 p,u 图上画出激波绝热曲线 $p_A(u)$，再画出直线 $p=D_1u/V_{0A}$，以此求得点 a，即求得 A 中之激波内的状态. 然后，经点 a 向上画出二次压缩的激波绝热曲线，而向下画出普通绝热曲线，再画出直线 $p=Du/V_{0B}$，这样就可确定所要寻求的、研究样品之中的激波内的状态 $b(p,u)$.

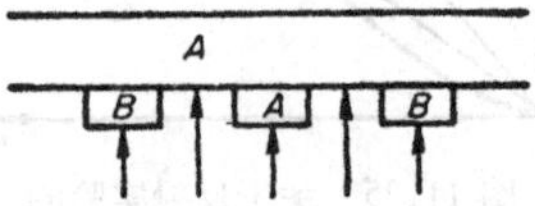

图 11.26　关于反射实验的简图

事实上(实验上)状态 a 和状态 b 之间的压力变化总是不大的. 在这样条件下，就如计算表明的那样，曲线 p_Hap_S 以很大的精度可被看成是第一次压缩的激波绝热曲线在点 a 处的镜面映射. 我们指出，曲线 p_Hap_S 在点 a 处的斜率是由 A 中第一个激波阵面之后的声速来决定的. 事实上，在稀疏波中也和在弱的压缩波中一样 $dp=\pm\rho c du$（见公式(1.59)），即曲线 p_Hap_S 在点 a 处的斜率是 $\left|\frac{dp}{du}\right|=\rho c=\frac{c}{V}$，此处的 c 和 V 是经第一个激波压缩过的物质 A 中的声速和体积. 在实验上确定激波阵面后之声速的方法，我们将在以后讨论.

在 Л. В. 阿里特书列尔，K. K. 克鲁坡尼柯夫和 M. И. 博拉日宁克的工作（文献 [2]）中，曾利用反射法获得了许多金属(Cu, Zn, Pb 等)的激波绝热曲线. 在文献[5]中曾用这种方法研究氯化钠的压缩性，在外国学者们的多数工作中它也被广泛应用. 经常采用铁、铝或黄铜作为标准材料 A.

§13　由激波压缩实验的结果求出冷压缩曲线

固体激波压缩实验的最有价值的成果之一，是它确定了物质的冷压缩曲线 $p_x(V)$，而后者表征作用于物体原子间的排斥力. 函数 $p_x(V)$ 和 $\varepsilon_x(V)$ 是通过对物质激波绝热曲线的实验资料进行加工整理而得到的. 为了在很宽的压缩和压力的范围内求得冷压缩曲线，在文献[3]中曾利用热力学函数 $p(V,T)$，$\varepsilon(V,T)$ 的三项表达式 (11.30). 电子项 p_e 和 ε_e 是根据纯理论的考虑而写出的(见§5，§6)，并且对电子比热系数 β_0 选取了已知的、实验的数值.

当采用沿激波绝热曲线的实验关系 $p(V)$，$\varepsilon(V)$ 之后，关系式(11.30) 可看成是关于三个未知函数——$p_x(V)$，$\Gamma(V)$ 和 $T(V)$ 的两个方程，此处的 $T(V)$ 乃是温度和体积之间的沿激波绝热曲线的关系.

作为第三个补充方程，可利用哥留乃森系数 $\Gamma(V)$ 和冷压缩曲线 $p_x(V)$ 之间的关系，它由斯累特-朗道公式 (11.18) 给出[1]. 这个方程组的数值解就给出冷压缩曲线 $p_x(V)$、函数 $\Gamma(V)$ 和激波中的温度 T. 用这种办法曾得到表 11.2 内和图 11.8 上(§7)所含有的数据.

关于其它研究金属的一些具体结果，可在文献 [3] 的表中查到.

如果已从实验上得知多孔物质和连续物质的激波绝热曲线，那么不引用函数 $\Gamma(V)$ 和 $p_x(V)$ 之间的关系也是可以的. 具体地说，当所考察的温度不是特别高和略去电子项 p_e，ε_e 之后，可以写出

$$\frac{1}{\Gamma}=\frac{\Delta\varepsilon_T}{V\Delta p_T}=\frac{1}{V}\frac{\varepsilon_{多孔}(V)-\varepsilon_{连续}(V)}{p_{多孔}(V)-p_{连续}(V)},$$

此处右端各量乃是连续物质和多孔物质的激波绝热曲线上的实验值，当然这些值是在把两种物质压缩到同样体积时取的. 这时，压力和能量的弹性分量在两种情况下是相同的，因此内能差和压力差就分别等于压缩多孔物质时与压缩连续物质时相比而得到的纯热能增量和纯热压增量.

在文献 [1] 中曾用这种办法得到铁的冷压缩曲线（它被画在§2 的图 11.2 上).

1) 在许多情况下，曾利用稍微不同的另外一个关于函数 $\Gamma(V)$ 和 $p_x(V)$ 之间的关系，它由杜哥达勒-马克多纳里德公式所给出(文献 [27]).

在文献 [5] 中曾求得氯化钠的冷压缩曲线. 将实验曲线与离子晶体排斥力的表达式进行对照，就能确定出这些公式中所包含的能表征相互作用力的一些参量.

在热项与弹性项相比为很小、强度比较低的波中，激波绝热曲线近似地与冷压缩曲线相一致，关于计算这种波激波绝热曲线上之温度的方法，在文献 [22] 中作了介绍(当然，这时不考虑电子项).

为了解析地描述物质的激波绝热曲线和冷压缩曲线 $p_x(V)$，常常要利用各种插值公式. 为此，要选定一些具有一定形式的函数，当然它们之中要含有几个参量，而这些参量可借助某些实验数据加以确定. 广泛流行的公式 $p_x = A[(V_0/V)^n - 1]$ 可以作为这种函数的例子，在它里面包含 A 和 n 两个参量. 在文献 [5] 中研究氯化钠时，曾利用离子晶体排斥力的幂函数形式的或指数函数形式的表达式而得到了曲线 $p_x(V)$ 的解析形式. 表达式中的一些常数是通过与动力学压缩性的一些数据进行比较而确定的.

С. Б. 柯尔米尔和 В. Д. 乌尔林(文献 [14]) 构造了下述形式的冷压缩曲线的插值公式:

$$p_x = \sum_{n=1}^{6} a_n \left(\frac{V_{0k}}{V}\right)^{\frac{n}{3}+1}.$$

系数 a_n 的确定并没有参照关于激波压缩的实验资料，而只是根据这些系数与标准状态的一些已知参量(压缩性、哥留乃森系数等)相互联系的条件，以及要求在大的压力下曲线要与由托马斯-费米-狄拉克模型所得到的关系相衔接这一条件而确定的. 这时所得到的结果与由实验所取得的曲线 $p_x(V)$ 符合得很好[1].

---

1) 在后来，С. Б. 柯尔米尔，В. Д. 乌尔林和 Л. Т. 波波夫(文献[15])又改进了这个方法，他们又给级数添加了一项，有了该项就可以利用激波绝热曲线上的一个实验点. 这样就得到了与实验曲线更好的符合.

3.声波和声波的分裂

§14 固体的静力学形变

以上,在研究固体被激波压缩时,总是假定压缩物质中的压力是各向同性的,就像在液体或气体中一样,也具有流体静力学的特点. 这时,密度的增加被看成是物质被全向压缩的结果. 相应地,物质的弹性性质也由一个唯一的量——压缩性

$$\kappa = -\frac{1}{V}\left(\frac{\partial V}{\partial p}\right)_s$$

来表征,它决定了压缩的(和稀疏的)声波的传播速度——"声"速:

$$c_0 = \sqrt{-V^2\left(\frac{\partial p}{\partial V}\right)_s} = \sqrt{\frac{V}{\kappa}}.$$

能够这样做的只是这种情况,即当压力为足够大,并且与固体的强度及与剪切形变和剪切应力的存在有关的效应不起作用的时候. 如果载荷很小,就必须要注意固体的使它与液体相区别的那些弹性性质. 这对动力学过程的特性,尤其是对压缩和稀疏的弹性波的传播,有着十分重要的影响. 例如,人们发现在固体中声波可以根据具体条件而以不同的速度传播. 在考察这些动力学现象之前,我们先来看一看在静力学载荷的情况下固体将会是怎样的. 这时我们认为形变和载荷都是很小的,因此线性的弹性理论是正确的.

变形物体的状态是由两个张量:形变张量和应力张量来描写的. 在以后,我们仅涉及一些最简单的均匀形变的情况(那时物体的每一个单元都以同样的方式变形);而这种形变可由一些简单而直观的量来表征. 因此,我们就不再以普遍的形式引进形变张量[1].

应力张量的分量 σ_{ik} (此处脚标 i 和 k 表示坐标轴 x, y, z 的

---

1) 关于这一点,可参阅 Л. Д. 朗道和 E. M. 栗弗席兹的书(文献 [28]).

方向）乃是作用于物体中的法线方向顺着 k 轴的单位面积上的力在 i 轴上的投影. 分量 $\sigma_{xx},\sigma_{yy},\sigma_{zz}$ 是法向应力,而 $\sigma_{xy},\sigma_{xz},\sigma_{yz}$ 则是切向应力或剪切应力(图11.27).

张量 σ_{ik} 是对称的，即 $\sigma_{xz}=\sigma_{zx}$，$\sigma_{yz}=\sigma_{zy}$，$\sigma_{xy}=\sigma_{yx}$.

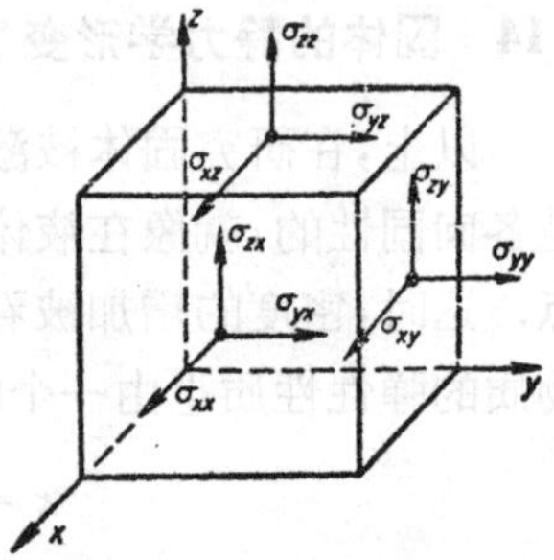

图 11.27　说明应力张量之分量意义的简图

我们考察几个形变的例子.

1. 设想一个长度为 L 直径为 d 的柱形圆棒，在它的顶端施以压缩的胁应力——压力 p. z 轴的方向顺着圆棒的轴线,如图 11.28 所示. 我们假定圆棒的侧表面是自由的. 在载荷的作用下圆棒缩短一个长度 ΔL, 并变得粗一些(直径增加了 Δd).

在该情况下只是轴线方向上的法向应力 σ_{zz} 不等于零，它就等于外部压力，$\sigma_{zz}=p$. 横向上的法向应力 σ_{xx}，σ_{yy} 是不存在的,因为圆棒的侧表面是自由的,并没有任何因素妨碍圆棒在这种方向上的膨胀. 切向应力或剪切应力 σ_{xy}，σ_{xz}，σ_{yz} 在所选择的坐标系中也都等于零,这是显然的.

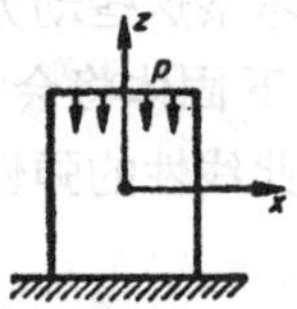

图 11.28　压缩圆棒的简图

按照虎克定律，在小形变的情况下，圆棒的相对缩短乃正比于所施加的胁应力:

$$\frac{\Delta L}{L}=\frac{p}{E}=\frac{\sigma_{zz}}{E}, \quad (11.46)$$

此处 E 是杨氏模量(这是杨氏模量的定义).

圆棒的相对加粗正比于相对缩短:

$$\frac{\Delta d}{d}=-\sigma\frac{\Delta L}{L}, \quad (11.47)$$

此处 σ 是泊松系数.

泊松系数总是正的,并小于 1/2. 这是由下述理由得到的: 在压缩圆棒时,它要变粗,并且这时它的体积只能减小，而不能增加

(当体积不变 $d^2L=$ 常数时，$\dfrac{\Delta d}{d}=-\dfrac{1}{2}\dfrac{\Delta L}{L}$，$\sigma=\dfrac{1}{2}$).

2. 假令以某种方式将圆棒的侧表面箍住，以致在圆棒被轴向压缩时它不可能在横的方向上变形(将棒装在具有刚性壁的圆筒内). 这时出现了横向上的法向应力 $\sigma_{xx}=\sigma_{yy}$，它们刚好与来自圆筒壁方面的作用——外侧胁应力相平衡.

轴线上的法向应力 σ_{zz}，和原先一样，就等于外部压力 p. 弹性理论证明，在单一轴向形变的情况下，圆棒的相对缩短与外压力之间是由与式(11.46)相类似的关系相联系的:

$$\frac{\Delta L}{L}=\frac{p}{E'}=\frac{\sigma_{zz}}{E'},\tag{11.48}$$

此处

$$E'=\frac{E(1-\sigma)}{(1+\sigma)(1-2\sigma)}.\tag{11.49}$$

量 E' 总是大于杨氏模量 E: 为了使侧面被箍住了的圆棒和侧面为自由的圆棒同样地缩短，就必须要给它施加更大的压缩性的胁应力. 横向上的法向应力等于

$$\sigma_{xx}=\sigma_{yy}=\frac{\sigma}{1-\sigma}\sigma_{zz}=\frac{\sigma}{1-\sigma}p.\tag{11.50}$$

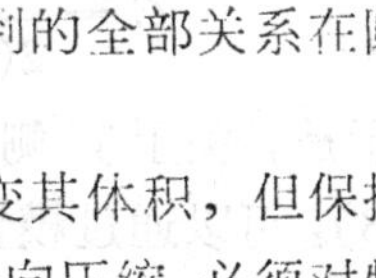

图 11.29 单方向纯切变的形变

在所选择的坐标系中切向应力是不存在的. 在所讨论的两个例子中所得到的全部关系在圆棒被拉伸时也是成立的.

3. 在全向压缩(和拉伸)时，物体虽改变其体积，但保持其形状，即仍然保持与自身的相似. 为了实现全向压缩，必须对物体表面施以不变的压力. 在全向压缩时，应力张量是对角的 ($\sigma_{xy}=\sigma_{xz}=\sigma_{yz}=0$)；所有三个法向分量是相同的，并都等于压力. 这在任意选择的坐标系中都是一样. 在这种情况下，物体中的“压力”是“各向同性的”，并就像在液体中一样也具有流体静力学的特点.

当形变很小时，体积的相对变化[1]乃正比于压力：

$$\frac{\Delta V}{V}=-\kappa p=-\frac{p}{K}, \tag{11.51}$$

此处 κ 是压缩性，而其倒数 $K=1/\kappa$ 则是全向压缩模量.

4. 再考察一个单方向纯切变的形变，如图 11.29 所示. 当物体发生纯切变时，它只改变自己的形状，而不改变其体积. 在图 11.29 所示的例子中，只有一个切向应力 σ_{xz} 不等于零. 而所有其余的、应力张量的分量都等于零. 按照虎克定律，切变角乃正比于所施加的胁应力 τ（按单位面积计算的），并且后者就等于应力 σ_{xz}：

$$\theta\approx \operatorname{tg}\theta=\frac{\tau}{G}=\frac{\sigma_{xz}}{G}, \tag{11.52}$$

此处 G 是切变模量.

众所周知（见文献 [28]），任何形变都可以被表示为切变和全向压缩（拉伸）之求和的形式. 由于圆棒的单向压缩形变与全向压缩形变和切变这两个基本形变之间有着这种内在的关系，所以材料的四个特性 E，σ，K，G 并非是独立的，而是彼此间由两个关系相联系.

可以证明（比如，见文献 [28]）

$$E=\frac{9KG}{3K+G},\quad \sigma=\frac{1}{2}\,\frac{3K-2G}{3K+G}, \tag{11.53}$$

而倒过来

$$G=\frac{E}{2(1+\sigma)},\quad K=\frac{E}{3(1-2\sigma)}\text{[2]}. \tag{11.54}$$

于是，关于其侧面被箍住的圆棒之单向形变的虎克定律 (11.48)，可以通过模量 K 和模量 G 而写成如下形式：

$$\frac{\Delta L}{L}=\frac{p}{E'},\quad E'=K+\frac{4}{3}G. \tag{11.55}$$

---

1) 形变张量之对角分量的和就等于 $u_{xx}+u_{yy}+u_{zz}=\Delta V/V$. 在全向压缩的情况下，$u_{xy}=u_{yz}=u_{xz}=0$.

2) 由公式看出，$\sigma\leqslant 1/2$，因为 $K>0$.

为了对材料的各种参量的数值有一个了解，我们指出，对于(含有 1% 碳的)铁来说，

$E \approx 2.1 \times 10^6$ 公斤/厘米^2，　$G \approx 0.82 \times 10^6$ 公斤/厘米^2，

$K \approx 1.61 \times 10^6$ 公斤/厘米^2，$\sigma \approx 0.28$.

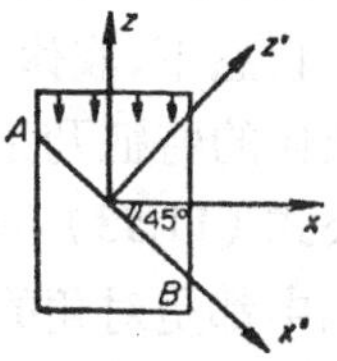

图 11.30　关于应力张量的非对角性问题

在全向压缩或拉伸物体时，在任何坐标系中应力张量都是对角的，而且它的所有三个分量是相同的．对于其它一些形变来说，只是在一些经过特殊选择的坐标系中，才能使得应力张量是对角的，其切向应力不复存在．前面所考察过的侧面为自由或被箍住之两种情况下的圆棒的压缩形变就可作为这样一个例子．应力张量的对角元素之所以不相等，乃与下面一点有关：实际上形变不是全向压缩(拉伸)形变，在它之中含有切变的因素．这可以明显地表现出来，如果从原来的坐标系变换到另外一个坐标系，或者同样地，我们来考察作用在与棒之轴线相倾斜的平面上的力的话．这时立刻显出，在倾斜的平面上作用有切向应力，而这就说明有剪切形变存在．

我们来计算作用于这一平面上的切向应力，该平面与外压力的作用方向斜交成 45° 角(图 11.30)．为了简单起见，我们所考察的不是柱形的圆棒，而是在 y 方向上为无限长的平面层体，而且它的侧面是被压住的，以致在 x 方向上没有位移．在 x, y, z 坐标系中存在有应力 σ_{zz} 和 $\sigma_{xx} = \sigma_{yy}$．为了求出作用于平面 AB 上的切向应力，我们引进新的坐标系 x', y', z'，它相对于旧的坐标系来说，乃是绕 y 轴作了一个旋转(轴 y 和 y' 重合)．依照坐标系旋转时的张量变换法则，我们求出

$$\sigma_{x'z'} = \sigma_{zz}\cos^2 45^\circ - \sigma_{xx}\cos^2 45^\circ = \frac{1}{2}(\sigma_{zz} - \sigma_{xx}).$$

这就是沿轴 x' 的方向作用于平面 AB 上的切向应力，而该平面的法线方向则是顺着轴 z' 的．

§ 15 固体向流动性状态的转变

固体与液体相区别的特性之一，就是固体具有保持自己形状和抵抗切变的性质．而液体没有抵抗切变的能力，因此液体很容易具有任意的形状，只不过这时它不改变自己的体积(密度)． 在静止的状态下，液体中没有切向应力，即剪切应力[1]．

液体的特征乃是其切变模量 $G=0$．在形式上，当 $G=0$ 时，按照公式 (11.53) 泊松系数等于 $\sigma=1/2$．同时应力张量在任何坐标系中都是对角的，并且它的所有三个法向分量都是相同的，就等于"流体静力学"的压力，而后者是"各向同性的"． 液体的弹性性质仅由它的压缩性或全向压缩模量来表征．

众所周知，当非属全向压缩的载荷足够大的时候，固体要改变自己的弹性性质，而变成可塑的、流动的、在某些方面与液体相类似的状态．

固体流动性状态的特点，并不像在液体中那样，完全没有切向应力，而是当剪切形变增大时不再有切向应力的增加，即从某一临界的剪切形变或临界的切向应力开始，固体不再抵抗切变的继续增大．

在前面，曾把切变模量 G 定义为纯切变情况下的切向应力与剪切形变之间的比例系数(见公式 (11.52))． 鉴于这时应力和形变之间有线性关系，所以形变的增量和应力的增量也必然同时成比例：

$$\sigma_{xz}=G\theta, \quad d\sigma_{xz}=Gd\theta$$

(切变角为 θ 的单向纯切变，如图 11.29 所示)．

在固体的流动性状态中，也就是在切变角 θ 和应力 σ_{xz} 变得大于临界值 $\theta_{临}$ 和 $\sigma_{临}$ 之后，应力不再随着形变的增加而继续增大(或者明显地变慢)． 这可由图 11.31 上的 $\sigma_{xz}(\theta)$ 图加以说明． 如果形式地把这种状态下的切变模量定义为是增量 $d\sigma_{xz}$ 和 $d\theta$ 之间

---

1) 这种力仅在形状变化时产生，并且它不依赖形变本身，而依赖后者变化的速度．

的比例系数，而不是量 σ_{xz} 和 θ 本身之间的比例系数，那么就应该认为它是等于零的.

我们来考察一下非流动性物体和流动性物体的单向压缩问题. 假定一个柱形物体被封闭在一个具有刚性壁的圆筒形的容器之中，并被一个活塞沿轴线而压缩(图 11.32). 我们来简要地叙述这时物体中的原子的位置是如何变化的(图 11.33). 为了简单起见，我们认为晶格是立方的. 如果物体是非流动性的，那么轴线方向上的原子间的距离要缩短，而横的方向上的则保持不变；这时原子仍处在"自己的位置". 这由图 11.33，b 来表示.

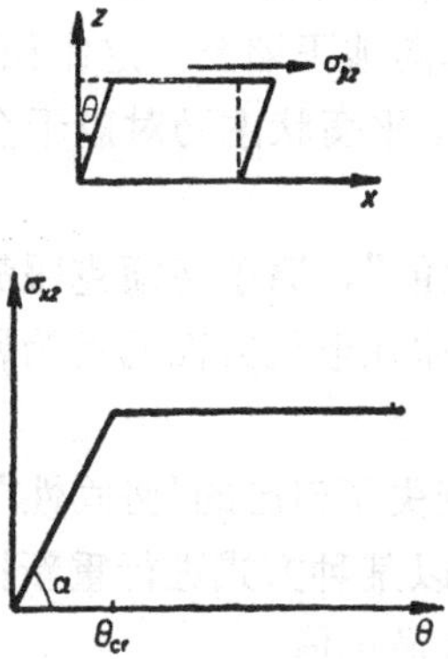

图 11.31 切向应力与切变角的关系图

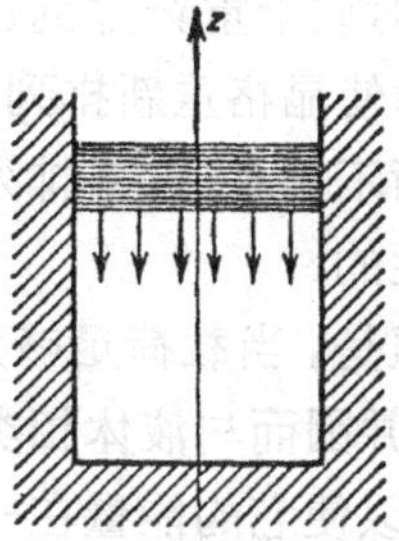

图 11.32 圆棒被单向压缩的简图

而如果物体是流动性的，那么所有原子间的距离都要缩短，晶格要重新排列，原子要作这样的重新分布，它使得晶格处在压缩状态下仍然是立方的(图 11.33，c). 为了清楚起见，图 11.33 中的"原子"都是编了号的[1].

在第一种情况下(图 11.33，b)，含有切变的因素. 实际上，在未变形的状态中(图 11.33，a)；原子 2 在经过两个相邻行上的原子 1—6 所画出的斜面 AB 上的投影点是落在 C 点，该点正处在线段 AB 的中间. 当非流动性物体变形时(图 11.33，b)，点 C 要移

1) 当然不应该这样去想，一些确定原子的位移刚好就像图 11.33 上所表示的那样去进行.

向点 B. 原子的斜行要发生彼此相对的靠近：上一行 2—7—12 要向右向下靠近于下一行 1—6—11.

而当流动性物体变形时，晶格和原先一样也是立方的，原子 5 在经过原子 1—13 的斜面 AB 上的投影点——C 点，和在未变形的状态下一样，也是落在线段AB的正中间. 原子的斜行 5—10 和 1—13 并没有发生彼此相对的靠近，而就像在未变形的状态中一样.

在变形时，物体依靠引起形变的外力作功而获得弹性能量. 如果物体是非流动性的，这个能量既与体积变化有关，也与切变有关. 体积一定时，如果压缩是全向的，且没有剪切形变，那么弹性能量最小. 因此，当把非流动性物体单向地压缩至一定体积时，物体将处于不平衡状态. 在一定体积下，平衡状态乃对应于全向压缩，即对应于重新排列过的晶格.

为使晶格重新排列，必须有“活化能”，原子必须克服势垒[1). 当载荷不大时，重新排列不会发生，固体在形变方面的行为属于非流动性的.

但是，当载荷足够大时，固体就丧失了自己的“坚固性”、非流动性，并因而与液体相类似，即获得了以某种方式进行重新排列的能力，以使它的能量在一定体积下具有最小值.

例如，在单向压缩物体的时候，这是发生在当作用在与压缩胁应力的方向斜交成 45° 角的平面上的切向应力 $\sigma_{x'z'}$（见上一节末尾）超过了极限——临界切向应力 $\sigma_{临}$ 的时候.

注意到

$$\sigma_{x'z'}=\frac{1}{2}(\sigma_{zz}-\sigma_{xx})=\frac{1}{2}\frac{1-2\sigma}{1-\sigma}\sigma_{zz}=\frac{1}{2}\frac{1-2\sigma}{1-\sigma}p,$$

我们便可求出临界的压缩性载荷 $p_{临}$：

$$p_{临}=\frac{1-\sigma}{1-2\sigma}2\sigma_{临}, \tag{11.56}$$

1) 那也是可能的，因物体颗粒被宏观地粉碎而实现重新排列.

超过了它，就要发生物体向流动性状态的转变.

与物质的热力学常数(杨氏模量或压缩性)不同，临界切向应力，和表征强度的量一样，也强烈地依赖于金属的加工方法，以及它所含有的杂质等因素. 对于铁来说，大致有 $\sigma_{临} = 600$ 公斤/厘米²，$p_{临} = 1900$ 公斤/厘米².

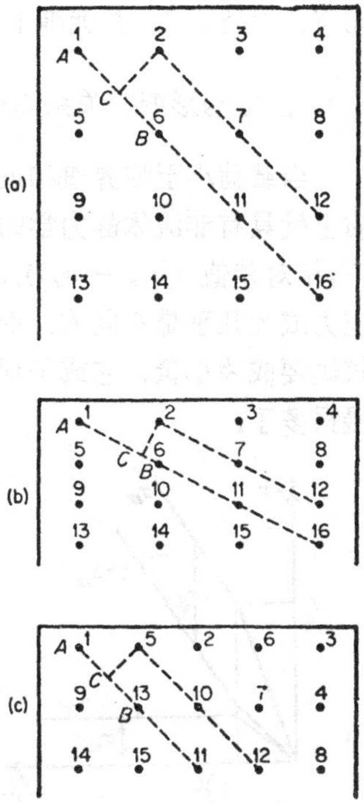

图 11.33 用以说明非流动性物体 (b) 和流动性物体 (c) 之形变的简图；(a) 是未变形的状态

我们来考察物体在压缩性胁应力 p 的作用下在 z 方向上的单向压缩. 在横的 x, y 的方向上没有形变(圆棒的侧面是被箍住了的).

我们将形式地描述从非流动性状态到流动性的转变，并假定在应力增量和形变增量之间的正比规律中，当载荷超过临界值时其切变模量等于零. 按照公式 (11.48)，(11.55)，当 $p = \sigma_{zz} < p_{临}$ 时，

$$\sigma_{zz} = \left(K + \frac{4}{3}G\right)\frac{\Delta L}{L},$$

$$\frac{d\sigma_{zz}}{d(\Delta L/L)} = K + \frac{4}{3}G.$$

按照公式 (11.50)，(11.53)，这时

$$\sigma_{xx} = \sigma_{yy} = \left(K - \frac{2}{3}G\right)\frac{\Delta L}{L},\quad \frac{d\sigma_{xx}}{d(\Delta L/L)} = K - \frac{2}{3}G;$$

$$\sigma_{x'z'} = \frac{1}{2}(\sigma_{zz} - \sigma_{xx}) = G\frac{\Delta L}{L},\quad \frac{d\sigma_{x'z'}}{d(\Delta L/L)} = G.$$

当载荷达到极限值之后，我们假定应力导数公式中的(而不是应力本身公式中的) $G = 0$. 当 $p > p_{临}$ 时，我们得到

$$\frac{d\sigma_{zz}}{d(\Delta L/L)} = \frac{d\sigma_{xx}}{d(\Delta L/L)} = K,\quad \frac{d\sigma_{x'z'}}{d(\Delta L/L)} = 0. \tag{11.57}$$

法向应力 σ_{zz}，σ_{xx}，σ_{yy} 现在是按照全向压缩的模量而同样地增加（在单向压缩时，$\Delta L/L = \Delta V/V$）．作用于斜面上的切向应力保持不变，并就等于 $\sigma_{x'z'} = \sigma_{临}$ $\left(临界形变等于 \left(\dfrac{\Delta L}{L}\right)_{临} = \dfrac{\sigma_{临}}{G}\right)$．应力与形变的关系图被画在图 11.34 上．

当载荷小于临界值和近于临界值时，$\sigma_{zz} \neq \sigma_{xx}$，而"压力"实质上就具有非流体静力学的特点．在载荷达到 $p \gg p_{临}$ 的极限之下，相对差值 $(\sigma_{zz} - \sigma_{xx})/\sigma_{zz} = 2\sigma_{临}/\sigma_{zz} \to 0$，即所有三个法向应力成为几乎是相同的．而切向应力 $\sigma_{x'z'} = \sigma_{临}$ 与法向应力相比较则要成为小量．它或是保持常数，或是缓慢地增加，但要比以前慢得多了．

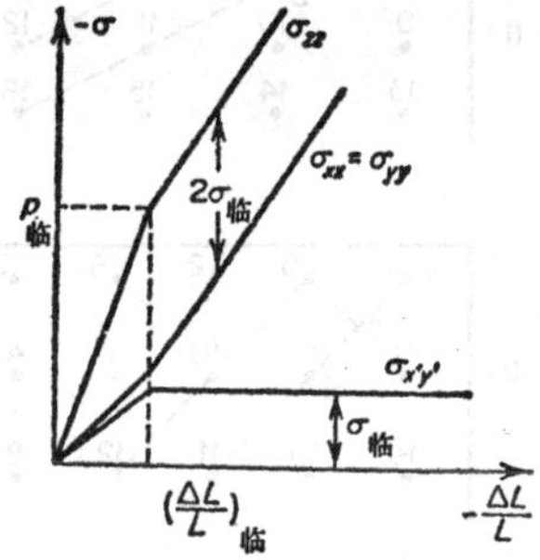

图 11.34　物体被单向压缩时的应力与形变的关系图

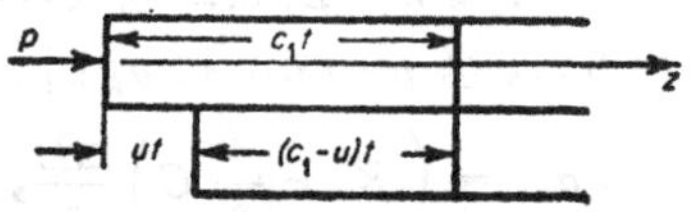

图 11.35　说明压缩声波如何传播的简图

§ 16　声波的传播速度

将前两节的结果运用于动力学载荷的情况，并求出各种条件下的体压缩(和稀疏)的声波的传播速度．

假令在一个侧面为自由的细圆棒的一端在开始时刻施加一个不变的压缩胁压力——压力 p[1]．

此时，沿物体奔驰一个压缩波．我们用 c_1 来表示它的传播速

1) 问题的这种提法类似于在气体动力学中所考察过的活塞问题(见第一章)．

度．处在波阵面和端点之间的物质，就和在§14的例1中一样，也要发生变形，并在力的作用方向上获得一个顺着轴线的不变的速度 u．就如从图11.35看出的，压缩区域内的圆棒的相对缩短乃等于 $[c_1t-(c_1-u)t]/c_1t=u/c_1$．

如果所考察的载荷和形变都是不大的，那么按照虎克定律(11.46)，

$$\frac{u}{c_1}=\frac{p}{E}.\tag{11.58}$$[1]

在时间 t 之内，波所卷入的物质质量是 ρc_1t（按圆棒的单位横截面计算的），它所具有的动量是 ρc_1tu，按照牛顿定律这个动量等于 pt，因此

$$p=\rho uc_1.\tag{11.59}$$

这个公式完全类似于气体动力学中的相应公式．根据关系式(11.58)，(11.59)，可以得到压缩波沿圆棒传播的速度（"声"速）的表达式

$$c_1=\sqrt{\frac{E}{\rho}}.\tag{11.60}$$

如果从被压缩的圆棒上取消压缩性载荷，那么稀疏波或卸载波也要以同样的速度传播．

现在设想，就像§14中的例2一样，圆棒的侧面是被（箍）住了的，即压缩波内的物质在与波的传播方向相垂直的平面内不能变形[2]．

重复上述的讨论，并利用公式(11.55)，便可求得这种情况下的"声"速：

1）在绝热的动力学过程中所使用的杨氏模量稍微不同于在静力学中所使用的且与等温条件相对应的杨氏模量．但一般来说，这种差别是极其微小的（见文献[28]）．对于泊松系数和全向压缩模量也有同样的情况．而绝热的和等温的切变模量彼此间却没有差别，因为切变并不伴有物体体积的变化．

2）如果所考察的是这样的时间，在它之内压缩波所通过的距离比直径小很多，那么圆棒就可以认为是自由的．卸载波自自由表面向轴线的传播是以有限的速度进行的，因此在所考察的时间内它仅卷入了周围的一层．而在靠近轴线的中心区域，这时还没有发生任何横的位移，故这些层内的形变是单一方向的．

$$c_l = \sqrt{\frac{E'}{\rho}} = \sqrt{\frac{K + \frac{4}{3}G}{\rho}}. \tag{11.61}$$

速度 c_l 不是别的，正是“纵向”声速——纵波在无限大弹性介质中的传播速度[1].

实际上，当压缩波沿无限大介质传播的时候，在与传播的方向相垂直的平面内并不发生任何位移，所以其现象就和侧面被箍住的圆棒情况下的一样.

速度c_l总是大于自由圆棒中的波速，因为 $E' > E$ (见 § 14).

以速度 c_l 进行传播的只是那种相当弱的压缩(和稀疏)波，在这种波中，“压力”，确切一些，是作用在与传播方向相垂直的平面上的法向应力，应是相当小的，它要小于由公式 (11.56) 所确定的临界值. 如果波是沿着已经受过应力的物质进行传播(比如像卸载波那样)，那么，应该是应力降落的绝对值要小于临界值(关于这一点，详情请见 § 17). 而如果动力学载荷很大，已经超过了临界值，那么，就像上一节指出的那样，被压缩的固体物质就要转变为与液体相类似的流动性的状态.

波的传播速度，就如我们所知道的，要由“压力”对体积的导数来决定，在该情况下就是由法向应力对体积的导数来决定. 在流动性状态中，这个导数正比于全向压缩模量，就像如果切变模量等于零那样. 因此，足够强的压缩和稀疏的声波的传播速度仅由材料的压缩性来决定：

$$c_0 = \sqrt{\frac{K}{\rho}} = \sqrt{\frac{V}{\kappa}}. \tag{11.62}$$

速度 c_l 有时被称为弹性波的速度，而速度 c_0 被称为塑性波的速度； c_0 总是小于 c_l 的； 例如对于铁来说，$c_l = 6.8$ 千米/秒，$c_0 = 5.7$ 千米/秒. 强压缩波(激波)的传播速度要依赖于波的强度. 它总是大于 c_0 或接近于这个量. 而弱扰动的传播速度总是

1) 质点的位移与波的传播方向相垂直而且在波中只发生切变并无压缩和稀疏的这种波叫做横波. 横波的传播速度等于: $c_t = \sqrt{G/\rho}$; $c_t < c_l$.

等于 c_l，且与强度无关，因为在扰动为很小的情况下，它们只以这种速度进行传播.

在弹-塑性介质中，应力和形变之间的关系是非线性的，这种关系类似于图 11.34 上所表示的关系——$\sigma_{zz}(\Delta L/L)$，关于这种介质中的稀疏波和压缩波的传播问题，曾由 X. A. 拉赫马托林进行过详细的研究. 关于这方面的一些原始工作的索引可在 X. A. 拉赫马托林和 Г. С. 夏皮罗的评论中找到(文献 [29]).

在下一节我们将考察波在具有上述性质的物质中进行传播的一个最简单的情况.

§ 17 压缩波和卸载波的分裂

我们来看一看，如果在平的物体的表面上在开始时刻施加一个不变的压力 p，实际上将会发生怎样的情况. 我们将认为压力是足够小的，以使形变线性地依赖于压力，即虎克定律得到遵守. 我们画出关于波阵面后压缩物质之状态的 p, V 图. 考虑到在弱形变的情况下压力是"各向异性的"，代替压力我们使用作用在与波阵面平行之平面上的应力的法向分量 σ_{zz}，如果波是沿着 z 轴传播的话. 在横轴上标志的是物体的比容. 当形变和压力很小时，状态是由型为式 (11.55) 的虎克定律来描写，按照定义 (11.61)，可将这个定律改写为

$$\sigma_{zz} = \frac{\Delta V}{V}\rho c_l^2 + \text{常数}, \quad \sigma_{zz} < p_{临}.$$

当压力超过临界值 $p_{临}$，而体积的变化超过 $\Delta V_{临}/V = p_{临}/\rho c_l^2$ 的时候，物体就要成为流动性的，直线 $\sigma_{zz}(\Delta V)$ 的斜率也要改变. 按照公式 (11.57), (11.62)，在这个范围内我们有

$$\sigma_{zz} = \frac{\Delta V}{V}\rho c_0^2 + \text{常数}, \quad \sigma_{zz} > p_{临}.$$

σ_{zz}, V 图被画在图 11.36 上.

如果外压力 $p < p_{临}$，那么沿物体有一个"弹性"压缩波以速度 c_l 奔跑(图 11.37, a; 图 11.36 的 σ_{zz}, V 图上的状态 1). 而如果所

施加的压力 $p > p_{临}$，那么在物体中最终要达到 σ_{zz}，V 图上的状态 2. 但是，在这种情况下沿物体奔跑的已不是一个波，而是两个波：一个是其强度为 $p_{临}$ 其波阵面后的状态为 1′ 的"弹性"波，另一个则是跟在它后面的其波阵面后的状态为 2 的"塑性"波(见图 11.37, b). 由于 $c_0 < c_l$，塑性波不可能赶上弹性波，因此两个波的联合是稳定的[1]. 塑性波是沿着刚被压缩过的物质奔跑的，而这种物质是以速度 $u_{临} = \frac{p_{临}}{\rho c_l}$ 运动着的. 这个速度非常之小，例如在铁中，弹性波中的压缩等于

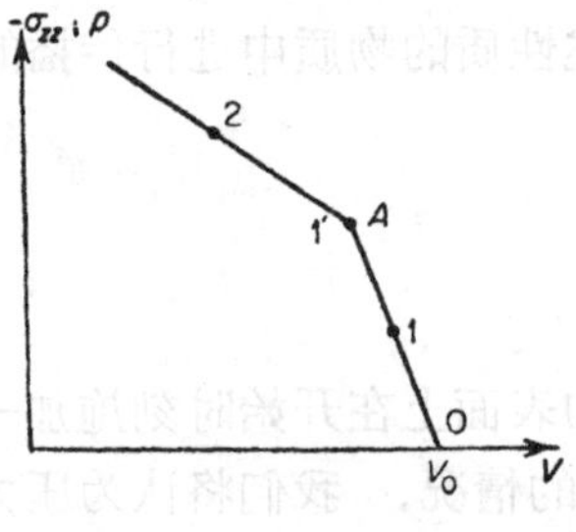

图 11.36 应力(压力)与体积的关系图

$$\frac{\Delta V_{临}}{V} = 5 \times 10^{-4},$$

而速度 $u_{临} = 3.6$ 米/秒. 塑性波中的、相对于弹性波中运动物质的质量速度等于 $u' = \frac{p - p_{临}}{\rho c_0}$，而相对于未扰动物质的质量速度则是 $u' + u_{临}$.

如果所考察的是强度很大的压缩波，特别是压力达几十万大气压以上的激波，那么由弹性波预先将物质压缩到一千至两千大气压和将物质驱赶到约为每秒几米的速度——这样一些效应都是可以忽略的，而就认为塑性波是沿着不动的、未受扰动的物质以与压缩性相对应的速度 c_0 进行传播的.

强度足够大的激波是以明显超过 c_0 的速度进行传播的. 如果激波的速度 $D > c_l$，那么根本就不会发生波的分裂：激波似乎从一开始就比弹性波跑得快，并与后者合成为一个波.

在预先被压缩过的物质中，当卸载是足够强的时候，波要分裂为弹性波和塑性波. 假令物质从压力 p_0 卸载到压力 p(例如，在一开始利用活塞将物体压缩，而沿物体发出一个压力为 p_0 的压缩

1) 关于存在压缩弹性波和压缩塑性波之联合体系的效应，在巴柯罗夫特的工作[30]以及其它一些研究铁中相变的工作中，曾被提出过(关于这一点，请见 § 19).

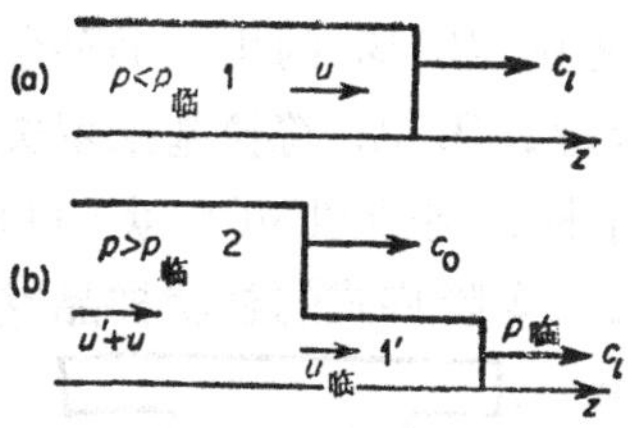

图 11.37　关于压缩声波之传播的两种情况：

a）一个弹性波；*b*）塑性波与弹性波的系统

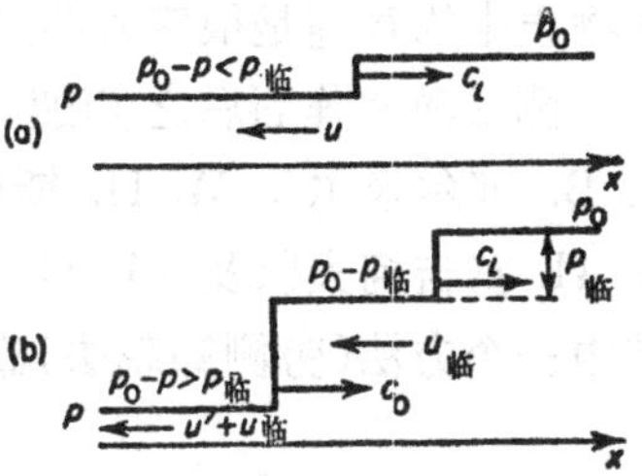

图 11.38　关于卸载声波之传播的两种情况：

a）一个弹性波；*b*）塑性波与弹性波的系统

波，在经过某一段时间之后活塞上的压力下降到了压力 p）．如果 $p_0 - p < p_临$，那么沿压缩物质以速度 c_l 行进的是一个弹性的卸载波．而如果 $p_0 - p > p_临$，那么在前面行进的是一个弹性的卸载波——它之中的压力由 p_0 下降到 $p_0 - p_临$，而跟在它后面的是一个以较小速度传播的塑性的卸载波——它之中的压力下降到与"活塞"上的压力相等的压力 p（尤其是，假若活塞根本上被"撤消"了，那么 p 可以等于零）．这两种情况都被画在图 11.38 上．

在文献 [4] 里所做的实验中观察到了卸载波的一分为二的现象，在下一节我们将介绍这项工作．正是它的作者们对所观察到的现象给予了上述解释．

§18　受激波压缩之物质中的声速的测量

对激波阵面之后的声速进行实验测定是有很大意义的．以声速传播的扰动能够赶上激波，并对它的强度有所影响[1]．声速（或绝热压缩性）决定了 p，V 图上这样一条普通绝热曲线的斜率，该绝热曲线经过描述激波阵面后之状态的点，即它决定了压缩物质在卸载时的初期行为和这种物质在弱的第二次激波中的行为．对于建立物质的状态方程和正确安排激波压缩实验来说，声速的知识是很重要的．最后一点，地球物理学中的许多问题对高压下固

1）我们回忆一下，激波沿它阵面之后的物质是以亚声速运动的．

体物质中的声速是很感兴趣的.

测量激波阵面后之声速的方案是由 Л. В. 阿里特书列尔, С. В. 柯尔米尔与 М. П. 斯皮兰斯卡娅、Л. А. 符拉基米罗夫、А. И. 富吉柯夫以及 М. И. 博拉日宁柯共同拟制的(文献 [4]). 其中一个方法(旁侧卸载法)概述如下. 令阶梯式的柱状样品[1]经

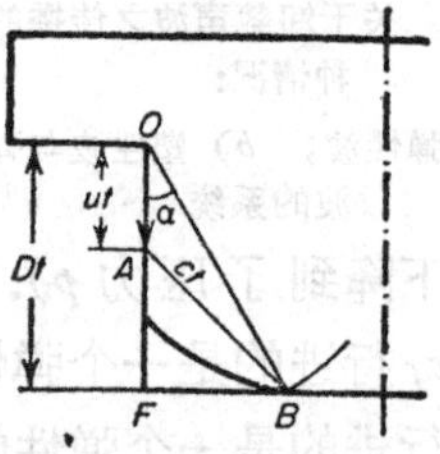

图 11.39 关于旁侧卸载实验的几何图形

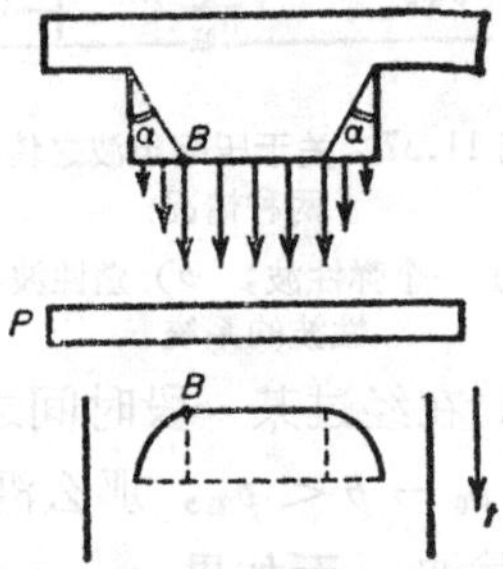

图 11.40 关于旁侧卸载实验的简图

受一个激波压缩(图 11.39). 当波阵面经过角 O 之后,便开始旁侧卸载. 卸载的扰动要赶上波阵面,并将激波削弱. 在波阵面的被削弱了的外围部分上,波阵面的速度要减小,波阵面本身也要弯曲,如图 11.39 所示,而波阵面的中心部分却仍然是平面的,在那里激波的速度还是原来的,这是因为至一定的时刻扰动还来不及到达那里. 根据简单的几何知识,很容易求得激波开始被削弱之点.自波阵面经过角 O 的时刻起,在 t 时间内波阵面所通过的距离为 Dt.原来处在角 O 附近的物质向前跑过的距离为 ut,而在波阵面经过角 O 的时刻所产生的最早的扰动是以声速 c 在物质中传播的,它们至时刻 t 到达了以点 A 为球心以 ct 为半径所画出的球面,因此点 B 就是激波开始被削弱之点(见图 11.39). 考察三角形 OBF 和 ABF,便可以将声速与速度 D 和速度 u 以及卸载角 α 的正切联系起来:

$$c = D\sqrt{(\operatorname{tg}\alpha)^2 + \left[\left(\frac{D-u}{D}\right)\Big/ D\right]^2}.$$

---

1) 其纵剖面为 T 形. ——译者注

问题就归结于要确定波阵面的速度D和角α（物质的激波绝热曲线被假定是已知的，因此质量速度u是可以计算的）. 这个问题在实验上是按下述方法解决的. 当激波奔至自由表面时，后者要以一定的速度向前飞出. 在波阵面表面的（未被削弱的）中心部分，这个速度是处处一样的，而在外围（被削弱的）部分则要小一些，如图 11.40 上的箭头所示.

在实验上记录自由表面到达树脂玻璃薄板P的时刻（采用能随时间扫描的摄影技术）. 在胶片上得到了图 11.40 上所画的图形（在物质轰击树脂玻璃时要产生发光，正是这种发光在胶片上绘出了曲线）. 根据底片定出点B，再根据已知的实验装置的几何尺寸，便可以确定出卸载角α.（我们指出，B是个没有角的点.）

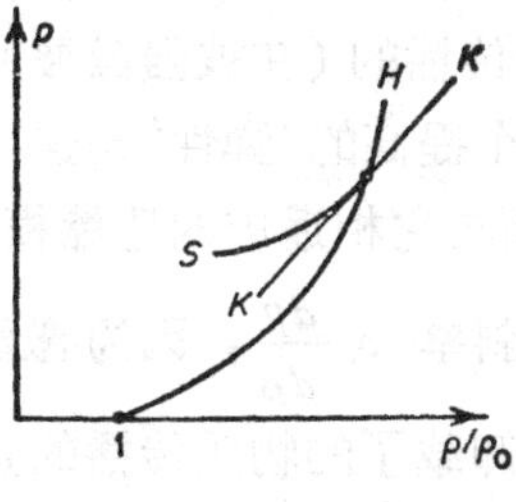

图 11.41　压力-密度图

H——激波绝热曲线；　S——卸载等熵曲线；　KK——在与激波中的状态相对应之点等熵曲线的切线

结果发现，对于水来说，波阵面表面的削弱部分和未受扰动部分之间的界限还是足够明显的，根据声速c所计算的压缩模量ρ_0c^2也小于（以p，ρ/ρ_0为变量的）激波绝热曲线在与波阵面之后的状态相对应之点的斜率 $\rho_0\dfrac{dp}{d\rho}$，这与图 11.41 上所示的激波绝热曲线和等熵曲线所可能有的配置完全符合.

然而对于金属（铁，铜）来说，底片上的曲线近乎圆弧形，并没有清晰的边界，就好像波阵面的外围部分卸载得强一些，而比较靠近中心（靠近样品轴心）的部分则卸载得很弱.

根据波阵面弯曲程度开始减弱的那一点所计算出的压缩模量

$\rho_0 c^2$，要比相应的、激波绝热曲线的斜率 $\rho_0 dp/d\rho$ 约大到 1.5 倍。一些实验数据都被列在表 11.3 中，该表取自文献 [4].

表 11.3

物　质	α，度	D，千米/秒	u，千米/秒	弹性的 c_l，千米/秒	弹性的 $\rho_0 c_l^2$，10^{10} 巴	$\rho_0 \frac{dp}{d\rho}$，10^{10} 巴	塑性的 $\rho_0 c_0^2$，10^{10} 巴
水	47.5	4.42	1.52	5.6	31.4	34.2	
铜	41.0	5.24	0.87	6.33	357.8	288.8	240
铁	46.5	5.34	0.98	7.15	401.3	298.2	240

这种现象曾由作者们根据固体中存在两个声速所解释，这两个声速已在 § 16，§ 17 中讲述过．弱的稀疏扰动沿压缩物质是以弹性波的速度 c_l 进行传播的（在被强激波所压缩的物质中压力是“各向同性的”）．这个提高的“弹性”声速才与波阵面弯曲程度开始减弱之点相对应，而与它相适应的压缩模量 $\rho_0 c_l^2$ 则过于偏大，它大于激波绝热曲线的斜率 $\rho_0 \dfrac{dp}{d\rho}$，因为激波的速度对应于小的“塑性”声速．沿稍微卸载了的物质传播的是“塑性”波，它的速度是减小的“塑性”声速．而那些主要的、能对激波阵面的削弱起重要影响的扰动，正是以这种速度传播的．塑性波的速度仅由压缩性来决定，正是它才应该与激波绝热曲线的斜率进行比较．以“塑性”声速 c_0 计算的压缩模量 $\rho_0 c_0^2$，对于金属来说也和对于水一样小于斜率 $\rho_0 \dfrac{dp}{d\rho}$，这与激波绝热曲线的理论完全相符（水作为液体，只有一个声速——塑性声速 c_0）．两个声速的存在严重地妨碍了对“塑性”卸载边界的精确测定，而这个边界具有重要意义，因为正是它决定了物质的压缩性。为了消除这种效应的影响，文献 [4]的作者们曾提出另外一种方法（追赶卸载法，它的最初形式是由 E. И. 扎巴巴黑所建议的）.在这种方法中，所考察的是飞行的平板（炮弹）与样品（靶子）的碰撞问题，而它们是由激波绝热曲线为已知的同种研究材料制成的．该过程的 x，t 图已被画在图 11.42 上．

自碰撞点 O 起沿两个物体传播两个激波 OA 和 OB. 当炮弹中的激波到达自由边界 B 之后，便在那里开始卸载，而卸载的稀疏波沿物质奔驰，并于 A 点赶上样品中激波的阵面. 从这一时刻开始，激波的强度将被削弱，波阵面的轨迹也变得弯曲，如图 11.42 所示.

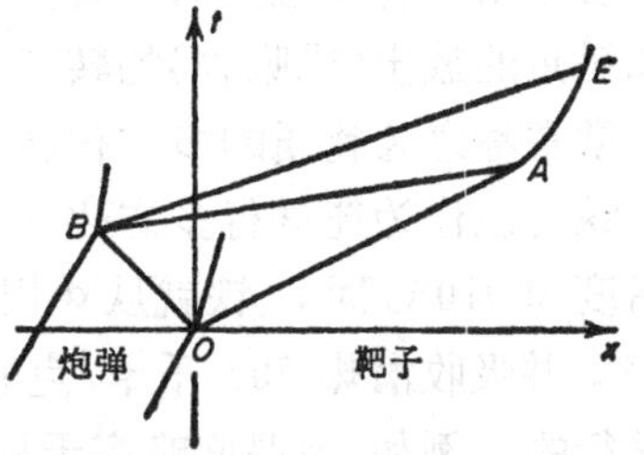

图 11.42 关于追赶卸载实验的 x，t 图

在实验上确定出明显削弱阶段内的激波阵面的轨迹 AE，再来考察稀疏扰动的传播过程，就可以求出阵面后压缩物质中的声速.

由于所考察的是激波被强烈削弱的阶段，而能够导致这种削弱的只是塑性波，并不是携带弱扰动的弹性波，因而实验上所测定的声速乃是与物质的压缩性相关的"塑性"声速(关于这种方法的详细情况，请见文献 [4]).

为了显示其数值，我们在表 11.4 中列出一些测量结果. 为了比较起见，在那里还列出了标准条件下的(塑性)声速 c_0

表 11.4

实验测得的高压下的声速

金　属	p，10^{10}巴	V_0/V	c_0，千米/秒	c_0，千米/秒(在标准条件下)
Al	195.5 160.0	1.76 1.701	11.74 11.23	5.2
Cu	379.6 311.7	1.694 1.638	9.48 8.93	3.9
Fe	347.8 284.9	1.650 1.600	9.48 9.53	5.7

§ 19　相变和激波的分裂

有许多固体物质，可以在不同条件下具有不同的结晶变态.

当温度和压力(它们由确定的关系相联系)取某些数值的时候，就可能发生从一种变态到另一种变态的转变．这些伴随有体积的变化和潜热的放出(或吸收)的转变乃属于第一类相变．一些类似的转变常常称之为物质的多态化转变[1]．

铁可以作为能进行多态化转变之物质的例子．在大气压力下和温度为 910℃ 时，铁就从 α 相转变为 γ 相；转变时体积缩小 2.5%，并吸收潜热 203 千卡/克分子．多态化转变常常是在高压下进行的．例如，当温度略高于标准温度的时候，铁中的上述转变是在 130000 大气压的压力下进行的．

当用激波压缩那些能在高压下进行多态化转变的物质时，要产生一些独特的现象．在巴柯罗夫特、贝特尔逊与明思海勒(文献[30])，达夫与明思海勒(文献[31])，德拉茂德(文献[32])等人的工作中，曾对这些现象进行了理论上的研究(主要是定性的)．对能够引起多态化转变的激波进行实验研究的工作有：上述工作的前两项(第一个，在铁中，第二个，在铋中)；A. H. 德烈明与 Г. A. 阿达杜罗夫的工作(文献[33])(大理石)，以及 A. H. 德烈明的工作(文献[34])(石蜡)．

在压力的某一范围内，沿能进行多态化转变的物体传播的并不是一个而是两个激波，它们是一个跟在另一个的后面．激波的这种分裂乃与物质的激波绝热曲线在相变区域内的反常行为有关．当激波中的压力不是特别高的时候，熵的增加是不显著的，因此激波绝热曲线就接近于等熵曲线，而在考察上述现象时也就可以从普通绝热曲线出发．

能够进行多态化转变之物质的绝热曲线被简要地画在图 11.43 上．

当从标准体积压缩到某一状态 A 之后，便开始从相 I 到相 II 的转变．晶格要进行这样的重新排列，它要使得原子的新的平衡位置对应于较小的原子间的距离，因此在相变的区域内为使体积

1) 在强度足够大的波中固体物质要被熔解，熔解也属于第一类相变．关于激波中的熔解问题曾有一些文献研究过(请见本节的末尾)．

减小所必需的压力的增加要比在原相 I 中所需要的小很多(在温度为绝对零度时 I—II 的相变是在恒压下进行的,而绝热曲线 $S=0$ 上的 AB 线段则是一条水平直线,如图 11.43, b 所示). 如果不进行重新排列,那么压力曲线应从 A 点向上继续延长,就如图 11.43 上的虚线所表示的那样. 物质在 AB 的区域内处于双相状态. 晶格的彻底改造和物质的从相 I 到相 II 的彻底转变是在至 B 点的时刻结束的,自此之后第二相的绝热曲线又以新的陡度向上行走. 物质的压缩性在不同的相中是不一样的,所以分别与 A 点和 B 点的两个单相状态相对应的两条曲线其斜率一般来说是不同的.

设想一个具有上述类型激波绝热曲线的物体,假令在开始时刻在它的表面上施加一个不变的压力 p(我们考察一维平面的情况). 还认为这个压力是足够大的,以便能略去强度的效应,并可认为压力具有流体静力学的特点,即排除存在"弹性"波的可能性(见 § 17),而就认为激波是"塑性的".

如果压力 p 低于相变开始时的压力 p_A,那么沿物体奔驰的是

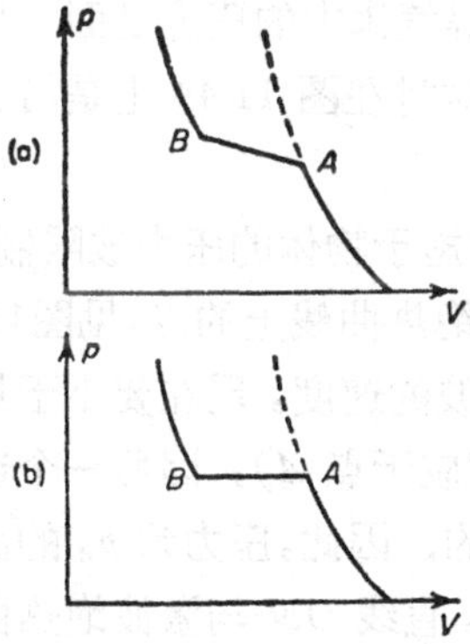

图 11.43 能进行多态化转变之物质的等熵曲线(普通绝热曲线):
a) 温度不等于零, $T>0$ 时的; b) 温度为绝对零度, $T=0$ 时的

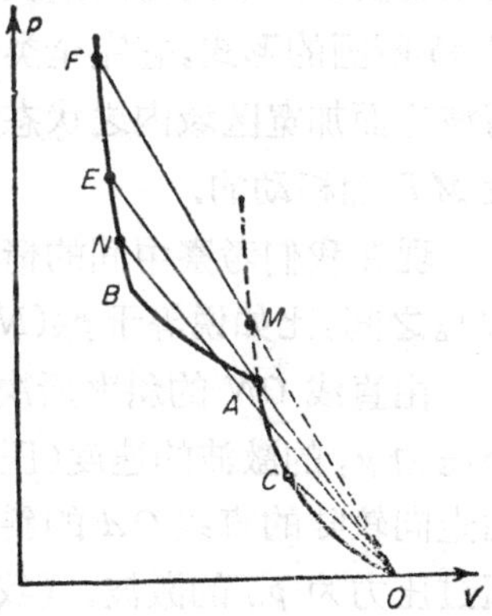

图 11.44 关于物质发生多态化转变时激波不同传播情况的 p, V 图(说明见正文)

一个普通的激波，而它之中的物质状态就对应于激波绝热曲线上的的一点(图 11.44 上的 C 点)；众所周知，激波的传播速度 D 是由这样一条直线的斜率来决定的，该直线是从初态点 O 至激波绝热曲线上的终态点画出的，

$$D = V_0\sqrt{\frac{p - p_0}{V_0 - V}}.$$

如果压力 p 大于量 p_E(后者对应于在中间点 A 与激波绝热曲线相切的直线 OE)，比如说该 p 等于 p_F，那么沿物体奔驰的也是一个激波，在它的阵面之后达到了状态 F. 但在该情况下，波阵面后的物质乃处于另外一个相——相 II. 从相 I 到相 II 的转变是在激波的阵面中进行的. 一般来说，相变所需要的时间要比在普通单相物质中建立热力学平衡所需要的时间长很多. 这里的情形在很多方面类似于在沿着某些自由度被缓慢激发的气体(比如，沿着离解气体)而传播的激波中所发生的情况. 直接的激波压缩导致了中间状态 M，它的位置是在无相变时的相 I 的激波绝热曲线的延长线上(它相当于气体中的粘性密聚跃变). 然后开始相变，波阵面的宽度要由相变的弛豫时间来决定，这与在气体中激波阵面的宽度要由离解的时间来决定相类似. 激波中的压力剖面具有图 11.45 所画的形式，它完全类似于离解气体中的压力剖面. 用以描写波阵面加宽区域内之状态的点，这时在图 11.44 上是沿着直线段 MF 而移动的.

现在我们考察中间的情况，这时施于物体的压力被限制在 p_A 和 p_E 之间，比如说等于 p_N(N 是激波绝热曲线上的点，见图11.44).

由直线 ON 的斜率所决定的激波的速度，现在要小于具有较小压力 p_A 的激波的速度(压力 p_A 对应于点 A)，因后一个速度是由走向较陡的直线 OA 的斜率决定的. 因此，压力为 p_A 的波就要超过压力为 p_N 的激波. (我们看出，直线 ON 与激波绝热曲线三次相交，即同一个波速对应于三组压力和体积的值. 显然，这种非单值性在物理上是不能实现的).

在压力取中间值 $p_E > p > p_A$ 的时候，激波要分裂为两个独

立的波，它们是一个跟在另一个的后面(这种情况被特别地画在图

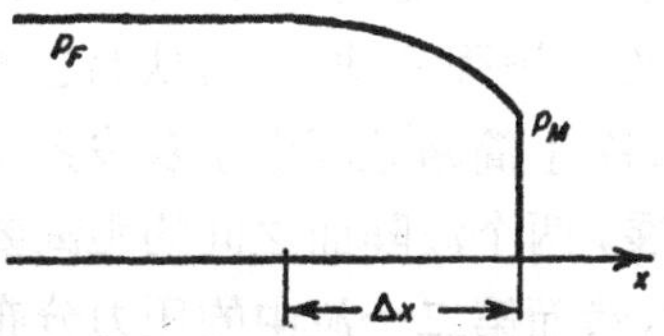

图 11.45　带有相变"弛豫"的激波中的压力剖面

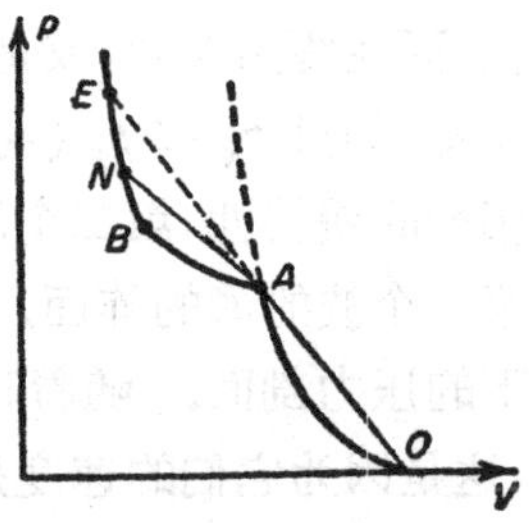

图 11.46　说明激波分裂的 p,V 图

11.46 上). 在第一个激波中物质是从最初的状态 O 被压缩到与相变的起点相对应的状态 A，并且第一个激波沿未扰动物质的传播速度是由直线 OA 的斜率按下述公式来决定:

$$D_1 = V_0\sqrt{\frac{p_A - p_0}{V_0 - V_A}}.$$

跟在第一个激波之后的是第二个激波，在它之中物质是从状态 A 被压缩到终态 N. 第二个波沿(处于状态 A 的)运动着的压缩物质的传播速度，乃由直线 AN 的斜率来决定，并就等于

$$D_2 = V_A\sqrt{\frac{p_N - p_A}{V_A - V_N}}.$$

第二个激波相对于不动的原有物质的传播速度就等于速度 D_2 和物质在第一个激波中的质量速度 u_A 之和:

$$D_2' = D_2 + u_A.$$

容易看出，第二个波不能赶上第一个波，即两个激波的联合是稳定的. 事实上，第一个波相对于它之后的物质的传播速度等于

$$D_1'' = V_A\sqrt{\frac{p_A - p_0}{V_0 - V_A}}.$$

由于直线 OA 的斜率按照规定 $(p_N < p_E)$ 要大于直线 AN 的斜率，所以有 $(p_A - p_0)/(V_0 - V_A) > (p_N - p_A)/(V_A - V_N)$，$D_1'' > D_2$，即第一个波沿同样物质比第二个波沿同样物质奔跑得

更快.

在第二个激波的阵面之内发生相变：在初态 A 中物质处于第一相，而在终态 N 中，或是处于第二相，如果 $p_N > p_B$；或是处于双相状态，如果 $p_N < p_B$（在后一个情况下，相变进行得不完全）. 由于相变的缓慢性，第二个激波的阵面将被强烈地抹平，从而它不同于第一个波的薄的阵面. 在图 11.47 上简略地画出了双波系统情况下的压力剖面. 随着时间的进展，两个波阵面之间的距离要增加，这是因为它们的速度是不同的；然而第二个波中的压力分布却是稳定的，第二个波中的剖面是作为整体来传播的.

存在相变时的两个激波的联合在很多方面类似于两个压缩波——"弹性"波和"塑性"波的联合，而这后一种联合我们曾在 §17 中考察过. 在这两种情况下，之所以产生双波都是因为绝热曲线或激波绝热曲线具有反常走向，当具有反常走向时绝热曲线上就存在这样一个区域，在该区域内绝热曲线本身要凸向上方.

在第一章曾经指出，激波中的熵是增加还是减少乃依赖于二阶导数 $\partial^2 p/\partial V^2$ 的符号，即这个符号决定了纯粹热力学的结论. 在这里，我们又证实了激波绝热曲线的反常走向会导致反常的运动学的结论——激波要一分为二. 使两个波合并为一个波的极限条件是 $p > p_E$，这相当于弹性波和塑性波联合时的那种情形：那时由于绝热曲线与虎克定律的偏离而使得塑性波的速度大于弹性波的速度，所以第二个波要赶上第一个波，并与后者合并.

如前面已经指出的，经受多态化转变物质中的激波的分裂现象曾在实验上被观察到过. 作为例子，我们在图 11.48 上画出了铁的相变区域内的激波绝热曲线，该曲线是在实验上求得的（文献[30]）. 我们指出，铋中的相变是发生在压力约为 28500 大气压的时候，并且相变的弛豫时间在温度为 42℃ 时小于 1 毫秒.

阿里戴尔与赫黎斯琴曾发现了碘 J_2（碘的晶体是分子晶体）在压力 $p \approx 7 \times 10^5$ 大气压和相对体积 $V/V_0 \approx 0.53$ 时的第一类相变（文献[35]）. 这个相变是根据激波阵面速度与质量速度的线性关系中的斜率的改变而被确定出来的. 计算表明，在相变点，

波中的温度为 $T \approx 1$ 电子伏. 这个量可与碘分子的离解能 1.53 电子伏相比较. 故推想出这一相变与从双原子分子晶体到单原子金属状态的转变有关系.

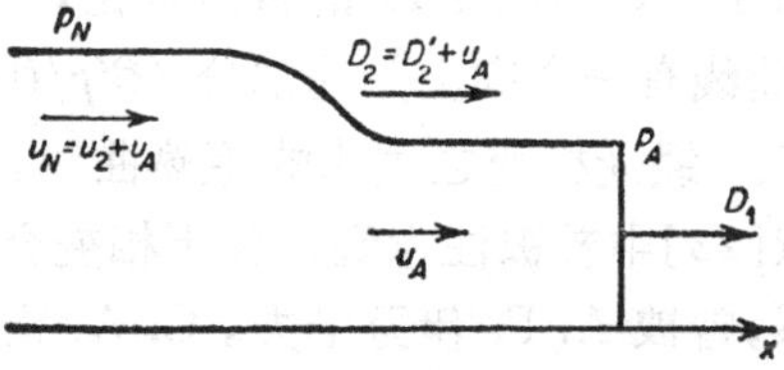

图 11.47 激波一分为二情况下的压力剖面

非常有趣的是，与多态化转变时所出现的反常现象相类似的金属冷压缩曲线的反常，进而激波绝热曲线的反常，可在原子晶格不作重新排列的情况下，只是由于压缩时电子带结构的改变和一些单带的互相重叠就可以产生. 当带的结构改变时，金属有可能改变性质，这一点曾在 И. М. 栗弗席兹的工作(文献 [36]) 中指出过. 而这种改变对金属冷压缩曲线的影响，以及曲线要出现 $\partial^2 p/\partial V^2 < 0$ 的反常区域，这些都曾被 Г.М. 岗杰尔曼所研究过(文献 [37]).

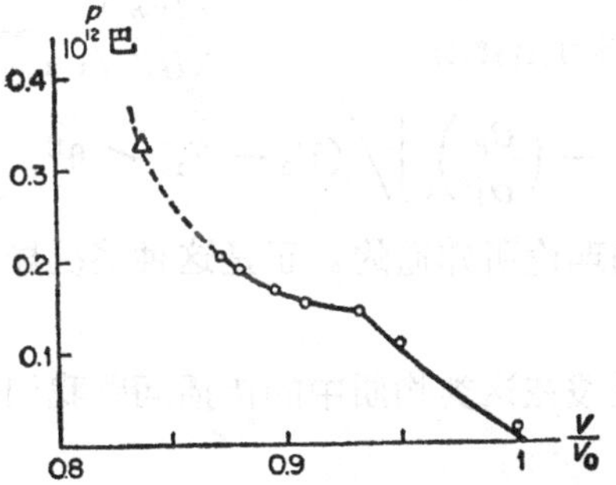

图 11.48 铁的相变区域内的激波绝热曲线

△——文献 [24] 的数据； ○——文献 [30] 的数据

在强度足够大的激波中固体物质要被熔解，这就导致激波绝热曲线的走向要出现折点. 关于激波中的熔解问题曾在文献[44,

57—59]中考察过.

§ 20 相变介质中的稀疏激波

按照第一章 § 17, § 18, § 19 的普遍理论,当绝热曲线的走向反常,即当绝热曲线有一个向上凸的部分 ($\partial^2 p/\partial V^2 < 0$) 时,有可能产生稀疏跃变. 经受相变之固体的绝热曲线,恰好给出这种可能性. 这在文献[23]中曾被注意到. 关于相变金属中的一些带有稀疏激波的体系,曾被 A. Г. 伊万诺夫, C. A. 诺维柯夫和 Ю. П· 塔拉索夫所研究(文献 [38]), 他们首先给出关于在铁(钢)中存在稀疏跃变的鲜明实验证明.

经受多态化转变之物质的绝热曲线在折点 A 附近的走向是反常的 (图 11.43). 虽然在绝热曲线的所有无奇异性的各个点上二阶导数 $\partial^2 p/\partial V^2$ 都是正的,但在点 A 附近尚有这样一个部分, 在这里连接任意两点 1 和 2 的弦整个处在绝热曲线的下方 (图 11.49). 这是因为在 1—2 的部分内二阶导数的平均值是负的:

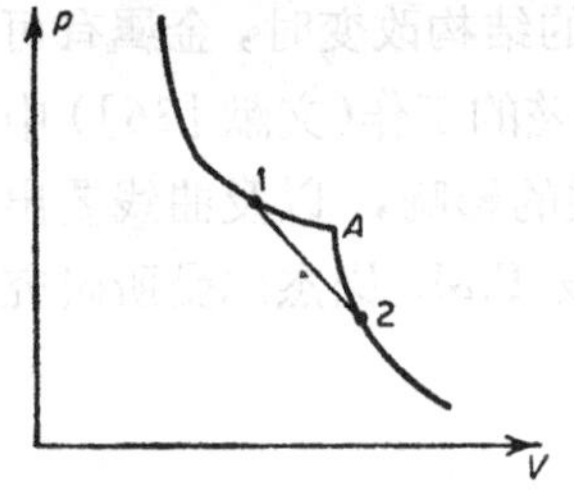

图 11.49 绝热曲线的反常部分

$$\left\langle \frac{\partial^2 p}{\partial V^2} \right\rangle_{1-2} = \left[\left(\frac{\partial p}{\partial V} \right)_2 - \left(\frac{\partial p}{\partial V} \right)_1 \right] \Big/ (V_2 - V_1) < 0^{1)}.$$

就如从普遍理论所知道的, 正是这种情况导致了流体动力学规律的反常.

关于压缩激波在这类物质中的传播问题我们曾在上一节考察过.

现在感兴趣的乃是原先被激波压缩过的物质的卸载问题. 假定在 $t = 0$ 的时刻在原先被激波压缩到状态 1 (p_1, V_1) 的物质内

1) 除了折点 A 而外, 在 1—2 部分内的所有各点 $\partial^2 p/\partial V^2 > 0$, 但在折点 A 本身 $\partial^2 p/\partial V^2 = -\infty$, 所以 1—2 部分内的平均值同样还是负的.

有一个稀疏的区域，在这个区域内压力和体积平缓地变化到量 p_2 和 V_2（状态 2；$p_2 < p_1$，$V_2 > V_1$）. 压力沿坐标的初始分布，如图 11.50 所示. 我们假定代表初态 1 和终态 2 的点，以及平缓分布上的所有中间点都落在等熵曲线上，即假定过程是绝热的[1]. 在图 11.50 上和图 11.51 的绝热曲线上用相同字母和号码标出对应的点.

我们还认为，稀疏波是沿压缩物质向右传播的简单波（见第一章，§ 8）. 为使波是简单波，必须要求压力和速度沿坐标的初始分布 $p(x, 0)$ 和 $u(x, 0)$ 满足黎曼不变量为常数即 $J_-(x, 0) =$ 常数的条件. 这样，在以后时刻才有 $J_-(x, t) =$ 常数.

我们假设这个条件是满足的. 众所周知（见第一章 § 8），在向右传播的简单波中，c_+ 特征线在 x, t 平面上是一些直线，而沿它们所传递的乃是压力和其它一些量的常数值.

我们来考察一下，从我们的初始压力剖面出发在以后的时刻将要发生什么样的情况. 为此，我们在图 11.52 的 x, t 平面上画出几条 c_+ 特征线：它们是一些斜率 $\frac{dx}{dt} = u + c$ 的直线. 初始分布上不同点处的扰动传播速度（"声速"），要由在对应点与绝热曲线相切的切线的斜率来决定. 在两个折点 A 和 B 处，声速经受

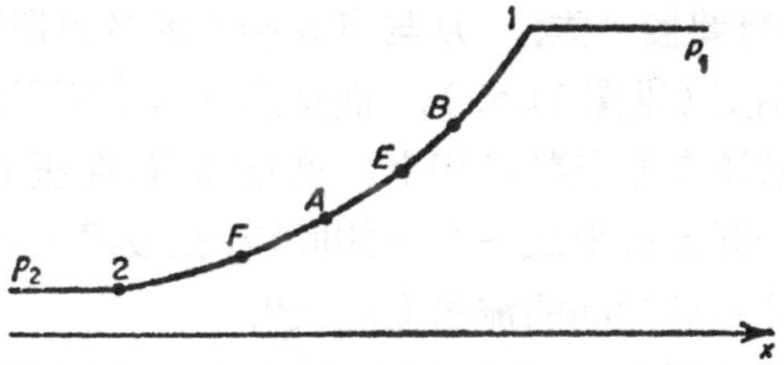

图 11.50 关于稀疏区域的演变问题：初始压力剖面

跃变（声速与体积的关系如图 11.53 所示）. 物质的速度因有条件

1) 我们仅考察不甚大的压力，在这种压力下，热效应很小，而激波绝热曲线实际上就与等熵曲线相符合. 此外，我们还认为相变进行得足够快，乃是"瞬时地"，因此物质的状态在任何时候都不偏离于热力学平衡的绝热曲线.

$J_- =$ 常数而等于 $u = -\int c\frac{d\rho}{\rho} +$ 常数，它在点A和点B处是连续的，所以特征线的斜率要随着声速的跃变而以跳跃的方式改变.

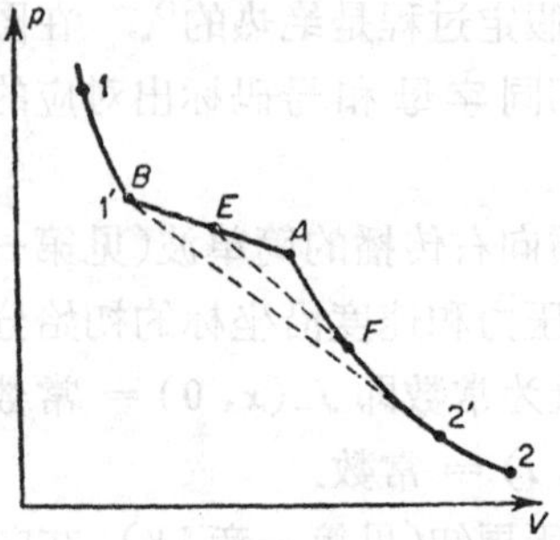

图 11.51 关于稀疏区域的演变问题：与图 11.50 上所画的剖面相对应的 p, V 图上的各个状态

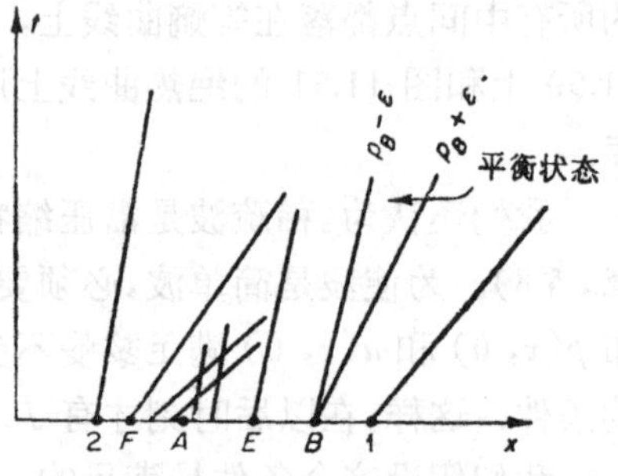

图 11.52 稀疏波中压力剖面的演变；稀疏激波的形成；$t=0$，t'，t''，t'''——是一系列相继的时刻

由"正常"折点B所发出的两条斜率不同的c_+特征线携带相同的压力值，但所携带的声速值却是不同的. 这两个声速分别对应于绝热曲线上之折点两边的值，并且稍大一点的压力值 $p_B+\varepsilon$（ε是无限小）要比稍小一点的压力值 $p_B-\varepsilon$ 传播得要快一些.

而在"反常"折点A处，情况则是另外一个样子. 在那里，从点A也发出两条特征线，但较大的压力 $p_A+\varepsilon$ 要比较小的压力 $p_A-\varepsilon$ 传播得要慢一些. 从与点A相邻的各点所引出的一些特征线皆力图相交（见图 11.52），而从点A本身所引出的两条临界特征线则仿佛还在原点就已相交. 这意味着，在压力初始分布中，在点A处从一开始就形成一个小的间断（在极限 $t\to 0$ 之下，它为无限小），它要随着时间的流逝而增大[1].

稀疏波的传播和相继时刻的压力剖面都被简略地画在图 11.54 上. 压力 p_B 的"平台"要受到从点B所发出的两条特征线

1) 对正常物质中的开始为平缓分布的压缩波来说，情况稍有不同. 在那种情况下，特征线并不马上相交(见第一章§9，§12)，压力剖面的陡度乃逐渐地增加，而间断(压缩激波)也并不马上形成. 然而在这里，间断(稀疏激波)是从一开始就产生了，它的强度要正比于时间而增加.

的“限制”(见图 11.52).

跃变——产生于点 A 处的稀疏激波，要随着特征线的相交而增大. 当跃变的上端点沿跃变之前的物质继续以超声速奔驰，而下端点沿跃变之后的物质继续以亚声速奔驰的时候，跃变就要继续增大，即上端的靠近初态的压力要继续升高，而下端的靠近终态的压力要继续下降. 这时，跃变的上边界仿佛要把它之上的压力平缓增加部分给“吃尽”似的，而跃变之后的稀疏扰动又要从下边赶上跃变，故使间断得到加强. 跃变增大的过程要一直进行到那

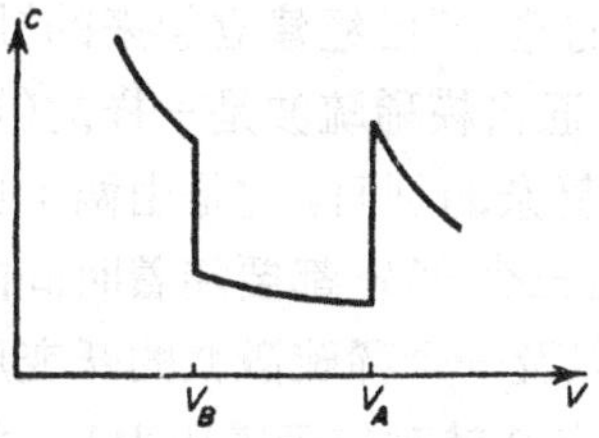

图 11.53 与图 11.51 上所画的绝热曲线相对应的声速与体积的关系

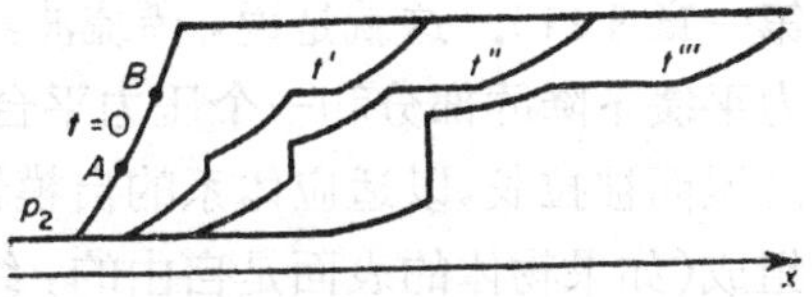

图 11.54 说明具有反常绝热曲线之物质中的初始稀疏如何演变的 x, t 图

个时候，就是当上端的压力达到了平台上的压力，而下边界沿跃变之后物质的传播速度也变成了声速的时候.

已建立起来的间断之位置(图 11.51 之绝热曲线上的点 $1'$—$2'$)和稀疏波中的压力剖面都被画在图 11.55 上. 众所周知(见第一章 § 14)，间断 $1'$—$2'$ 沿它之前物质的传播速度 u_1 和沿它之后

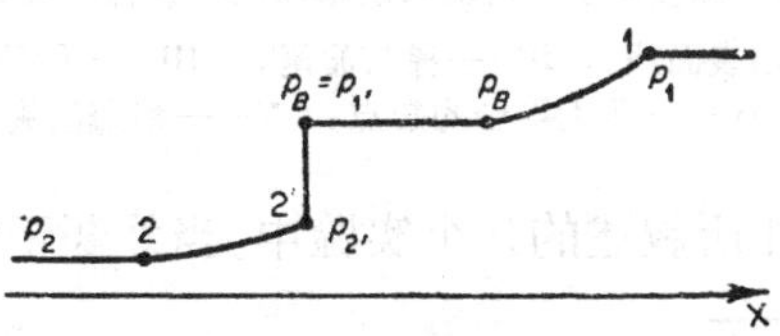

图 11.55 稀疏波中压力最终分布的特点. 这一分布要随着时间的进展而被拉长，但不改变其形状

物质的传播速度 u_2，都要由直线 $1'—2'$ 的斜率来确定：

$$u_1^2 = V_{1'}^2 \frac{p_{1'} - p_{2'}}{V_{2'} - V_{1'}}, \quad u_2^2 = V_{2'}^2 \frac{p_{1'} - p_{2'}}{V_{2'} - V_{1'}}$$[1].

从图 11.51 看出，点 $2'$ 要由直线 $1'—2'$ 与绝热曲线相切的条件来确定，因为这时才有 $u_2 = c_{2'}$. 间断沿它之前物质的传播速度 u_1 要小于折点 B 之上边的声速，但要大于该点之下边的声速：直线 $1'—2'$ 的走向同所对应的与绝热曲线相切于 B 点的两条切线相比，较其中的一条坡一些，而较另一条陡一些.

在实际上，稀疏波通常是产生在当激波向物体自由表面奔驰的时候. 这时，体系是自模的，在 x，t 平面上所有的 C_+ 特征线都是由一点出发的，而图 11.55 上所画的整个“已经建立起来的”压力剖面乃是从一开始就形成的，这和普通自模稀疏波是一样的(见第一章§11). 这就是说，稀疏波具有复杂的剖面，它是由两个压力平缓下降的部分和一个压力平台(这三个部分都要随着时间的进展而被拉长，以适应体系的自模性)以及一个稀疏激波的跃变所组成(如果物体的表面是自由的，终态点 2 就对应于零压力). 关于中心稀疏波的 x，t 图已被画在图 11.56 上.

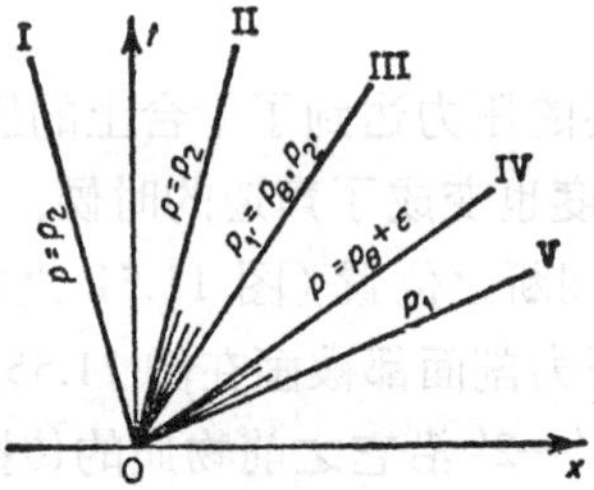

图 11.56 激波向表面奔驰时所形成的自模稀疏波的 x, t 图

I——自由表面线， II——稀疏波尾， III——稀疏跃变线，
IV——压力平台的起点， V——稀疏波头

在文献 [38] 所叙述的几个实验中，当炸药于铁和钢的样品之

1) 这两个公式是由间断面上的质量和动量的守恒定律而得到的，它们对于压缩跃变和稀疏跃变都是同样地成立.

表面爆炸时，曾发现了非同寻常的剥离现象. 剥离的表面是非常光滑的. 这个现象被解释成由于两个稀疏激波碰撞的结果，那时在某个表面上压力产生跃变式的变化，从正压一下子变成了负压. 一般来说，在平缓卸载时，能引起剥离的拉伸张力所作用的区域乃是模糊不清的，因而剥离的表面也是粗糙不平的，这是由在受拉伸张力作用的且被拖长的区域内材料具有微小的不均匀性所引起. 对实验条件下的复杂运动图象进行分析，使得文献[38]的作者们能够得出结论，所观察到的现象乃与两个稀疏激波的存在有关. 下述情况也可以作为有力的证明：除了铁和钢而外，在其它一些材料(这些材料在所研究的压力范围内不发生相变)之中并未发现任何不寻常的剥离现象.

4. 强激波向物体自由表面奔驰时的一些现象

§21 卸载后的物质为固态和气态的两种极端情况

在§11中曾考察过原先被激波所压缩的固体在波奔至自由表面后的卸载过程. 那时曾认为，激波不是很强的，阵面之后的温度也是比较低的，而卸载到零压力的物质仍然处于固态.

很显然，如果激波是很强的，而且受热物质的内能 ε_1 又比原子的结合能 U(它等于零温时的汽化热)超过很多倍，那么，在激波奔至自由表面后，当物质膨胀到低的(零的)压力的时候，物质要完全蒸发[1]，物质在卸载时的表现就宛如气体一样. 例如，当卸载到真空时，即当卸载到严格的零压力时，物质前沿的密度和温度也都要等于零.

---

1) 有时也谈到物质在激波本身中的"蒸发". 但如果把"蒸发"理解为普通热力学意义下的相变，那么这种说法乃是不正确的. 把稠密物质称为"液体"或者"气体"只是在有条件的意义下才有可能，这要依照原子热运动的动能和它们相互作用的势能两者之间的比值而定. 如果将物质在不变的体积下加热，那么从"液体"到"气体"的转变是连续实现的. 总之，必须注意到，当压力和温度高于临界值时，全部物质都是均匀的，互相的区分不再存在. 应该指出，关于在足够强的激波中物质不再是固态的说法，有着完全真实的物理意义(固体物质熔解了).

这时，卸载波中的密度分布、速度分布和压力分布所具有的特点，在定性方面就和在气体的稀疏波中是一样的(见第一章§10和§11). 它们已被画在图 11.57 上.

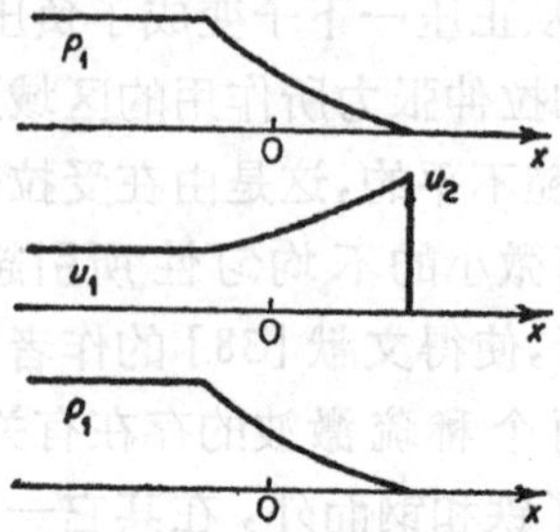

图 11.57 很强大激波奔至自由表面后的密度剖面、速度剖面和压力剖面

自模卸载波的流体动力学的解，可以用普遍形式写出，而不管物质的热力学性质如何. 这个解由下述公式表示:

$$\frac{x}{t}=u-c, \tag{11.63}$$

$$u+\int\frac{dp}{\rho c}=\text{常数}, \tag{11.64}$$

这是关于左行波的，如图 11.57 所示.

积分是在常熵 S 下进行的，因为卸载过程是绝热的. 在该情况下，熵就等于激波阵面后之物质的熵. 而公式中的常数可由激波阵面内之物质的参量来表示(这些参量，我们打以脚标"1"). 这时，公式 (11.64) 具有如下形式:

$$u=u_1+\int_p^{p_1}\frac{dp}{\rho c}. \tag{11.65}$$

卸载物质之前沿的速度(自由表面的速度)等于

$$u_2=u_1+\int_0^{p_1}\frac{dp}{\rho c}. \tag{11.66}$$

公式 (11.66) 已在§11 中利用过，当时是为了得到倍速原则. 可以求得卸载波中的各流体动力学量的分布，如果已知物质的热力学函数 (即如果已知函数 $\rho(p, S)$, $C(p, S)$, 因为可借助它们计算积分 (11.65)). 关于比热不变之气体的一些相应的公式，我们曾在第一章§10 中写出过.

但在我们所关心的固体卸载的情况下，这样做暂时还没有可能，因为目前还没有满意的理论能够描写比固体的标准密度略小一些的这种密度范围内的物质的热力学函数(这是指，存在这样一些过渡性的温度，在它们之下物质既不能认为是固体，也不能认为

是理想气体）．因此，在这里我们仅限于对定性图象进行叙述和作

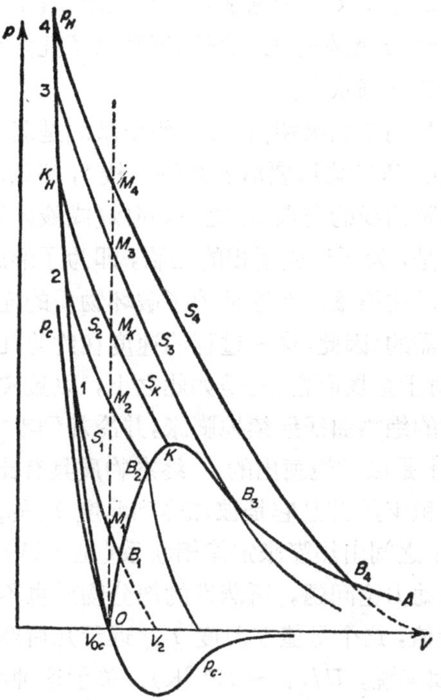

图 11.58　p, V 图上的卸载绝热曲线

一些粗糙的估计．

为了简单起见，我们假定在激波压缩前固体是处于零温和零温体积 V_{0k}，而且还认为卸载要到真空(即卸载到零压力)．此外，我们也不区别固态和液态．一般来说，熔解热要比汽化热小很多[1)]（熔解时体积的变化很小），因此，当所考察的现象属于那种能量尺度（在这种尺度下物质完全蒸发）的时候，熔解的效应可以忽略不计．

我们在 p, V 图上来跟踪某一确定物质质点的卸载过程．在图 11.58 上画出了延长到负压区域的弹性压力曲线 p_x，激波绝热

1）例如，对于铅来说，要小 45 倍；对于铝来说，要小 21 倍．

曲线 p_H，以及能区分单相状态区域和双相状态区域的曲线 OKA. 临界点 K 以下的分支 OK 是沸腾曲线(开始汽化)，而分支 KA 则是饱和蒸气曲线(开始凝结). 此外，还画出了几条绝热曲线 S，它们经过激波内的不同状态.

考察两个最简单的极端情况. 假令激波是弱的(激波绝热曲线上的状态 1). 压缩物质要沿着绝热曲线 S_1 卸载，当压力下降到绝热曲线与沸腾曲线的交点 B_1 之后，固体(或液体)原则上就应该沸腾起来. 但是，为了形成新相的胚胎，即为了形成蒸气泡，必须要有足够大的活化能量，而这是为了破坏物质的连续性和形成气泡的表面所必需的；因此，这一过程的速度在约为几百甚至上千度的低温之下(对于金属而言)乃是如此之小，以致实际上固体是沿着"过热液体"的绝热曲线继续地膨胀，并冷却到零的压力，这条曲线在图 11.58 上是以虚线画出的. 终态物质具有比零温体积 V_{0k} 略大一些的体积 V_2[1]，并且它是被加热到温度 T_2 的，这一温度与体积差 $V_2 - V_{0k}$ 之间由热膨胀定律相联系(见 § 11). 甚至如果抛开体积汽化的动力论问题，所蒸发的部分物质也不可能超过近于 $c_V T_{B_1}/U$ 的量值，这个量值在温度 T_{B_1} 近于几百度的时候乃是很小的(对于金属来说，$U/c_V \sim 10^4$ °K). 关于这种卸载情况，我们在§ 11 中曾遇到过.

在另一个极端情况下，那时激波是很强大的(状态4)，卸载绝热曲线 S_4 要在临界点 k 的上方很远处——纯属气相的区域内经过，而物质就像气体那样可膨胀到无限大的体积. 一般来说，绝热曲线要在某一时刻与饱和蒸气曲线相交(点 B_4)，然后就应开始凝结[2]. 但如果蒸气飞散的时间受到了限制，就像在实验室条件下通常所发生的那样，那么实际上凝结就来不及进行，而物质将沿着过冷却蒸气的绝热曲线(图 11.58 上的由点 B_4 所引出的虚线)继续膨胀.

---

1) 与§ 11 中的表示法不同，在这里，终态——卸载态中的所有各量都以脚标"2"标出，而脚标"1"标记的乃是激波阵面中的量.

2) 关于蒸气向真空膨胀时的凝结过程，我们曾在第八章详细地考察过.

§ 22　卸载时物质完全蒸发的判据

我们来建立关于卸载时物质完全蒸发的定量判据，这一判据要比激波中的能量比汽化热超过很多即 $\varepsilon_1 \gg U$ 这个条件(它的正确性是无疑的)更为确定.

如果卸载物质，依照热力学定律，要经过纯属气态的阶段，那么我们就说物质完全蒸发(但我们并不断言，这时的终态也是纯粹气态的，因为在原则上当向无限大体积膨胀时必然要开始凝结).

我们来考察其强度范围处在下述两种极端情况之间的一些激波：一种极端情况是弱波，卸载后的物质明显地为固体，另一种是很强的波，物质在卸载时的表现明显地和气体相同.

激波中压缩物质的内能是由弹性分量 ε_{x1} 和热分量 ε_{T1} 所组成(在后者当中，不再区分原子项和电子项)。当压缩物质膨胀到零温体积 V_{0k} 时，原先在压缩时所获得的弹性能量乃全部地"退回"，它变成了卸载时被加速物质的动能[1].

初始热能 ε_{T1} 中有一部分消耗于膨胀作功，并等于 $\int_{V_1}^{V_{0k}} p_T dV$，这部分能量也转变为动能. 我们用 ε_T' 表示在物质膨胀到零温体积 V_{0k} 的时刻在物质中所剩余的热能. 它在该时刻就等于总的内能. 十分显然，为在以后膨胀过程中能够完全蒸发，必须要求这个能量 ε_T' 要超过结合能 U：

$$\varepsilon_T' > U.$$

全部问题就在于，这个超过量应该是多大. 当膨胀到比零温体积大的一些体积时，能量储存 ε_T' 要分为两部分：一部分用于膨胀作功(这部分能量要变为流体动力学运动的动能)，而另一部分则去克服由负压力 p_x 所描述的联结力(这部分能量要变为势能).

我们假定，能量 ε_T' 对于物质的完全蒸发是够用的，即假定它不至于使得压力 $p = p_T + p_x = p_T - |p_x|$ 还在物质膨胀到

1) 但这时并不只限于在同一质点中所含有的弹性能量，即不像在伯努利定律成立时的定常流中所发生的那样；请见第一章 § 11.

无限大体积之前就等于零. 由绝热性方程 $d\varepsilon + pdV = 0$ 出发，再根据定义 $d\varepsilon_x + p_x dV = 0$，我们得到 $d\varepsilon_T + p_T dV = 0$. 将这个方程从零温体积 V_{0k} 积分到无限大体积，并注意到在无限大体积时热能等于零,则我们得到

$$\varepsilon'_T = \int_{V_{0k}}^{\infty} pdV + \int_{V_{0k}}^{\infty} |p_x| dV = \int_{V_{0k}}^{\infty} pdV + U.$$

第一项是能量储存中用于膨胀作功的部份，而第二项是破坏原子间联系所应消耗的能量.

我们在 p, V 图上画出了压力 p, p_T, p_x (见图 11.59). 在那里还标出了能量,它们在数值上就等于所对应的面积.

在完全蒸发的极限下,在膨胀的这一阶段(在该阶段内联结力是减弱的 $(V > V_{\max})$), 压力接近于零(热压力刚刚够用克服联结力: $p_T \approx |p_x|$). 但在比较早的阶段,那时 $V_{0k} < V < V_{\max}$，压力 p 是很大的,热压力显著地大于弹性压力，$p_T > |p_x|$. 这由下面一点可以看得很清楚,在 $V = V_{0k}$ 的状态中，

$$p' = p'_T = \Gamma \frac{\varepsilon'_T}{V_{0k}} > \Gamma \frac{U}{V_{0k}},$$

此处 Γ 是"哥留乃森系数"，它具有 1 的量级 $(|p_x|_{\max} \sim U/V_{0k})$. 在膨胀时，热压力不同程度地单调下降(能量 ε_T 减小，体积 V 增大). 因此,曲线 $p_T(V)$ 就具有图 11.59 上所画的形式. 从图 11.59 看出,打有垂直影线的面积——它就等于膨胀功 $\int_{V_{0k}}^{\infty} pdV$ ——乃和势能 U 所对应的面积具有同样的量级，即在完全蒸发的极限下能量储存 ε'_T 应是结合能 U 的两倍.

为使这些非常定性的见解具有定量的形式，必须要知道那一体积范围内的物质的热力学性质，在这一范围内物质的体积大于凝聚状态下的标准体积,即那时存在联结力. 很可惜,对这一体积范围 $(V_{0k} < V \lesssim 5V_{0k})$ 的研究,无论在理论上还是在实验上都是极差的. 也可以稍微变一下，在估计能区分卸载时完全蒸发和不完全蒸发两种情况的激波强度时,我们不用能量 ε'_T 而用熵值来标志完全蒸发的界限.

从图 11.58 看出，绝热卸载时的完全蒸发和不完全蒸发之间的等效界限乃是激波中的状态 K_H，而这个状态的熵就等于临界点的熵 $S_{临}$，即意味着膨胀物质要落到点 K 上．这一事实，即当熵较之 $S_{临}$ 为大时物质要于某一时刻开始凝结（状态 3，绝热曲线 S_3，凝结点 B_3），乃意味着还在此时刻之前所有的原子间联系都已被破坏，即物质已经成为气体．相反地，如果熵小于 $S_{临}$（状态 2，绝热曲线 S_2，沸腾点 B_2），那么热能就不够用来使汽化进行到底．在从两边接近于临界值的熵值之下，卸载中的物质处于双相状态，即具有蒸气加液滴的形式．在这里，相变的动力论起重要的作用．这些很有意义的问题，还没有从理论上进行探讨和在实验上进行研究．

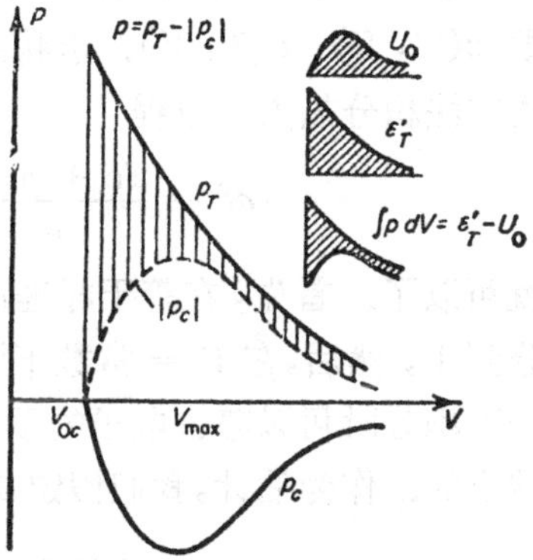

图 11.59　关于膨胀时的凝聚物质的蒸发问题（说明见正文）

以熵作为判据，尽管有它的条件性，但与能量判据相比它还是优越的，它使得有可能从“气体方面”对界限的、临界的熵值 $S_{临}$ 作出估计，从而摆脱了那个没有很好研究的、比固体标准体积大到二至三倍的体积范围[1]．

为了举例说明上叙定性见解，我们对铅进行估计．我们计算铅在临界点的熵值，这要利用单原子理想气体熵的普遍公式(4.16)，因为铅的蒸气正是这样的气体．作为估计，我们取临界温度等于 $T_{临}=4200°K$，而临界体积 $V_{临}=3V_{0k}$[2]（一般来说，临界体积为液体标准体积的三倍）．铅原子的统计权重等于 $g_0=9$．

1) 当然，这里还有不确定性，这是由于金属液体的一些临界参量通常是不知道的．

2) 量 $T_{临}$ 是在文献 [39] 中估计出来的；按照范德瓦尔斯公式，临界压力：

$$p_{临}=3/8\cdot n_{临}kT_{临}\approx 2400\ \text{大气压}.$$

以这些参量所进行的计算给出，$S_{临} = 42.8$ 卡/克分子·度[1]。

激波中的熵是可以计算的，这要利用§6中所写出的热力学函数 $\varepsilon(T, V)$，$p(T, V)$。求状态 T，V 的熵是最简单的，只要按下述方法积分热力学方程

$$dS = \frac{d\varepsilon + pdV}{T} = \frac{d\varepsilon_T + p_T dV}{T}$$

就可以了。首先，在等于标准温度 T_0 的常温下从标准体积 V_0 积分到 V，然后，在 $V =$ 常数下沿温度从 T_0 积分到 T。同时，在第一次积分时可以略去电子的项，因为它们在 $T_0 \approx 300°K$ 时是非常小的。作为估计，我们假定哥留乃森系数等于

$$\Gamma(V) \approx \Gamma_0 \left(\frac{V}{V_0}\right)^m,$$

对于铅来说，指数 m 根据表 11.2 中的数据乃近似地等于 $m \approx 1$，积分后，我们得到

$$S(T, V) = S_0 + c_V \ln \frac{T}{T_0} + \beta_0 \left(\frac{V}{V_0}\right)^{\frac{1}{2}} (T - T_0) - \frac{\varepsilon_0}{mT_0} [\Gamma_0 - \Gamma(V)]^{2)}. \tag{11.67}$$

这里的 S_0 是金属铅在标准条件 T_0，V_0，ε_0 之下的熵，按照文献[40]的数据它等于 $S_0 = 15.5$ 卡/克分子·度。向公式(11.67)中代入表 11.2 中所列的激波参量，便可求得波中的熵。接近临界值 $S_{临}$ 的熵是在激波参量为下述值时达到的：$V_0/V_1 = 1.9$，$p_1 = 2.25 \times 10^6$ 大气压，$T_1 = 15000°K$，$\varepsilon_1 = 4.71 \times 10^{10}$ 尔格/克[3]（确切一些，在这些参量下 $S_1 = 44.5$ 卡/克分子·度）。能量 ε'_T 在绝热膨胀到零温体积 V_{0k} 时的值等于 1.9×10^{10} 尔格/克，即

1) 为考虑气体的非理想性而使用了范德瓦尔斯方程，这样导出了对熵值的很小的修正 $\Delta S_{非理想} = R\ln 2/3 = -0.8$ 卡/克分子·度（其体积和计算理想 S 值时一样）。这个修正已被计入 $S_{临}$ 的值。

2) 与 Γ 有关的最后一项起的作用很小，因此用幂指数公式对 $\Gamma(V)$ 进行近似插值所引起的误差是无关紧要的。

3) 指出这一点是非常有趣的，能使完全蒸发开始的激波中的能量刚好是结合能的 5 倍。

它为结合能 $U = 0.94 \times 10^{10}$ 尔格/克的两倍，这与所期望的完全符合，就像上面所说的一样（$T' = 9500°K$，$p'_T = p' \approx 5 \times 10^5$ 大气压）.

这样一来，应该预料到，在更强大的激波卸载时铅将完全蒸发．对实验上研究过的铅中最强大的激波曾作过计算，为了例证，我们也列出这一计算的结果．这就是，当 $p_1 = 4 \times 10^{12}$ 大气压，$V_0/V_1 = 2.2$ 时，熵 $S_1 = 51.7$ 卡/克分子·度，而膨胀到标准体积之时刻的能量 $\varepsilon'_T = 3.57 \times 10^{10}$ 尔格/克，即它为结合能 U 的 3.6 倍（$T' = 15000°K$）．看来，在这种情况下卸载时已经发生了完全蒸发．

最后，我们强调指出，在激波奔至自由表面之后，在沿物体而传播的卸载波中乃是从一开始就有处于各种不同状态（从压力 p_1（稀疏波头）开始到压力为零（自由表面）为止的各个状态）的物质质点．在波中存在所有这些状态，而某一确定质点就要在从压力 p_1 到压力为零的演变过程中经历这些状态．同时还要指出，在那些靠近自由表面的质点中，压力下降到零是如此之快，以致在完全蒸发的情况下这部分内的蒸气是强烈过饱和的，虽然按照热力学平衡条件物质应该处于双相状态．

§23 借助对卸载后的气相物质的研究可从实验上确定强激波中的温度和熵

本章中已有几节是用来研究高温高压下固体的热力学性质和叙述通过测量物质的激波压缩参量而来对这些性质进行实验研究的一些方法．这些方法的共同特点是，利用它们只能求得物质的力学参量——压力和密度，以及总的内能．测量激波的运动学参量——波阵面传播速度和质量速度，再同时利用激波阵面上的关系，这并不能直接确定出一些重要的热力学特性（比如温度和熵）．要想根据力学测量资料而求出温度和熵，就必须在书写各热力学函数时作某些理论上的简化．例如，前面曾利用过压力和能量的三项表达式，并且像原子晶格比热、电子比热系数和电子压力系数等一些参量，也是从理论上确定的.

当然，能探索出某种直接从实验上确定激波中的温度或熵的办法，从而尽量地减少理论参量的个数，那将是很有意义和很重要的. 可惜的是，在这方面将会碰到很大的困难，包括实验上的困难和原则上的困难. 测量高温的一种重要方法就是光学法，但该法只能用于物体是透明的情况，可是绝大多数固体，尤其是具有极大意义的金属，却都是不透明的.

曾用光学法测量了树脂玻璃中激波阵面之后的温度（Я.Б. 泽尔道维奇，С.Б. 柯尔米尔，М.В. 希尼钦和 А.И. 库梁平（文献[41]）. 在这些实验中，曾测量了这种强激波阵面的亮度，该波是沿透明性物质——树脂玻璃传播的. 然后，在一种假设之下把亮度换算成温度，该假设是：由波阵面所限定的加热区域就像绝对黑体一样地辐射. 亮度的测量是在红光和蓝光的谱段内进行的，并且不仅求得了亮度温度，而且还求得了颜色温度（见第二章§8）. 在压力 $p \approx 2 \times 10^6$ 大气压和压缩 $\frac{\rho}{\rho_0} \approx 2.7$ 的激波中，其温度等于 $T \approx 10000—11000°\mathrm{K}$. 在对能量平衡作出某些合理的假设之后（这里重要的是树脂玻璃分子的离解），曾根据由力学测量而已知的内能对温度进行了估计，而这种估计表明，上述的温度测量值是可信的.

好像还可用光学法来测量激波奔至自由表面之时刻的温度. 但是，为使这时的测量温度能与激波内的实际温度相符合，就必须对实验提出一些实在难于达到的要求. 事实上，金属对于可见光是不透明的，那怕层是很薄的约为 10^{-5} 厘米. 当激波的速度约为 10 千米/秒的时候，波通过这样的薄层所需要的时间是大约 10^{-11} 秒. 甚至就是成功地建造了这样的记录光的仪器——它对于时间的分辨本领是极高的大约 $10^{-12}—10^{-13}$ 秒，因而当有一个已经透明的约为$10^{-6}—10^{-7}$厘米的薄层将波与物质的表面隔开的时候，它能来得及确认波奔至表面的时刻——也还是不能以所要求的精度保证激波到达自由表面上之不同点的同时性. 换言之，就是不能以

约为 10^{-6} 厘米的精度保证波阵面表面与自由表面的平行.

而如果在激波到达时刻之后经过一个实际上可行的时间约为 10^{-8} 秒而测得表面的发光，那么所记录的并不是波阵面中物质的发光，而是卸载波中物质的发光，因为在约为 10^{-8} 秒的时间内卸载波席卷了光学上很厚的一层——约为 10^6 厘米/秒 $\times 10^{-8}$ 秒 $= 10^{-2}$ 厘米；而该层对于产生在未卸载区域内的光来说是完全不透明的，可是这种区域内的温度正是我们感兴趣的.（关于卸载波的表面发光问题，将在下一节进行详细的讨论）。

关于对激波中的温度（和熵）进行实验确定的原则上的可能性，是在本书一位作者的工作（文献 [42]）中提出的. 让激波如此强大，以致在波到达自由表面之后，物质在卸载时被完全蒸发. 那时在膨胀着的物质的前沿，物质是处于气相状态. 如果以某种方法测得气相中的力学量——密度和压力，或者是温度，那么就可以从理论上将熵计算出来，因为计算气体的热力学函数是比较简单的（见第三章）. 鉴于卸载过程是绝热的，激波中物质的熵就精确地等于卸载时气相中的熵. 这就是说，知道了气相中的熵值，我们也就知道了它在激波中的量值.

在文献 [42] 中说明了，如果已知作为压力和密度之函数的比内能 ε 沿绝热曲线的值和绝热曲线上某一点处的一个温度值，如何就可以计算出沿整个卸载绝热曲线的温度. 事实上，由热力学恒等式

$$dS = \frac{d\varepsilon + p dV}{T} = \frac{1}{T}\frac{\partial \varepsilon}{\partial p}dp + \frac{1}{T}\left(\frac{\partial \varepsilon}{\partial V} + p\right)dV$$

和熵为状态函数而 dS 为全微分的条件，得到

$$\frac{\partial}{\partial V}\left(\frac{1}{T}\frac{\partial \varepsilon}{\partial p}\right) = \frac{\partial}{\partial p}\left[\frac{1}{T}\left(\frac{\partial \varepsilon}{\partial V} + p\right)\right].$$

进行微分、简化之后，我们得到一个关于函数 $T(p, V)$ 的偏微分方程：

$$\left(\frac{\partial \varepsilon}{\partial V} + p\right)\frac{\partial T}{\partial p} - \frac{\partial \varepsilon}{\partial p}\frac{\partial T}{\partial V} = T. \qquad (11.68)$$

这个方程的特征线是这样一些线：它们的微分方程是

$$\frac{dp}{dV}=-\frac{\left(\frac{\partial\varepsilon}{\partial V}+p\right)}{\left(\frac{\partial\varepsilon}{\partial p}\right)}.$$

但这就是绝热曲线方程. 沿特征线，即沿绝热曲线，按照式(11.68)，有

$$\left(\frac{dT}{dV}\right)_S=-\frac{T}{\left(\frac{\partial\varepsilon}{\partial p}\right)},$$

由此得到

$$T=T_0\exp\left(-\int_{V_0}^{V}\frac{dV}{(\partial\varepsilon/\partial p)}\right)=T_0\exp\left(\int_{p_0}^{p}\frac{dp}{\frac{\partial\varepsilon}{\partial V}+p}\right),$$

此处，积分是沿绝热曲线进行的. 这个公式就证实了上面所提出的说法.

我们发现，当知道两个强度相近之激波中的熵值的时候(甚至不是熵的绝对值，而是两者之差)，便很容易算出激波中的温度，这只要利用下述热力学关系：

$$T=\frac{\Delta\varepsilon+p\Delta V}{\Delta S},$$

因为 $\Delta\varepsilon$, p 和 ΔV 乃是从力学测量中已经知道的. 完全同样，当已知温度沿激波绝热曲线的值之后，便可求出熵的绝对值，这要沿激波绝热曲线来积分热力学关系：

$$dS=\frac{d\varepsilon+pdV}{T}$$

并要按标准条件下物质的熵值表来取积分常数.

§24 卸载时金属蒸气的发光

在上一节曾经指出，想“看见”沿固体传播的强激波阵面在它奔至自由表面之时刻的高温发光这种企图是失败的. 我们仔细地

考察一下，这时所观测到的应该是什么，对准自由表面的仪器所记录的发光又是怎样的，以及表面亮度与时间是如何联系起来的．一些相应的实验是由 C. Б. 柯尔米尔，M. B. 希尼钦和 A. И. 库梁平所设计，而现象的理论则是由本书的作者们在工作(文献[43])中提出的．

让强激波(它波阵面中的温度 T_1 约为几万度)于时刻 $t=0$ 时奔至金属与真空交界的平的自由表面(假定波阵面表面严格平行于物体的自由表面)．物体应被置于真空中，否则卸载着的物质将在自己的前面推出一个空气的激波，并且空气的温度还是很高的，从而代替所关心的金属发光，我们将会看到被强烈加热之空气的发光．我们认为激波如此强大，以致卸载时金属被完全蒸发，并以气相膨胀．初始时刻 $t=0$ 时的温度剖面和某个后来时刻的温度剖面都被画在图 11.60 上．至时刻 t 时稀疏波席卷了厚度为 c_1t 的物质层，此处 c_1 是激波阵面后压缩物质中的声速．

由于物质本身在实验室坐标系中以速度 u_1 运动，所以稀疏波头在时刻 t 时的坐标就是 $x=(u_1-c_1)t$ (自由表面的初始位置我们用坐标 $x=0$ 来标记)．膨胀着的金属蒸气的前沿以速度 u_2 向前飞行，该速度由公式 (11.66) 给出．由于卸载波中的物质处于气相，所以与真空交界处的温度就等于零，这和密度与压力是一样的．

在上一节曾经指出，那怕层薄到约为 10^{-5} 厘米时，金属也是不透明的．这意味着，至 t 约为 10^{-11} 秒的时刻(当速度 $c_1\sim D\sim 10^6$ 厘米/秒时)，已卸载的金属层就几乎完全屏蔽了温度 T_1 的高温辐射，而原先被激波所加热的金属也就成为不可见的了．

我们来考察一下，物质表面在连续光谱内是如何发光的，以及投射到(对准平的自由表面的)记录仪器上的辐射又是怎样的．金属蒸气是单原子气体，这种气体在连续光谱内的光学性质已在第五章详细地研究过．可见光吸收系数非常强烈地依赖于温度，它要随着温度的升高而很快地增加，并且冷的蒸气在连续光谱内是完全透明的．

温度分布与图 11.60 相类似的这种层的发光，我们已在第九章中考察过. 其现象完全类似于(在强的(超临界的)激波之密聚跃变前形成的)预热层内的空气的发光. 在与真空交界附近的低温处，蒸气是透明的，辐射是很弱的. 相反地，在温度较高的一些较深的层内，蒸气对可见光是完全不透明的，也“不放出”产生于这些层内的量子. 那些能从物质表面跑到“无穷远”的量子，乃产生于某个中间的辐射层内，该层距与真空交界处的光学距离 τ_ν 约等于 1 (在图 11.60 上辐射层打有阴影线).

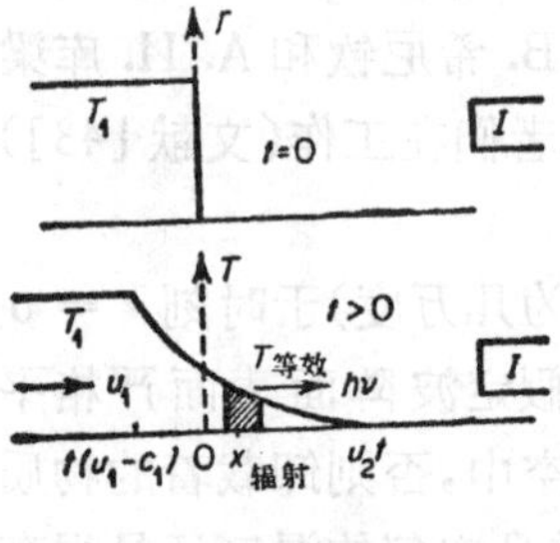

图 11.60 激波奔至自由表面之时刻 ($t=0$ 时)的温度分布和经过某个时间之后 ($t>0$ 时)的温度分布

辐射层打有阴影线. I——记录光的仪器

当知道了温度和密度沿坐标的分布以及作为温度和密度之函数的关于某一频率 ν 的、光的吸收系数 $\varkappa_\nu$ 之后，便可以按照普遍公式(2.52)计算出该频率之辐射的等效温度.

但是，当注意到等效温度与辐射层的温度是一致的时候(辐射层的几何厚度不大，温度在它之中的变化很小)，便可以处理得更简单一些，即我们可建立一个关于光学厚度(它从与真空交界处算起)的表达式，并令它等于 1:

$$\tau_\nu = -\int_{u_2 t}^{x(T_{\text{等效}})} \varkappa_\nu(x)\,dx = 1. \tag{11.69}$$

将积分变量变换为温度，我们写出

$$-\int_0^{T_{\text{等效}}} \varkappa_\nu(T)\,\frac{dx}{dT}\,dT = 1. \tag{11.70}$$

这就是用来确定等效温度的方程. 为了计算温度分布的导数，我们要利用稀疏波的普遍解 (11.63), (11.64).

由于在靠近(与真空)交界处的前沿，即在辐射层所在的区域内，物质是处于气相的，所以，当给定气体的等效绝热指数 γ 之后，便可以用显式求出所有各量在这一区域内的近似分布. 为此，应从与真空交界的方面，而不是从压缩物质的方面——就像在推导公式 (11.65) 时所作的那样，来积分方程 (11.64)，

$$u = u_2 - \int_0^p \frac{dp}{\rho c} = u_2 - \int_0^\rho c\, \frac{d\rho}{\rho}, \qquad (11.71)$$

并要利用绝热性关系 $c(\rho, S)$.

在解中边界的运动速度 u_2 和熵 S 是作为参量出现的. 我们将不写出这个解，而直接从方程 (11.63) 和微分关系 $du = -c d\rho/\rho$ 求出导数:

$$\frac{1}{t}\frac{dx}{dT} = \frac{\partial u}{\partial T} - \left(\frac{\partial c}{\partial T}\right)_S = -c\left(\frac{\partial \ln \rho}{\partial T}\right)_S - \left(\frac{\partial c}{\partial T}\right)_S,$$

或者

$$\frac{dx}{dT} = -\frac{ct}{T}\left\{\left(\frac{\partial \ln \rho}{\partial \ln T}\right)_S - \left(\frac{\partial \ln c}{\partial \ln T}\right)_S\right\} \approx -\frac{\gamma+1}{2(\gamma-1)}\frac{ct}{T}.$$

在这里，我们曾利用关系 $c \sim \sqrt{T}$，以及绝热性关系 $T \sim \rho^{\gamma-1}$.

方程 (11.70) 现在具有如下形式:

$$\frac{\gamma+1}{2(\gamma-1)}\, t \int_0^{T_{等效}} x_\nu(T)\frac{c(T)}{T}\, dT = 1. \qquad (11.72)$$

由此看出，随着时间的进展，积分是减小的，进而也就是辐射的等效温度是降低的.

其物理原因就在于，随着时间的进展，卸载波所席卷的物质质量越来越多，而这样一个层(它界于(与真空)交界处和具有一定温度的点之间)的几何厚度和光学厚度也要不断增加. 因此，与边界保持一定光学距离(约为 1) 的辐射层就要移向温度越来越低的区域(图 11.61).

非常妙的是，从关于 $T_{等效}(t)$ 的方程 (11.72) 中去掉了边界速度 u_2[1)]，而它正是我们所不知道的，因为它要取决于物质的沿整个

---

1) 因为在表达式 (11.70) 中不以显式含有坐标 x，而仅含有导数 $\frac{dx}{dT}$.

卸载绝热曲线(其中包括那个未曾很好研究过的、密度略小于固体标准密度的部分在内)的热力学函数.

在方程(11.72)中作为参量出现的只有熵 S，这是由吸收系数 $\varkappa_\nu$ 对密度(1 厘米^{3}中的原子数 n)的依赖关系所引起,因密度与温度之间是由下述绝热性方程相联系的:

$$n = B(S)T^{\frac{1}{\gamma-1}}, \tag{11.73}$$

此处 $B(S)$ 是熵的常数.

如果金属蒸气中吸收可见光的主要机制是高度激发原子的光电吸收(以及离子场中的韧致吸收),那么吸收系数 $\varkappa_\nu$ 可以近似地按公式(5.44)计算:

$$\varkappa_\nu = \frac{a_\nu n}{T^2} e^{-\frac{I-h\nu}{kT}}, \tag{11.74}$$

此处 a_ν 是一个与频率有关的常数($a_\nu \sim \nu^{-3}$); I 是电离势.

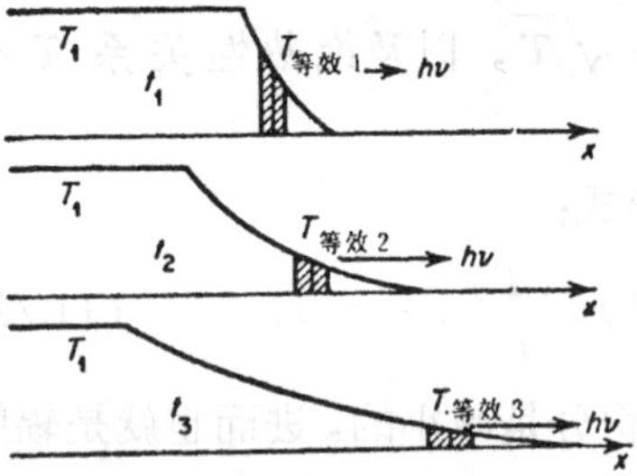

图 11.61　卸载波中的辐射层(打有阴影线)随着时间的移动

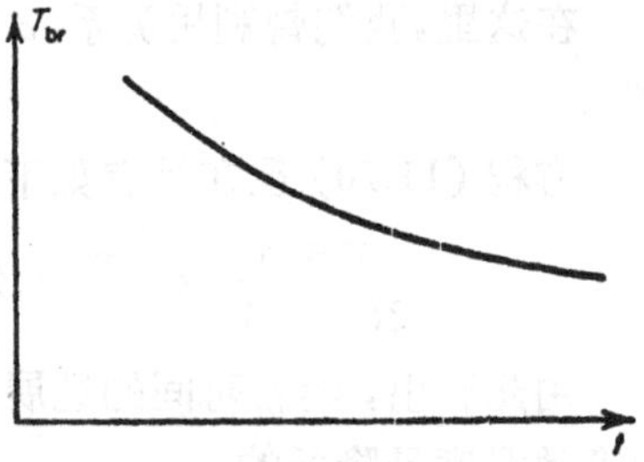

图 11.62　卸载波之表面的等效温度(亮度温度)与时间的关系

当稠密蒸气中的电离很弱时，中性原子场中的韧致吸收可以起实质性的作用(见第五章). 在这种情况下,吸收系 $\varkappa_\nu$ 正比于自由电子数 n_e，即正比于电离度，而吸收系数的基本温度关系也还具有玻耳兹曼公式的特点,但 e 的指数取另外的值

$$\varkappa_\nu \sim n n_e = b_\nu e^{-\frac{I}{2kT}} n^{\frac{3}{2}}, \tag{11.75}$$

此处的 b_ν 较弱地依赖于温度.在两种情况下，$\varkappa_\nu$ 之温度关系的总的特点是一样的: $\varkappa_\nu \sim e^{-E/kT}$, 只不过在第一种情况下，$E = I-$

$h\nu$；而在第二种情况下，$E = I/2$. 顺便说一下，对于金属来说，这两个 E 值在数值上的差别也不大(当 $I \approx 6—8$ 电子伏，$h\nu \approx 2—3$ 电子伏时)。

考虑到积分号下之表达式的基本温度关系乃包含在指数因子当中，我们可近似地计算公式 (11.72) 中的积分. 当认为所有变化缓慢的幂指数的温度因子都是常数时，我们得到 $te^{-E/kT_{等效}}=$常数，即得到辐射之等效温度随时间对数下降的规律(图 11.62)：

$$T_{等效} = \frac{常数}{\ln t + 常数'}.$$

一些具体计算表明，对于金属来说，不管假定上述吸收机制中的那一种，等效温度在时刻 t 约为 $10^{-7}—10^{-6}$ 秒时都约为 7000—4000°K[1] (在这样的时间内，自由表面大约移动了 $10^{-1}—1$ 厘米，当速度约为 10 千米/秒时)。

§25 注记：原则上可根据卸载时的发光来测量激波中的熵

在方程 (11.72) 中，只含有一个表征激波的参量——熵 S. 如果已知物质的光学性质，即已知函数 $\varkappa_\nu(T,\rho)$，那么，当从实验上获得发光曲线 $T_{等效}(t)$ 之后，便可以求出激波中熵的绝对值. 相反地，当根据其它一些理由而确定了熵值之后(例如可借助压缩的固体物质的热力学函数和所测得的激波参量将它计算出来)，便可以根据卸载时的表面发光而从实验上获得关于金属蒸气之光学性质的资料，即是可以确定吸收系数之表达式中的指数前边的因子. 非常有趣的是，当假定只存在一种吸收机制，因而 $\varkappa_\nu$ 或由公式 (11.74) 表示，或由公式 (11.75) 表示的时候，在最终的、关于函数 $T_{等效}(t)$ 的方程(它是在积分 (11.72) 时得到的)中，只出现两个未知参量的乘积：在式 (11.74) 的情况下，该积是 $a_\nu B(S)$；而在式 (11.75) 的情况下，则是 $b_\nu B^{3/2}(S)$ (因为在式 (11.74) 中，$\varkappa_\nu \sim a_\nu n \sim a_\nu B$；而在 (11.75) 中，$\varkappa_\nu \sim b_\nu n^{3/2} \sim b_\nu B^{3/2}$). 绝热性方程

---

1) 虽然激波中的温度 T_1 可达几万度.

(11.73) 中的熵常数 B 依赖于熵的绝对值 S，其关系是 $B \sim e^{-S/R}$ (R 是气体常数).

这就意味着，当从以强度稍微不同的两个激波所做的实验中取得两条发光曲线，并确定出两个参量——两个乘积 $a_\nu B$ 之后，我们就可以求得两个激波中的熵之差值，甚至无需知道光学常数 a_ν:

$$\frac{a_\nu B'}{a_\nu B''} = \exp\left[-\frac{S' - S''}{R}\right],$$

这里的一撇和两撇分别属于第一个和第二个实验. 就如上一节已经指出的，根据熵的差值就可以求出激波中的温度.

所述实验，可作为前面一节所提意见的具体化，该意见是：利用对卸载波中的气相所进行的测量可从实验上来确定激波中的熵和温度.

5. 一些其它现象

§26 非金属物体在激波中的电导率

在普通条件下，气体都是好的绝缘体. 而在足够强的激波中，它们却要成为导体. 在固体电介质中也有类似的情况，它们在强激波中可以导通电流.

但是，如果说在气体中导电性的出现乃直接与热电离有关——这种电离是在激波中所达到的近万度以上的高温下发生的，那么固体电介质在激波中变为导体的物理原因却是相当复杂的，它与压缩的联系要比与温度升高的联系更为紧密，这种原因在很多方面还是不清楚的.

凝聚物质在激波中的电导率曾被一些作者所研究. A.A. 博里斯，M.C. 塔拉索夫和 B.A. 楚柯尔曼曾研究出方案，并测量了某些凝聚爆药之爆震产物的电导率(文献 [45])，以及水的、有机玻璃的和石蜡的电导率(文献 [46])[1)]，这些测量是在压力达上百

---

1) 在该项工作中也研究了空气的电导率.

万大气压的强激波中进行的．在前面已引证过的文献[5]中，曾在

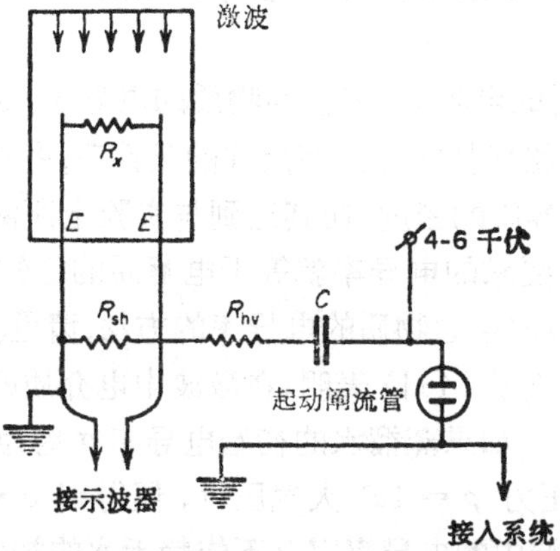

图 11.63　测量激波中电导率的实验简图

一百万个大气压下，研究了氯化钠离子晶体的电导率．阿里杰尔与赫黎斯琴曾用较弱的激波（压力达 250000 大气压）测量了离子晶体和分子晶体（CsJ，J_2，CsBr，$LiAlH_4$ 等）的电导率（文献[47]）．

文献 [45] 中所介绍的电接触法是主要的方法，曾利用它测量了文献 [45，46，5] 中的电导率．这种方法的实质内容如下：

在激波沿其传播的物体中装上两个电极（两个触头）K，且将两者用分路电阻 $R_{分}$ 连接起来（图 11.63）．当激波尚未到达两个触头的时候，物质——电介质的电阻实际上是无限大的．当激波到达两个触头之后，电介质变成了导体，而所要求的电阻 R_x 也就并联于电阻 $R_{分}$．

在激波到达两个触头之前不久，使电容器 C 经过高电阻 $R_{高}$ 和两个触头放电，而电容器是预先被充到高达几千伏特的高电压（这是利用起动闸流管做到的）．电阻 $R_{高} \gg R_{分}$，所以网路中的电流仅由电阻 $R_{高}$ 来决定。两个触头间的电势差正比于它们之间的电阻．在激波到达之前，电阻就等于 $R_{分}$，而在激波到达两个触头之后，电阻则等于 $R = R_{分}R_x/(R_{分} + R_x)$（电阻 $R_{分}$ 要选取得接近于 R_x）．如果 $U_{分}$ 和 U_x 是相应的触头间的两个电势差，那

么 $U_{分}/U_x = R_{分}/R = (R_{分} + R_x)/R_x$. 电压 $U_{分}$ 和 U_x 可用示波器测量；而 $R_{分}$ 是已知的；故所要求的电阻 R_x 可用这个公式计算.

为将所测得的电阻 R_x 变换为物质的电导率，要进行电解的模拟.为此，要在严格保持实验几何尺寸的条件下，将两个电极浸入电解槽中.变化电解质的密度，使其达到与实验上所测得的电阻相等的电阻.这时，所要求的电导率就等于电解质的已知的电导率(关于其它一些测量激波中之物质的电导率的方法，请见(文献 [45, 5]).

一些实验(文献 [46]) 表明，在激波中电介质的电导率要增加好几个数量级. 如果蒸馏水的初始电导率 σ 约为 10^{-5} 欧姆$^{-1}$厘米$^{-1}$，那么，当压力 $p = 10^5$ 大气压时，便得到 $\sigma = 0.2$ 欧姆$^{-1}$厘米$^{-1}$. 同时，激波中的电导率完全不依赖于水的初始电导率，而后者本身却与所含杂质有关. 例如，对于初始电导 σ 约为 10^{-3} 欧姆$^{-1}$厘米$^{-1}$的普通水来说，在激波中也得到了完全相同的 σ 值.

一些最好的电介质，如石蜡(σ 约为 10^{-18}欧姆$^{-1}$厘米$^{-1}$)和有机玻璃(σ 约为10^{-15}欧姆$^{-1}$厘米$^{-1}$)，在近于10^6大气压的压力之下也都成了不坏的导体，它们的电导率 σ 约为$1 \div 2 \times 10^2$欧姆$^{-1}$厘米$^{-1}$ 1). 在石蜡中，当压力约为 $6—7 \times 10^5$ 大气压时观察到了电导率的显著增加，而当继续增加压力时 σ 增加得很快. 在有机玻璃中，当压力为 8×10^5 大气压时，电导率非常急剧地增大.

在激波中，有机玻璃和石蜡之电导率的变化高达 15—20 个数量级，这就证明了这些电介质在压力近于上百万大气压的压缩之下已被“金属化”2).

这种现象不可能由热电离来解释. 它乃与压缩时固体电子带结构的变化有关系：在压缩时，电子带要彼此靠近，它们之间的距离要缩短，因而促进了电子的转移，正是后者导致了在原先为电介

---

1) 为了与金属的电导率进行比较，我们指出，对于铜，σ 约为 10^6 欧姆$^{-1}$厘米$^{-1}$；对于铁，σ 约为 10^5 欧姆$^{-1}$厘米$^{-1}$；对于水银，σ 约为 10^4 欧姆$^{-1}$厘米$^{-1}$.

2) 在阿里杰尔和赫里斯琴的几个实验(文献 [47]) 中，曾测量了小得多的电导率. 在作者们所使用的几个比较弱的波中，“金属化”的现象表现得非常之弱.

质的物质中出现了自由电子和金属式的导电性[1]. 关于任何物质在足够强的压缩下都可被金属化的一些定性的理由，曾在 Я.Б. 泽尔道维奇和 Л.Д. 朗道的工作中申述过（文献 [48]）， 在那里他们曾考察了金属从固态到气态的转变问题（A.A. 阿波里柯索夫曾研究了在大密度下氢的金属化问题(文献 [49]).

应该说明，关于电介质在激波中金属化的机制的一些详细情况，目前尚不十分清楚，对这种现象还需在理论上和实验上继续进行研究. 其中就包括要确定温度和压缩在提高电导率方面的单独作用，因为这是很有意义的.

以氯化钠——它在标准条件下具有很小的离子电导率——所作的实验(文献[5])，使人有可能认为：当增大激波强度的时候，与上述的情况不同，是温度在提高电导率方面起了主要的作用. 关系曲线 $\sigma(T)$ 具有玻耳兹曼公式的特点 $\sigma \sim e^{-E/kT}$，而活化能 $E \approx 1.2$ 电子伏，看来，这就证明了 NaCl 在激波中的导电性乃具有离子的性质.

在数值上，在所研究的强度范围内，有：当 $p = 10^5$ 大气压，$T = 440°K$ 时，$V_0/V = 1.26$，$\sigma = 2 \times 10^{-5}$ 欧姆$^{-1}$厘米$^{-1}$； 当 $p = 7.9 \times 10^5$ 大气压，$T = 6150°K$ 时，$V_0/V = 1.85$，$\sigma = 3.26$ 欧姆$^{-1}$厘米$^{-1}$.

§27 受激波压缩之物质的折射系数的测量

固体和液体中的激波阵面的宽度可与原子间的距离相比，并且很小于可见光的波长 λ 约为 4000—7300Å. 因此穿过透明的未受扰动的物质而入射到(能将未受扰动物质和压缩物质区分开的)激波阵面之表面上的光线，也要和在普通的、两种不同介质的边界上一样发生反射. 透明物体——水和树脂玻璃中的光自激波阵面

1) 关于压力对电介质电导率的影响问题，早些时候就被研究过（在比较小的压力范围内）. 例如，伯黎德日民曾经查明(文献 [50])，原为电介质的黄磷在 1.2—1.3×10⁴ 大气压的压力和 200℃ 的温度之下要转变为新的变态——黑磷，而后者具有金属式的导电性. 黑磷密度比黄磷密度大，为后者的 1.4 倍.

之表面的反射，曾在 Я.Б. 泽尔道维奇，С.Б. 柯尔米尔，М.В. 希尼钦和 К.Б. 优斯考所做的几个实验(文献 [51]) 中被研究过.

当已知未扰动物质的折射系数和入射角并测得反射系数时，便可以根据已知的菲涅尔公式 (比如见文献 [52]) 计算出受激波压缩之物质的折射系数 n[1].

一般来说，这种方法也可应用于受激波压缩的物质是不透明的情况. 如果吸收的自由程可与光的波长比较，那么原则上就可测量出折射系数的实部和虚部. 为此，必须确定出反射系数对入射角的依赖关系，以及反射光的偏振(文献 [54]).

在足够强的激波中，在未扰动状态下为透明的物质要成为不透明的. 在高压下透明性遭到破坏可由不同的原因而引起: 因为物质产生裂纹，因为相变，或是由于电子能级的重新构造——特别是当电介质"金属化"时要发生这种情况，关于后者曾在上一节中谈到过.

在文献 [51] 的几个实验中，研究了光在水中自激波阵面的反射，它们的原则性方案如图 11.64 所示.

与炸药的一个平表面相衔接放上一块树脂玻璃平板，再在它的上面倒上一层水. 而在水的上面再装一个树脂玻璃稜镜. 爆炸以前的光线，如图 11.64，*a* 所示. 自光源向稜镜入射光线 I，而自稜镜向外发出两条被水的两个表面所反射的光线 II 和 III.

爆炸后激波进入水中时的光线，如图 11.64，*b* 所示. 自激波阵面之表面的反射给出光线 IV，而自树脂玻璃底板和压缩水之间的运动边界的反射给出光线 V. 光线 V 现在代替了光线 III. 各条反射光线由能够随着时间扫描的摄影技术来记录. 所得照片的示意图，如图 11.65 所示. 在爆炸之前，光线 II 和光线 III 在运动底

1) 在气体中，激波阵面的宽度，即未扰动物质和压缩物质之间的过渡层的厚度，乃近似于光的波长，因此菲涅尔公式在那里不能应用. 但是，在气体中不同密度下的折射系数是已知的. 因此，研究光的反射就可以确定出这些条件下的激波阵面的宽度. 这样一些测量是由郝尔尼哥和柯万(文献 [53]) 对弱强度的激波进行的(见第四章).

片上给出直的光的线条．而在激波进入水中的时刻 t_1，由光线 IV 和 V 产生两根线条，而且线条 V 现在代替了已经结束的线条III．线条 II 继续延长，直到激波到达水的上表面(时刻 t_2) 之前，它总是保持不变的．如从图 11.64，*b* 所看出的，随着波阵面与水的上边界的接近，光线 IV 和光线 II 之间的距离要缩短．在到达的时刻 t_2，光线 IV 与光线 II 重合；在图 11.65 上，线条 IV 达到了线条 II．实际上，光线 II 和光线 III 之间的距离大致是 20 毫米，而时间差 t_2-t_1 约为 4×10^{-6} 秒．

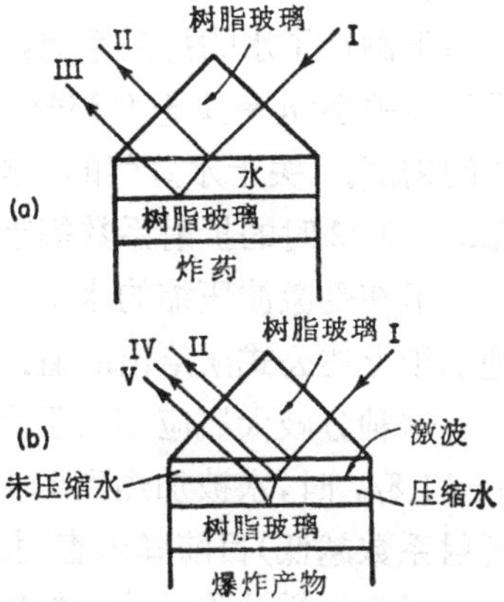

图 11.64 测量光自激波阵面反射的实验简图

a) 在爆炸之前；b) 在激波沿水传播的过程中

水中激波阵面的速度是根据线条 IV 的斜率来测量的．当知道水的激波绝热曲线之后，便可以确定波阵面之后的密度和其它一些参量．反射系数是根据入射光线的强度与各反射光线的强度之间的比值来计算的；而这些强度是用光学方法确定的．

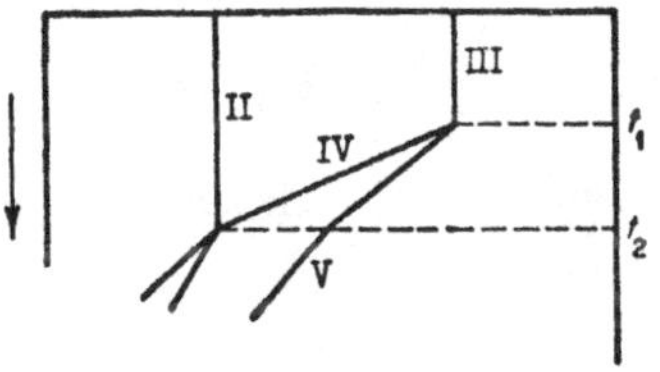

图 11.65 照片计时图的示意图

压缩水的折射系数可由两种办法确定：几何法确定(根据各条反射光线之间的距离)和由反射系数来确定．采用两种办法计算的几个实验的平均值，是彼此接近的．

在水的密度从 $\rho/\rho_0=1.47$ 变化到 $\rho/\rho_0=1.81$（这相当于压力从5万变到15万大气压）的范围内，折射系数几乎不变，并就等于 $n=1.49\pm0.03$（按几何法）和 $n=1.46\pm0.03$（根据反射）．在标准密度的水中，$n=n_0=1.333$． 有另外一些作者在不太大的压力下测量了水的折射系数，而他们的一些实验结果可以很好地用线性关系 $n=1+0.334\rho$[1] 来描写，此处 ρ 是以克/厘米^{3}为单位的密度． 关于水蒸气的一些数据与这一公式相符合；冰在0℃和 $\rho=0.92$ 时的折射系数等于1.311，该值也与这一公式相符合．

但在受激波压缩的水中所得到的一些折射系数的值，却明显地低于上述公式所给出的值．

这种分歧大概应归因于温度的影响（当激波将密度压缩到 $\rho=1.8\rho_0$ 时，水被加热到1100℃）． 温度影响的机制（温度越高，折射系数越低）目前尚未查明．

对光自激波阵面的反射所进行的研究证明，波阵面的表面是光滑的（否则反射应是漫射的，而不应是镜面的）．

1）劳伦兹-劳伦茨公式与实验的符合要差得多．

第十二章　气体动力学中的一些自模过程

1. 引　　言

§1 气体动力学方程所容许的变换群

在第一章我们已经熟悉了几个自模运动的例子（自模稀疏波和强爆炸问题）[1]. 在本章将仔细研究两种基本类型之一的自模运动. 而在本章的引言部分里，则要说明在气体动力学的方程中何以会有存在自模解的可能性，并给出各种自模运动的共同特点. 为此，有必要预先了解一下气体动力学方程的一般的群性质.

我们将考察比热不变的理想气体的一些一维绝热运动，即考察那些具有平面对称、柱对称或球对称的运动. 我们写出这类运动的方程组. 在连续性方程 (1.2) 中，将散度符号展开，把方程表示为对这三种对称形式都适用的统一形式，并将整个方程除以密度 ρ；在绝热性方程 (1.13) 中，代入熵的表达式 (1.14)（用密度来代替比容）；运动方程 (1.6) 保持不变. 这样，我们就得到下列作为坐标和时间之函数的密度、压力和速度的方程组：

$$\left.\begin{aligned}\frac{\partial \ln\rho}{\partial t}+u\frac{\partial \ln\rho}{\partial r}+\frac{\partial u}{\partial r}+(\nu-1)\frac{u}{r}=0,\\ \frac{\partial u}{\partial t}+u\frac{\partial u}{\partial r}+\frac{1}{\rho}\frac{\partial p}{\partial r}=0,\\ \frac{\partial}{\partial t}\ln p\rho^{-\gamma}+u\frac{\partial}{\partial r}\ln p\rho^{-\gamma}=0.\end{aligned}\right\}\tag{12.1}$$

连续性方程中的数 $\nu=1, 2, 3$，三个值分别对应于平面、柱对称和球对称的情况. 变量 r 在平面情况下相当于坐标 x，在柱

1) 在第十章曾经考察过热量借助热传导机制在不动物质中进行传播的这种理论中的几个自模问题.

对称和球对称的情况下相当于半径.

方程 (12.1) 容许有几个变换群，我们现在就来列举它们. 同时约定，在对方程进行变换的同时，对问题的初始条件和边界条件也作类似的变换.

1）在方程中时间 t 只出现在微分符号之下，因此当引进新的变量 $t' = t + t_0$ 而作时间平移时，方程保持不变. 时间平移的可能性与时间起点的选择的任意性有关.

2）在平面情况下 ($\nu = 1$)，在方程中坐标也是只出现在微分符号之下. 所以在平面情况下也可以作坐标平移，这与坐标原点的选择的任意性有关. 引进变量 $x' = x + x_0$，方程并不改变.

在球对称和柱对称的情况下，是不可能这样做的，因为在连续性方程中半径不是只出现在微分符号之下.

气体动力学方程包含五个有量纲量: ρ, p, u, r, t，其中有三个具有独立量纲. 例如，如果选取密度、坐标和时间作为基本的有量纲量，那么速度和压力的量纲就被表示为 $[u]=[r]/[t]$; $[p]=[\rho][r^2]/[t^2]$. 由于存在三个独立的有量纲量，方程就容许有三个独立的相似变换群，它们与基本的有量纲量之测量单位的选择的任意性有关.

1）令函数 $\rho = f_1(r,t)$, $p = f_2(r,t)$ 和 $u = f_3(r,t)$ 为方程对某一个确定运动的解. 我们只改变密度尺度，而不改变坐标和时间的尺度，为此引进新的变量 $\rho' = k\rho$, $p' = kp$，而其余的保持不变. 这时方程并不改变. 如果同时以同样方式改变初始条件和边界条件，将密度和压力增大至 k 倍，那么新的运动将由下列函数来描写:

$$\rho' = kf_1(r,t),\ p' = kf_2(r,t),\ u = f_3(r,t).$$

新的运动和原先的相似，其差别仅在于密度和压力的尺度不同.

2）改变长度尺度，而不改变密度和时间的尺度. 倘若在方程中引进新的变量: $r' = mr$, $u' = mu$, $p' = m^2p$，而保持 ρ 和 t 不变: $\rho' = \rho$, $t' = t$，则方程亦不改变. 这意味着，如果函数 $\rho = f_1(r,t)$, $p = f_2(r,t)$, $u = f_3(r,t)$ 描写某一运动，那么经过简单的

尺度变换之后，就可以描述新的运动，在新的运动中距离和速度都要增加到 m 倍，而压力要增加到 m^2 倍（密度保持不变）. 新的运动的解由下列函数表示：

$$\rho' = f_1(r',t),\ p' = m^2 f_2(r',t),\ u' = mf_3(r',t).$$

3）最后，改变时间尺度，而不改变长度和密度的尺度. 这时，方程容许下列变换：

$$t' = nt,\ u' = \frac{u}{n},\ p' = \frac{p}{n^2},\ \rho' = \rho,\ r' = r.$$

这就是说，如果在初始条件和边界条件中将速度缩小至原先的 n 分之一，压力缩小至原先的 n^2 分之一，而密度保持不变，那么新的过程将与原先的相似，只不过其进程要减缓至原先的 $\frac{1}{n}$.

相继使用这三组相似变换群，便可以得到无数个密度尺度、长度尺度和时间尺度有所变化的新的运动的解. 特别是，如果同时把长度和时间增大到同一个倍数 $r' = lr$, $t' = lt$，那么其解保持不变.

这样的变换就等价于依次使用了变换 2）和变换 3），只不过 $m = n = l$. 用符号方式，这可以写为

$$u(r,t) \to lu(lr,t) \to \frac{1}{l}\cdot lu(lr,lt) = u(lr,lt).$$

对其它两个函数 ρ 和 p 来说，情况是类似的.

§2 自模运动

在上一节曾经指出，气体动力学方程容许有相似变换，即可能存在一些不同的但彼此相似的运动，它们可以通过改变长度、时间和密度的基本尺度的办法，从其中一个得到另一个. 至于说到这种运动中的某一确定运动，那么它可以由 r 和 t 两个变量的各种不同函数：$\rho(r,t)$, $p(r,t)$, $u(r,t)$ 来描写，不过这些函数本身又包含出现在问题的初始条件和边界条件中的各种参量（和绝热指数 γ）.

但是，还存在另外一些运动，它们的特点是在运动中保持自身相似．这样的运动叫作自模运动．在自模运动中，任何一个气体动力学量沿坐标的分布，比如说压力沿坐标的分布，随着时间是以这种方式演变的：所改变的只是压力的尺度 $\Pi(t)$ 和运动所席卷之区域的坐标的尺度 $R(t)$，而压力剖面的形状保持不变．通过拉长和缩短尺度 Π 和尺度 R，可以使得对应于不同时刻 t 的各条曲线 $p(r)$ 完全重合．函数 $p(r,t)$ 可被表示为 $p(r,t)=\Pi(t)\pi(r/R)$ 的形式，此处有量纲尺度 Π 和 R 与时间有某种关系，而无量纲比值 $p/\Pi=\pi(r/R)$ 乃是新的无量纲坐标 $\xi=r/R$ 的（在与时间无关的意义下的）"普适"函数．

依照尺度 Π 和尺度 R 与时间的关系将其拉长和缩短，便可以由"普适"函数 $\pi(\xi)$ 得到压力在任意时刻 t 沿坐标分布的真实曲线．另外两个气体动力学量：密度和速度，也可用类似的方式来表示．

对于自模运动来说，气体动力学的偏微分方程组将化为关于一些新的未知函数的常微分方程组，这些新的未知函数是以 $\xi=r/R$ 为自模变量的．

我们来导出这些方程．为此将偏微分方程（12.1）的解表示为尺度函数和新的未知函数乘积的形式，这时新的自模的变量是 ξ，

$$\xi=\frac{r}{R},\quad R=R(t). \tag{12.2}$$

压力、密度、速度和长度的尺度，彼此间并非完全独立．如果选取长度 R 和密度 ρ_0 作为基本尺度，那么就可以取量 $\frac{dR}{dt}\equiv\dot{R}$ 作为速度尺度，而取量 $\rho_0\dot{R}^2$ 作为压力尺度．这并不破坏普遍性，因为尺度的确定精确到只差一个数值系数，而这一系数又总可以被包含在新的未知函数当中．我们将寻求下面形式的解：

$$p=\rho_0\dot{R}^2\pi(\xi),\quad \rho=\rho_0 g(\xi),\quad u=\dot{R}v(\xi), \tag{12.3}$$

此处 π, g, v 是新的——自模变量 ξ 的——无量纲函数，微分方程

就是对于它们来建立的．这些函数有时分别被称为压力、密度和速度的表象（представитель）．尺度 R，ρ_0，$\dot{R}$ 与时间有暂时还不知道的某种关系．

将表达式（12.3）代入方程（12.1），并注意到自模变量的定义（12.2），再利用以下形式的微分法则：

$$\left.\begin{aligned}&\frac{\partial\rho}{\partial t}=\frac{d\rho_0}{dt}\cdot g-\rho_0\frac{dg}{d\xi}\frac{r}{R^2}\frac{dR}{dt}=\dot{\rho}_0 g-\rho_0 g'\xi\frac{\dot{R}}{R},\\&\frac{\partial\rho}{\partial r}=\frac{\rho_0 g'}{R}\end{aligned}\right\}$$

（尺度对时间的微分用一点表示，而表象对自模变量的微分用一撇表示）．

经过简单变换之后，我们得到方程：

$$\left.\begin{aligned}&\frac{\dot{\rho}_0}{\rho_0}+\frac{\dot{R}}{R}\left[v'+(v-\xi)(\ln g)'+(\nu-1)\frac{v}{\xi}\right]=0,\\&\frac{R\ddot{R}}{\dot{R}^2}v+(v-\xi)v'+\frac{\pi'}{g}=0,\\&\frac{R}{\dot{R}}\frac{d}{dt}(\ln\rho_0^{1-\gamma}\dot{R}^2)+(v-\xi)(\ln\pi g^{-\gamma})'=0.\end{aligned}\right\}\quad(12.4)$$

为使表象（12.3）有意义，并能写出关于新的未知函数 $\pi(\xi)$，$g(\xi)$，$v(\xi)$ 的微分方程，必须要求变量 t 和 ξ 在方程（12.4）中是分离的．为此，应假定在第二个方程中 $R\ddot{R}/\dot{R}^2=$ 常数，由此得到（当常数$\neq$1 时）

$$R=At^{\alpha}.\qquad(12.5)$$

这里的 A 和 α 都是常数（A 是有量纲的，而 α 则是纯数）．

在（12.4）的第一个方程中应假定 $\frac{\dot{\rho}_0}{\rho_0}=$ 常数 $\frac{\dot{R}}{R}$，由此给出

$$\rho_0=Bt^{\beta},\qquad(12.6)$$

式中 B 和 β 也都是常数．这时，（12.4）的第三个方程中的第一项自动地化为常数．

这样一来，自模运动中的所有尺度都是按幂指数规律而依赖

于时间的，而自模变量则具有如下形式[1]：

$$\xi = \frac{r}{R} = \frac{r}{At^{\alpha}}. \tag{12.7}$$

方程(12.4)现在变成了由三个未知函数 $\pi(\xi)$，$g(\xi)$，$v(\xi)$ 的三个常微分方程组成的方程组. 在方程组中出现了幂的指数：常数 α 和 β. 用类似的办法将问题的初始条件和边界条件变换为无量纲的形式，使它们成为关于 π，g，v 的条件.

这里，我们不再写出普遍形式的方程组. 而一些方程将在以后应用于具体问题时给出. 在很多运动中，密度尺度 ρ_0 是不变的(指数 $\beta=0$)，例如，在激波(或稀疏波)在具有恒定密度的初始气体中进行传播的所有情况中就是如此.

但在初始气体的密度在空间中是按照 $\rho_{00}=$ 常数 r^{δ} 型的幂指数规律分布的一些问题中，指数 β 一般不等于零. 在这些情况下，指数 β 由已知的指数 δ 和 α 确定(当 $\delta=0$ 时，$\beta=0$). 因而，在关于函数 π，g，v 的方程组(和边界条件)中只出现一个新的参量：自模指数 α.

在尺度函数中，其幂的指数乃单值地与指数 α 和 β(即 α 和 δ)相联系. 例如，当密度尺度为常数($\beta=0$，$\rho_0=$ 常数)时，$R\sim t^{\alpha}$，$\dot{R}\sim t^{\alpha-1}$，$\Pi=\rho_0\dot{R}^2\sim t^{2(\alpha-1)}$.

由于长度尺度 R 与时间单值地联系，所以可认为速度、密度和压力的尺度不是时间的函数，而是长度尺度 R 的函数；借助关系 $R\sim t^{\alpha}$，我们求得

$$\dot{R}\sim t^{\alpha-1}\sim R^{\frac{\alpha-1}{\alpha}},\quad \rho_0\sim t^{\beta}\sim R^{\frac{\beta}{\alpha}},$$

$$\Pi\sim\rho_0\dot{R}^2\sim t^{\beta+2(\alpha-1)}\sim R^{\frac{\beta+2(\alpha-1)}{\alpha}}.$$

从密度尺度的表达式 $\rho_0\sim t^{\beta}\sim R^{\beta/\alpha}$ 和初始密度在空间中的分布规律 $\rho_{00}=$ 常数 r^{δ} 看出 $\rho_0=\rho_{00}(R)$；例如可以取某一点的气

---

1) 就如 К. П. 斯塔扭柯维奇所指出的(文献[1])，除了幂指数的而外，还可能存在指数的自模性，此时 $R=A'e^{mt}$，$\rho_0=B'e^{nt}$，$\xi=re^{-mt}/A'$，此处的 A'，B'，m，n 都是常数. 指数的解在常数$=1$时满足方程 $R\ddot{R}/\dot{R}^2=$ 常数. 但在大多数具有实际意义的问题中，自模性都具有幂指数的特点.

体的初始密度作为密度尺度 ρ_0，该点为 t 时刻激波所在之点（R 是激波阵面的坐标），由此便得出上述的指数 β 和 δ 之间的关系：$\beta=\alpha\delta$.

当 $\beta=0$，$\rho_0=$ 常数时，公式（12.3）所给定的函数 p，ρ 和 u 可写为下面任意一个等价的形式：

$$\left.\begin{aligned}p&=\text{常数}\ t^{2(\alpha-1)}\pi(\xi)=\text{常数}\ R^{\frac{2(\alpha-1)}{\alpha}}\pi(\xi),\\u&=\text{常数}\ t^{\alpha-1}v(\xi)=\text{常数}\ R^{\frac{\alpha-1}{\alpha}}v(\xi),\\\rho&=\text{常数}\ g(\xi).\end{aligned}\right\}\tag{12.8}$$

§3 运动自模的条件

自然要提出这样的问题：问题的条件应该满足哪些要求，运动才是自模的？为了回答这个问题要借助量纲理论的某些知识.

在气体动力学方程（12.1）中，除了函数 p，ρ，u 和独立变量 r，t 而外，不包含任何其它有量纲的参量（唯一的参量 γ 是无量纲的）．一些有量纲的参量是出现在问题的初始条件和边界条件之中．这就提供了构造函数 $p(r,t)$，$\rho(r,t)$ 的可能性，因为所有五个变量：p，ρ，u，r，t 具有不同的量纲，并且它们当中有三个是独立的．由于在压力和密度的量纲中包含质量的符号，所以在问题的参量中至少有一个也应包含质量的符号.

在很多情况下，这个参量就是气体的恒定初始密度 ρ_0，它的量纲是克 · 厘米$^{-3}$．而在另外一些问题中，初始密度在空间中是按幂指数规律 $\rho_{00}=br^{\delta}$ 分布的，这时这个参量就是 b，它的量纲是 $[b]=$ 克 · 厘米$^{-3-\delta}$．我们用 a 来表示含有质量符号的参量．在最普遍的情况下，它的量纲是 $[a]=$ 克 · 厘米^{k} · 秒^{s}．鉴于函数的量纲是：$[p]=$ 克 · 厘米$^{-1}$ · 秒$^{-2}$，$[\rho]=$ 克 · 厘米$^{-3}$，$[u]=$ 厘米 · 秒$^{-1}$，不失普遍性，可将它们表示为 Л. И. 谢道夫（文献[2]）所推荐的形式：

$$p=\frac{a}{r^{k+1}t^{s+2}}P,\quad \rho=\frac{a}{r^{k+3}t^{S}}G,\quad u=\frac{r}{t}V,\tag{12.9}$$

此处 P, G, V 是独立变量的无量纲函数，它们依赖于含有 r, t 和问题之参量的无量纲组合.

在一般情况下，无量纲变量有两个：r/r_0 和 t/t_0，此处的 r_0 和 t_0 是具有长度和时间之量纲的参量，它们或是直接出现在问题的条件之中，或是由具有其它量纲的参量的组合所构成. 此时函数 P, G, V 分别地依赖于 r 和 t，故问题也就不是自模的.

可以列举许多相似运动的例子. 我们仅引证一个有关稀疏波的问题，该波是由从气体中按变速度 $u_1 = U(1 - e^{-t/\tau})$ 抽出的活塞形成的(见第一章 § 10). 在这个例子中，气体的恒定初始密度 ρ_0 就起了参量 a 的作用. 此外，在问题中还有几个有量纲的参量 $[\tau] =$ 秒；$[U] =$ 厘米 · 秒$^{-1}$ 和初始声速 $[c_0] =$ 厘米 · 秒$^{-1}$ $\left(\text{或初始压力 } p_0;\ c_0^2 = r\dfrac{p_0}{\rho_0}\right)$. 此时，例如可以取 t/τ 和 $r/c_0\tau$ 或 $r/U\tau$ 作为无量纲变量 ($r_0 = c_0\tau$ 或 $U\tau$).

如果不能由问题的参量组成长度尺度和时间尺度，那么变量 r 和 t 就不可能以分离的形式出现在函数 P, G, V 之中，故函数只能依赖于由 r 和 t 所组成的无量纲组合 $\xi = r/At^{\alpha}$，此处 A 是某个参量，它的量纲是 $[A] =$ 厘米 · 秒$^{-\alpha}$. 于是表达式 (12.9) 变成如下形式：

$$p = \frac{a}{r^{k+1}t^{S+2}} P(\xi);\ \rho = \frac{a}{r^{k+3}t^{S}} G(\xi);$$

$$u = \frac{r}{t} V(\xi). \qquad (12.10)$$

在这种情况下，问题是自模的，表达式 (12.10) 就等价于表达式 (12.3)，只是其表象函数的形式不同.

为了论证这一点，我们取密度尺度不变的自模运动为例. 此时 $a = \rho_0$, $k = -3$, $S = 0$，故表达式 (12.10) 具有以下形式：

$$p = \rho_0 \frac{r^2}{t^2} P(\xi),\ \ \rho = \rho_0 G(\xi),\ \ u = \frac{r}{t} V(\xi). \qquad (12.11)$$

上式中代入 $r = \xi R$，注意到 $\dot{R} = \alpha R/t$，再若

$$P(\xi)=\alpha^2\frac{\pi(\xi)}{\xi^2};\ G(\xi)=g(\xi);\ V(\xi)=\frac{v(\xi)}{\xi},\quad(12.12)$$

我们便证得公式(12.11)和(12.3)是等价的.

研究自模运动具有很大的意义. 它能把偏微分方程组化为关于新的表象函数的常微分方程组，这在数学上使问题得到极大的简化,并得以在许多情况下求出精确的解析解.

此外，自模解常常是一些非自模问题的解所渐近逼近的极限解. 关于这种情况,将在以后讨论具体问题时加以说明.

§4 两类自模解

存在两类显然不同的自模解. 第一类解具有这样的性质: 自模指数 α 以及所有尺度中的 t 或 R 的幂的指数都可以根据量纲知识或守恒定律来确定. 这时幂的指数是具有整数分子和整数分母的分数. 在这类问题中总是有两个有独立量纲的参量. 而由这两个参量可以组成一个其量纲含有质量符号的参量 a (见公式(12.10))和另外一个只含有长度符号和时间符号的参量 A. 借助第二个参量 A，便可以构造出无量纲的组合——自模变量 $\xi=r/At^\alpha$.参量 A 的量纲——厘米·秒$^{-\alpha}$就确定了自模指数 α. 在第一章曾考察过两个这种类型的运动: 自模稀疏波问题(§11)和强爆炸问题(§25). 在第一种情况下,两个有独立量纲的参量分别是气体的初始密度 ρ_0 和初始压力 p_0, 由它们可以组成一个不含有质量符号的有量纲参量: 初始声速 $c_0=(\gamma p_0/\rho_0)^{1/2}$.

声速 c_0 起了参量 A 的作用. 相应地有

$$\xi=\frac{r}{c_0t},\ \alpha=1.$$

在强爆炸问题中,应取气体的初始密度 ρ_0 克·厘米$^{-3}$和爆炸能量 E 克·厘米^2·秒$^{-2}$作为参量,因后者总是等于运动区域中气体的总能量,并因此在问题中出现了能量积分. 需要指出的是,在强爆炸问题中,初始压力 p_0 和初始声速 c_0 都等于零,即这两个量都不是问题的参量, 由参量 ρ_0 和 E 可组成一个不含有质量的参

量 $A=(E/\rho_0)^{1/5}$ 厘米·秒$^{-2/5}$，所以自模变量是 $\xi=r/(E/\rho_0)^{1/5}t^{2/5}$；$\alpha=\frac{2}{5}$.

当强爆炸是在初始密度 $\rho_{00}=br^{\delta}$ 为非均匀的介质中进行的时候，应取爆炸能量 E 克·厘米^2·秒$^{-2}$ 和系数 b 克·厘米$^{-3-\delta}$ 作为参量.

由它们可以组成一个不含质量的参量 A,

$$A=\left(\frac{E}{b}\right)^{\frac{1}{5+\delta}}\text{厘米}\cdot\text{秒}^{-\frac{2}{5+\delta}}.$$

自模变量具有如下形式:

$$\xi=r\Big/\left(\frac{E}{b}\right)^{\frac{1}{5+\delta}}t^{\frac{2}{5+\delta}};\ \alpha=\frac{2}{5+\delta}.$$

(Л. И. 谢道夫曾研究了在变密度介质中爆炸的自模问题（文献[2]).）属于这种类型的，还有热波自释放确定能量之地点向外传播的自模问题(见第十章).

如在§2中指出的，自模指数在关于表象的微分方程组中是作为参量出现的. 既然在所考察之类型的自模问题中，指数 α 可以根据量纲知识(或守恒定律)立刻求出，那么问题就归结为对具有已知边界条件的方程组进行积分.

在第二类自模问题中，在缺少方程的解的情况下幂的指数 α 就不可能由量纲知识或守恒定律而得到. 在这种情况下，确定自模指数本身就需要对关于函数-表象的常微分方程进行积分. 此时，指数要由这样的条件来确定，就是要求积分曲线通过奇点，否则便不能满足边界条件.

熟知的激波向心汇聚问题或短促冲击问题都可以作为第二类自模运动的例子，这些我们将在下面讨论.

考察一些具体的属于第二种类型的问题的解表明，在所有这些情况下问题的原始条件中只有一个含有质量符号的有量纲参量，再没有第二个可以帮助组成参量 A 的参量，这就不可能根据参量 A 的量纲来确定指数 α. 当然，事实上问题中还应存在某一个

特定的有量纲参量 A 厘米·秒$^{-2}$，否则就不可能组成无量纲组合 $\xi = r/At^{\alpha}$. 但是，这个参量的量纲(即指数 α) 不受问题的原始条件的支配，而是要从方程的解中求得. 参量 A 的数值也不可能由自模运动方程来确定，它只是在知道了某一运动是如何产生的之后才有可能确定. 例如，假如自模运动是由某个非自模流的演变而成的，即该流是渐近地进入自模的体系的，那么量 A 只有通过数值求解整个非自模问题才能得到，也就是说，只有在追踪非自模运动向自模运动转变这一过程本身的时候才能求得. 关于这些情况，将在以后考察具体问题时再详加说明.

关于自模指数可用量纲知识确定的第一类的自模运动，Л.И. 谢道夫曾进行了详尽的研究. 鉴于在 Л. И. 谢道夫的著作中(文献 [2])，对这类运动作了详尽的描述并给出了一系列具体问题的解，所以在本章中我们就不再涉及第一类的自模运动，而只研究第二类的自模运动.

2. 球面激波的向心汇聚和液体中气泡的湮没

§5 关于激波汇聚问题的提法

设想这样一种球对称运动：在有恒定初始密度 ρ_0 和压力为零的气体中向着中心对称地行进一个强激波. 我们并不关心激波产生的原因，比如，激波可用"球面活塞"来形成，这只要将这种活塞向气体内部推进，供给气体一定的能量. 随着激波向着中心的汇聚，能量将往波阵面上集中(集聚)并不断地加强激波. 我们所关心的是距离中心很近的区域中的气体的运动 (比如说该距离与"活塞"的初始半径相比为很小). 在临近聚焦的时刻和在小的半径上，可以认为运动在颇大的程度上(究竟在多大的程度上，下面要谈到)"遗忘了"初始条件，而进入了某种极限的体系，这种体系正是我们应该求解的.

在这一问题中不存在长度或时间的特征参量. "活塞"的初始半径不能作为该小区域内极限运动的尺度，因为该区域的线度与上述半径相比较乃是很小的．唯一的长度尺度就是随时间变化的激波阵面的半径 R 本身．而速度尺度就是随时间变化的阵面的速度 $\frac{dR}{dt}=\dot{R}=D$．因此，我们自然会推测极限运动将是自模的．这时，我们没有任何依据可以事先确定出自模指数 α．除了初始密度 ρ_0 而外，再没有任何明显的可以用来组成自模变量的参量．当然，全部气体的能量(它等于活塞给于气体的能量)具有完全确定的数值．但是，由于自模区域的线度很小(近于 R)，并且它还要随着时间和波的向心汇聚而减小，因而在这个区域内所能集中的只是总能量中的不大的一部分，并且这一部分还要随着时间而减少[1)]．如下面将要指出的，在半径近于 R 而质量近于 ρ_0R^3 的自模区域内，能量是随着时间按幂指数规律而减少的．但是，当 $R\to 0$ 时，它的减少要比 R^3 缓慢，这是由于激波的加强和能量密度(压力)增高的结果．由上述得知，这种自模运动应属于第二种类型．在解中要出现某个参量 A，它的与自模指数 α 有关的量纲是预先不知道的($[A]=$ 厘米·秒$^{-\alpha}$；见§2)．即使自模指数 α，或者说 A 的量纲，能够从极限解本身中求得，参量 A 的数值仍然是不确定的，因为该值依赖于问题的初始条件，依赖于全部气体的整体运动．

如上所述，作为极限的自模解只是在线度近于波阵面半径的小区域内，且是在临近激波聚焦的时刻(此时波阵面的半径很小)才是正确的．

如果在某些能保证产生汇聚激波的初始条件下对全部气体的整体运动进行数值求解(即数值求解向内部推进的“球面活塞”问题)，那么在其半径与波阵面半径成正比而减小的区域内，问题的真实解将越来越接近于极限的自模解．

极限解的形式不依赖于初始条件和远处的气体运动的特性，尤其是不依赖于活塞的运动规律．

---

1) 由于假设初始压力等于零，即假设波很强，这就从问题中去掉了速度的参量——初始声速 c_0，它和初始压力一起都等于零．

但是，极限解并不完全“遗忘”初始条件。它虽“遗忘了”初始运动的形式，但却能根据初始条件所提供的所有各种信息而选择一个唯一的数 A，这个数表征了初始推动的“强度”（较“强的”推动对应于较大的数值 A）。

如果说极限解本身的形式不依赖于初始条件和远离中心处的气体的运动，那么真实解向极限解逼近的特性却是当然地依赖于初始条件。初始运动越接近于极限运动，波阵面附近的真实运动过渡到自模体系的时间也就越早。但是，不管初始条件和远距离处的运动如何，这种过渡迟早总是要发生的。

因此，我们将寻求激波向心汇聚问题的自模解。这一重要而有意义的问题，曾由 Л. Д. 朗道和 К. П. 斯塔扭柯维奇（文献 [1]）与古德莱依（文献 [3]）各自独立地解决。

§6 基本方程

取聚焦的时刻作为计算时间的起点 $t = 0$，此时 $R = 0$。在聚焦之前时间是负的。与此相应，自模变量的定义应作某些改变，设

$$R = A(-t)^{\alpha},\ \xi = \frac{r}{R} = \frac{r}{A(-t)^{\alpha}}. \tag{12.13}$$

形式上，我们所寻求的解应遍及直到无穷远的整个空间，因此变量的变化区域是

$$-\infty < t \leqslant 0;\ R \leqslant r < \infty;\ 1 \leqslant \xi < \infty$$

（事实上自模解仅是在其半径近于 R 的区域之内才是正确的，而在大距离上则要以某种方式与整个非自模问题的解衔接起来）。

在激波的阵面上 $\xi = 1$。波阵面的传播速度指向中心，即为负的，$D \equiv \dot{R} = \alpha R/t = -\alpha R/|t| < 0$。

在气体动力学方程 (12.1) 中代入自模形式的解 (12.3)。

方程组就化为 (12.4) 的几个方程，其中令 $\nu = 3$，以对应球对称的运动。问题中的密度尺度是不变的，$\rho_0 =$ 常数（这一十分显然的断言，等我们在考察激波阵面上的边界条件时，再来确认）。

因此，在(12.4)的第一个方程中，项 $\dot{\rho}_0/\rho_0$ 被消去，而带方括号的项就等于零．此外，方程(12.4)中的两个与尺度有关的因子则化为如下常数：

$$\frac{R\ddot{R}}{\dot{R}^2}=\frac{\alpha-1}{\alpha};\quad \frac{R}{\dot{R}}\frac{d}{dt}(\ln\rho_0^{1-\gamma}\dot{R}^2)=\frac{2(\alpha-1)}{\alpha}.$$

由此得到关于表象的方程组：

$$\left.\begin{aligned}(v-\xi)(\ln g)'+v'+\frac{2v}{\xi}&=0,\\(\alpha-1)\alpha^{-1}v+(v-\xi)v'+g^{-1}\pi'&=0,\\(v-\xi)(\ln\pi g^{-\gamma})'+2(\alpha-1)\alpha^{-1}&=0.\end{aligned}\right\}\qquad(12.14)$$

为了简化方程组，需要作一系列的变换．我们首先变到新的表象函数 P,G,V，它们与原先的表象 π, g, v 之间由公式(12.12)相联系(当然，一开始就可以用(12.11)的形式来寻求有量纲的方程(12.1)的解)．其次，代替压力，我们引进新的未知函数——声速的平方[1]，并相应地过渡到声速平方的表象．

在有量纲的变量中，$c^2=\gamma p/\rho$．在表象(12.3)中，$c^2=\gamma\dot{R}^2\pi/g=\dot{R}^2z$，式中表象 $z=\gamma\pi/g$．

在我们所变到的表象(12.11)中，$c^2=\gamma\dfrac{r^2}{t^2}\dfrac{P}{G}=\dfrac{r^2}{t^2}Z$，式中表象 $Z=\gamma P/G$．式(12.12)给出了表象 z 和表象 Z 之间的关系：

$$Z=\alpha^2\frac{z}{\xi^2}.$$

在引进新的变量之后，方程组(12.14)变成如下形式：

---

1) 代替函数 ρ, u, p，可以写出 ρ, u, c^2 的气体动力学方程组(12.1)：

$$\left.\begin{aligned}\frac{\partial\ln\rho}{\partial t}+u\frac{\partial\ln\rho}{\partial r}+\frac{\partial u}{\partial r}+(\nu-1)\frac{u}{r}&=0,\\\frac{\partial u}{\partial t}+u\frac{\partial u}{\partial r}+\frac{c^2}{\gamma}\frac{\partial\ln\rho}{\partial r}+\frac{1}{\gamma}\frac{\partial c^2}{\partial r}&=0,\\\frac{\partial}{\partial t}\ln c^2\rho^{1-\gamma}+u\frac{\partial}{\partial r}\ln c^2\rho^{1-\gamma}&=0.\end{aligned}\right\}\qquad(12.1')$$

$$\left.\begin{aligned}
&\frac{dV}{d\ln\xi}+(V-\alpha)\frac{d\ln G}{d\ln\xi}=-3V,\\
&(V-\alpha)\frac{dV}{d\ln\xi}+\frac{Z}{\gamma}\frac{d\ln G}{d\ln\xi}+\frac{1}{\gamma}\frac{dZ}{d\ln\xi}=-\frac{2}{\gamma}Z-V(V-1),\\
&(\gamma-1)Z\frac{d\ln G}{d\ln\xi}-\frac{dZ}{d\ln\xi}=2\left[\frac{\alpha-1}{\alpha(V-\alpha)}+1\right]Z.
\end{aligned}\right\}\tag{12.15}$$

这是一个由关于三个未知函数 V, G, Z 的三个一阶的常微分方程所构成的方程组，方程组的独立变量为 ξ.

我们来考察边界条件. 在激波的阵面上要遵守各个守恒定律，这些定律在强激波的极限之下就给出熟知的、波后气体动力学诸量与激波速度之间的关系（见式 (1.111)）：

$$\left.\begin{aligned}
\rho_1&=\rho_0\frac{\gamma+1}{\gamma-1};\\
p_1&=\frac{2}{\gamma+1}\rho_0D^2;\\
u_1&=\frac{2}{\gamma+1}D;\\
c_1^2&=\frac{2\gamma(\gamma-1)}{(\gamma+1)^2}D^2.
\end{aligned}\right\}\tag{12.16}$$

此式中代入由表象 (12.11) 所表达的各个有量纲量，并考虑到在激波的阵面上 $r=R$, $\xi=1$，再注意到 $D=\dot{R}=\alpha R/t$，即得到关于表象的边界条件：当 $\xi=1$ 时，

$$\left.\begin{aligned}
V(1)&=\frac{2}{\gamma+1}\alpha;\\
G(1)&=\frac{\gamma+1}{\gamma-1};\\
Z(1)&=\frac{2\gamma(\gamma-1)}{(\gamma+1)^2}\alpha^2.
\end{aligned}\right\}\tag{12.17}$$

顺便指出，由上式直接看出，密度尺度不能依赖于时间或阵面

的半径，否则就不能满足激波阵面上的条件

$$\rho_1=\frac{\gamma+1}{\gamma-1}\rho_0=\text{常数}.$$

各表象在无穷远处也要满足一定的条件. 在聚焦的时刻 $t=0$ 时，速度、压力和声速在任何有限的半径 r 上都应是有限的. 但当 $t=0$ 而 r 为有限时，$\xi=\infty$. 为使当 $t=0$ 和 r 为有限时，量 $u=\frac{r}{t}V$ 和量 $c^2=\frac{r^2}{t^2}Z$ 有限，必须要求 V 和 Z 等于零. 这样，我们又得到一个解所应该满足的条件：当 $\xi=\infty$ 时，

$$V(\infty)=0;\ Z(\infty)=0. \tag{12.18}$$

一般来说，只要给定 α 的某一个数值，边界条件 (12.17) 就足以保证对方程 (12.15) 的积分从 $\xi=1$ 之点开始向着 $\xi>1$ 的方向进行.

但是，对方程所进行的研究(在下一节将要谈到)表明，不可能在任意的 α 值之下得到单值的且能通过点 (12.8) 的解，因此要有选择地确定自模指数.

§7 方程的研究

下面指出，在解方程 (12.15) 时如何求得自模指数. 为此目的，首先要对方程进行研究. 在这里我们不想追求论证的数学上的严格性，也不进行详细的运算.

我们注意的只是那些极为重要的带有原则性的方面，并拟出解决问题的基本途径. 同时，将着重指出所有自模解或第二类自模解的某些共同特点. 下面我们按 H. A. 波波夫提出的系统叙述，对于他的宝贵意见我们表示十分感谢.

当考察方程组 (12.15) 时，我们立刻就能注意到变量 $\ln\xi$ 在方程组中仅以微分 $d\ln\xi$ 的形式出现，可以用它代替 ξ 作为新的变量. 同样，还有一个待求函数——G，也仅以微分 $d\ln G$的形式出现. 方程 (12.15) 的这一性质体现了自模运动的特征，它使得求解三个微分方程的联立方程组的问题变成求解一个关于变量 V

和 Z 的微分方程以及进行两次积分[1]. 事实上,我们是相对于导数 $dV/d\ln\xi$, $d\ln G/d\ln\xi$, $dZ/d\ln\xi$, 来求解方程组(12.15)的. 为了省却写出所得到的极其繁杂的表达式,我们借助行列式,用符号的形式写出代数方程组的解:

$$\left.\begin{aligned}\frac{dV}{d\ln\xi}&=\frac{\Delta_1}{\Delta};\\ \frac{d\ln G}{d\ln\xi}&=\frac{\Delta_2}{\Delta};\\ \frac{dZ}{d\ln\xi}&=\frac{\Delta_3}{\Delta},\end{aligned}\right\}\tag{12.19}$$

此处,行列式 Δ 等于

$$\Delta=\begin{vmatrix}1 & V-\alpha & 0\\ V-\alpha & \dfrac{Z}{\gamma} & \dfrac{1}{\gamma}\\ 0 & (\gamma-1)Z & -1\end{vmatrix}=-Z+(V-\alpha)^2.\tag{12.20}$$

而行列式 Δ_1, Δ_2, Δ_3, 是以方程(12.15)的右端代替行列式(12.20)中的相应的列之后得到的. 在方程(12.15)中,导数的系数和方程的右端都只依赖于 V 和 Z, 而不依赖于 G 和 ξ, 所以所有量 Δ, Δ_1, Δ_2, Δ_3, 都只是 V 和 Z 的函数. 将(12.19)中的第三个方程除以第一个方程,我们便得到一个一阶常微分方程:

---

1) 所指出的性质并非是偶然的,而是由气体动力学方程所具有的量纲结构所决定的,在这些方程中除了变量本身而外不包含任何其它有量纲的量. 假如某一个量只出现在对数微分的符号之下,这就说明这个量的计量单位的选择可以是任意的. 对于密度 $\rho=\rho_0G$ 来说,这可以直接从方程(12.1′)看出,该方程是对 ρ, u, c^2 写出的(见350页的脚注). 如果在普遍的非自模的方程中引进新的独立变量: $\xi=r/At^\alpha$ 和 $\eta=r/r_0$, 此处的 A 和 r_0 都是由外界条件引入的某一有量纲的参量,那么由于这两个参量的选择不受任何限制,所以它们都应从方程中消去. 实际上,所作的变换表明,新的变量在方程中只能以 $d\ln\xi$, $d\ln\eta$ 的形式出现(在自模运动的情况下,所有的函数都只依赖于 ξ, 而不依赖于 η, 故带有 $d\ln\eta$ 的各项都被消去).

无量纲量 V 和 Z 是由有量纲变量本身所组成: $V=t/ur$; $Z=t^2/r^2c^2=\rho t^2/r^2\gamma p$, 并不包含别的无关参量,因此在方程中它们是以自由的形式出现,而不是处在符号 $d\ln$ 之下.

$$\frac{dZ}{dV}=\frac{\Delta_3(Z,V)}{\Delta_1(Z,V)}. \tag{12.21}$$

当求得该方程的解 $Z(V)$ 之后，可将它代入 (12.19) 的第一个方程，通过积分确定出函数 $V(\xi)$，然后再将 $V(\xi)$ 和 $Z[V(\xi)]$ 代入第二个方程，再次积分便可求得函数 $G(\xi)$.

事实上，只作一次积分就够了，因为方程组 (12.15) 已具有一个积分，这就是所有变量之间的代数关系. 所以有这一积分（绝热积分），是因为气体质点的熵要满足守恒定律[1]. 一般来说，满足守恒定律总会伴有自模方程的相应的积分. 比如，在强爆炸问题中（见第一章 § 25），方程就具有能量积分.

于是，基本问题就归结为求解具有边界条件 (12.17)，(12.18) 的方程 (12.21).

我们来考察所求的积分曲线在 V, Z 平面上的走向. 在 $\xi=1$ 的激波阵面上，$V=V(1)$, $Z=Z(1)$ (见公式 (12.17)). 将该点标在平面上，且用字母 Φ 表示. 在无穷远处，$\xi=\infty$, $V(\infty)=0$, $Z(\infty)=0$, 故积分曲线 $Z(V)$ 是从点 Φ 出发走向坐标原点 O 的(图 12.1).

为使气体动力学方程的解具有物理意义，这个解应是单值的，独立变量 ξ 的每一个值都应该对应于唯一的 V 和 Z 的值. 这就意味着，以 V 为变量的函数 ξ 和以 Z 为变量的函数 ξ，或者同样地，以 V 为变量的函数 $\ln\xi$ 和以 Z 为变量的函数 $\ln\xi$，都不应该具有极值. 因此，对真实解来说，在变量变化的区域 $1<\xi<\infty$ 和 $0<$

---

1) 为导出绝热积分，应利用式 (12.15) 中的第一个和第三个方程. 将第一个方程（连续性方程）除以 $V-\alpha$，并表示为

$$d\ln G+d\ln(V-\alpha)=-3d\ln\xi-\frac{3\alpha d\ln\xi}{V-\alpha}.$$

将第三个（熵的）方程除以 Z，并表示为

$$d\ln G^{\gamma-1}Z^{-1}=\frac{2(\alpha-1)\alpha^{-1}d\ln\xi}{V-\alpha}+2d\ln\xi.$$

从这两个等式中消去 $d\ln\xi/(V-\alpha)$，并把所有各项都集中到一端，便得到方程 $d\ln\{\xi,G,V,Z\}=0$，它给出积分 $\{\xi,G,V,Z\}=$ 常数. 此常数要由边界条件 (12.17) 来确定.

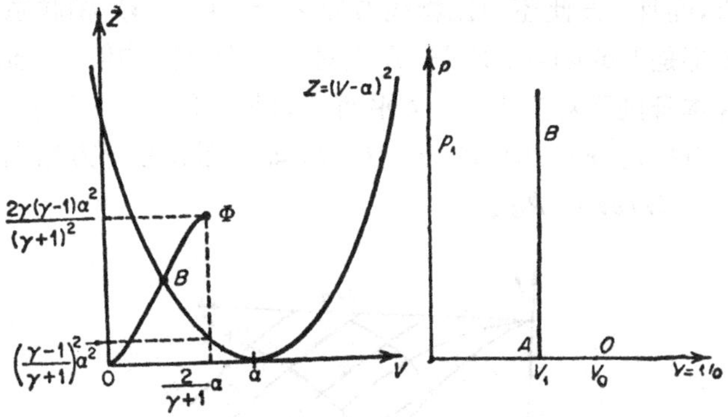

图 12.1　V, Z 平面上积分曲线的走向

$\ln\xi < \infty$ 之内，导数 $d\ln\xi/dV = \Delta/\Delta_1$ 和 $d\ln\xi/dZ = \Delta/\Delta_3$ 在任何地方都不应该等于零.

但行列式 $\Delta = -Z + (V-\alpha)^2$ 在抛物线 $Z = (V-\alpha)^2$ 上等于零，后者已画在 V, Z 平面上(图 12.1). 利用直接计算容易验证，点 Φ 处在抛物线的上边，即所求的积分曲线沿自己的路径从点 Φ 到点 O 必与抛物线相交. 为了使这时的导数 $d\ln\xi/dV$ 和 $d\ln\xi/dZ$ 不等于零，必须要求行列式 Δ_1 和 Δ_3 在交点等于零(可以验证，当 $\Delta = 0$ 时，Δ_1 和 Δ_3 同时等于零). 这就是说，真实积分曲线 $Z(V)$ 和抛物线的交点乃是方程 (12.21) 的奇点 ($\Delta_1 = 0$，$\Delta_3 = 0$，$dZ/dV = 0/0$).

假若给以自模指数 α 某一任意值，而从点 Φ 开始来积分方程 (12.21)，那么积分曲线或者根本不与抛物线相交，或者与其相交于某一平凡点，这时该曲线就不代表真实解.

只是在特定的 α 值之下，积分曲线才与抛物线相交，且过应经过的方程 (12.21) 的奇点，走向自己的终点 O. 真实积分曲线必须经过方程 (12.21) 的规定奇点，这一条件就确定了指数 α. 奇点 B 的位置和真实积分曲线的大致走向都已画在图 12.1 上 (可以证明，点 B 处在抛物线的左分支上).

在真实积分曲线 $Z(V)$ 所要经过的奇点 B 处，量 Z 和 V 都取确定值，而且，彼此还由抛物线方程 $Z=(V-\alpha)^2$ 相联系. 由于 V 和 Z 都是 ξ 的函数，所以奇点应对应一个确定的值 $\xi=\xi_0$. 而值 $\xi=\xi_0$ 本身则又对应于 r, t 平面上的某一条线——"ξ_0 线". 这条线的方程是 $r=R(t)\xi_0=A(-t)^\alpha\xi_0$, 而其微分方程则具有如下形式: $dr/dt=\dot{R}\xi_0$.

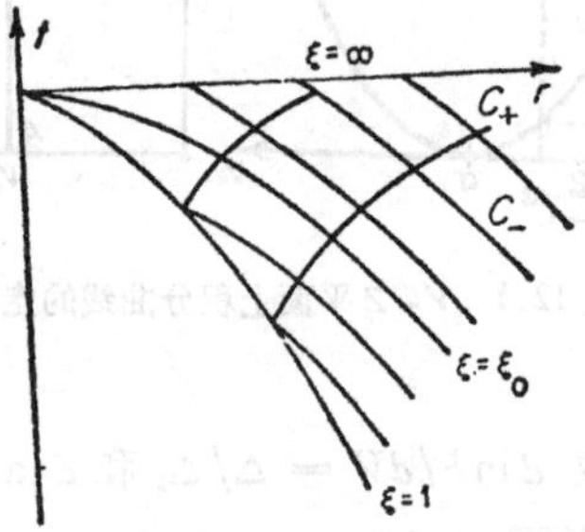

图 12.2 关于激波向心汇聚过程的 r, t 图. $\xi=1$ 是激波的阵面线; $\xi=\xi_0$ 表示 ξ_0 线. 还画出了几条 C_+ 和 C_- 族的特征线

激波的阵面线是: $\xi=1$, $r=R(t)$, $\dfrac{dr}{dt}=\dot{R}$. 这两条线都画在图 12.2 上(需要指出，轴 r 就是线 $\xi=\infty$).

ξ_0 线具有重要性质: 它是一条 C_-特征线. 为证实这一点，我们在关于 C_-特征线的有量纲方程 $dr/dt=u-c$ 中引进自模变量. 同时注意到，声速 c 本质上是个正量. 而作为它的尺度 $\dot{R}$ 或 r/t 乃是负的. 因而，当对表达式 $c^2=\dfrac{r^2}{t^2}Z$ 开方求根时，应取 $c=-\dfrac{r}{t}|\sqrt{Z}|$.

由此

$$\frac{dr}{dt}=u-c=\frac{r}{t}V+\frac{r}{t}|\sqrt{Z}|=\frac{R}{t}\xi(V+|\sqrt{Z}|)$$

$$=\frac{\dot{R}\xi}{\alpha}(V+|\sqrt{Z}|).$$

我们所关心的是这样一些 C_- 特征线，它们在 r, t 平面上要

穿过 ξ_0 线．为此，在特征线方程中要令 $\xi=\xi_0$．但当 $\xi=\xi_0$ 时，

$$Z(\xi_0)=[V(\xi_0)-\alpha]^2,\quad |\sqrt{Z(\xi_0)}|=\alpha-V(\xi_0)$$

（因为，$V<\alpha$；实际上，当 $\xi=1$ 时，$V(1)=\frac{2}{\gamma+1}\alpha<\alpha$；当 $\xi=\infty$ 时，$V=0$；函数 $V(\xi)$ 是单调的）．因此，这些 C_- 特征线在 ξ_0 线上的每一点都具有斜率

$$\frac{dr}{dt}=\frac{\dot{R}\xi_0}{\alpha}[V(\xi_0)+|\sqrt{Z(\xi_0)}|]=\dot{R}\xi_0,$$

而该斜率恰与 ξ_0 线本身的斜率相合．这意味着，ξ_0 线或是 C_- 族特征线的包络，或是就与其中的一条相重合．我们发现，第二种判断是正确的：ξ_0 线与一条 C_- 特征线重合，即它本身就是一条 C_- 特征线．

由此导出一个重要的涉及现象因果关系的结论．众所周知，在连续流区域内，同族特征线任何时候都不能相交．这表明，所有那些在 ξ_0 线之上方经过的 C_- 特征线（见图 12.2），在聚焦时刻之前都不可能到达激波阵面．（而在 ξ_0 线之下方经过的 C_- 特征线则能到达阵面；至于 C_+ 特征线，本身就是从阵面线上发出的．）

这样一来，ξ_0 线就限定了影响区域．在某一给定时刻，那些处在 ξ_0 线的右侧即其距离 r 大于 $r_0=R(t)\xi_0$ 的点上的运动状态，对于激波的运动没有任何的影响．

上面所指出的解的性质：只是在选定的自模指数 α 之下，真实积分曲线才能经过奇点（由此确定出指数的值），以及在 r，t 平面上存在一条与奇点相对应的 ξ_0 线，该线是特征线，它限定了影响区域——这些乃是所有第二类自模体系的共同特征．

§8 解的一些结果

实际上，解和自模指数都是用试探法求得的：给定某一个 α 值，从起点 $\Phi(\xi=1)$ 开始对方程 (12.21) 进行数值积分，并不断校验积分曲线的走向，采取逐级近似法不断修正 α 值，以使积分曲线与抛物线相交于所应经过之奇点，并能走向终点 O．Л．Д．朗

道和 K. П. 斯塔扭柯维奇(文献[1])曾提出一近似方法,由它可求得一个极接近于实际的α值. 该值可以用于第一次试探,然后再逐步精确化.当求得指数α和函数$Z(V)$之后,再求函数$V(\xi)$, $Z(\xi)$, $G(\xi)$便没有什么困难.

在文献[1, 3]中,曾用这种方法对绝热指数$\gamma=7/5$的情况求得自模指数$\alpha=0.717$. 此外,在文献[1]中还对$\gamma=3$的情况求得$\alpha=0.638$,并确定出在极限$\gamma\to 1$之下,$\alpha\to 1$. 当$\gamma=\frac{7}{5}$时,激波阵面的半径和速度的变化规律,以及阵面之后压力的变化规律是

$$R\sim|t|^{\alpha}\sim|t|^{0.717},$$

$$|\dot{R}|\sim|t|^{\alpha-1}\sim R^{\frac{\alpha-1}{\alpha}}\sim|t|^{-0.283}\sim R^{-0.395},$$

$$p_1\sim|t|^{2(\alpha-1)}\sim R^{\frac{2(\alpha-1)}{\alpha}}\sim|t|^{-0.566}\sim R^{-0.79}.$$

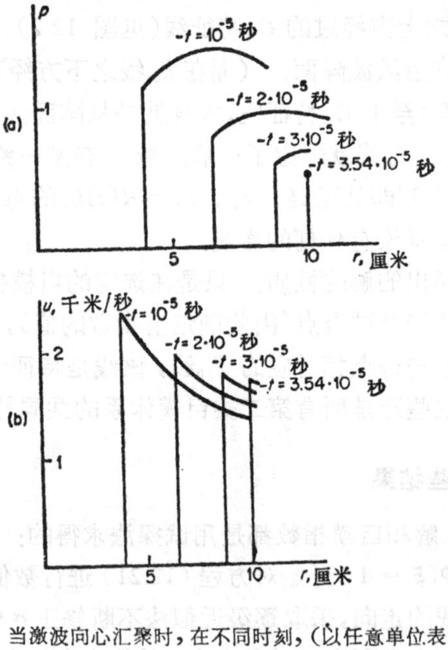

图 12.3 当激波向心汇聚时,在不同时刻,(以任意单位表示的)压力分布(a)和速度分布(b); $\gamma=7/5$. 图形取自书[1]

图 12.3 给出了 $\gamma=7/5$ 时速度 u 和压力 p 在不同时刻沿半径的分布，该图取自 K. П. 斯塔扭柯维奇的书(文献 [1]). 阵面之后的速度单调地下降，而压力在开始时稍有增高，然后也是下降[1]. 波阵面之后的密度单调地增加.

在向心汇聚时，激波是不断地加快和增强的. 当 $t\to 0$，$R\to 0$ 时，阵面上的压力和温度都趋于无限大；而气体的密度却保持有限；它在波阵面上保持不变，并等于 $[(\gamma+1)/(\gamma-1)]\rho_0$.

当激波汇聚时，在激波阵面附近要产生能量的集中：温度和压力无限地升高. 但是，由于自模区域本身的线度随着时间减小，所以在自模区域内所集中的总能量还是减少的. 自模解仅在某一个球内才是正确的，该球的半径随着阵面的半径一起与 R 成正比地减小，即是，自模区域的有效边界乃是一个不变的数值 $r/R=\xi=\xi_1$. 在自模区域内，即在半径 $r_1=\xi_1 R$ 是变动的球内，所包含的能量等于

$$E_{自模}=\int_R^{r_1}4\pi r^2 dr\rho\left(\frac{1}{\gamma-1}\frac{p}{\rho}+\frac{u^2}{2}\right)$$

$$=4\pi R^3\rho_0\dot{R}^2\int_1^{\xi_1}g\left(\frac{1}{\gamma-1}\frac{\pi}{g}+\frac{v^2}{2}\right)\xi^2 d\xi.$$

因为沿 ξ 从 1 到 ξ_1 的积分是个常数，所以能量 $E_{自模}\sim R^3\dot{R}^2\sim R^{5-(2/\alpha)}$.

对于所有真实的绝热指数 γ 来说，R 的幂指数都是正的. 例如，当 $\gamma=7/5$，$\alpha=0.717$ 时，

$$E_{自模}\sim R^{2.21}\to 0,\quad 当 R\to 0 时.$$

如果将沿 ξ 的积分扩展到无穷远 ($\xi_1=\infty$)，那么积分就要发散. (关于这一点的解释，请见 360 页的脚注.) 这就是说，在自模解的范围内，整个空间中的能量为无限大. 这就证明自模解不适用于很大的半径 r (在给定的阵面半径 R 之下).

在半径 r 不变的球内所包含的能量是可以增加的(但不是无

1) 压力的这种状况不是普遍的；例如，当 $\gamma=3$ 时，压力也和速度一样，在激波的阵面之后单调地下降.

限制地)，然而不能用自模解来描写从 R 到 $r=$ 常数 $>R$ 的整个区域内的运动.因自模解仅存在于越来越变小的球内，而如果 $r=$ 常数,那么当 $R\to 0$ 时,$\xi=\dfrac{r}{R}\to\infty$.

在 $t=0$ 之聚焦时刻,各种气体动力学量沿半径的极限分布,可根据量纲知识来建立. 在我们的处理中只有一个唯一的参量 A 厘米 · 秒$^{-\alpha}$,借助它可将速度 u 及声速 c 与半径 r 联系起来.

这便给出在 $t=0$ 时刻的极限规律:

$$u\sim c\sim A^{\frac{1}{\alpha}}r^{1-\frac{1}{\alpha}}=A^{\frac{1}{\alpha}}r^{-\frac{(1-\alpha)}{\alpha}}.$$

由于时刻 $t=0$ 及 $r\neq 0$ 对应于 $\xi=\infty$, 所以极限密度 $\rho=\rho_0G(\infty)$ 沿半径不变. 因而,压力的极限分布是

$$p=\frac{1}{\gamma}\rho c^2\sim\rho_0A^{\frac{2}{\alpha}}r^{-\frac{2(1-\alpha)}{\alpha}}.$$

自然,极限规律 $u(r)$, $c(r)$, $p(r)$, 要与过程进行中的波阵面上的规律 $u_1(R)$, $c_1(R)$, $p_1(R)$ 相一致(只差一个数值系数)[1].

极限规律 $u(r)$, $c(r)$, $p(r)$ 中的数值系数, 也和密度的极限值 $\rho_{极限}=\rho_0G(\infty)$ 一样,只能利用自模运动方程的解求得. 当 $\gamma=7/5$ 时,极限密度等于 $\rho_{极限}=21.6\rho_0$ (激波阵面上的密度 $\rho_1=6\rho_0$). 在聚焦时刻之前, 在离阵面很远 $r\to\infty$ 的地方, 密度也具有同样的量值 $\rho=21.6\rho_0$ (因为当 $R\neq 0$ 和 $r\to\infty$ 时, $\xi=r/R\to\infty$), 而 $\dfrac{\rho}{\rho_0}=G(\xi)\to G(\infty)$.

在聚焦时刻,在半径为 r 的球内所包含的能量乃正比于

---

1) 从关于表象的方程出发,如果能求得点 $\xi=\infty$, $V=0$, $Z=0$ 之邻域内的渐近解,那么几个极限规律便可以解析地建立.我们得到: $V\sim\xi^{-1/\alpha}$, $Z=\xi^{-2/\alpha}$, 当变换到有量纲量之后,便给出正文所述的极限规律. 量 v^2 和 $z=\gamma\pi/g$ 在 $\xi\to\infty$ 时依照定义 (12.12) 乃正比于 $v^2\sim z\sim\xi^2V^2\sim\xi^{2-2/\alpha}$; $g(\infty)=G(\infty)=$ 常数. 由此看出,当 $\xi_1\to\infty$ 时,能量积分是发散的

$$\int_1^{\xi_1}g\left(\frac{1}{\gamma-1}\frac{\pi}{g}+\frac{v^2}{2}\right)\xi^2d\xi\sim\int_1^{\xi_1}\xi^{4-2/\alpha}d\xi\sim\xi_1^{5-2/\alpha}\to\infty,$$

在自模解的范围内,整个空间中的能量在任何时刻都是无限大,

$$\int_0^r 4\pi r^2 dr \rho \left(\frac{1}{\gamma-1}\frac{p}{\rho}+\frac{u^2}{2}\right) \sim r^{5-\frac{2}{\alpha}}$$

(和 $E_{自模} \sim R^{5-\frac{2}{\alpha}}$ 一样;请见上面).

在半径有限的球内所包含的能量是有限的，当 $r \to 0$ 时它也趋近于零. 球体越大,其中所包含的能量也就越多(在自模解的范围内).

在聚焦时刻之后,即当 $t > 0$ 时,由中心反射出来的激波要沿着运动的气体传播，这种气体是迎着反射的激波而向着中心运动的. 这一阶段内的运动也是自模的,其自模指数不变. 当 $t > 0$ 时,反射激波之阵面的传播规律是 $R \sim t^{\alpha}$.

计算表明，当 $\gamma = 7/5$ 时，反射激波阵面之后的气体密度等于 $\rho_{1反射} = 137.5\rho_0$，它比入射波阵面之后的密度 $\rho_1 = 6\rho_0$ 大 22 倍. 反射射波阵面之后的速度是正的，即气体自中心向外飞散，且飞散速度开始时是无限大,而后按照以下规律随着时间而减小: $R \sim t^{\alpha}$，$\dot{R} \sim t^{-(1-\alpha)}$[1].

§9 气泡的湮没. 瑞利问题

液体中(水中)气泡的湮没过程与激波的向心汇聚过程有着许多共同特点. 在实际液体中往往要形成一些小的气泡，这些气泡被液体的蒸气和不可溶性的气体所充满. 气泡形成的现象称之为空蚀. 在定常的条件下气泡是稳定的,其内部的气体压力与外部的液体压力相平衡. 当液体参与运动并从低压区来到高压区的时候,原先在低压区所形成的气泡其内部压力就要低于新的、液体中

---

1) 在本书一位作者的工作(文献 [26])中，在声学近似下曾构造了关于柱形运动的一族自模解. 该族解是通过平面波的叠加而得到的. 其自模指数，有的是任意的. 有的是按初始条件来选取的. 对于汇聚的柱形激波(在声学近似下)来说,其阵面上的压力为 $p \sim |t|^{-1/2}$，阵面的半径则为 $R = c|t|$.

有趣的是,在反射激波中,当 $R \neq 0$ 时其阵面上的压力是无限大. 而关于激波的一些结果，曾在早些时候由 E. И. 扎巴巴黑和 M. H. 涅恰耶夫所得到(文献 [27]). 其波阵面上的压力只是在声学近似的范围内才成为无限大,关于这一点在文献 [26, 27] 中有所说明.

的高压力. 这时,液体就要奔向中心,而气泡则随之湮没. 在气泡湮没的时候,也和激波聚焦的时候一样,要产生能量的集中. 湮没的速度和压力都要随着气泡半径的减小而增加,并在聚焦的阶段达到非常大的量值. 在湮没之后,在中心区域要形成一个压力的尖锋,并要自中心向外传播一个激波.

当类似的过程发生在固体表面附近的时候,激波就有可能损伤表面的材料. 据认为,这就是螺旋浆和透平机很快磨损的原因之一.

关于气泡湮没时液体的运动问题,在一些理想的提法之下,曾由瑞利所解决(文献[4]).液体被认为是理想的(非粘性的)和不可压缩的;而球对称的空穴被看成是真空的,即假定空穴内部的及其表面上的压力都等于零[1].

假定于初始时刻在液体中有一个半径为 R_0 的空穴. 它周围液体中的压力为 p_0,且流体是静止的. 运动开始后的速度沿半径 r 的分布可从连续性方程求得,当 $\rho=$ 常数时:

$$u=\dot{R}\frac{R^2}{r^2}=\dot{R}\frac{1}{\xi^2},\quad \xi=\frac{r}{R},\tag{12.22}$$

此处 $R(t)$ 是空穴的半径, $\dot{R}$ 是边界的速度. 将速度的表达式代入运动方程,并对 r 从 r 到∞进行积分,我们便得到压力的分布:

$$p=p_0+\rho\frac{\ddot{R}R+2\dot{R}^2}{\xi}-\rho\frac{\dot{R}^2}{2\xi^4}.\tag{12.23}$$

如果将这个方程应用于 $\xi=1$ 的空穴边界——在那里 $p=0$,我们就得到关于函数 $R(t)$ 的方程:

$$0=p_0+\rho\left(\ddot{R}R+\frac{3}{2}\dot{R}^2\right).\tag{12.24}$$

在初始条件 ($R=R_0$ 时, $\dot{R}=0$) 之下,将方程积分一次,我

---

1) 看来,在真实的过程中,在湮没的后期阶段,气泡内部的蒸气压力能增加到与液体的挤压相抗衡,甚至能迫使液体反向地后退. 由于压缩是很快的,蒸气来不及凝结,因此对于它的压缩应沿着泊松绝热曲线一直进行到底. 但是,当我们考察其半径尚未变得特别小之前的湮没时,蒸气的压力可以忽略,液体边界上的表面张力也可以忽略.

们就得到湮没时的速度增加的规律:

$$\dot{R}^2 = \frac{2p_0}{3\rho}\left(\frac{R_0^3}{R^3} - 1\right)^{1)}. \tag{12.25}$$

这个方程也可以直接根据能量上的考虑而得到. 我们取无气泡时的液体的能量为零. 当液体中有一个半径为 R 的气泡时, 液体的势能就等于在形成其体积为 $4\pi R^3/3$ 的空穴时克服外压力所作的功. 这个功等于 $p_0 4\pi R^3/3$, 它与压力在气泡所处区域内的分布无关[2].

液体的动能等于

$$\int_R^\infty 4\pi r^2 \frac{\rho u^2}{2} dr = \int_R^\infty 4\pi r^2 \rho \frac{\dot{R}^2 R^4}{2r^4} dr = 2\pi\rho \dot{R}^2 R^3.$$

总能量等于动能和势能之和,由能量守恒:

$$2\pi\rho \dot{R}^2 R^3 + \frac{p_0 4\pi R^3}{3} = E = \frac{p_0 4\pi R_0^3}{3}, \tag{12.26}$$

便得到表达式(12.25).

借助关系式(12.24), 压力剖面(12.23)可表示为如下形式:

$$p = p_0\left(1 - \frac{1}{\xi}\right) + \frac{\rho \dot{R}^2}{2}\left(\frac{1}{\xi} - \frac{1}{\xi^4}\right), \quad \xi = \frac{r}{R}.$$

(速度剖面和压力剖面均简略地示于图 12.4 上.)

由压力公式看出, 问题是非自模的(尽管看起来速度(12.22)好像是"自模的"). 这很清楚,因为在问题中存在长度的特征尺度 R_0 和速度的特征尺度 $\sqrt{p_0/\rho}$.

但是, 当空穴的半径趋近于零 ($R \to 0$) 时, 速度和压力都要增加,并趋近于无限大. 在这种极限之下,解就渐渐地具有了自模

1) 方程(12.25)的积分给出气泡湮没的时间是 $\tau = 0.915 R_0 \sqrt{\rho/p_0}$. 例如, 在水中,当 $\rho = 1$ 克/厘米^3, $p_0 = 1$ 大气压, $R_0 = 1$ 毫米时, $\tau = 0.915 \times 10^{-4}$秒.

2) 这种情况可作如下解释. 设想一个盛有压力为 p_0 之液体的容器,容器的出口被其面积为 S 的可动的活塞所封闭. 如果在液体内形成一个体积为 Ω 的空穴,那么液体由于自己的不可压缩性将要把活塞挤出一段距离 l, 以满足 $lS = \Omega$. 这时液体对活塞所作的功等于 $p_0 Sl = p_0 \Omega$, 它仅由远离气泡处的压力所决定, 而不依赖于气泡附近的压力分布.

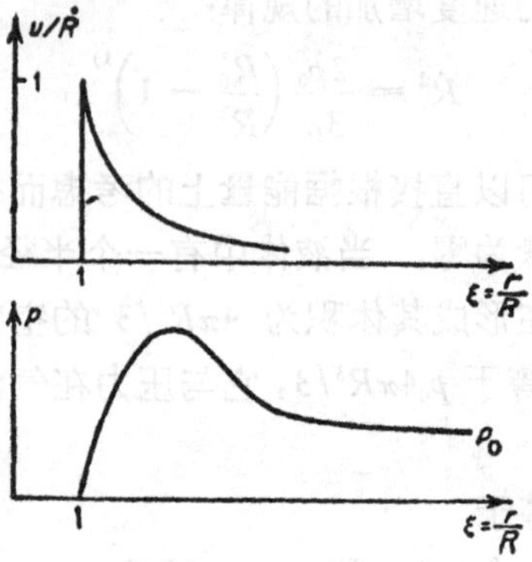

图 12.4　瑞利问题中的速度剖面和压力剖面

的特性：

$$p \approx \frac{\rho \dot{R}^2}{2}\left(\frac{1}{\xi}-\frac{1}{\xi^4}\right);\quad \dot{R}^2 \approx \frac{2p_0}{3\rho}\frac{R_0^3}{R^3}. \tag{12.27}$$

对于表征真实过程来说，长度尺度——初始半径显得太大，而压力尺度 p_0 显得太小，因此，此时应取随时间变化的空穴的半径 R 和边界的速度 $\dot{R}$ 作为表征真实过程的尺度

$$\left(R \ll R_0;\ \dot{R} \gg \sqrt{\frac{p_0}{\rho}};\ p \sim \rho \dot{R}^2 \gg p_0\right).$$

运动似乎"遗忘了"初始条件．这尤其表现在，参量 p_0 和 R_0 现在不再像从前那样以单独的形式出现在边界的运动方程之中见式(12.25)，而仅以与液体的总能量 $E=4\pi R_0^3 p_0/3$ 成正比的组合形式出现(见公式(12.27))．

就如所看出的，这种自模性属于第一种类型——因其能量是守恒的．而自模流中的有量纲参量，也和在强爆炸问题中一样，是能量和密度．边界的运动规律由方程(12.27)给出

$$\dot{R}^2 \sim \frac{E}{\rho}\frac{1}{R^3},$$

而压力 $p \sim E/R^3$．由此立刻得到

$$R \sim (E/\rho)^{1/5}(-t)^{2/5};\ \dot{R} \sim (E/\rho)^{1/5}(-t)^{-3/5},$$

这和强爆炸情况相同(我们把聚焦时刻作为时间的零点). 自模指数 $\alpha = 2/5$.

在 $R \to 0$ 的极限情况下，由公式 (12.22) 和 (12.27) 得到

$$u \sim \dot{R}\,\frac{R^2}{r^2} \sim \frac{R^{\frac{1}{2}}}{r^2};\quad p \sim \frac{1}{R^3}\left(\frac{R}{r} - \frac{R^4}{r^4}\right) \sim \frac{1}{R^2 r} - \frac{R}{r^4}.$$

边界的速度趋近于无限大，$\dot{R} \sim R^{-3/2}$，但在有限的半径 $r \neq 0$ 处，速度却趋近于零. 在 $R \to 0$ 的极限情况下，势能 $p_0 4\pi R^3/3$ 趋近于零，而总能量 E——此时全是动能，则集中于坐标的原点. 在那里能量密度是无限大. 压力与速度不同，在聚焦时刻，它在任何有限半径 $r \neq 0$ 处都是无限大(在不可压缩液体模型中，能量与压力无关). 这就证明，不可压缩液体模型是不完善的. 下一节将指出当考虑压缩性之后，在距中心为有限的距离上压力也是有限的.

§10 气泡的湮没. 关于压缩性和粘性的考虑

对于考虑压缩性 (但不考虑粘性) 的水中真空空穴的湮没问题，哈特曾有过研究(文献 [5]). 其中状态方程取如下形式:

$$p = B\left[\left(\frac{\rho}{\rho_0}\right)^{\gamma} - 1\right]$$

式中的 $\gamma = 7$. 但是，在大压力的极限之下，实际上 1 可被舍去，因此状态方程就具有与气体相类似的形式，$p = B(\rho/\rho_0)^{\gamma}$. 量 B 被假定为是一个与熵无关的常数(流被认为是等熵的)，它被取为 $B = 3000$ 大气压.

在适当选择的初始条件和边界条件下，对流体动力学的 (以 u, c 为变量的)方程进行数值求解表明，在空穴的半径已经变得很小，而边界的速度已经变得很大的极限之下，解成为自模的.

曾根据这一点，寻求方程的 $u = \dot{R}v(r/R)$, $c^2 = \dot{R}^2\tau(r/R)$ 的自模形式的解，式中的空穴半径 $R = A(-t)^{\alpha}$[1]. 用自模变量

---

1) 为研究和求解方程，这样作是比较方便的: 我们不选取 $\xi = r/R = r/A(-t)^{\alpha}$ 作为自模变量，而是选取量 $\xi' = -(R/r)^{1/\alpha} = A^{1/\alpha} t r^{-1/\alpha}$ 作为自模变量 (在空穴的边界 $r = R$ 处，$\xi' = -1$; 在无穷远 $r = \infty$ 处，$\xi' = 0$).

写出的方程、它们的一般性质以及研究的步骤，在很多方面都类似于激波向心汇聚的问题. 进行数值积分的结果，得到了自模指数 $\alpha=0.555$（对于 $\gamma=7$ 的情况）.

和激波聚焦的问题一样，整个流的能量是无限大（在 $t=0$，$R=0$ 的聚焦时刻，半径为 r 的球内所集中的能量乃正比于 $r^{1.13}$）. 不存在能量的积分，因此这是第二类自模问题. 在空穴湮灭的时刻，即当 $R=0$ 时，速度、声速平方、密度以及压力沿半径的分布具有如下形式：

$$u\sim r^{-\frac{1-\alpha}{\alpha}};\quad c^2\sim r^{-\frac{2(1-\alpha)}{\alpha}};$$

$$\rho\sim r^{-\frac{2(1-\alpha)}{\alpha(\gamma-1)}};\quad p\sim r^{-\frac{2(1-\alpha)\gamma}{\alpha(\gamma-1)}}.$$

与激波聚焦的情况不同，在那里 u 和 $c^2\left(c^2\sim\dfrac{p}{\rho}\right)$ 的分布具有相同的形式，而在这里则是不同的；并且这里的极限密度亦是变化的. 所以如此，乃因为从一开始就假定问题是等熵的. c^2 和 P 的急剧增加，不像在激波中那样是由熵的增加所引起，而是由密度的增加所引起.

只是在半径很小的范围内，自模解才在某种程度上描写真实过程，因只有这时初始条件才会被"遗忘".

在水中压力为 1 大气压和初始半径 $R_0=0.5$ 厘米所对应的一些初始条件下，对偏微分方程进行了数值积分. 将自模解与数值积分结果所进行的比较说明：在完全湮灭的时刻（$t=0$，$R=0$ 时），自模解在半径近于 10^{-2} 厘米的范围内是正确的；在这样的球内所集中的能量约占液体能量的 10—20%；而它的边界上的压力则约为几万个大气压. 在哈特的工作中，还求得了气泡湮灭之后自中心向外传播的激波的自模解.

对液体粘性的考虑，导出一些极有趣的规律. 关于不可压缩粘性液体中的球形真空空穴的湮没问题，已由 E. И. 扎巴巴黑所解决（文献 [6]）.

对方程进行的研究表明，运动的特性依赖于雷诺数

$$\mathbf{R}_e = \frac{R_0}{\nu}\sqrt{\frac{p_0}{\rho}}$$

的值，此处的 $\nu = \eta/\rho$ 是运动粘性系数．当 $\mathbf{R}_e > \mathbf{R}_e^*$（粘性小）时——此处的 $\mathbf{R}_e^*$ 是某个临界数——空穴的边界速度 $\dot{R}$ 在 $R \to 0$ 时和瑞利问题一样也是按照同样的规律 $\dot{R} \sim R^{-3/2}$ 而无限制地增大，但该规律中的比例系数的数值较小（由于耗散使部分能量转变成了热量）．当 $\mathbf{R}_e < \mathbf{R}_e^*$（粘性大）时，粘性强烈阻滞液体的加速，气泡的湮没进行得极其缓慢，甚至需要无限长的时间，而且不存在瑞利问题中所具有的能量集聚的特征．在 $\mathbf{R}_e = \mathbf{R}_e^*$ 的中间情况下，气泡的湮没是在有限的时间内进行的；其速度 $\dot{R}$ 在 $R \to 0$ 时仍是无限制地增大，但要比 R^{-1} 为慢．

方程的数值积分给出了临界雷诺数的数值 $\mathbf{R}_e^* = 8.4$．对于处在一定压力之下的某种确定液体（即当 ρ, ν, p_0 给定时），我们可以定义气泡的临界半径 R_0^*．当 $R_0 < R_0^*$ 时，粘性将集聚现象完全消除．实际上临界半径是非常小的，例如，在水中（$\rho = 1$ 克/厘米^3，$p_0 = 1$ 大气压，$\nu = 0.01$ 厘米^2/秒）$R_0^* = 0.8 \times 10^{-4}$ 厘米．

因而，对于半径超过 0.8×10^{-4} 厘米之气泡的湮没来说，粘性的影响是很弱的．

3. 激波向星体表面的奔驰

§11 密度按幂指数规律减小时激波的传播

众所周知（例如，见文献 [7]），在星体表面附近物质的密度是按幂指数规律：

$$\rho_{00} = bx^{\delta} \tag{12.28}$$

逐渐下降到零的，式中的 x 是从星体表面向内部计算的坐标，而 b 和 δ 都是常数．这种密度分布的形成，是由于引力和热压力共同作用的结果．在形成与气体压力成正比的温度分布的过程中，辐射热传导起主要作用（关于这一点，可以参阅第二章 § 14）．密度分布式（12.28）中的幂的指数 δ 与辐射热传导规律中所包含的一些常数有关；一般来说 δ 近似等于 3.

当在星体中心区域产生伴有压力升高的内部扰动时，就会形成激波，它自中心区域向四周传播，并奔向星体表面. 激波在气体内沿着密度逐渐下降到零的方向进行传播（就像在星体表面附近所发生的那样），将会引起能量的集中(集聚)，这对天体物理和宇宙射线的形成问题(见下一节)来说具有很大的意义.

激波在气体中朝着密度逐渐下降到零的方向传播时所产生的集聚过程和激波向心汇聚时所产生的集聚过程两者之间有着某种物理上的相似. 在这两种情况下，能量和无限减少的物质质量之间都以下述方式相联系：即使得比能量(单位质量的能量)无限地增加. 其差别仅在于，携带能量的质量其减少的原因不同. 在第一种情况下，质量的减少是由气体密度的减少所致，在第二种情况下，则是由体积的减少所引起.

我们关心的是激波阵面距星体表面已很近这一阶段内的运动的极限形式. 在这样条件下，可以略去星体表面和波阵面表面的曲率，从而认为运动是平面的. 又由于激波是很强的，所以还可略去引力. 我们知道，辐射热传导对形成气体的稳定的温度分布和密度分布起主要作用. 在通过很强的激波所需要的很短的时间内，辐射热传导还来不及引起显著的变化以使热量重新分布，因此可近似地认为过程是绝热的.

在这样的提法下，关于运动的极限形式问题首先由 Г. М. 岗杰尔曼和 Д. А. 富兰克-卡米涅茨基所解决(文献 [8]). 在晚一些时候，沙库林也曾考察了同样的问题(文献 [9])，他求得了完全相同的解，只不过绝热指数 γ 和规律式（12.28）中的指数 δ 取另外一些数值. 激波传播过程的示意图画在图 12.5 上.

在问题的条件中，唯一有量纲的参量是常数 b，它包含有质量符号. 此外再无其它有量纲参量. 因此，我们自然要寻求问题的自模解，并且其自模性应属于第二种类型. 我们将解表示为式(12.3)，(12.5)—(12.7) 的形式. 因为是平面对称的，故用 $X(t)$表

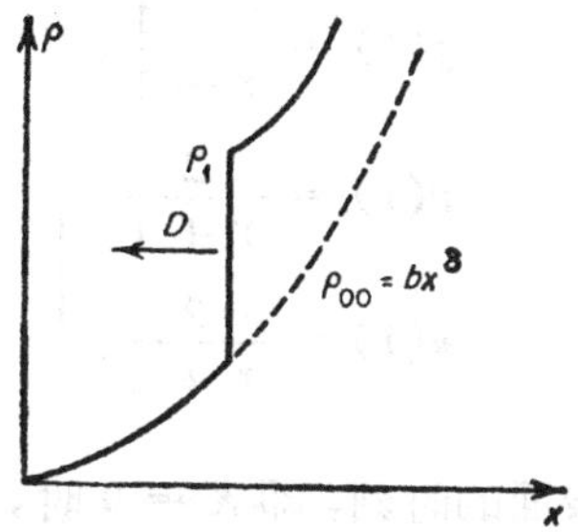

图 12.5　激波向星体表面奔驰的示意图　密度剖面

示激波的坐标，该坐标是从星体的表面 $x=0$ 处算起的.

我们取激波阵面前未受扰动气体的密度作为密度的尺度 ρ_0. 由于波是在密度不断变化的气体中传播的，所以这个尺度依赖于时间，或者依赖于阵面的坐标 X，两者是等价的(见 § 2 的末尾). 即是，尺度 ρ_0 为

$$\rho_0=\rho_{00}(X)=bX^\delta. \tag{12.29}$$

与激波向心汇聚问题相仿，我们取激波奔至表面的时刻为计算时间的起点 $t=0$，与此相应，要改变自模规律中 t 的符号：

$$X=At^\alpha\rightarrow X=A(-t)^\alpha.$$

于是，解表示为

$$\left.\begin{aligned}&\rho=\rho_0g(\xi),\ p=\rho_0\dot{X}^2\pi(\xi),\ u=\dot{X}v(\xi),\\&\xi=\frac{x}{X},\ \rho_0=bX^\delta,\ X=A(-t)^\alpha.\end{aligned}\right\} \tag{12.30}$$

在此情况下，关于表象的方程 (12.4) 具有下列形式($\nu=1$)：

$$\left.\begin{aligned}\delta+(v-\xi)(\ln g)'+v'=0,\\(\alpha-1)\alpha^{-1}v+(v-\xi)v'+\frac{\pi'}{g}=0,\\(v-\xi)(\ln\pi g^{-\gamma})'+\lambda=0,\\\lambda=2(\alpha-1)\alpha^{-1}-(\gamma-1)\delta.\end{aligned}\right\} \tag{12.31}$$

假定激波很强，其阵面上的边界条件由公式 (12.16) 表示，由此得到与式 (12.17) 相类似的关于表象的边界条件：当 $\xi=1$ 时

$$
\left.\begin{aligned}
g(1) &= \frac{\gamma + 1}{\gamma - 1}, \\
v(1) &= \frac{2}{\gamma + 1}, \\
\pi(1) &= \frac{2}{\gamma + 1}.
\end{aligned}\right\} \tag{12.32}
$$

在激波奔至表面的时刻，即 $X = 0$ 时，对于任意一个不等于零的 x 值来说，其自模坐标 $\xi = \infty$. 在该时刻，在任意一个有限的 x 值之下，各气体动力学量都应该是有限的. 这就给待求函数在 $\xi = \infty$ 处增添了一个附加的边界条件.

求解过程完全与激波聚焦问题相类似. 引进新的表象：V, G, Z，我们得到一个与式 (12.15) 相对应的方程组. 方程组可化为一个关于 V 和 Z 的一阶微分方程及两个积分；事实上我们可用一个积分和一个各变量间的代数关系——绝热积分，来代替两个积分 方程组的特征值，即指数 α，通过试探法求得，即对关于函数 $Z(V)$ 的方程进行数值积分，并要求积分曲线经过所需要的奇点. 和以前一样，奇点对应于 x, t 平面上的 ξ_0 线，该线是一条 C_-特征线，它限定了对激波阵面的运动有影响的区域.

在文献 [8] 中，对值 $\delta = 13/4 = 3.25$, $\gamma = 5/3$，求得自模指数的值 $\alpha = 0.590$.

在文献 [9] 中，曾对另外一些 δ 和 γ 的值求得指数 α. 其结果列在表 12.1 中.

自模指数 α 总是小于 1 这一事实，证明激波是不断加快的：

$$
X \sim |t|^{\alpha}, \quad |\dot{X}| \sim |t|^{-(1-\alpha)} \sim X^{-\frac{1-\alpha}{\alpha}};
$$

$$
|\dot{X}| \to \infty, \text{ 当 } X \to 0 \text{ 时.}
$$

与此相应，阵面上的温度无限地增高，因它正比于阵面速度的平方或声速的平方：$T \sim |\dot{X}|^2 \sim X^{-\frac{2(1-\alpha)}{\alpha}}$. 如前面曾指出的，温度的无限增高乃是由于质量无限减少的气体具有有限的能量. 尽管速度增加，但因阵面前的密度的减小要比温度(或速度平方)的

表 12.1

自模指数 α 的值

γ \ δ	3.25	2	1	0.5
5/3	0.590	0.696	0.816	0.877
7/5	—	0.718	0.831	0.906
6/5	—	0.752	0.855	0.920

增加还快一些，所以激波阵面上的压力要随着阵面向表面接近而不断减小：

$$p_1 \sim \rho_0 \dot{X}^2 \sim X^{\delta - \frac{2(1-\alpha)}{\alpha}}.$$

利用表 12.1 中的数据容易证明，在这个公式中 X 的幂指数总是正的，即

$$\text{当 } X \to 0 \text{ 时，} p_1 \to 0.$$

显然，在激波奔至表面的时刻即当 $t = 0$, $X = 0$ ($t = 0$, $x \neq 0$ 相当于 $\xi = \infty$)时，各量沿坐标 x 的极限分布在形式上就与激波阵面上的各个规律相一致. 这和激波向心汇聚问题一样，可由量纲知识直接得到. 我们求得，在 $t = 0$ 时刻:

$$u \sim x^{-\frac{1-\alpha}{\alpha}}, \quad T \sim u^2 \sim c^2 \sim x^{-\frac{2(1-\alpha)}{\alpha}},$$

$$\rho \sim x^{\delta}, \quad p \sim x^{\delta - \frac{2(1-\alpha)}{\alpha}}.$$

(当然，在极限 $\xi \to \infty$ 之下，也可由方程得到同样的规律). 最终分布中的密度要比初始状态的密度增大一定的倍数.

在波奔至表面之前和奔至的时刻，各量沿坐标 x 的分布均简略地画在图 12.6 上.

$t = 0$ 时，在层厚从 $x = 0$ 到 x 的、截面为 1 厘米^2 的柱体内所包含的气体的能量乃正比于量

$$\int_0^x \rho u^2 dx \sim \int_0^x p dx \sim x^{\delta + 1 - \frac{2(1-\alpha)}{\alpha}}.$$

当 $x \to \infty$ 时，能量趋近于无限大；不存在能量积分. 在厚度有限

的层内，能量是有限的；当 $x\to 0$ 时它趋近于零．与汇聚的激波不同，在边缘上，即当 $x\to 0$ 时，与压力成正比的能量密度趋近于零．无限增加的只是温度，即单位质量的能量．

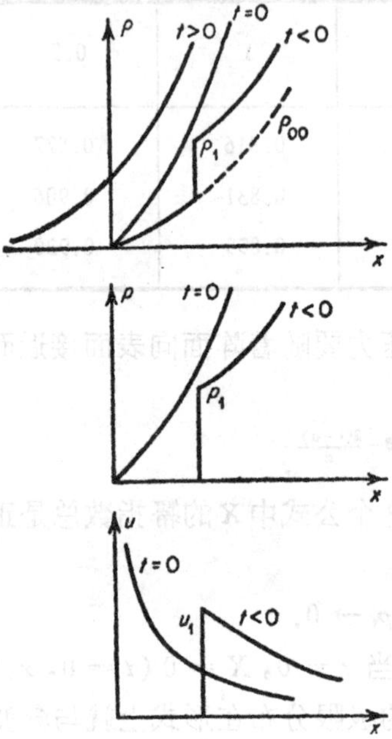

图 12.6　激波奔至星体表面前后的密度剖面、压力剖面和速度剖面．$t<0$——奔至以前，$t=0$——奔至时刻，$t>0$——奔至以后

"无限的"能量将传给极少质量的气体．当然，实际上不可能像从数学解所得到的那样，温度会一直增加到无限大．比如说，当激波与表面足够接近，以致在 $x=0$ 到 $x=X$ 这一层质量很少的气体内仅含有几个气体动力论自由程，那么这时进行气体动力学的考察就根本失去了意义．温度的无限增加可根据物理特性上的考虑而加以限制：能量要消耗于高度受热物质的辐射．

和激波向心汇聚问题一样，自模解只是在其线度近似于波阵面坐标 X 的有限范围内才是正确的．在远离波阵面的地方即 $x\gg X$ 处，解不是自模的，那时它依赖于产生激波的条件．当 $x\sim X$ 时，非自模解就过渡到自模解．

在激波奔至表面以后，气体要流进真空，这时的密度、压力和速度的初始分布由 $t=0$ 时的幂指数规律给出．如工作 [9] 中所指出的，在外流阶段解也是自模的，当然它具有自己的不同的特点(流是连续的，没有激波)．在某个 $t>0$ 的时刻，其密度分布的例子如图 12.6 所示．

§ 12　关于超新星爆炸和宇宙射线起源问题

宇宙射线——具有巨大能量的质子和原子核，它们存在于宇宙空间并能到达地球。有这样一种意见，认为宇宙射线的起源与超新星的爆炸有关系。这种理论是由 В. Л. 盖芝布尔格和 И. С. 斯柯洛夫斯基所创立的(见述评 [10])。当来自星体深处的激波向星体表面奔驰的时候，要发生激波强度的"无限"增大和能量集聚的过程，而这种过程就可看成是将粒子加速到巨大能量的原因。考勒盖特和焦欧逊采用了这种想法；他们仔细地研究了类似的过程(文献 [11])，并根据计算指出，在超新星爆炸时自表面抛射出大量的物质，其中有一定数量的物质获得了超相对论的速度和与宇宙射线能量相对应的动能。(现在，从宇宙射线光谱中所能观察到的粒子，其最大能量约为 10^9 亿电子伏等于 10^{17} 电子伏；一亿电子伏等于 10^8 电子伏)。下面就来介绍考勒盖特和焦欧逊工作的一些结果。在超新星的中心，温度约达 300—500 千电子伏(约为 5×10^9°K)。在这样的温度下，原子核的聚合要一直进行到产生最稳定的元素——铁时为止。比较靠外的各层是由较轻的元素：碳、氮、氧所组成，再向表面靠近，其基本元素便是氦，最后，最外面的各层则由氢所组成。天文学的资料表明，在爆炸时，超新星所抛射出的物质的质量约为星体全部质量的十分之一，即近似于太阳的质量 $M_\odot = 2 \times 10^{33}$ 克。

对质量等于 $10M_\odot$ 的星体的力学平衡和辐射平衡所进行的计算，给出了密度和温度沿半径分布的图象，它们被画在图 12.7上[1)]。在星体的中心密度超过 10^8 克/厘米^3，而在表面则要下降到零。在任何情况下，普通激波的传播都要延续到其密度 ρ 约为 10^{-5} 克/厘米^3 的气层。

通常认为，激波的能量是来自所谓的引力不稳定性，这种不稳定性是发生在当按绝热指数 $\gamma < 4/3$ 的状态方程进行绝热变化

---

1) 在辐射平衡的条件下，密度对温度的依赖规律是 $\rho \sim T^{13/4} = T^{3.25}$。正是从这一点出发，在文献 [8] 中曾取 $\rho \sim x^{3.25}$ 作为表面附近的密度分布规律，因为在表面附近的某一层内温度对坐标 x 的依赖是较弱的(在星体的表面上温度并不等于零)。在图 12.7 上标出了这样一个外层的半径，该外层的质量等于太阳的质量。可以认为这一层在爆炸时是要被抛射掉的。在图上还大致表示出几个含有不同元素的区域。

的时候．在星体的中心区域，当温度约为 500 千电子伏的时候，原子核要强烈地分裂，众所周知，在分裂的过程中物质的比热要急剧地增加，而绝热指数则要减小．由于引力的不稳定性，一旦由于某种原因产生了扰动，扰动就会得到加强，所产生的压力脉冲也会增大，这就导致了激波的形成，这个波自中心区域奔向星体的表面．激波后的物质自中心向外飞散，而外面的各层则由于激波的加强而获得很大的速度．

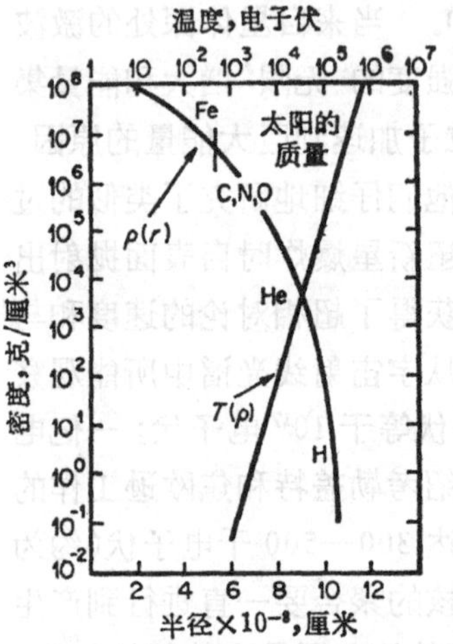

图 12.7　星体爆炸之前的密度分布和温度分布．$\rho \sim T^{3.27}$ 适应于辐射平衡的条件

由于飞散的动能很大，周边各层中的物质能克服引力，并在激波奔至表面后脱离星体：星体脱下了外壳．这一现象是天体物理中熟知的．据推测，蟹状星云就是这样形成的．估算表明，当所抛射的质量等于太阳质量时，要想克服引力，必须要求能量为 10^{52} 尔格左右．因而，就需要有这一数量级的能量在星体的中心处释放出来，并由它产生激波．

对由这种能源产生的激波向外的传播所进行的流体动力学的计算，给出了激波阵面后的速度值，它们被画在图 12.8 上（曲线 I）．该图的横轴表示阵面前的物质的初始密度．曲线 II 表示的是：在激波奔至表面和物质膨胀之后，具有一定密度的物质层所获得的速度．膨胀后的速度比激波阵面经过时刻的速度大约增加了一倍．从图 12.8 看出，密度大约小于 30 克/厘米³ 的外围各层在不断加强的激波中获得了超过 10^{10} 厘米/秒的速度，这个速度是光速 c 的 1/3．因此，当计算激波沿这种外围层运动的时候，必须考虑相对论的效应．

在文献 [11] 中曾对相对论气体动力学范围内的运动进行了

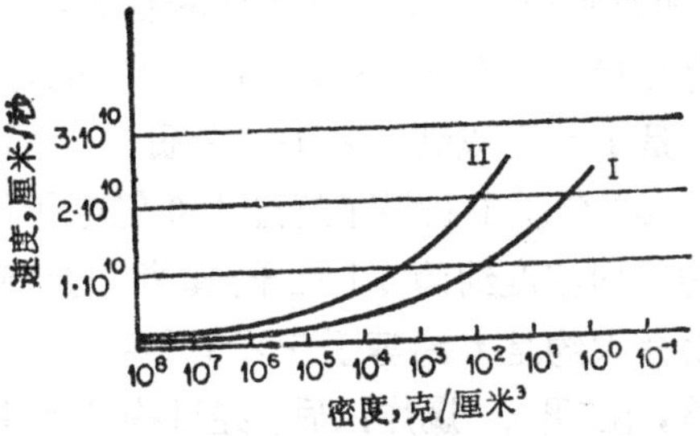

图 12.8　物质的速度与激波到达前的初始时刻的密度之间的关系
曲线 I——波后紧邻波阵面处的速度,曲线 II——膨胀之后的速度

数值计算，并应用特征线方程和相对论类推的黎曼不变量求得了问题的近似解析解．值得指出的是,在如此强的激波阵面之后,内能几乎全部集中于平衡的热辐射之中．近似解表明，原来处在初始密度为 ρ_0 克/厘米^3 之层内的 1 克物质，最后所具有的动能在数量级上等于 $c^2\left(\frac{30}{\rho_0}\right)^{0.64}$ 尔格/克．如果考虑到,在氢中 1 尔格/克大体上相当于 10^{-12} 电子伏/质子 $=10^{-20}$ 亿电子伏/质子，那么就会得到,原先处在初始密度 ρ_0 约为 10^{-5} 克/厘米^3 之层内的粒子所获得的动能约为 10^5 亿电子伏．在具有这种初始密度的球面以外，星体外层的质量是很少的,按单位表面计算大约是 1 克/厘米^2．象这样的薄层已经不能阻拦和"屏闭"热辐射，热辐射在甚为靠外的一些层内是不平衡的．因而，激波在这样一些层内的传播也就不可能再象在平衡的条件下那样地进行．

就如文献 [11] 的作者们所指出的,激波沿着密度甚低的气体继续传播的过程，将以重要方式依赖于等离子体的振动机制．激波所能到达的表面乃是德拜长度已变得与所剩下之外层的长度尺度相当的地方．计算表明，这是发生在初始密度 ρ_0 约为 10^{-12} 克/厘米^3 所对应的半径处．在这种半径处激波内的粒子可被加速到其能量达 10^9 亿电子伏，而这一数值与所观测到的宇宙射线中的最大能量相符合．被加速到宇宙射线能量的那些粒子的数量，对保证银河系中的宇宙射线的"储备"来说是否是够用的．在激波经过后，能量被加速到约为 100 亿电子伏的物质，其原来的初始密度大约等于 1 克/厘米^3. 在 ρ_0 约为 1 克/厘米^3 的球面以外，星体的外层质量大约是 10^{26} 克或者 6×10^{49} 个质子. 可以说，在爆炸的时候，有 6×10^{49} 个质子获得了超过 100 亿电子伏的能量. 当银河系中物质的平均密度约为 0.1 粒子/厘米^3 的时候，高能质子在银河系中的寿命大约是 τ 约等于 5×10^8 年.

这意味着，在"开始"爆炸以后，经过约 5×10^8 年，在银河系中就要形成稳定的质子数 N. 超新星的爆炸大约是每 100 年发生一次. 因而，每一年要产生 $6\times10^{49}/100=6\times10^{47}$ 个质子，同时要"死亡" N/τ 个质子. 根据定常性条件 $N/\tau=6\times10^{47}$ 质子/年，我们得到 $N=3\times10^{56}$. 银河系的体积 V 约为 5×10^{68} 厘米^3. 高能质子的平均密度 N/V 约为 6×10^{-13} 厘米$^{-3}$，而粒子流近似于 Nc/V 约为 2×10^{-2} 厘米$^{-2}\cdot$秒$^{-1}$. 这个量与观测结果符合. 为了在银河系中形成宇宙射线，按照所说的理论，需要超新星爆炸约 5×10^6 次.

4. 在短促冲击作用下气体的运动

§13 问题的提法和运动的一般特性

设想一个 $x>0$ 的半空间，它之中充满比热不变的理想气体. 在 $t=0$ 的初始时刻，气体的密度处处相同，并等于 ρ_0，而压力、温度和初始声速都等于零. $x<0$ 的半空间是真空；表面 $x=0$ 是气体和真空的边界.

令一个短促的压力脉冲作用于气体的外表面（气体的表面受冲击）. 实现短促冲击可用各种不同的具体办法：

1）在一个短的时间间隔 τ 内，向气体中以常速度 U_1 推进一个平面活塞，它在气体中形成压力 Π_1. 精确到相差一个量级为 1 的数值系数（它依赖于绝热指数 γ），$\Pi_1\approx\rho_0U_1^2$. 在活塞的作用下产生了激波，激波的速度 D 接近于 U_1. 在经过时间 τ 之后，将活塞"瞬时地"撤去，让经受短促冲击之气体的运动自行发展（其压力

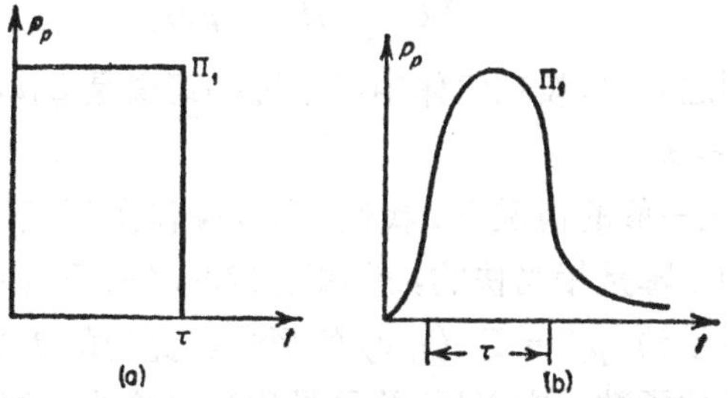

图 12.9　初始压力脉冲的形状

脉冲如图 12.9，(a) 所示)．

2）将一薄层的烈性物质放在气体的表面上进行爆炸．如果该薄层的单位面积质量等于 m 克/厘米^2，而 1 克烈性物质所释放出的热量即能量等于 Q 尔格/克，那么在爆炸时所释放出的能量就等于 $E = mQ$ 尔格/厘米^2．爆炸产物以速度 $U_1 \approx \sqrt{Q}$ 飞散．由于产物向两个方向飞散，且在爆炸之前全都处于静止，因而总的动量等于零，但向一个方向运动的产物的动量在数量级上等于 $I \approx mU_1 \approx m\sqrt{Q}$ (按每 1 厘米^2 表面计算)．

爆炸产物将在气体中造成一个压力近似于 $\Pi_1 \approx \rho_0 U_1^2$ 的激波．压力的作用时间 τ 要由下述条件确定，要求在时间 τ 内爆炸产物能够把能量和动量转移给气体：

$$\tau \approx \frac{E}{\Pi_1 U_1} \approx \frac{I}{\Pi_1} \approx \frac{m}{\rho_0 \sqrt{Q}}.$$

在这个时间间隔内激波在气体中所通过的距离约为 $U_1\tau \sim \sqrt{Q}\,\tau$，而它所卷入的质量约为 $\rho_0\sqrt{Q}\,\tau$，即近似于烈性物质的质量．

3）向气体的表面以速度 U_1 射上一块质量很小且为 m 克/厘米^2 的薄板．在薄板的冲击作用下，气体中要形成激波，该激波以 $D \approx U_1$ 的速度进行传播．这时，气体中的压力是 $\Pi_1 \approx \rho_0 U_1^2$．薄板要在其被制动的时间间隔 τ 内，将初始动量 $I = mU_1$ 和初始能量 $E = \frac{mU_1^2}{2}$ 转移给气体，而这个时间间隔近似地为

$$\tau \approx \frac{E}{\Pi_1 U_1} \approx \frac{I}{\Pi_1} \approx \frac{m}{\rho_0 U_1}.$$

在这段时间之内，激波在气体中所通过的距离是 $U_1\tau$，所卷入的质量是 $\rho_0 U_1 \tau \approx m$.

于是，在一般的情况下，我们将认为，作用于气体表面的压力随着时间的下降是相当快的，就如图 12.9，(b) 所示的那样. 压力曲线可被表示为 $p_\Pi = \Pi_1 f(t/\tau)$ 的形式，此处的 f 是一个表征压力脉冲形状的函数. 在以后，为了具体和讨论的方便，在要提及初始条件的那些地方，就象在第一个例子中所做的那样，我们将运用"活塞"的概念. 这是因为考虑到所有的结论对于其它各种实现冲击的方法都同样地有效.

我们的问题是要求出气体的运动规律——经过一段与冲击的时间 τ 相比较为足够长的时间之后的函数 $p(x, t)$，$\rho(x, t)$，$u(x, t)$，即在给定的外压力作用曲线下来求出 $t/\tau \gg 1$ 时的渐近体系. 这个问题可用稍微不同的方式叙述. 保持曲线 $f(t/\tau)$ 的形状，而令时间 τ 趋近于零，压力 Π_1 趋近于无限大，这时我们来寻求所能得到的、对应于有限时间的、气体动力学方程的极限解. 尤其是，问题的解应能回答这样的问题，即当 $\tau \to 0$ 时压力 Π_1 应按何种规律增加，才能保证在经过一个有限的时间 t 之后气体中有一个确定的有限的压力. 例如，如果在解中含有组合 $\Pi_1 \tau^\beta$，那么这就意味着，当 $\tau \to 0$ 时 Π_1 应按 $\tau^{-\beta}$ 增加.

本书一位作者曾在工作 [12] 中提出了上述课题，并且进行了研究，他解释了所产生之运动及其数学解的物理特性. В. Б. 阿达姆斯基对方程进行了研究，并作了数值积分(文献[13]). А. И. 儒可夫和 Я. М. 卡日丹(文献 [14])，汉佛莱 (文献 [15])和赫尔纳(文献 [16])，曾对一种特殊情况 ($\gamma = 7/5$) 求得了解析解. 后两项工作乃是维兹杰克卡尔的工作 (文献 [17]) 的发展，在文献 [17] 中提出了关于平面运动下的自模指数的变化范围问题. 应该指出，在文献 [15, 16, 17] 中都未能解释用形式方法所得到的解的物理意义.

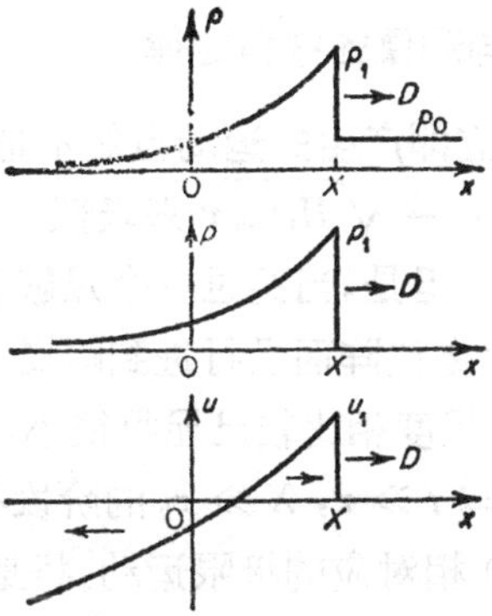

图 12.10　短促冲击问题中的密度剖面、压力剖面和速度剖面

短促冲击作用下所产生的运动其共同特点可用图 12.10 加以说明．沿未扰动气体传播一个激波，在它的阵面上达到极限压缩度 $h=\dfrac{\gamma+1}{\gamma-1}$．在另一个方向上，气体不受阻碍地向真空膨胀；在与真空交界处密度和压力都下降到零．在激波阵面之后，压力、密度和速度都是减小的，并在某一点速度改变符号，因为紧邻阵面之后的气体是向右运动的，而交界处附近的气体则是向左方真空中飞散．激波的强度也是随着时间而减弱的．

关于瞬时压力脉冲问题的解应能回答在具有恒定初始密度的气体中传播的平面激波其强度的最大可能的减弱速度问题．很显然，如果增长压力作用的时间，那么仅有的作用是维持激波并延缓其衰减．

极限解的特性不依赖于压力脉冲的具体形状，即不依赖函数 $f(t/\tau)$ 的形式，只要它是下降得足够快的．上面曾经指出，在压力 Π_1 的作用下，气体在冲击时间内所获得的速度是 $U_1\sim\sqrt{\dfrac{\Pi_1}{\rho_0}}$，而气体边界向真空飞散的速度也具有同样的数量级．当我们取极限 $\tau\to0,\ \Pi_1\to\infty$ 时，边界速度趋近于无限大，因此图 12.10 上所表示的极限解中的 $p,\ \rho,\ u$ 的分布都向左延伸到 $x=-\infty$．

§ 14 自模解和能量与动量的守恒定律

施以压力脉冲后立即产生的运动当然不是自模的．它乃由时间尺度 τ 和长度尺度 $x_0 = \sqrt{\Pi_1/\rho_0}\tau$ 来表征，并且依赖于所施压力曲线的形状 $f(t/\tau)$．但是，当经过一个足够长的时间之后，比如至时刻 $t \gg \tau$ 时(那时激波阵面已行进到距离 $X \gg x_0$)，初始尺度 τ 和 x_0 与运动的自然尺度相比较已显得很小，且再也不能用它们来表征过程．因而，与 $t \gg \tau$, $X \gg x_0$ 的阶段相对应的极限运动，或者同样地，与 $\tau \to 0$ 相对应的极限运动，将是自模的．在这种运动中，唯一的长度尺度就是可变的激波阵面的坐标 X，而速度尺度就是波阵面的速度 $\dot{X}$．因而，应对方程寻求下面的自模形式的解：

$$\rho = \rho_0 g(\xi), \ u = \dot{X} v(\xi), \ p = \rho_0 \dot{X}^2 \pi(\xi), \ \xi = \frac{x}{X} = \frac{x}{At^\alpha}. \tag{12.33}$$

在着手从数学上求解方程之前，应先解决这样的问题：自模运动是属于两种类型中的哪一种，能否根据量纲知识或守恒定律确定出自模指数 α．与前面所考察的激波向心汇聚问题和激波向星体表面奔驰问题不同，在现在所考察的问题中，在每一个时刻 t，运动所包含的气体质量 $\rho_0 X$（按 1 厘米^2 表面计算）是完全确定而有限的．

既然在冲击气体表面的活塞停止作用以后，气体不再受任何其它外力的作用（与真空交界处的压力等于零），那么气体的动量和能量就应该是守恒的．气体的动量等于活塞压力的冲量：

$$I = \int_0^\infty p_\Pi dt = \Pi_1 \tau \int_0^\infty f\left(\frac{t}{\tau}\right) d\left(\frac{t}{\tau}\right).$$

在相差一个数值系数的精度内，这个量就等于 $\Pi_1\tau$．

气体的能量等于在压力作用时间内活塞所作的功．要想精确计算出这个功，就需要求解活塞作用阶段内的气体动力学的方程，因为功等于 $\int_0^\infty p_\Pi u_\Pi dt$，此处 $u_\Pi(t)$ 是活塞的速度，而它是预先不知道的(给定的只是压力曲线 $p_{\Pi}(t)$).

但是，精确到只差一个与函数 $f(t/\tau)$ 的形状有关的数值系数，这个功就等于

$$E \approx \Pi_1 U_1 \tau \approx \Pi_1 \sqrt{\frac{\Pi_1}{\rho_0}}\tau = \Pi_1^{3/2}\tau\rho_0^{-1/2}$$

(U_1 是活塞的速度尺度).

如果向整个气体的动量和能量的积分表达式中代入式(12.33)这种自模形式的压力、速度和密度，并考虑到在冷的未扰动区域 $X < x < \infty$ 内的积分将化为零，那么(按 1 厘米^2 表面计算的)动量和能量的守恒定律可表示为如下形式：

$$I = \int_{-\infty}^{\infty} \rho u dx = \rho_0 \dot{X} X \int_{-\infty}^{1} g v d\xi = \text{常数}, \tag{12.34}$$

$$E = \int_{-\infty}^{\infty}\left(\rho\frac{u^2}{2} + \frac{1}{\gamma-1}p\right)dx = \rho_0 \dot{X}^2 X \int_{-\infty}^{1}\left(\frac{gv^2}{2} + \frac{1}{\gamma-1}\pi\right)d\xi = \text{常数}. \tag{12.35}$$

认为这两个无量纲积分都是常数这是很自然的. 当在这两个条件中任取一个的时候，似乎都有可能确定出自模指数 α. 动量守恒条件给出 $\dot{X}X = $ 常数，由此得到 X 约为 $t^{1/2}$, $\alpha = 1/2$. 而由能量守恒条件可以得到 $\dot{X}^2 X = $ 常数，由此有 X 约为 $t^{2/3}$, $\alpha = 2/3$.

但是同时取这两个条件就会互相矛盾，因为它们导出了不同的指数 α. 这就产生了难以置信的情况，即动量和能量的守恒定律不能同时得到满足. 然而这两个定律都是气体动力学方程的基础，于是表面上看来似乎问题不具有自模解.

但是，这种矛盾可由另外的考虑而排除. 问题就在于，自模解实际上属于第二种类型，它的确是存在的，我们将在下面把它求出. 自模指数 α 不是由守恒定律或量纲知识来求得，而是通过求解关于函数-表象的方程，并根据真实解要经过奇点这一条件而得到. 这就象在前两部分中所考察过的问题一样.

为了解决上述矛盾，我们指出，当绝热指数 $\gamma = 7/5$ 时，就如

解所表明的那样，自模指数是 $\alpha=3/5$ [1]，它被限制在由动量和能量守恒条件所确定的两个 α 值之间，即 $\frac{1}{2}<\frac{3}{5}<\frac{2}{3}$. 下面我们将证明，在任意绝热指数值 $1<\gamma<\infty$ 之下，自模指数 α 都被限制在上述范围之内：$\frac{1}{2}<\alpha<\frac{2}{3}$.

与自模指数 $\alpha=3/5$ 相对应，规律 $X=At^{\alpha}$ 中的参量 A 的量纲应等于 $[A]=$ 厘米 · 秒$^{-3/5}$. 我们已经知道(见 § 5)，极限的自模运动并不完全"遗忘"初始条件，而是根据初始条件中所包含的广泛信息来"选择"和"记住"一个唯一的常数 A，这个常数在某种程度上就表征了初始"推动". 在现在的情况下，极限解就是根据由活塞的压力曲线 $p_{\Pi}=\Pi_1 f(t/\tau)$（和初始密度 ρ_0）所提供的信息而"选择"了一个参量 A，后者在数量级上就等于由特征尺度所组成的下述组合：

$$A\approx\left(\frac{\Pi_1}{\rho_0}\right)^{1/2}\tau^{1-\alpha}=\left(\frac{\Pi_1}{\rho_0}\right)^{1/2}\tau^{2/5}\text{厘米}\cdot\text{秒}^{-3/5}. \qquad (12.36)$$

这个正比规律中的数值系数应由压力曲线的形状 $f(t/\tau)$ 来确定.

由此可以看出：如果令 τ 趋近于零，而又要保证极限运动在有限的距离上能得到有限的(不等于 0 或∞的)压力，那么活塞上的压力 Π_1 就应按一定的规律趋近于无限大. 为使极限解能够存在，必须要求参量 A 具有有限值，即必须要求乘积 $\Pi_1^{1/2}\tau^{1-\alpha}$（在 $\gamma=7/5$ 的情况下，它等于 $\Pi_1^{1/2}\tau^{2/5}$）在 $\tau\to 0$ 时仍然保持有限. 因而，当 $\tau\to 0$ 时，Π_1 应按 $\Pi_1\sim\tau^{-2(1-\alpha)}\sim\tau^{-4/5}$ 的规律增加.

现在可以解释关于满足两个守恒定律的问题. 活塞给于气体的动量，或者冲击的动量，在数量级上等于 $I\sim\Pi_1\tau$，即 $I\sim\Pi_1\tau\sim\tau^{2\alpha-1}\sim\tau^{1/5}$. 当 $\tau\to 0$ 时，动量 $I\to 0$. 因而，在极限的自模运动中，总的动量等于零(随激波向右运动之气体的动量与向左方真空

1) 一般来说，在任意的 γ 值之下，指数 α 不能被表为具有整数分子和整数分母之分数的形式. 但值得庆幸的是，当 $\gamma=7/5$ 时，自模方程的解可用解析的形式求得，而这时的 α 就等于 3/5（请见下面）.

飞散之气体的动量完全抵消；见图 12.10）. 动量守恒定律可写成以下形式：

$$I=\rho_0\dot{X}X\int_{-\infty}^{1} gvd\xi \sim t^{1/5}\int_{-\infty}^{1} gvd\xi = 0.$$

由此只能得出这样的结论：函数-表象应满足条件 $\int_{-\infty}^{1} gvd\xi=0$. 如我们所看到的，不能认为 $\dot{X}X$ 是个常数，并以此来确定自模指数 α.

活塞给予气体的能量在数量级上等于 $E\sim \Pi_1^{3/2}\tau\rho_0^{-1/2}$，它正比于 $E\sim \Pi_1^{3/2}\tau\sim\tau^{3\alpha-2}\sim\tau^{-1/5}$. 当 $\tau\to 0$ 时，$E\to\infty$，即在自模运动中气体的总能量是无限大. 能量守恒定律

$$E=\rho_0\dot{X}^2X\int_{-\infty}^{1}\left(\frac{gv^2}{2}+\frac{1}{\gamma+1}\pi\right)d\xi$$

$$\sim t^{-1/5}\int_{-\infty}^{1}\left(\frac{gv^2}{2}+\frac{1}{\gamma+1}\pi\right)d\xi=\infty$$

只能证明无量纲函数的积分是发散的，并不能说明关于量 $\dot{X}^2X$ 的什么问题（根据能量守恒定律也不能确定出自模指数）. 能量的无限性和能量积分的发散性与以下一点有关：在与极限 $\tau\to 0$ 相对应的精确的自模运动中，气体边界向真空飞散的速度乃是无限大的（参阅 § 13 的末尾）. 边界上的动能也为无限大，因为当 $\xi\to-\infty$ 时，“速度”的平方 v^2 趋向于无限大要比密度 g 的减小为快.

关于自模运动能量的无限性具有什么物理意义，我们将在下面说明. 在这里我们仅是指出，事实上气体的能量当然是有限的，并就等于活塞所作的功. 只不过自模解不适用于边界附近的小质量气体，正是这种小质量引起了能量积分的发散.

§ 15 方程的解

求短促冲击问题之自模解的一般方法，与求解汇聚激波问题或求解激波在密度随距离按幂指数规律下降之气体中的传播问题所使用的方法，在原则上没有什么差别（见本章第 2 和第 3 部分）. 和以前一样，我们寻求气体动力学方程 (12.1) 的自模形式(12.33)

的解，并求得一个关于表象 π, v, g 的常微分方程组.

如果在方程 (12.31) 中令数 δ 等于零 (对应于密度尺度为常数的情况)，则这些方程与 (12.31) 相同:

$$\left.\begin{aligned}(v-\xi)(\ln g)'+v'=0,\\(\alpha-1)\alpha^{-1}v+(v-\xi)v'+g^{-1}\pi'=0,\\(v-\xi)(\ln\pi g^{-\gamma})'+2(\alpha-1)\alpha^{-1}=0.\end{aligned}\right\}\tag{12.37}$$

$\xi=1$ 的激波阵面上的边界条件，曾在 § 11 中写出过 (公式 (12.32)). 在气体与真空的交界处，压力和密度都应等于零，而速度却等于 $-\infty$，即在 $\xi=-\infty$ 处，$\pi(-\infty)=0$, $g(-\infty)=0$, $v(-\infty)=-\infty$.

和通常一样，经过一系列变换之后，这些方程就化为一个一阶的微分方程、一个积分和一个各变量间的代数关系——绝热积分. 自模指数由以下条件确定: 要求微分方程的解经过奇点.

实际上，在文献 [13, 14] 中，方程不是用欧拉坐标而是用拉格朗日坐标写出和求解的. 在一维平面的情况下，当初始密度为常数时，使用拉格朗日坐标能导出比较简单和方便的关系. 当然，从欧拉坐标变换到拉格朗日坐标，不会带来任何新的具有原则性的东西. 我们将拉格朗日坐标定义为从与真空交界处算起的气体的质量(按 1 厘米^2 面积计算的)

$$m=\int_{-\infty}^{x}\rho dx,\quad dm=\rho dx.\tag{12.38}$$

引进激波阵面的拉格朗日坐标 $M=\rho_0X$，即引进至时刻 t 时卷入运动之气体的质量 (按 1 厘米^2 面积计算) 来代替尺度函数中的时间，是比较方便的. 取下面的比值作为自模变量:

$$\eta=\frac{m}{M},\tag{12.39}$$

它的变化范围是从 $\eta=0$ (在气体与真空的交界处) 到 $\eta=1$ (在激波的阵面上).

这样，解就被写为

$$p=B\rho_0M^{-n}f(\eta),\quad u=\sqrt{B}\,M^{-n/2}w(\eta),\quad \rho=\rho_0q(\eta),\tag{12.40}$$

此处，B 是问题的参量，它与公式 $X = At^{\alpha}$ 中的参量 A 有关，在新的写法中它代替了后者；f, w, q 是新的表象；新的自模指数 n 单值地与原来的指数 α 相联系．实际上，

$$M = \rho_0 X \sim t^{\alpha},\ u \sim M^{-n/2} \sim t^{-\alpha n/2},\ u \sim \dot{X} \sim t^{\alpha-1}.$$

由此有 $-\alpha n/2 = \alpha - 1$，及

$$n = \frac{2(1-\alpha)}{\alpha},\ \alpha = \frac{1}{1+\frac{n}{2}}. \quad (12.41)$$

关于数学方面的问题：方程变换的程序、对于它们的分析，以及求解的一些具体方法，可以在论文 [13, 14] 中了解到．这里要详细说的乃是 $\gamma = 7/5$ 这种特殊情况下的某些结果，因对这种情况已成功地求得了方程的精确解析解．

对解析解进行考察，可以很明显地看出过程的各种基本特性．

当 $\gamma = 7/5$ 时，指数 α 和指数 n 分别等于 $\alpha=3/5$ 和 $n=4/3$．在拉格朗日坐标中，解具有如下形式：

$$f = \eta,\ w = -\frac{1}{2}\sqrt{\frac{5}{6}}(\eta^{-2/3} - 3), q = 6\eta^{5/3}. \quad (12.42)$$

压力、密度和速度沿质量的分布已画在图 12.11 上．我们指出，依照定义，$f = p/p_1$，$w\sqrt{6/5} = u/u_1$，$q/6 = \rho/\rho_1$，此处的脚标“1”代表激波阵面上的量．借助拉格朗日坐标的定义 (12.38) 和自模变量 η 的定义 (12.39)，很容易将解 (12.42) 变为含有欧拉变量 $\xi = x/X$ 的形式．事实上，当给定某一个时刻 t，即当 $M =$ 常数时：

$$dm = \rho dx;\quad \frac{dm}{M} = \frac{\rho}{\rho_0}\frac{dx}{X},\ \text{由此得}\ d\eta = qd\xi.$$

在这个方程中按公式 (12.42) 代入 $q(\eta)$，并利用（激波阵面上的）边界条件 $\xi = 1$ 时 $\eta = 1$ 进行积分，则得到

$$\eta = (5 - 4\xi)^{-3/2},\ \xi = \frac{1}{4}(5 - \eta^{-2/3}). \quad (12.43)$$

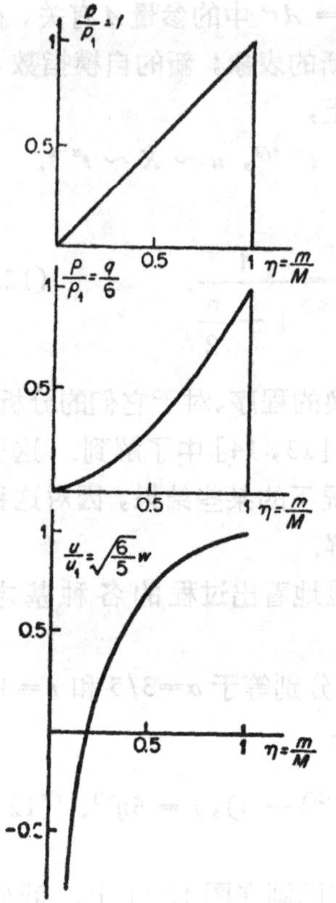

图 12.11　短促冲击问题中的压力剖面、密度剖面和速度剖面(在拉格朗日坐标中)；$\gamma=7/5$

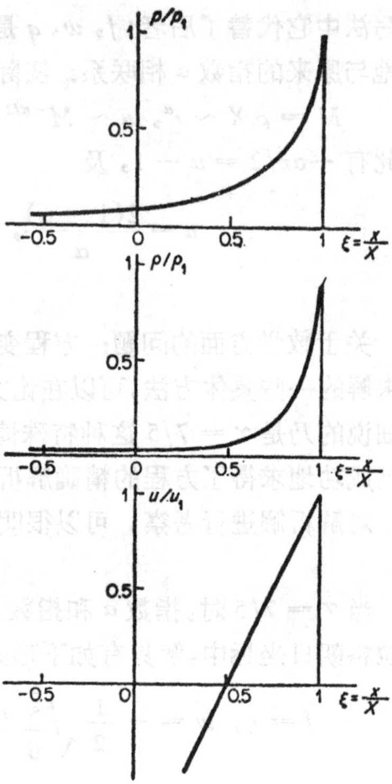

图 12.12　短促冲击问题中的压力剖面、密度剖面和速度剖面(在欧拉坐标中)；$\gamma=7/5$

依赖于欧拉变量的函数 f, w, q 具有如下形式:

$$f=(5-4\xi)^{-3/2},\ w=-\sqrt{\frac{5}{6}}(1-2\xi),$$

$$q=6(5-4\xi)^{-5/2}. \tag{12.44}$$

表象 f, w, q 与我们以前所使用的表象 π, v, g 之间由下列关系相联系:

$$\pi = \frac{5}{6} f,\ v = \sqrt{\frac{5}{6}}\, w,\ g = q^{1)}. \tag{12.45}$$

压力、密度和速度沿欧拉坐标的分布已画在图 12.12 上. 有趣的是,压力沿质量的分布是线性的,而速度沿空间的分布是线性的. 在点 $\xi = 1/2$ 处,速度变为零,并改变方向. 在气体边界的初始位置 $x = 0$ 和波阵面之间所包含的气体的质量,在每一个时刻都占卷入运动之气体的总质量的 90%. 有 10% 的质量,由于激波的压缩和后来的膨胀,被抛向气体初始边界的左方. 有 78% 的质量向右运动,而有 22% 的质量向左运动.

当 $\xi \to -\infty$, $\eta \to 0$ 时,解在小密度区域内的渐近行为,由下列表达式给出:

$$\left.\begin{aligned} f &\sim (-\xi)^{-3/2}, \\ w &\sim \xi, \\ q &\sim (-\xi)^{-5/2}; \\ f &= \eta, \\ w &\sim \eta^{-2/3}, \\ q &\sim \eta^{5/3}. \end{aligned}\right\} \tag{12.46}$$

微分方程的解所要经过的奇点,对应于下述自模变量的值: $\eta_0 = 7^{-3/2} = 0.054$, $\xi_0 = -1/2$.

和激波汇聚问题一样,x, t 平面上的 ξ_0 线 (m, t 平面上或 m, M 平面上的 η_0 线)乃是一条特征线 ($dx/dt = u + c$; $dm/dt = \rho c$),由它划出影响区域. 图 12.13 和图 12.14 分别是 x, t 图和 m, M图,在图中画出了激波的阵面线 $\xi = 1$, $\eta = 1$; 对应于奇点的奇线 $\xi = \xi_0$, $\eta = \eta_0$, 以及两族特征线[2]. 奇线是 C_+ 特征线. 所有 C_+族特征线都是从坐标原点出发的,并且只有那些在奇线右方伸展的才能到达激波的阵面,而那些在左方伸展的在任何时候

---

1) 若读者用直接代人法,按照公式 (12.45), (12.44) 将函数 π, v, g 代人 $\gamma = 7/5$, $\alpha = 3/5$ 的方程组 (12.37), 即可以检验出这些函数实际上是满足方程 (和边界条件 (12.32)) 的.

2) 我们指出,M 轴是 $\eta = 0$ 的线; x, t 平面上的 t 轴是 $\xi = 0$ 的线. 而 x, t 平面上 x 的负半轴则是 $\xi = -\infty$ 的线.

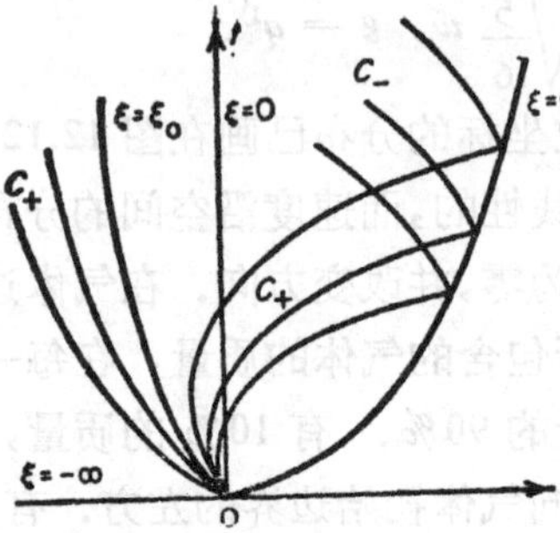

图 12.13　关于短促冲击问题的 x, t 图.
$\xi=1$——激波的阵面线；$\xi=\xi_0$——对应于奇点的 ξ_0 线. 图中画出了 C_+ 和 C_- 族的特征线

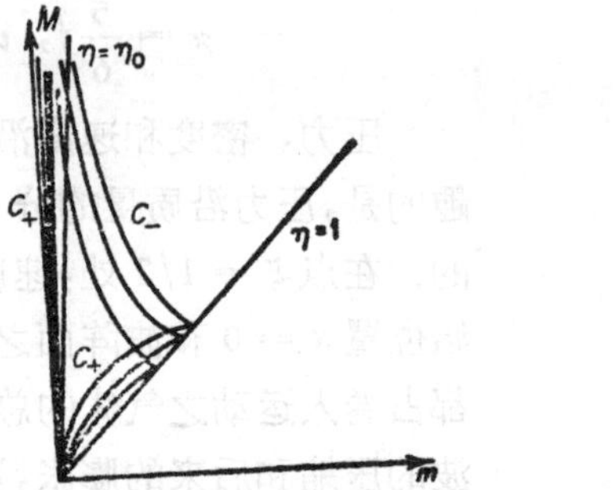

图 12.14　关于短促冲击问题的 m, M 图
$\eta=1$——激波的阵面线；$\eta=\eta_0$——对应于奇点的 η_0 线. 图中画出了 C_+ 和 C_- 族的特征线

表　12.2

自模指数 n 和 α 的值

γ	n	α	γ	n	α
1.1	1.515	0.57	5/3	1.275	0.612
7/5	4/3	3/5	2.8	1.045	0.656

都不能到达阵面. 这就是说，处在与真空分界线和奇线之间的气体(其质量相对来说很少)的运动状态对于激波阵面的传播没有任何影响[1)].

在文献 [15, 16] 中，通过对方程进行数值积分，对另外几个绝热指数 γ 求出了自模指数. 其结果列于表 12.2.

属于不同绝热指数的压力剖面、密度剖面和速度剖面在定性方面类似于 $\gamma=7/5$ 的各相应剖面(见图 12.11, 12.12).

1) 特殊情况下，气体可以不与真空交界，而与某种“活塞”交界，该活塞上的压力是按相当快的幂指数规律下降的. 只要活塞上的压力下降得足够快，那么由活塞在边界线和 ξ_0 线之间的区域内所引起的畸变将不会影响 ξ_0 线之右侧的运动以及激波的传播规律. 这一点，已在 В. Б. 阿达姆斯基和 Н. А. 波波夫的工作 (文献 [18]) 中得到证明. 在这项工作以及 Н. Л. 克兰斯宁妮柯娃的工作 (文献 [19]) 中，曾考察了活塞压力按幂指数规律变化之情况下的气体运动的自模问题.

由表看出，绝热指数越大，激波衰减得越慢．但是，其衰减总是要比边界上的气体不向真空飞散而是处于不动的情况为快（平面强爆炸问题就属于后一种情况）．

如果在平面 $x=0$ 处瞬时地释放出能量 E 尔格/厘米^2，而平面 $x=0$ 处的气体却始终不动（或是因为气体占据平面两边的空间，或是因为气体的边界为刚性壁所限定），那么其能量是守恒的，激波将按以下规律衰减：

$$p_1 \sim X^{-1} \sim t^{-2/3};\ n=1,\ \alpha=\frac{2}{3}.$$

在下一节我们将指出，作为一种限制：$n>1, \alpha<\frac{2}{3}$，在任意的 γ 值之下，是怎样由能量守恒定律得到的．在那里，我们还将看到，动量守恒定律是从另一个方面限制了自模指数：$n<2, \alpha>\frac{1}{2}$．

§16 动量和能量的守恒定律对于自模指数的限制

短促冲击所产生的运动，其特点是，有一部分气体被激波带向右方，而其余气体则向左方真空中飞散．

存在一个将上述两部分气体分开的点，将它的坐标记作 x^*．在点 x^* 处，气体的质量速度改变方向，故此点速度等于零，$u^*=u(x^*)=0$． 而分界点 x^* 本身沿空间和沿质量都是向右传播的．在自模解中，速度改变符号的点对应于自模变量的某一确定值：$\xi=\xi^*;\ x^*=\xi^* X$．

我们考察界于激波阵面 $x=X$ 和“分割”表面 $x=x^*$ 之间的体积．这一体积内所包含的质量(按 1 厘米^2 面积计算)是

$$M^*=\int_{x^*}^{X}\rho dx=\rho_0 X\int_{\xi^*}^{1} g d\xi=\text{常数}\cdot\rho_0 X.$$

这个量是卷入运动的总质量 $M=\rho_0 X$ 中的一个完全确定的部分(当 $\gamma=7/5$ 时，$M^*/M=0.78$)． 剩余的质量 $M-M^*$ 向左飞散． 质量 M^*，也和总质量 M 一样，是随着时间而增加的：

$M^* \sim X \sim t^\alpha$.

分界点 x^* 沿质量向右传播，即气体向左流经表面 x^*. 我们写出随激波向右运动之气体的动量和能量的表达式:

$$I^* = \int_{x^*}^{X} \rho u dx = \rho_0 \dot{X} X \int_{\xi^*}^{1} g v d\xi = \text{常数} \cdot t^{2\alpha-1}, \quad (12.47)$$

$$E^* = \int_{x^*}^{X} \left(\frac{\rho u^2}{2} + \frac{p}{\gamma-1} \right) dx = \rho_0 \dot{X}^2 X \int_{\xi^*}^{1} \left(\frac{g v^2}{2} + \frac{\pi}{\gamma-1} \right) d\xi = \text{常数} \cdot t^{3\alpha-2}. \quad (12.48)$$

从右边穿过激波阵面而流进所考察之体积 $x^* < x < X$ 的乃是压力和温度都为零的未受扰动的气体. 它既没有给体积中带来动量，也没有带来能量. 向左边穿过表面 x^* 而脱离该体积的气体,其速度等于零,但压力 p^* 是有限的(气体脱离体积不是由于本身的固有运动，而是由于限定体积的表面向右传播)；并没有动量穿过表面 x^* 而流出. 该体积内的动量变化,等于施于它边界上的压力:

$$\frac{dI^*}{dt} = p^* > 0. \quad (12.49)$$

此体积内的动量是随着时间而增加的. 由公式 (12.47) 得 $2\alpha - 1 > 0$, $\alpha > 1/2$, 再按公式 (12.41) 得 $n < 2$.

此体积内的能量变化仅由经左表面 x^* 而流出的内能所决定. 动能并没有流出，因为在边界 x^* 处气体的速度 u^* 和动能都等于零. 压力在表面 x^* 上所作的功 $p^* u^* dt$ 也等于零. 因而,

$$\frac{dE^*}{dt} = -\frac{1}{\gamma-1} \frac{p^*}{\rho^*} \rho^* \frac{dx^*}{dt} = -\frac{1}{\gamma-1} p^* \xi^* \dot{X} < 0. \quad (12.50)$$

此体积内的能量是随着时间而减少的，它随同那部分气体的质量一起自体积内向左流出，这部分气体是改变了速度方向并开始向左方真空中飞散的. 从公式 (12.48) 得 $3\alpha - 2 < 0$, $\alpha < 2/3$, 再按公式 (12.41) 得 $n > 1$. 于是，我们导出下列对于自模指数的限制:

$$\frac{1}{2}<\alpha<\frac{2}{3},\ 2>n>1. \tag{12.51}$$

极端值 $n=1,\alpha=2/3$，对应于不变的能量 $E^*=$ 常数，而极端值 $n=2,\alpha=\frac{1}{2}$，则对应于不变的动量 $I^*=$ 常数.

§ 17 非自模运动向极限体系的过渡和自模解中能量的"无限性"

严格地说，与自模解相适应的初始条件乃是理想化的，在这种条件下，冲击的持续时间 τ 是无限短的，而"在冲击的时间内"活塞上的压力 Π_1 则是无限强的. 同时，极限过渡 $\tau\to 0$, $\Pi_1\to\infty$ 是以这样一种方式进行的，它要使得与参量 A 成正比的乘积 $\Pi_1^{1/2}t^{1-\alpha}$（见公式 (12.36)）始终保持有限. 在 $\tau\to 0$, $\Pi_1\to\infty$ 的极限之下，活塞给予气体的能量是无限大:

$$E\approx\rho_0^{-1/2}\Pi_1^{3/2}\tau\sim\tau^{-(2-3\alpha)}\to\infty,\ \alpha<\frac{2}{3}, \tag{12.52}$$

而给予的动量则等于零:

$$I\approx\Pi_1\tau\sim\tau^{2\alpha-1}\to 0,\ \alpha>\frac{1}{2}. \tag{12.53}$$

我们把沿激波传播方向而向右运动的那部分气体的能量 E^* 和动量 I^*（见公式 (12.47),(12.48)）与全部气体的能量 E 和动量 I 相比较，得到

$$\frac{E^*}{E}\sim\left(\frac{\tau}{t}\right)^{2-3\alpha},\ \frac{I^*}{I}\sim\left(\frac{t}{\tau}\right)^{2\alpha-1},\ \frac{1}{2}<\alpha<\frac{2}{3}. \tag{12.54}$$

冲击越短促，随激波向右运动之气体的能量 E^* 与初始能量 E 的比值至某一时刻 t 时也就变得越小. 这一点是毫不奇怪的，在冲击的持续时间小到 $\tau\to 0$ 的极限之下，必须要求活塞所作的功为无限大（即气体的能量 E 为无限大），因为只有这样才能使得具有固定份额之质量的能量，在缩小到无限大分之一之后仍然是有限的. 现在无限大的能量全都往向真空飞散的那部分质量集中，更确切地说，是向气体的边界集中，边界将具有无限大的飞散速度和无限大的动能.

冲击越短促，至某一个时刻 t 时，其单向动量 I^* 也就越大于活塞的动量 I. 在极限 $\tau\to 0$ 之下，两个单向动量(向右和向左运动的两部分气体所具有的动量在仅差一个小量 I 的精确度下互相抵消.

实质上，理想化的极限解并不是就对应于冲击的持续时间 τ 为零的情况，而是对应于无限大的比值 t/τ: $t/\tau\to\infty$，和 $E^*/E\to 0$，$I^*/I\to\infty$.

在上面论述这个条件时，我们所考察的是有限的时间 t 和非常短的冲击时间 τ，而活塞所作的功 E 为无限大，动量 I 为零.

对极限条件有另外一种更为符合实际的解释，即并不认为冲击的持续时间趋近于零，而是在冲击持续时间和能量 E 实际上为有限的情况下，来考察比 τ 大很多的时间 t($t/\tau\to\infty$ 并不是由于 $\tau\to 0$，而是由于 $t\to\infty$).

当我们以这样的观点来考察极限体系的时候，就产生了下述问题：在 τ 有限的情况下真实的非自模运动是如何向极限体系逐渐转变的？同时，极限运动的能量的无限性又是怎样与活塞所作的功实际上为有限这一点相协调的？

问题就在于，随着时间的增长真实解并非一致地逼近于自模解. 当时间 t 和卷入运动之气体的质量 $M=\rho_0 X$ 增加时，压力和其它各量都要接近于自模解所对应的各量，但是，这种接近并不是处处都能发生.

在边界附近，有一部分质量 m_0 在冲击时间内经受了活塞的直接作用，这部分质量的状态在任何时候都不会接近于自模解所描写的状态. 这部分质量在数量级上就等于在冲击时间内激波所扫过的气体的质量：$m_0\sim\rho_0 U_1\tau\sim\sqrt{\Pi_1\rho_0}\,\tau$.

这部分质量向真空飞散的速度始终是有限的，并且在数量级上就等于 U_1($U_1\sim\sqrt{\Pi_1/\rho_0}$)，而在自模解中气体边界的飞散速度却是无限的(当 $\tau\to 0$，$\Pi_1\to\infty$ 时，$U_1\to\infty$). 质量 m_0 的熵是有限的，并因运动绝热，所以它就等于初始的熵. 实际上，

$$S=c_V\ln p\rho^{-\gamma}+\text{常数},$$

质量 m_0 中的量 $p\rho^{-\gamma}$ 在数量级上等于 $\Pi_1\rho_0^{-\gamma}$，即当 τ 和 Π_1 有限时它是有限的．而在 $\gamma=7/5$ 的自模解中，按照公式 (12.42)，我们有

$$\text{当 } m\to 0 \text{ 时．}\quad p\rho^{-\gamma}\sim fq^{-\gamma}\sim\eta^{-4/3}\sim m^{-4/3}\to\infty.$$

这就是说，边界附近的质量 m_0 总是带有初始条件的影响，它的状态甚至在极限 $t\to\infty$ 下也不能用自模解来描写．

这种情况与在极限 $t\to\infty$ 下真实解要向自模解转变这一总的趋势并不矛盾．因为随着时间的增加，质量 m_0 在卷入运动之气体的总质量中所占的比例变得越来越小(图 12.15)，在极限 $t\to\infty$ 之下，无论是在各微分方程之中，还是在收敛的动量积分之中，都可以不考虑这部分小质量．

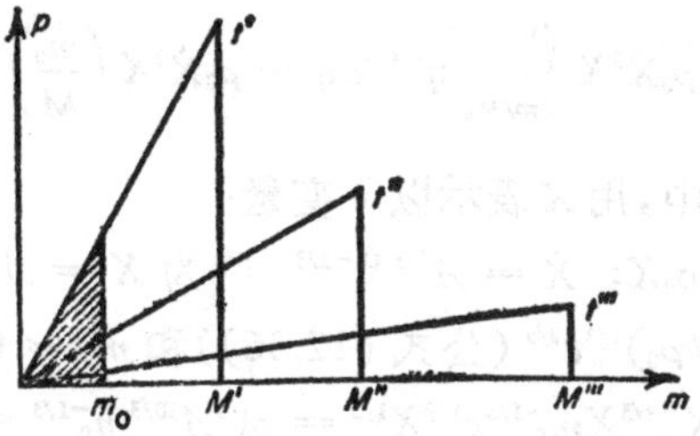

图 12.15　随着时间的增加，作为总质量 M 之部分的质量 m_0 的变化

但是，在计算能量积分的时候，若将小质量 m_0 内的真实解以自模解来代替，将使积分发生重大的改变，即使积分成为发散的．在自模解中，当向 $m\to 0$ 的边界接近时，气体的速度和动能都要趋近于无限大，而实际上当活塞上的压力 Π_1 有限且持续时间 τ 不等于零时，边界附近之气体的速度和动能却是有限的．

为了保持气体的能量有限，以对应于活塞实际所作的有限功，在用自模解计算能量时，必须丢掉自模解所不适用的那一区域内的积分．

在计算能量的时候，我们将利用拉格朗日坐标．此时，当将比能量对卷入运动之气体的质量进行积分的时候，应取一个其数量

级等于质量 m_0 的质量坐标作为积分的下限，因为质量 m_0 是不能用自模解来描写的，

$$E=\int_{m_0}^{M}\left(\frac{u^2}{2}+\frac{1}{\gamma-1}\frac{p}{\rho}\right)dm=\rho_0\dot{X}^2X\int_{m_0/M}^{1}\left(\frac{v^2}{2}+\frac{1}{\gamma-1}\frac{\pi}{g}\right)d\eta.$$

我们对 $\gamma=7/5$ 的情况进行计算.

对积分的主要贡献是由靠近下限的区域给出的，因为在那里气体的速度和动能都很大(在极限 $m_0/M\to 0$ 之下，$v\to-\infty$). 所以，为了计算积分，就要利用式 (12.46) 中的关于速度的渐近表达式(同时参看式 (12.45)).

我们得到

$$E\sim\rho_0\dot{X}^2X\int_{m/M_0}^{1}\eta^{-4/3}d\eta\sim\rho_0\dot{X}^2X\left(\frac{m_0}{M}\right)^{-1/3}.$$

在这个公式中，用 X 表示以下变量:

$$M=\rho_0X;\ \dot{X}=A^{5/3}X^{-2/3}\ (\text{因为 } X=At^{3/5}).$$

考虑到 $A\approx(\Pi_1/\rho_0)^{1/2}\tau^{2/5}$ (公式 (12.36))和 $m_0\approx(\Pi_1\rho_0)^{1/2}\tau$，求得

$$E\sim\rho_0A^{10/3}X^{-4/3}Xm_0^{-1/3}\rho^{1/3}X^{1/3}=\rho_0^{4/3}A^{10/3}m_0^{-1/3}\approx\Pi_1^{3/2}\rho_0^{-1/2}\tau.$$

可以看出，除了自模解所不适用的小质量 m_0 之外，其余气体质量的能量不随时间改变，它是有限的，且在数量级上等于活塞所作的功.

在相对小的质量 m_0 之中包含同样量级的能量. 这部分质量是以速度 $-U_1$ 向真空飞散的，它所具有的动能约为

$$m_0U_1^2\approx\rho_0U_1^2\tau\approx\rho_0(\Pi_1/\rho_0)^{3/2}\tau\approx\Pi_1^{3/2}\rho_0^{-1/2}\tau\approx E.$$

而在自模解的范围内，尽管随着时间的增加，质量 m_0 在卷入运动之气体的总质量M中所占的比例变得越来越小，但在质量 m_0 中却集中了无限大的能量.

重要的是，不能用自模解描写的气体区域(若将自模解外推到那里，将使能量积分发散)，乃处在奇线的左侧，即影响区域之外，它对激波的传播没有任何影响. 其实，非自模区域的边界乃由方程

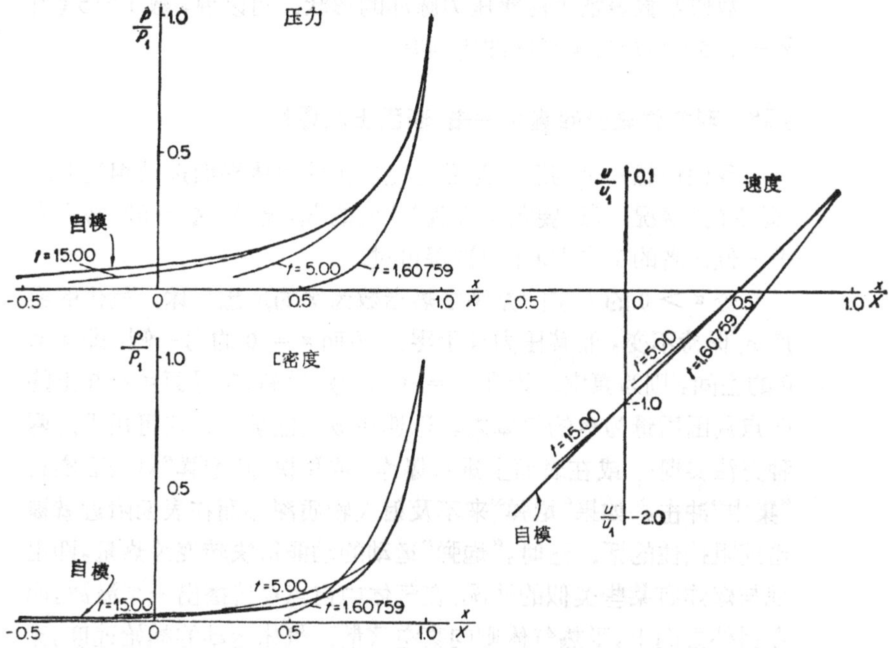

图 12.16　非自模运动向自模体系的过渡．图形取自文献 [14]．以活塞作用的持续时间 τ 作为时间的单位

$m \approx m_0$ 所描写，而奇线则是 $m = \eta_0 M$ ($m = 0.054M$，当 $\gamma = 7/5$ 时)．当 $t \to \infty$ 时，$M \to \infty$，$m_0 \ll \eta_0 M$．

为了得到关于非自模运动如何向极限的自模体系过渡的概念，文献 [14] 的作者曾在活塞的压力为图 12.9 所示的矩形脉冲的条件下，对 $\gamma = 7/5$ 的气体动力学方程进行了数值计算．在图 12.16 上画出了比值 p/p_1，u/u_1，ρ/ρ_1 在不同时刻对自模变量 x/X 的依赖关系曲线（p_1，u_1，ρ_1 代表波阵面上的量）．

在图上还画出了精确自模解的相应曲线．如图所示，当 $t/\tau = 5$ 时，真实解已相当靠近自模解．而当 $t/\tau = 15$ 时，则与自模解几乎重合．这就是说，运动进入自模体系是非常快的．根据非自模问题的解，可以求出关于参量 A 之表达式 (12.36) 中的数值系数，它等于 1.715，所以 $A = 1.715(\Pi_1/\rho_0)^{1/2}\tau^{2/5}$．

数值系数表征了活塞压力脉冲的形状. 可以说, 数 1.715 (当 $\gamma = 7/5$ 时)乃为矩形脉冲所固有.

§ 18 对气体表面的集中冲击(表面上的爆炸)

我们设想一个与表面遭受短促冲击的气体平面运动相类似的"球面的"情况. (还要顺便说到"柱面的"情况.) 这个问题曾在本书一位作者的工作 [20] 中被探讨过.

令 $z > 0$ 的半空间充满绝热指数为 γ 的理想气体. 气体的密度 ρ_0 保持不变, 而其压力等于零. 平面 $z = 0$ 的另一侧, 即 $z < 0$ 的空间, 则为真空. 设在 $t = 0$ 的初始时刻, 在界面 $z = 0$ 上的 O 点周围质量为 m 的气体内, 迅速释放出能量 E. 这可用下述两种方法实现: 或在表面上进行爆炸; 或用快速"炮弹"对表面实行"集中"冲击, 如果"炮弹"来不及射入物质深部而在表面附近就被迅速阻挡住的话. 这时, "炮弹"运动的动能很快转变为热量, 即出现与爆炸有某些类似的情况. 在气体中自点 O 传播出一个激波, 而在另外方向上, 受热气体则向真空飞散. 气体运动的初始速度, 无论在激波传播的方向上, 还是在向真空飞散的方向上, 都大约为 $u_0 \sim \sqrt{E/m}$ [1).]

激波的阵面乃是一个绕 z 轴的旋转表面, 其形状类似于"盂", 如图 12.17 所示. 被激波所加热的气体自"盂"内经过"盂"的"圆口"(平面 $z = 0$ 上的一个截面)而流向真空. 与"圆口"被"盖子"封闭的情况相比, 气体的这种逃逸将使激波减弱. 而"盂"口被封闭的情况, 则对应于无限大介质中的爆炸.

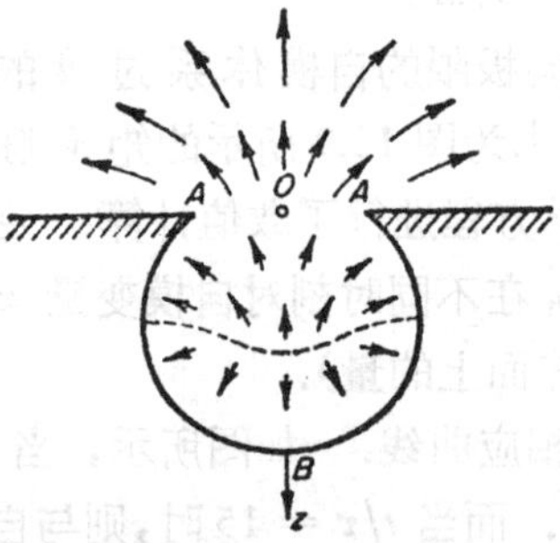

图 12.17 集中冲击时的速度场

激波向下运动得最快, 而沿表面 $z = 0$ 运动得最慢, 在表面上由

1) 如果运动的起因是"炮弹"的冲击, 那么 m 就近似于"炮弹"的质量, E 近似于它的动能, 而 u_0 则近似于冲击的速度.

于气体向真空膨胀而使激波大大减弱．所以波阵面与半球相比是被向下拉长了的． 在波阵面附近，气体沿着波的传播方向运动．在“盂”内某处存在这样一个曲面，在该曲面上速度的垂直分量改变方向． 这个面在图 12.17 上用虚线表示，在它上方的气体向真空方向运动(速度的方向以箭头表示)．在原先为真空的 $z < 0$ 的空间，随着与平面 $z = 0$ 距离的增加，气体的飞散速度不断增加，这在图中是用长度不断增加的箭头表示的[1]．

很清楚，在激波扫过的质量已到 $M \gg m$ 的时候，运动将是自模的．这时，波阵面还在膨胀，并保持与自身相似．波阵面上某一点比如说 B 点的坐标，将按规律 $z_1 \sim t^{\alpha}$ 随着时间而增加．而波阵面上的压力(比如说还是 B 点的压力)，则按规律 $p_1 \sim M^{-n}$ 随着质量M的增加而减小，并且两个常数 n 和 α 之间由简单关系 $n = 2(1-\alpha)/3\alpha$ 相联系[2]．

在集中冲击下，指数 n 也和在平面情况下一样，由下列不等式限定：

$$1 < n < 2. \tag{12.55}$$

为了确信这一点，我们来考察 $M \gg m$ 和 $p \sim M^{-n}$ 的运动阶段，并建立关于“盂”中气体之能量的近似表达式及其动量的垂直分量 (z 分量)的近似表达式．当在 p 和M之间的比例系数中只考虑有量纲参量而不考虑数值系数时，按“盂”体积平均的压力可写为

$$p \sim \frac{E\rho_0}{m}\left(\frac{m}{M}\right)^n \sim p_0\left(\frac{m}{M}\right)^n. \tag{12.56}$$

这里的 $p_0 \sim E\rho_0/m$ 是冲击(“爆炸”)时刻的初始压力． “盂”中气

---

1) 看来，在未扰动介质的平面边界附近，从“圆口”中流出的气体是沿着平面 $z = 0$ 运动的，而平面本身上的压力等于零． 在某个 γ 值之下可能发生脱离现象，这时在除了“圆口”以外的平面 $z = 0$ 附近，要形成圆锥形的真空间隙． 对于某些 γ 值，在除了圆口以外的平面 $z = 0$ 上压力是有限的，而在点 A 附近则要产生一个三波点．这时，激波阵面沿平面 $z = 0$ 一直扩展到无穷远．

2) $M \sim z_1^3 \sim t^{3\alpha}$．波阵面之后气体的速度 $u \sim dz_1/dt \sim t^{\alpha-1} \sim \sqrt{p} \sim M^{-n/2} \sim t^{-3\alpha n/2}$．由此得：$\alpha - 1 = -3\alpha n/2$，即 $n = 2(1-\alpha)/3\alpha$．

体的平均速度在数量级上为

$$u \sim \left(\frac{p}{\rho_0}\right)^{1/2} \sim u_0\left(\frac{m}{M}\right)^{n/2} \sim \left[\frac{E}{m}\left(\frac{m}{M}\right)^n\right]^{1/2}. \tag{12.57}$$

"盂"中的能量约为

$$E_1 \sim Mu^2 \sim \frac{Mp}{\rho_0} \sim E\left(\frac{m}{M}\right)^{n-1} \sim E_{10}\left(\frac{m}{M}\right)^{n-1}, \tag{12.58}$$

此处，E_{10} 是"盂"中的初始能量，显然它近似于总能量 E．"盂"中的动量约为

$$I_1 \sim Mu \sim \left[Em\left(\frac{m}{M}\right)^{n-2}\right]^{1/2} \sim I_{10}\left(\frac{m}{M}\right)^{(n-2)/2}, \tag{12.59}$$

式中 $I_{10} \sim (Em)^{1/2}$ 是初始动量[1]．

能量经"圆口"自"盂"内流出，因为在"圆口"的截面内气体的速度指向真空方向．因而，"盂"中所含有的能量 E_1 要随着时间的增加(质量M的增大)而减小，再按照公式 (12.58) 就有 $n > 1$．

整个"盂"中气体的动量与处在激波阵面和虚线曲面之间的气体的动量相当，而在虚线曲面上速度的垂直分量改变符号，也就是说应等于零．经过这一曲面并没有垂直动量流出，而且该处的压力是正的．因而，动量随着时间而增加，于是按公式 (12.59) 有 $n < 2$．"盂"中气体的垂直动量同时又被由"盂"中飞向真空的那部分气体的不断增加但方向相反的动量所平衡．这样，就可以认为不等式 (12.55) 已被证明[2]．值 $n = 1$ 对应于"盂"中的能量守恒，即对应于无限大介质中的爆炸．而值 $n = 2$ 则对应于动量守恒．

不等式 (12.55) 在"柱面"情况即"线状"冲击下也是正确的．"线状"冲击(爆炸)时的运动图象在定性方面类似于图 12.17 所示的图象，只是现在爆炸不是在 O 点进行，而是沿着穿过 O 点并垂直于图面的直线进行，整个运动对称于过该直线和 z 轴所作的平面．

---

1) 在"炮弹"冲击的情况下，I_{10} 近似于冲击体的动量．

2) 我们指出，向自模体系的极限过渡就相当于 $m \to 0$．为了使压力有限，必须要求 $Em^{n-1} \approx$ 常数，即要求能量是无限大，$E \sim m^{-(n-1)} \to \infty$，而初始动量为零：

$$I_{10} \sim (Em)^{1/2} \sim m^{2-n} \to 0.$$

波阵面的形状不再象“盂”，而是象一个无限长的“槽”，它的横截面如图形所示．质量M是单位长度的“槽”内所含有的质量．

对激波衰减规律中的指数，还可以确定出更窄的范围．物理上很清楚，在同一个绝热指数下，集中冲击时波随着质量的增加而减弱的速度，要比平面的情况为慢．

事实上，气体流向真空时所经过的那个界面的面积相对来说越小，则逃逸气流对于波阵面的减弱作用也就越小．在“球面”情况下，“圆口”的面积要比激波阵面的面积小很多(见图 12.17)．在平面情况下，这两个面积相等．而在“柱面”情况下，则处于上述两者之间．

如果对平面冲击、线状冲击和集中冲击三种情况分别用 n_1, n_2, n_3 来表示激波衰减规律 $p \sim M^{-n}$ 中的指数，那么依照上述，在同一个绝热指数下，应有

$$1 < n_3 < n_2 < n_1 < 2. \tag{12.60}$$

例如，当 $\gamma = 7/5$ 时，$n_1 = 4/3$，$1 < n_3 < 4/3$．当 $\gamma = 5/3$ 时，$n_1 = 1.275$，$1 < n_3 < 1.275$．

所以，与平面冲击接近于平面爆炸相比，集中冲击就更接近于无限大介质中的点爆炸．

§19 对集中冲击和线状冲击之自模运动进行简化讨论的某些结果

为了确定激波衰减规律 $p \sim M^{-n}$ 中的指数 $n(\gamma)$，必须像在平面情况下一样，要解自模运动的方程．但是，“球面的”和“柱面的”问题要比平面的问题复杂的多，这是因为它们都是二维的，并且自模运动不能由常微分方程而是由偏微分方程来描写．此外，由于下述原因情况还要更加复杂，即需要在其上给出边界条件的激波阵面的曲面是预先不知道的，它本身就需要在求解过程中求得．由于这一原因，甚至对自模运动方程进行数值积分都会遇到很大困难．

文献 [20] 对问题进行了简化讨论，给出了关于指数值和运动

一般特性的某些概念．构造出自模运动微分方程的一个精确特解，该解是一维问题精确解（见§15）的推广，它在某些方面正确表述了二维过程的特点．在解中还引进了一系列未知常数．不用说，利用方程的这种相当任意的特解是不可能满足激波阵面上的边界条件的．因此解不再遵守波阵面上的条件，而是遵守以积分形式表示的“盂”中（“槽”中）气体的质量平衡、能量平衡和动量分量平衡的普遍关系．同时，波阵面的形状也取最简单形状：“盂”用一个带底的圆筒来代替，而截面为椭圆的“槽”则用一个截面为矩形的“槽”来代替（图12.18）．

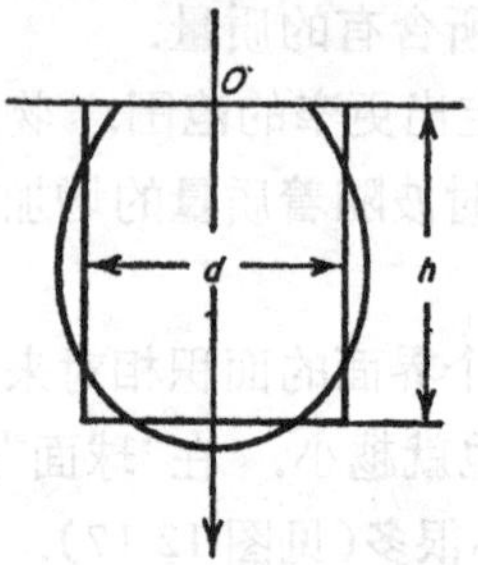

第12.18　以等效圆筒代替盂

在一维的情况下，仅在某个（经过选择的）绝热指数γ（等于7/5）之下才有精确的解析解．与此类似，由一维的精确解推广而来的近似解也仅适用于一个唯一的γ值．这个值及其相应的n值都只有在求解的过程中才能求得．

结果发现，在集中冲击的情况下，当$\gamma=1.205$时，$n=1.07$；筒高h与直径d之比等于1.05；“圆口”截面处的气体密度$\rho_{圆口}=0.0187\rho_0$，而从“圆口”流出的质量仅占激波扫过的全部质量的1.6%，筒“底”处的气体密度$\rho_{底}=10.3\rho_0$，它接近于激波阵面上的实际密度$[(\gamma+1)/(\gamma-1)]\rho_0=10.7\rho_0$．速度垂直分量改变方向的地方距“圆口”的深度为$0.846h$，而距筒“底”的距离为$0.154h$．

在线状冲击的情况下，当$\gamma=1.266$时，$n=1.14$，$h/d=1.21$（h是“槽”高，d是“槽”宽），从“槽”内流出的质量为总质量的2%．

我们看出，指数n非常接近于1，也就是说与无限大介质中的爆炸相比，气体自激波阵面的逃逸（这种逃逸由气体向真空的膨胀所引起）仅使激波略微减弱一些．显然，这是因为仅是总质量中很少一部分被抛射到“盂”（或“槽”）之外．看来，“盂”的形状与对应于无限大介质中爆炸的半球的形状有很大的差别."盂"——圆筒的高度大致等于直径,而当用一个等效圆筒来代替半球时,其高度大致要比直径小一半.对于线状冲击,也有同样的情况.

幸而,近似解所适用的绝热指数 $\gamma = 1.205$ 和 $\gamma = 1.266$ 接近于这种高温下的气体等效绝热指数的实际值,在这种高温下离解和电离过程已很重要.我们指出,在平面的情况下指数 n 单调地随着 γ 的增加而减小.如果在二维的情况下也有同样的情形——这是很可能的,那么对于集中冲击而言,当 $\gamma > 1.205$ 时,$1 < n < 1.07$,而对于线状冲击而言,当 $\gamma > 1.266$ 时,$1 < n < 1.14$.在一些实际过程中,比 1.205 或 1.266 小很多的 γ 值未必是有意义的.因此得出结论,在大多数可用集中(或线状)冲击问题作为模型的实际过程中,其激波的减弱仅比无限大介质中的爆炸稍微快一些.

§20 快速降落的陨石对行星表面的冲击

陨石以每秒几十或上百公里(以及更高)的速度向行星表面降落时所产生的过程,可以作为"集中冲击"现象的具有代表性的例子.这时,或是考察像月球那样没有大气的行星,或是考察相当巨大的陨石,问题才有意义.一些小的陨石因受大气的摩擦将要沿途蒸发和"烧尽",从而不能到达行星的表面.

陨石冲击土壤时,将被强烈地减速,它的初始动能 $E = mv^2/2$(m 是陨石的质量,v 是降落速度)要大量地转变为内能,即热量.陨石体进入土壤的深度一般与陨石体本身的线度差不多,所以在初始时刻在约为 m 的质量内要发生能量释放.在土壤中自释放能量的地点传播出一个激波[1).

我们感兴趣的仅是速度很大的冲击,这时的比能量 $v^2/2$ 要比陨石和土壤这两种物质中的原子和分子的结合能(汽化热)超过很多倍.

1)我们不考察速度很小的冲击,因为这时,减速过程本身和激波在陨石体中的传播将起重要作用.简言之,这时不能认为能量释放是瞬时的.

在这种情况下存在这样一个阶段，在这个阶段内激波所扫过的土壤的质量M大大超过了初始质量m，而激波中的物质可被看成稠密气体．土壤和陨石体在膨胀时都完全蒸发，并以气体状态自行星表面向外飞散．在膨胀还不是特别强烈的阶段内，气体的压力比大气的压力大很多，大气的存在（如果存在）便可以忽略不计．这时，好像蒸气是向真空中膨胀一样．就如所看出的那样，我们遇到的乃是一个典型的对“气体”表面实行集中冲击的图象，而这种图象在前面一节已经叙述过．

我们来估计，为了达到上述要求需要多大的降落速度．铁的汽化热（陨石都是铁的和岩石的）等于 94 千卡/克分子 $=7\times10^{10}$ 尔格/克；土壤中岩石一类物质的汽化热约为83千卡/克分子$=5.8\times10^{10}$ 尔格/克．这个值是二氧化硅（SiO_2）的，因为各种土壤和岩石基本上由二氧化硅组成．如果还要考虑蒸发时 SiO_2 分子的离解，那么结合能便是 203 千卡/克分子$=1.4\times10^{11}$ 尔格/克．

作为估计我们假定，为完全蒸发所需要的比能量是汽化热的 10 倍，而汽化热则取一个大致的数值 $U\approx10^{11}$ 尔格/克．我们得到的能使蒸发质量近于陨石质量的最小速度是

$$v_{\min}\approx\sqrt{2\times10\times10^{11}}=14\text{ 公里/秒}.$$

同样道理，我们可以说：在激波传播时有某些土壤层由于激波过后的膨胀将完全蒸发，这些层是阵面后的比内能 ε_1 至少约为 $\varepsilon_k\sim10U\sim10^{12}$ 尔格/克的激波所能到达的层．

ε_1 要为U的 10 倍，这是根据第十一章 § 22 中的估计而来的，在那里曾经指出：如果波阵而后的能量至少为晶格结合能的 5 倍，那么被强激波压缩的固体物质在卸载时将完全蒸发．

为了估计出土壤在陨石冲击下所蒸发的质量，必须利用激波的衰减规律．К. П. 斯塔扭克维奇首先作过这种估计（文献[21]），他研究了陨石对行星表面冲击时所产生的爆炸现象，他把这种现象看成是形成月球上火山口的原因．К. П. 斯塔扭克维奇并没有注意蒸气向真空中飞散的效应，而是假设激波的传播完全和无限大介质中强爆炸情况一样，即遵循规律：$p_1\sim M^{-1}$，$\varepsilon_1\sim E/M$.

上一节所说的各种理由，就是这一假设的根据．蒸发的质量 M_k 在数量级上由以下关系式确定：$\varepsilon_k \sim \frac{E}{M_k}$，由此得到

$$M_k \sim \frac{E}{\varepsilon_k} \sim m\left(\frac{v^2}{\varepsilon_k}\right) = m\left(\frac{v}{v_k}\right)^2,$$

此处的 $v_k = \sqrt{\varepsilon_k} \sim 10$ 公里/秒．例如，当陨石的速度 v 约为 100 公里/秒时，所蒸发的土壤质量要比陨石的质量大到 100 倍．

当激波中的能量小于约 10^{12} 尔格/克时，激波所卷入的土壤层在卸载时再不能蒸发．但是波中的能量还足以对物质进行机械破碎．破碎所需要的最低限度能量，要比物质的汽化热小很多．因此，破碎物质的质量要比蒸发物质的质量超过好多倍．破碎物质是以固体微粒的形式向上抛出的，这样便形成了弹坑．К. П. 斯塔扭克维奇(文献 [21]) 曾考察过陨石冲击时所形成弹坑的大小，以及重力对物质远抛的阻碍作用等问题．

当物体以很大速度在稀薄大气中运动时，也要产生一些与高速陨石冲击时所发生的"爆炸"相类似的效应．空气分子对物体表面的冲击类似于陨石对行星表面的冲击．每次冲击都要产生"微爆炸"，因而自物体表面抛射出一定数量的蒸发物质，这时物体就获得了附加的反向动量，这便导致阻力系数的增大和物体在大气中减速得更快．К. П. 斯塔扭克维奇在文献 [22] 中考察过这一现象．М. А. 拉富林吉耶夫在假定液体为不可压缩的情况下，考察了快速物体对液体表面的冲击(文献 [23])．

§21 无限大多孔介质中的强爆炸

在 А. С. 康帕涅茨的工作(文献 [24]) 中，解决了在塑性密实介质中进行的、激波阵面上的增密程度保持不变的这种强烈点爆炸问题[1]．在这里，我们把问题简化为：在连续物质为不可压缩的条件下(例如，在由不可压缩的沙粒组成的沙堆中)考察多孔介

1) 在工作 [25] 中，假定增密程度依赖于激波的强度．

质中的点爆炸所形成激波的传播问题．我们略去沙粒的强度，即认为要将（多孔的）材料绝热地压缩到连续物质的密度(以便完全“消除“真空)，不需消耗任何能量．换句话说，对于材料的强度而言，激波被认为是强的；而对于弹性(连续物质的压缩性)而言，激波被认为是弱的．初始压力 p_0 等于零．

未扰动介质的平均密度用 ρ_0 表示，而连续物质(“沙粒”)的密度用 ρ_1 表示；$\rho_0 = \rho_1(1-k)$，此处的 k 是多孔系数，它可以从零变到 1．

设在某一点发生强“爆炸”，从而使物质受到强大初始推动，比如这可由快速膨胀和快速停止的球形“活塞”所造成．这时，在物质中传播一个激波，波中的材料被压缩到连续物质的密度，而其中的真空被完全消除．此后，物质的密度不再变化，并保持等于 ρ_1．激波扫过的物质将跟随波阵面向前运动，在波阵面附近形成一个具有恒定密度 ρ_1 的球形层，而在该层的后边则是真空区域，如图 12.19，*a* 所示．

如果波阵面的半径是 R，而层的内表面之半径是 r_0，那么质量守恒条件给出

$$M = \frac{4\pi}{3}R^3\rho_0 = \frac{4\pi}{3}(R^3 - r_0^3)\rho_1,$$

或者

$$r_0^3 = R^3\left(1 - \frac{\rho_0}{\rho_1}\right) = R^3 k. \qquad (12.61)$$

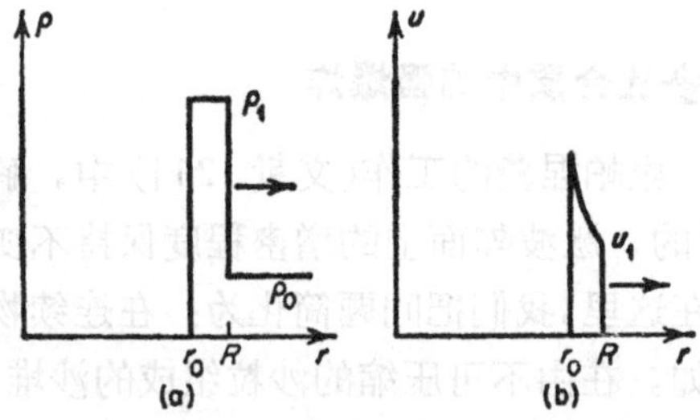

图 12.19　在由不可压缩的沙粒组成的沙堆中进行爆炸时，密度沿半径的分布（*a*）和速度沿半径的分布（*b*）

速度在层内的分布应由连续性方程得到 $\mathrm{div}\boldsymbol{u}=0$，

$$u=u_1\left(\frac{R}{r}\right)^2,\quad r_0<r<R, \tag{12.62}$$

此处 u_1 是激波阵面之后的质量速度(见图 12.19，b). 它和阵面速度 $D=dR/dt$ 之间有着显式的关系：

$$u_1=D\left(1-\frac{\rho_0}{\rho_1}\right)=Dk.$$

在开始所作的假设下，物质的激波绝热曲线具有图 12.20 所示的形式[1]. 设激波中的“压力”等于 p_1 (激波绝热曲线上的 B 点). 正如所知道的(见第一章 § 16)，原先为静止的物质在 ($p_1\gg p_0$ 的) 强激波中所获得的动能和内能是相等的，按 1 克计算两者皆为 $u_1^2/2$. 这样大小的能量在数值上就等于图 12.20 上三角形 OAB 的面积. 既然连续微粒被假定是不可压缩的，我们也就不关心物质在激波中所获内能的去向. 该能量要转变成热量，它就是运动机械能的损耗. 这样，全部质量 M 的动能在 dt 时间内的减少就等于质量 dM 之内能的增加，这里 dM 是激波在 dt 时间内扫过的质量：

$$-d\left(\frac{M\overline{u}^2}{2}\right)=-\beta d\left(\frac{Mu_1^2}{2}\right)=\frac{u_1^2}{2}\,dM. \tag{12.63}$$

式中用 $\overline{u}^2=\beta u_1^2$ 表示质量 M 的运动速度之平方的平均值. 借助方程 (12.62)，(12.61)，很容易算出系数 $\beta=3/(k+k^{2/3}+k^{1/3})$.

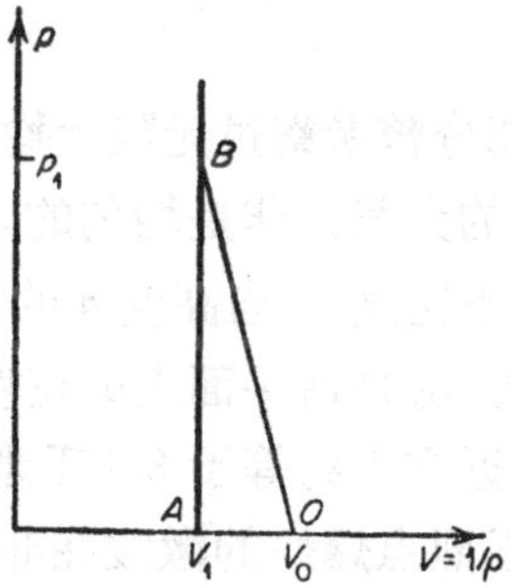

图 12.20 由无强度、不可压缩的沙粒组成的沙堆的激波绝热曲线

1) 关于考虑连续物质压缩性的多孔材料的激波压缩问题，请参看第十一章 § 10.

积分方程 (12.63)，我们便得到激波的衰减规律：

$$u_1^2 = \text{常数} \cdot M^{-(1+\beta)/\beta} = \text{常数} \cdot M^{-n}.$$

在这里，与本章前几部分类似，我们也用 n 表示比能量公式中质量的幂指数： $n=(1+\beta)/\beta$. 运动的总动能 $E_k = \dfrac{M\bar{u}^2}{2} \sim M^{-(n-1)}$；而总动量 $I \sim Mu_1 \sim M^{1-n/2}$. 由于 $\beta > 0$，所以指数 n 总是被限制在 $1 < n < 2$ 的范围内（对照 § 18 中的结果）. 在 $k \to 0, \beta \to \infty, n \to 1$ 这种连续的不可压缩介质的极限情况下，能量是守恒的，而动量则随着时间而增加. 在 $k \to 1, \beta \to 1, n \to 2$ 这种物质是极端多孔的（介质可被强烈“压缩”的）极限情况下，动量是守恒的，而能量是减少的. 在 $0 < k < 1$ 的一般情况下，能量是减少的（转变为热量），而动量是增加的. 我们看到，这里的情况和冲击气体表面时的情况完全一样（见 § 18）.

同样，在“点”爆炸的极限情况下，初始能量是无限大（如果 $k \neq 0, n > 1$，那么当 $M \to 0$ 时，$E_k \sim M^{-(n-1)} \to \infty$）.

与前边的类似，也可以考察由不可压缩微粒组成的多孔物质中的汇聚激波.

5. 激波在密度为指数分布的非均匀大气中的传播

§ 22 强烈点爆炸

在第一章第 4 部分曾考察过无限大均匀介质中的强爆炸问题. 众所周知，地球的大气并非是均匀的，空气的密度随着高度而减小，且在一定近似下密度 ρ_0 与高度 h 的关系可由压高公式 $\rho_0 = \rho_{00}e^{-h/\Delta}$ 来描写，此处 ρ_{00} 是海平面上的密度；Δ 是所谓的标准大气高度，在地球表面附近它大约等于 8.5 千米[1].

我们看一看，强烈点爆炸的激波在非均匀大气中是如何传播

1) 实际上地球的大气并不是严格指数型的. 因为空气的温度随着高度而改变. 尺度Δ的定义是 $\Delta = -(d\ln\rho/dh)^{-1}$，当高度在 150 千米以下时，它的变化范围是 6 到 15 千米. 当高度在 150 千米以上时，尺度Δ还要大一些.

的．显然，这时我们感兴趣的是过程的这样一个阶段，在这一阶段内爆炸波离开爆炸点的距离可与非均匀性的尺度 Δ 相比较；也只有在这时非均匀性的影响才会表现出来． 我们假定激波很强(波阵面后的压力比波阵面前的压力大很多)．

这时气体动力学过程不是自模的，因为存在长度尺度 Δ，运动也不是一维而是二维的． 在竖直轴通过爆炸点的柱坐标中，运动依赖于坐标 z 和半径 r． 气体动力学问题的完全解，只有通过对气体动力学方程进行数值积分才能求得．但是，可以根据 A. C. 康帕涅茨提出的一些简单考虑(文献 [28])，求得关于激波传播特点和激波阵面形状的一些概念．

我们假定，和均匀介质中的爆炸一样，压力几乎在整个(被爆炸波所扫过的)体积内保持常数，而在波阵面上则沿着波阵面的表面保持不变，并且波阵面上的压力正比于按体积平均的压力，即正比于爆炸能量与整个体积 Ω 的比值：

$$p_1 = (\gamma - 1)\lambda \frac{E}{\Omega}. \tag{12.64}$$

这里，$\lambda(\gamma)$ 是数值系数，为了估计，它可以适当地选取，例如可以根据均匀介质中的爆炸问题的解来选取它(见第一章)．我们令激波阵面在柱坐标中的方程为 $f(z, r, t) = 0$． 将这个方程微分，得到

$$\frac{\partial f}{\partial z} dz + \frac{\partial f}{\partial r} dr + \frac{\partial f}{\partial t} dt = 0$$

或者

$$\frac{\partial f}{\partial z} D_z + \frac{\partial f}{\partial r} D_r = \mathbf{D} \cdot \nabla f = -\frac{\partial f}{\partial t},$$

此处，D_z 和 D_r 是波速矢量 $\mathbf{D}$ 的分量．波阵面速度的法向分量由已知公式表示：

$$D_n = -\frac{\partial f}{\partial t} \Big/ |\nabla f|.$$

但是，根据强激波阵面上的条件

$$D_n = \left(\frac{p_1}{\rho_0}\frac{\gamma+1}{2}\right)^{1/2},$$

此处 ρ_0 是波阵面上某一点处的波前密度.

根据后两个表达式,我们有

$$\left(\frac{p_1}{\rho_0}\frac{\gamma+1}{2}\right)^{1/2} = -\frac{\partial f}{\partial t}\Big/|\nabla f|.$$

将公式 (12.64) 的压力 p_1 代入此式, 并借助围成体积 Ω 之波阵面的方程,将体积 Ω 表示为 $\Omega = \int d\Omega$ 的积分形式.

同时,我们将认为方程 $f = f(z, r, t)$ 是对于半径 $r = r(z,t)$ 求解的. 而大气分布被认为是严格指数型的. 通过上述手续便可导出关于待求函数 $r = r(z, t)$ 的偏微分方程, 在文献 [28] 中已得到该方程的精确解.

激波阵面的发展,可从取自上述文献的图形 (12.21) 看出, 该图中在经过爆炸点(经过 z 轴)的竖直平面上画出了波的剖面. 图 12.21 上画的是一系列时刻的剖面. 在开始时, 波是球形的, 然后逐渐呈卵状.

对不同方向上的运动来说, 波强度的改变是不一样的. 在垂直向下的方向上,即在密度增加最快的方向上,激波的减弱和减缓是最快的. 相反, 当垂直向上, 即沿着密度减小最快的方向运动时, 激波甚至是加速的,并在有限时间 τ 内就向上达到无穷远,仿

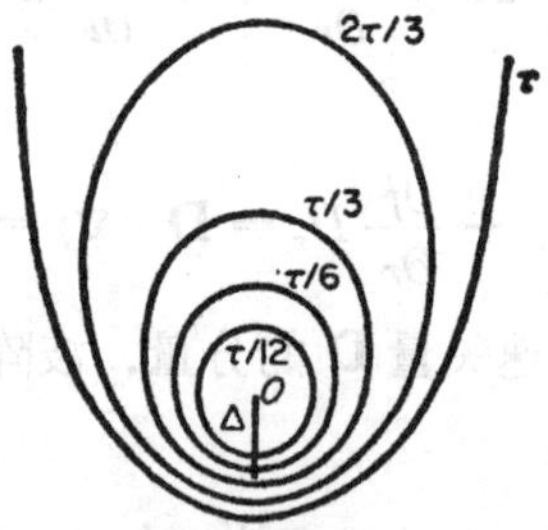

图 12.21 当在大高度上进行强爆炸时, 在经过爆炸点的竖直平面上所得到的激波阵面的剖面图.

图上标出了一系列时刻. 在间隔 Δ 上,大气密度变化至 e 倍

佛它将大气“冲破”了似的．这时，波阵面形成一个类似于“大水杯”的形状，而在这个巨大杯腔之内压力下降到很小的量值（在所作近似范围内，下降到零）．当沿着水平方向运动时，波是减弱的，但比向下运动时为慢．

容易解释向上运动时激波在大距离上被加速的物理原因（文献 [31]）．如果 R 是激波上端点至爆炸中心的距离，那么腔的体积 Ω 就正比于 R^3，而压力 $p_1 \sim E/R^3$．波阵面前的密度等于 $\rho_0 = \rho_c \exp(-R/\Delta)$，此处 ρ_c 是爆炸高度上的密度，因此当 $R \to \infty$ 时，波阵面的速度

$$D \sim \left(\frac{p_1}{\rho_0}\right)^{1/2} \sim \frac{E^{1/2}}{\rho_c^{1/2} R^{3/2}} e^{\frac{R}{2\Delta}} \tag{12.65}$$

要无限地增大，而波向上达到无穷远所需要的时间，

$$\tau = \int_0^\infty \frac{dR}{D} \sim \frac{\rho_c^{1/2}}{E^{1/2}} \int_0^\infty R^{3/2} e^{-\frac{R}{2\Delta}}\, dR$$

却是有限的[1)]．就像由这个关系所得到的，“冲破”大气的时间 $\tau = \nu(\rho_c \Delta^5/E)^{1/2}$，此处 ν 是个常数（它应由问题的完全解确定）．不难看出，τ 是一个唯一的有时间量纲的量，它可由问题的下述三个有量纲参量组成：E，ρ_c，Δ．

与文献 [28] 相比，在 Э. И. 安德里昂钦，A. M. 考岗，A. C· 康帕涅茨和 B. П. 克拉依诺夫的工作（文献[29]）中，激波的运动规律、波阵面的形状，以及常数 ν 都要更精确一些，因为虽然两个文献都是在同样的普遍提法下讨论问题，但是后者考虑了激波上的压力沿波阵面的分布．在这种情况下，波阵面每一部分的运动都能被确定．常数 ν 的精确值等于 $\nu \approx 24$（当绝热指数 $\gamma=1.2$ 时）．至“冲破”大气的时刻，激波向下所通过的距离约为 2Δ，而在水平方向上（爆炸点的高度上）则大约为 3.5Δ．根据问题本身的提法，解（文献 [28, 29]）在接近冲破大气的时刻是不适用的，因为

1）我们指出，与球对称的情况不同，在以爆炸点为顶点的某一立体角内所含有的能量并非保持不变．因能量具有自下而上“转移”的趋势，这也就促进了激波向上加速（相反，质量则沿着波阵面自激波的上部区域向下部区域转移）．

那时压力将下降到零，而激波的传播（在所作近似下）也就停止.

大气的非均匀性仅在这种爆炸中才会表现出来，该种爆炸所产生的激波能达到超过非均匀性尺度Δ的距离，并且那时仍然是很强的. 在相反的情况下，激波在大气还没有表现出非均匀性之前就已衰竭，而爆炸就像在均匀大气中一样地进行. 能保证激波阵面实现前一种情况的近似条件，可以这样地确定(文献[29])：当波(按照均匀大气中的爆炸规律)传播到距离Δ时，波阵面上的压力与波阵面之前空气的压力之比 p_1/p_0 应该超过 $(\gamma+1)/(\gamma-1)$，比如说为后者的10倍(见第一章§25 84页的脚注). 例如，在100千米的高度上，$p_0\approx10^{-6}$ 大气压 = 1巴，而这一条件 ($p_1/p_0\approx100$) 只有在爆炸能量 $E>10^{20}$ 尔格时才能得到满足. 小高度上的、强度不算特别大的爆炸，实际上和均匀大气中的爆炸情况相仿.

§23 激波在密度增加方向上的自模运动

我们较仔细地考察一下，在垂直向下运动的强爆炸激波的一些下沿点范围内，气体动力学过程是如何进行的. 当在均匀大气中进行爆炸时，体积内部的压力是被拉平的，并且只比激波阵面上的压力小到 $\frac{1}{2}$—$\frac{1}{3}$ (见第一章§25和§26). 这部分内压力"维持着"激波，使激波的衰减要比没有内压力时为慢. 如果将平面爆炸运动与平面短促冲击运动作一番比较(参看本章前一部分)，我们就会特别清楚地看到内压力起着突出的作用. 在后一种情况下，激波之后区域内的压力要下降到零，即不存在维持激波的内压力. 因此，激波的衰减要比平面爆炸时为快. 当在非均匀大气中进行爆炸的时候，也要产生某种类似的情况. 此时，由于激波向上加速，腔的体积迅速增大，因而腔内的压力急剧下降. 这就导至下述情况：内压力不足以维持向下传播的激波，而一些下层的气体则要离开波阵面向上流，并且冲向"真空"区域. 在某种程度上，这种情况近似于短促冲击问题的情形．使它与上述问题近似的另一原因，是当激波离开爆炸点足够远时，下边部分的波阵面的曲率变得很小，而该部分波面及与它相接的波后气层都成为“平面的”．这样一来，为了对激波下边部分的气流进行近似描写，就应该适当地考察非均匀大气中的平面激波在密度增加方向上传播的理想化问题．很显然，它的提法应该是：

假设气体的密度在空间是按指数规律

$$\rho_0 = \rho^* e^{x/\Delta}, \quad \Delta = \text{常数} \tag{12.66}$$

分布的（为了方便，令 x 轴的方向朝下）．这种分布具有下述性质：假如在长度 Δ 内密度都等于 $\rho_0(X)$，则在长度为从 $x = -\infty$（该处的 $\rho_0 = 0$）到 $x = X$ 的具有单位横截面的柱体内所含有的气体质量，就等于在长度为 Δ 的柱体内所含有的气体质量，即

$$M = \int_{-\infty}^{X} \rho_0(x) dx = \rho_0(X)\Delta. \tag{12.67}$$

令在初始时刻 $t = 0$ 时，在密度很小区域内的某一地点，即在 $x \approx -\infty$ 处，实施一个短促的平面冲击．那么，在气体中，向着密度增加的方向要传播一个激波，而被其加热的气体将向真空方向膨胀．

我们寻求这样一个阶段内的极限运动，此阶段中激波所扫过的气体质量 M 要比经受冲击初始作用的、密度很小的区域内的质量 m_0 大很多．可以认为气体的初始压力等于零．如所看出的那样，此问题的提法完全类似于对与真空交界的、具有恒定密度的气体之表面进行短促冲击的问题（见 § 13）．关于非均匀大气情况下的短促冲击问题，是在本书一位作者的工作 [30] 中得到叙述和解决的．

显然，极限运动 $(M \gg m_0)$ 是自模的．但是，这一自模性具有不平常的特点．问题就在于，与所讨论过的所有其它自模运动不同，在问题的条件中有长度尺度 Δ，但是没有量纲中含有质量符号的参量（一般来说，由于给定气体的初始密度，这样的参量是存在的）．公式 (12.66) 中的量 ρ^* 不能作为参量，因为它是不确定

的，其原因就在于坐标 x 的计算原点可以任意选择[1]。

坐标 x 只能确定到相差一个可加常数，因此运动也只依赖于坐标的差值，而不依赖于坐标 x 本身．坐标的差值就是从激波阵面算起的距离，如果波阵面的坐标用 X 表示，那么运动就依赖于下述无量纲距离

$$\xi = \frac{X - x}{\Delta}. \tag{12.68}$$

这个量就是自模变量，并且与所讨论过的所有其它自模运动不同，此自模变量中并不包含时间．当然，运动还是具有一个表征"冲击强度"的参量 A[2]，但是由于缺少另外一个量纲中含有质量符号的参量，所以不能由量 x, A, Δ 组成一个具有时间量纲的组合，从而也就不可能由独立变量和参量 x, t, A, Δ 组成一个含有时间 t 的无量纲变量．

当对问题的量纲特性和坐标 x 的不确定性作了这些说明以后，很容易求得激波的运动规律和写出关于待求函数：速度、压力和密度的普遍表达式．

激波阵面的速度为

$$D = \dot{X} = \alpha\frac{\Delta}{t}, \tag{12.69}$$

此处数值系数 α 仅依赖于绝热指数 γ．波阵面的坐标 X 随着时间按对数规律增加：

$$X = \alpha \cdot \Delta \ln t + \text{常数}. \tag{12.70}$$

激波阵面后的气体速度、密度和压力的表达式具有下列形式：

$$\left.\begin{aligned} u &= u_{阵}\tilde{u} = \frac{2}{\gamma+1}\alpha\frac{\Delta}{t}\tilde{u}, \\ \rho &= \rho_{阵}\tilde{\rho} = \frac{\gamma+1}{\gamma-1}\rho_0(X)\tilde{\rho}, \\ p &= p_{阵}\tilde{p} = \frac{2}{\gamma+1}\alpha^2\frac{\Delta^2}{t^2}\rho_0(X)\tilde{p}, \end{aligned}\right\} \tag{12.71}$$

1) ρ^* 固然是点 $x=0$ 处的密度，但是我们完全可以将原点 $x=0$ 移动到具有任意密度的地点．

2) 在以后，它将与爆炸能量相联系，

此处，无量纲表象函数 $\tilde{u}$，$\tilde{\rho}$，$\tilde{p}$ 依赖于自模变量 ξ（由激波阵面算起的无量纲距离）和绝热指数 γ. 这些表象函数要这样来确定，要使得在激波的阵面上，即 $\xi=0$ 时，它们都等于 1：

$$\tilde{u}(0)=\tilde{\rho}(0)=\tilde{p}(0)=1. \tag{12.72}$$

另外一个边界条件是，在“真空中”，当 $x=-\infty$，$\xi=\infty$ 时，$\tilde{p}(\infty)=0$.

直接位于激波阵面前的气体的密度 $\rho_0(X)$ 可通过由公式(12.67)表述的阵面的质量坐标 M 来表示.

与几何坐标不同，激波所扫过的气体质量，也和通常一样，是按幂指数规律依赖于时间的，因为 $\dot{M}=\rho_0(X)\dot{X}=M\dot{X}/\Delta=M\alpha t^{-1}$，所以有

$$M=At^{\alpha}. \tag{12.73}$$

这里的 A 是积分常数，它是一个表征“冲击强度”的参量. 它的量纲是 $[A]=$ 克·厘米$^{-2}$秒$^{-\alpha}$. 这样一来，可向公式(12.71)中代入 $\rho_0(X)$ 对时间的显式关系：

$$\rho_0(X)=\frac{M}{\Delta}=\frac{At^{\alpha}}{\Delta}. \tag{12.74}$$

如上面已经指出的，运动具有不平常的自模性：速度剖面、密度剖面和压力剖面都仿佛被“系在”激波的阵面上，随同阵面一起运动，而不随着时间被拉长(变化的只是这些量的强度). 但是，在拉格朗日坐标中，运动则是一般意义下的自模运动. 拉格朗日坐标 m 为

$$m=\int_{-\infty}^{x}\rho(x)dx=\text{常数}\cdot M\int_{\xi}^{\infty}\tilde{\rho}(\xi)d\xi,$$

于是 ξ，从而还有 $\tilde{u}$，$\tilde{\rho}$，$\tilde{p}$ 都是自模变量 $\eta=m/M=m/At^{\alpha}$ 的函数.

在拉格朗日坐标中求解自模运动方程是方便的. 将表达式(12.71)和(12.74)代入相应的气体动力学方程：

$$\frac{\partial u}{\partial t}+\frac{\partial p}{\partial m}=0,\quad \frac{\partial(1/\rho)}{\partial t}-\frac{\partial u}{\partial m}=0,\quad p\rho^{-\gamma}=F(m).$$

我们就得到关于表象函数 $\tilde{u}(\eta)$，$\tilde{\rho}(\eta)$，$\tilde{p}(\eta)$ 的方程：

$$\left.\begin{aligned}&\tilde{u}+\alpha\eta\tilde{u}'=\alpha\tilde{p}';\\&\frac{1}{\tilde{\rho}}+\eta\left(\frac{1}{\tilde{\rho}}\right)'=-\frac{2}{\gamma-1}\tilde{u}';\\&\tilde{p}\tilde{\rho}^{-\gamma}\eta^{\frac{2}{\alpha}+\gamma-1}=1.\end{aligned}\right\}\tag{12.75}$$

积分第二个方程，并从方程组中消去 $\tilde{\rho}$ 和 $\tilde{u}$，我们便得到问题的基本方程

$$\frac{d\tilde{p}}{d\eta}=\frac{\gamma+1}{2\alpha}\cdot\frac{1-\dfrac{\gamma-1}{\gamma+1}\left(1-\dfrac{2-\alpha}{\gamma}\right)\tilde{p}^{-\frac{1}{\gamma}}\eta^{-\frac{2-\alpha}{\alpha\gamma}}}{1-\dfrac{\gamma-1}{2\gamma}\tilde{p}^{-\frac{1}{\gamma}-1}\eta^{1-\frac{2-\alpha}{\alpha\gamma}}}.\tag{12.76}$$

解 $\tilde{p}(\eta)$ 应经过两点 $\tilde{p}(1)=1$ 和 $\tilde{p}(0)=0$，以此可确定出指数 α.

在 $\gamma=2$ 的特殊情况下，成功地求得了问题精确的解析解．我们有

$$\left.\begin{aligned}&\alpha=\frac{3}{2},\qquad M\sim t^{3/2},\\&D=\frac{3}{2}\frac{\Delta}{t};\quad u_{阵}\sim\frac{1}{t},\\&\rho_{阵}\sim t^{3/2},\qquad p_{阵}\sim\frac{1}{t^{1/2}};\\&\tilde{p}=\eta,\qquad \tilde{\rho}=\eta^{5/3},\\&\tilde{u}=\frac{3}{2}\left(1-\frac{1}{3}\eta^{-2/3}\right)^{1)}.\end{aligned}\right\}\tag{12.77}$$

在欧拉坐标中，解具有下列形式：

$$\tilde{p}=(1+2\xi)^{-3/2},\ \tilde{\rho}=(1+2\xi)^{-5/2},\ \tilde{u}=1-\xi.\tag{12.78}$$

当 $\gamma=1$ 时，也能得到解析解：$\alpha=1$，$\tilde{p}=\eta$，$\tilde{\rho}=\eta^{3}$，$\tilde{u}=1$．这

---

1) 拉格朗日坐标中的解完全类似于 $\gamma=7/5$ 情况下的普通短促冲击问题的解析解(见(式 12.42)).

种情况只是从限制自模指数 α 的角度来看才是有意义的，因为它对应着激波阵面内气体的无限压缩，因此在欧拉坐标中 $\tilde{p}$, $\tilde{\rho}$, $\tilde{u}$ 都要变为 δ 函数：$\delta(\xi)$.

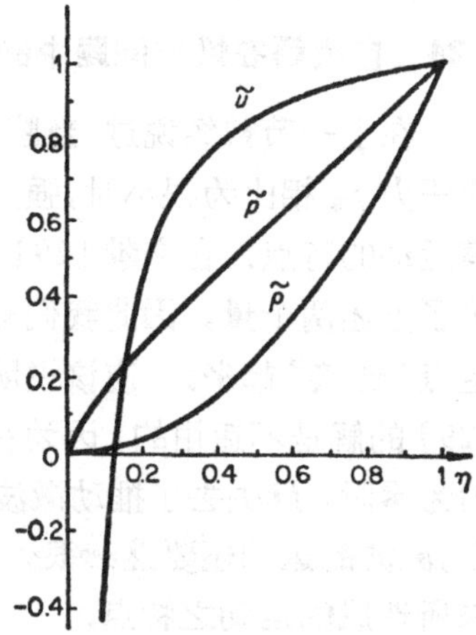

图 12.22　速度 $\tilde{u}$、压力 $\tilde{p}$ 和密度 $\tilde{\rho}$ 沿质量坐标的分布

由于实际的 γ 值都被限制在 $1<\gamma<2$ 的范围内，所以必须认为与其相应的自模指数的值都处在间隔 $1<\alpha<\frac{3}{2}$ 之内[1].

在任意 γ 值下，解可以用试探法对方程 (12.76) 进行数值积分而求得.

在图 12.22 和图 12.23 上，对 $\gamma=1.25$ 的情况，分别画出了用上述方法所得到的速度、密度和压力沿质量和空间的分布. 这时

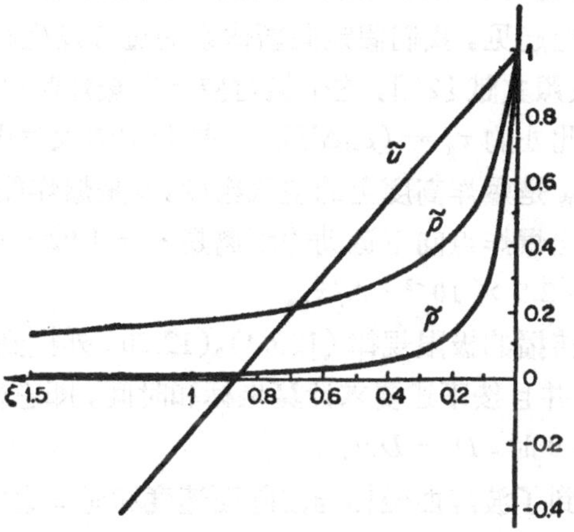

图 12.23　激波后的速度 $\tilde{u}$、压力 $\tilde{p}$ 和密度 $\tilde{\rho}$ 的空间分布

1) 如果对能量平衡和动量平衡进行与 § 16 中相类似的考察，将会导出总的限制范围 $1<\alpha<2$.

指数 α 为 $\alpha = 1.345$.

§24 自模解在爆炸问题中的应用

在上一节曾经说过，当腔内的压力 $p_{内}$ 与激波阵面之下端点处的压力 $p_{阵}$ 相比为很小时，强烈点爆炸激波的向下运动具有所说自模运动的特点. 在文献 [29] 中对激波的运动进行了数值计算，讨论了上述两个量，因此我们有可能将自模解与数值计算在某一确定点“连接”起来. 应该说明，在腔内压力急剧减小的时刻文献 [29] 的解是不适用的，因为在文献 [29] 的近似之下，当腔内的压力为零时，就失去了推动激波的力. 然而实际上，在这个时刻之后，激波的运动还要继续很久，并且它刚好具有由最初“推动”的后果所造成的运动之特点.

一些数值估计表明，在腔内压力变得比波阵面上压力小很多的时候，波阵面的速度还是相当大的，所以当我们考察以后的运动时，未扰动空气的反压还是可以忽略的. 因此，在冲破大气之后的一定时间内，还可以用自模解描写激波向下的传播.

为了确定起见，我们假定向新体系的过渡发生在 $p_{阵}/p_{内} = 10$ 的时候. 按照文献 [29]，这个值对应于自爆炸时刻算起的时间 $t_1 = 19\tau_k$，此处的 $\tau_k = (\rho_{内}\Delta^5/E)^{1/2}$ 是非均匀大气中爆炸的时间特征尺度（$\rho_{内}$ 是爆炸高度上的空气密度，E 是爆炸能量）. 至时刻 t_1 时，激波自爆炸点向下运动的距离是 $z = 1.9\Delta$；这时波阵面速度等于 $D_1 = 2.5 \times 10^{-2} \cdot \Delta/\tau_k$.

将激波传播的极限规律 (12.69)，(12.70) 外推到向新体系“过渡”的时刻，并且按下述要求计算坐标和时间，即它们满足初始条件：当 $X = 0$ 时，$D = D_1$[1)].

我们得到了波阵面坐标与波阵面速度和时间之间的近似关系（坐标是由向新体系“过渡”之点向下计算的）：$X = \alpha \cdot \Delta \ln \dfrac{D_1}{D} =$

1) 在这种情况下，“过渡”时刻之前的过程所引起的乃是“短促冲击”的作用.

$\alpha\Delta\ln\frac{t}{\theta}$.

参量 D_1 和 θ 由爆炸的参量按下述表达式确定：$D_1 = 2.5\times 10^{-2}\frac{\Delta}{\tau_k} = 2.5\times 10^{-2}\left(\frac{E}{\rho_{内}\Delta^3}\right)^{1/2}$ 1)；$\theta = 40\alpha\tau_k$，$\alpha = 1.345$，当 $\gamma = 1.25$ 时．冲击的参量 A，在同样的近似下，则为 $A = e^{1.9}\rho_{内}\Delta\theta^{-\alpha} = 6.7\rho_{内}\Delta\cdot\theta^{-\alpha}$.

利用各参量的实际数值所进行的估计表明，在激波从"过渡时的"速度 D_1 减缓到尚比冷空气中的声速超过几倍的速度 $D\approx 1$ 千米/秒的过程中，激波向下所通过的距离大约是 $(2\div 3)\Delta$.

在这个距离上还要添加一个自爆炸点向下的约为 2Δ 的距离，这后一个距离是由文献 [28，29] 的理论所得到的．这就是说，在强爆炸激波的速度减缓到近于 1 千米/秒的过程中，激波自爆炸点向下所通过的距离约为 $(4\div 5)\Delta$.

§ 25 激波在密度减少方向上的自模运动．在爆炸中的应用

我们来考察激波在指数大气 (12.66) 中的自 $+\infty$ 向 $-\infty$ 方向传播的自模运动．这一问题与激波向星体表面奔驰问题（见本章第 3 部份）相类似，差别仅在于在后一问题中大气不是指数型的而是幂指数型的；但是大气的指数特性使运动具有更独特的性质．所说这一问题曾由本书一位作者所解决（文献 [31]）．很清楚，这一问题的解可以用来描写强爆炸激波的上边部份的运动以及与它相连的那个区域，这两者都是在爆炸后经过一定时间从中心区域的影响范围内"挣脱"出来的．

我们假定，激波在 $t = 0$ 的时刻奔至大气的"边界" $x = -\infty$ 处（那里的 $\rho_0 = 0$），即认为奔至之前的时间是负的．

§ 23 开头所说的指数大气中的运动之量纲特性，在这里仍然

---

1) 参量 D_1 和 θ 的数值对于过渡值 $p_{阵}/p_{内}$ 的选择的依赖是很弱的．例如，在文献 [29] 中所计算的最后一个时刻（接近于"冲破"大气的时刻）$t = 23.4\tau_k$ 时，$z\approx 2\Delta$，$D = 2.12\times 10^{-2}\Delta/\tau_k$，$p_{阵}/p_{内} = 22$.

存在. 因此 § 23 中的所有方程在这里仍然成立. 唯一应考虑的就是要改变时间的符号. 波阵面的速度仍为

$$D = \dot{X} = \alpha \frac{\Delta}{t}, t < 0, D < 0,$$

而波阵面的坐标现在为

$$X = \alpha\Delta \ln(-t) + \text{常数}.$$

波阵面的拉格朗日坐标为

$$M = A(-t)^{\alpha}, \ \alpha > 0.$$

和先前一样,常数 A 表征了激波源的强度[1]. 表达式 (12.71)、方程 (12.75) 和基本微分方程都保持不变. 所改变的只是积分的范围. 在那里, $\eta = m/M$ 是从波阵面上的值 1 变化到低密度区域内的值 0; 而在这里,则是从波阵面上的值 1 变化到高密度区域内的值 ∞. 波阵面上的边界条件仍和原来的一样, 而另外一个

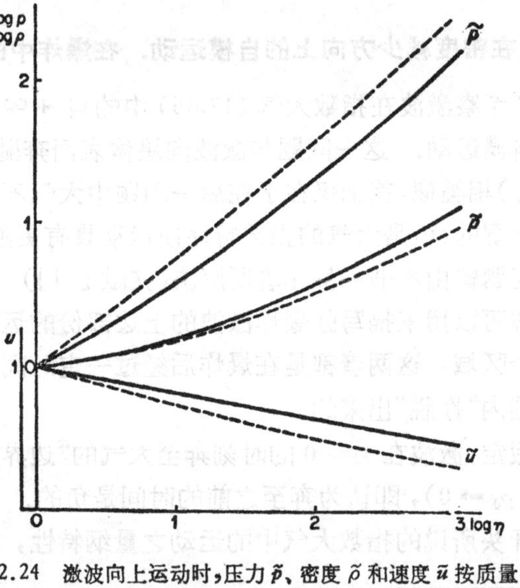

图 12.24 激波向上运动时,压力 $\tilde{p}$、密度 $\tilde{\rho}$ 和速度 $\tilde{u}$ 按质量坐标的分布. 实线对应于 $\gamma = 1.2$; 虚线对应于 $\gamma = 5/3$

1) 当然,自模指数 α 和常数 A 与 § 23 中的相应量没有任何共同之处,因为问题是完全不同的.

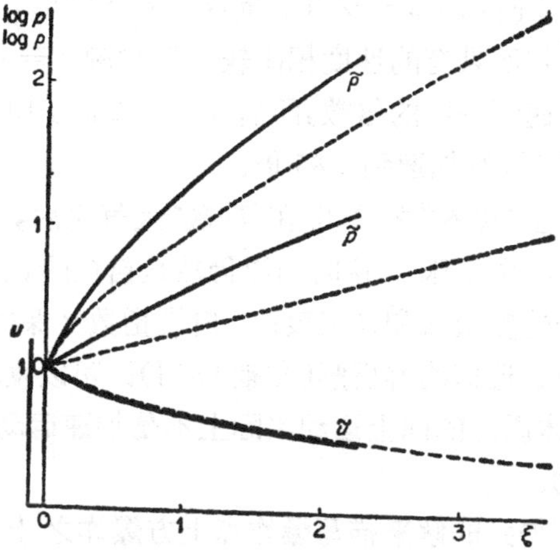

图 12.25 激波向上运动时，压力 $\tilde{p}$、密度 $\tilde{\rho}$ 和速度 $\tilde{u}$ 沿空间的分布．实线对应于 $\gamma = 1.2$；虚线对应于 $\gamma = 5/3$

$\eta = \infty$ 时的边界条件（它所对应的时刻是 $t = 0$ ($M = 0$)) 要这样确定： 要求在极限 $t \to 0$ 之下能从表达式 (12.71) 中消去时间.

在图 12.24 和图 12.25 上画出了关于两个绝热指数 $\gamma = 1.2$ 和 $\gamma = 5/3$ 的数值解的结果. 所得到的自模指数 α 的值分别为 $\alpha = 6.48$ 和 $\alpha = 4.90$. 当 η 足够大的时候，可从方程得到近似的解析解，由此可以求出激波奔至大气“边界”之时刻的速度、压力和密度按质量的分布

$$(u)_{t=0} \sim -m^{-1/2},\ (p)_{t=0} \sim m^{1-\frac{2}{\alpha}},\ (\rho)_{t=0} = \frac{m}{\Delta}.$$[1]

其中第三个表达式说明了，每一个(其拉格朗日坐标为 m 的)气体质点（在激波经过时被压缩至 $(\gamma + 1)/(\gamma - 1)$ 倍)至时刻 $t = 0$ 时又膨胀到自己原来的密度 $\rho_0 = \frac{m}{\Delta}$. 这意味着，至激波奔至边界的时刻，整个初始大气在运动的方向上移动了一个确定的距离

1) 在文献 [31] 中列有比例系数。

d. 当 $\gamma = 1.2$ 时，$d/\Delta = 7.50$；而当 $\gamma = 5/3$ 时，$d/\Delta = 4.57$. 与激波压缩时刻所具有的速度相比较，至时刻 $t = 0$ 时每一个气体质点都要加速到一定的倍数，即当 $\gamma = 1.2$ 时，加速到 1.54 倍；而当 $\gamma = 5/3$ 时，则加速到 1.85 倍.

在激波奔至"边界"之后，即在"冲破"大气之后，当 $t > 0$ 时气体要继续向真空中膨胀. 这时的流仍然是自模的，因为它同样仍由两个有量纲的参量 Δ 和 A 来表征；自模指数 α 保持不变. 对于这一运动曾得到近似的解析解(文献 [31]). 可以发现，在"冲破"大气之后，气体质点的向上运动实际上不是加速运动，而是依靠惯性的等速运动.

为了用所得到的解来描写爆炸点上方爆炸之上部区域内流场，必须将任意参量 A 与能够表征爆炸的量（能量 E）和爆炸高度上的密度 $\rho_内$ 联系起来. 为此，可以利用激波的向上传播速度的估计公式 (12.65)，只要借助均匀大气中爆炸的公式 (12.64) 将它之中的数值系数确定下来. 如从式 (12.65) 所看出的，随着离开爆炸点的距离的增加，波的速度开始是减小的(因密度的降低暂时还小)，而后便开始增大. 速度在 $R = 3\Delta$ 时取最小值. 可以近似地认为，运动的自模规律 $|D| = \alpha\Delta/(-t)$ 刚好是在波开始被加速的时刻生效的. 由此得到波跑到无穷远所需要的时间是

$$\tau = \alpha \frac{\Delta}{|D|_{\min}} = 常数 \left(\frac{\Delta^5}{\rho_内 E}\right)^{1/2} \text{ 1)}.$$

当 $\gamma = 1.2$ 时，常数等于 25，这实际上与文献 [29] 所求得的值精确地相符. 因而，将自模解与文献 [29] 的计算"连接"，可得到同样的结果. 已知时刻 $t = -\tau$——它是波到达爆炸点上方 $R = 3\Delta$ 的距离之时刻，也即是波处在具有已知拉格朗日坐标之点的时刻，便可以确定出 A：

$$A = 常数\, E^{\frac{\alpha}{2}} \Delta^{1-\frac{5}{2}\alpha} \rho_内^{1-\frac{\alpha}{2}}.$$

---

1) 波自爆炸中心到点 $R = 3\Delta$ 的运动时间要比 τ 小很多.

最后我们指出，其速度被激波加速到超过第二宇宙速度的那些空气层，原则上应该摆脱地球的引力场，并“洒”向宇宙空间．但是，由于被强激波加热的空气要产生电离，所以这种向上的飞散要受到地球磁场的减速作用的限制．关于某些涉及很稀薄的等离子体向具有磁场的真空空间膨胀的问题，曾在文献［32］中进行过讨论．

附　录

常用常数；单位间关系；公式[1]

基本常数

光速	$c = 2.998 \cdot 10^{10}$ 厘米/秒
普朗克常数	$h = 6.625 \cdot 10^{-27}$ 尔格·秒
	$\hbar = h/2\pi = 1.054 \cdot 10^{-27}$ 尔格·秒
电子电荷	$e = 4.802 \cdot 10^{-10}$ 静电单位
电子质量	$m_e = 9.109 \cdot 10^{-28}$ 克
质子质量	$m_p = 1.672 \cdot 10^{-24}$ 克
单位原子量的质量	$M_0 = 1.660 \cdot 10^{-24}$ 克
玻耳兹曼常数	$k = 1.380 \cdot 10^{-16}$ 尔格/度
普适气体常数	$R = 8.314 \cdot 10^{7}$ 尔格/度·克分子
	$= 1.986$ 卡/度·克分子
阿伏伽德罗数	$N_0 = 6.023 \cdot 10^{23}$/克分子
洛喜密脱数	$n_0 = 2.687 \cdot 10^{19}$/厘米^3

单位间关系

1 电子伏的能量	$E_0 = 1.602 \cdot 10^{-12}$ 尔格
与 1 电子伏相当的温度	$= E_0/k = 11{,}610^\circ$K
与 1 电子伏相当的频率	$= E_0/h = 2.418 \cdot 10^{14}$/秒

---

1) 这些常数值取自 C. W. Allen, Astrophysical Quantities. (Athlone Press) Oxford Univ. Press, New York，第二版，1963（中译本：C. W. 艾伦，物理量和天体物理量，上海人民出版社，1976）.

本附录中的一些常数和数值，与正文中使用的那些常数和数值在最后一位有效数字上可能稍微不同，正文根据的是艾伦这本书的第一版（1955 年）中给出的常数.

与1电子伏相当的波长　　$= hc/E_0 = 1.240 \cdot 10^{-4}$ 厘米 $=$ 12,400 Å

与1电子伏相当的波数　　$= E_0/hc = 8067$/厘米

在光谱学中经常用波数来代替频率.

波数 $1/\lambda = 1$/厘米，与此相当的：

波长　　$\lambda = 10^8$ Å

频率　　$\nu = 2.998 \cdot 10^{10}$/秒

温度　　$T = h\nu/k = 1.439$°K

量子能量　$h\nu = 1.240 \cdot 10^{-4}$ 电子伏 $= 1.986 \cdot 10^{-16}$ 尔格

1卡 $= 4.185 \cdot 10^7$ 尔格

1千卡 $= 10^3$ 卡

每分子1电子伏能量相当的热量为 23.05 千卡/克分子

1伏特 $= 1/300$ 静电电势单位

原子常数和常数间关系

玻尔半径　　$$a_0 = \frac{h^2}{4\pi^2 m e^2} = \frac{\hbar^2}{m e^2} = 0.529 \cdot 10^{-8}\text{厘米}$$

氢原子的电离势

$$I_H = \frac{e^2}{2a_0} = \frac{2\pi^2 e^4 m}{h^2} = \frac{e^4 m}{2\hbar^2} = 13.60\ \text{电子伏}$$

里德伯常数　　$$R_y = \frac{I_H}{h} = \frac{2\pi^2 e^4 m}{h^3} = 3.290 \cdot 10^{15}/\text{秒}$$

在第一玻尔轨道中的电子速率

$$v_0 = \frac{2\pi e^2}{h} = \frac{e^2}{\hbar} = 2.187 \cdot 10^8\ \text{厘米/秒}$$

经典电子半径　　$$r_0 = \frac{e^2}{mc^2} = 2.818 \cdot 10^{-13}\ \text{厘米}$$

康普顿波长　　$$\lambda_0 = \frac{h}{mc} = 2.426 \cdot 10^{-10}\ \text{厘米}$$

$$\lambda\!\!\!^{-}_0 = \frac{\lambda_0}{2\pi} = \frac{\hbar}{mc} = 3.862 \cdot 10^{-11}\ \text{厘米}$$

电子的静止质量能

$$mc^2 = 511 \text{ 千电子伏} = 8.185 \cdot 10^{-7} \text{ 尔格}$$

1/精细结构数 = "137", $\frac{\hbar c}{e^2} = \frac{hc}{2\pi e^2} = 137.0$

长度比 $a_0 = \text{“137”}\lambda\!\!\!^{-}_0 = \text{“137”}^2 r_0$

能量比 $mc^2 = 2I_H\text{“137”}^2$

汤姆孙散射截面 $\varphi_0 = \frac{8}{3}\pi r_0^2 = 6.65 \cdot 10^{-25}$ 厘米^2

质量比(质子/电子) $m_p/m_e = 1836$

质子的电场(在第一玻尔半径距离处)

$$\frac{e^2}{a_0^2} = 1.714 \cdot 10^7 \text{ 静电单位}$$

$$= 5.14 \cdot 10^9 \text{伏特/厘米}$$

具有单位振子强度的光谱线面积

$$\frac{\pi e^2}{mc} = 0.0265 \text{ 厘米}^2\text{/秒}$$

原子的单位散射截面

$$\pi a_0^2 = 0.880 \cdot 10^{-16} \text{ 厘米}^2$$

公式

绝对黑体表面的辐射能流

$$S = \sigma T^4 = 5.67 \cdot 10^{-5} T^4_{\text{度}}$$

$$= 1.03 \cdot 10^{12} T^4_{\text{电子伏}} \text{ 尔格/厘米}^2 \cdot \text{秒}$$

(σ = 斯提芬-玻耳兹曼常数)

平衡辐射能密度

$$U_p = \frac{4\sigma T^4}{c} = 7.57 \cdot 10^{-15} T^4_{\text{度}}$$

$$= 1.36 \cdot 10^2 T^4_{\text{电子伏}} \text{ 尔格/厘米}^3$$

平衡辐射能的谱密度

$$U_{\nu p} d\nu = \frac{8\pi h\nu^3}{c^3} \frac{1}{e^{h\nu/kT} - 1} d\nu \text{ 尔格/厘米}^3$$

（在 $h\nu = 2.822kT$ 的频率下取最大值）

光谱平衡辐射强度

$$I_{\nu p}d\nu = \frac{cU_{\nu p}d\nu}{4}$$

$$= \frac{2h\nu^3}{c^2}\frac{d\nu}{e^{h\nu/kT}-1} \text{ 尔格/厘米}^2\cdot\text{秒}\cdot\text{单位立体角}$$

沙赫方程

$$\frac{N_e N_+}{N_a} = A\frac{g_+}{g_a}T^{3/2}e^{-I/kT}$$

其中

$$A = 2\left(\frac{2\pi mk}{h^2}\right)^{3/2} = 4.85\cdot10^{15}/\text{厘米}^3\cdot\text{度}^{3/2}$$

$$= 6.06\cdot10^{21}/\text{厘米}^3\cdot\text{电子伏}^{3/2}$$

（N 以 1/厘米^3 为单位）

归一化的麦克斯韦分布函数

$$f(v)dv = 4\pi\left(\frac{m}{2\pi kT}\right)^{3/2}\exp\left(-\frac{mv^2}{2kT}\right)v^2dv$$

$$f(\varepsilon)d\varepsilon = \frac{2}{\pi^{1/2}}\frac{\varepsilon^{1/2}}{(kT)^{3/2}}e^{-\varepsilon/kT}d\varepsilon$$

电子速度

$$v_e = 5.93\cdot10^7\varepsilon_{\text{电子伏}}^{1/2} \text{ 厘米/秒}$$

原子量为 A 的粒子的速度

$$v = 1.38\cdot10^6(\varepsilon_{\text{电子伏}}/A)^{1/2} \text{ 厘米/秒}$$

电子平均热速度

$$\bar{v}_e = \left(\frac{8kT}{\pi m}\right)^{1/2} = 6.21\cdot10^5 T_{\text{度}}^{1/2}$$

$$= 6.7\cdot10^7 T_{\text{电子伏}}^{1/2} \text{厘米/秒}$$

粒子平均热速度

$$\bar{v} = 1.45\cdot10^5\left(\frac{T_{\text{度}}}{A}\right)^{1/2}$$

$$= 1.56\cdot10^6\left(\frac{T_{\text{电子伏}}}{A}\right)^{1/2} \text{ 厘米/秒}$$

经典阻尼常数

$$\gamma = \frac{8\pi^2 e^2 \nu^2}{3mc^2} = 2.47 \cdot 10^{-22} \nu^2/\text{秒}$$

$$= \frac{0.222 \cdot 10^{16}}{\lambda_{\text{Å}}^2}/\text{秒}$$

用 P_c = 在 0℃ 和 1 毫米水银柱压力下一个电子通过每厘米距离的平均碰撞次数表示散射截面 σ

$$\sigma = 2.83 \cdot 10^{-17} P_c \text{ 厘米}^2$$

比能

$$1 \text{ 电子伏/分子} = \frac{9.65 \cdot 10^{11}}{M} \text{ 尔格/克}$$

其中

$$M = \text{分子量}$$

参 考 文 献

第七章

1. Landau, L. D., and Lifshitz, E. M.
   Fluid Mechanics. Addison-Wesley, Reading, Mass., 1959.
2. Becker, R.
   Stosswelle und Detonation, *Z. Physik* **8**, 321–362 (1922).
3. Morduchow, M., and Libby, P. A.
   On a complete solution of the one-dimensional flow equations of a viscous, heat conducting, compressible gas, *J. Aeron. Sci.* **16**, 674–684, 704 (1949).
4. Meyerhoff, L.
   An extension of the theory of the one-dimensional shock-wave structure, *J. Aeron. Sci.* **17**, 775–786 (1950).
5. Thomas, L. H.
   Note on Becker's theory of the shock front, *J. Chem. Phys.* **12**, 449–453 (1944).
6. Herpin, A.
   La théorie cinétique de l'onde de choc, *Rev. Sci.* **86**, 35–37 (1948).
7. Puckett, A. E., and Stewart, H. J.
   The thickness of a shock wave in air, *Quart. Appl. Math.* **7**, 457–463 (1950).
8. von Mises, R.
   On the thickness of a steady shock wave, *J. Aeron. Sci.* **17**, 551–554, 594 (1950).
9. Lieber, P., Romano, F., and Lew, H.
   Approximate solutions for shock waves in a steady, one-dimensional, viscous and compressible gas, *J. Aeron. Sci.* **18**, 55–60 (1951).
10. Gilbarg, D., and Paolucci, D.
    The structure of shock waves in the continuum theory of fluids, *J. Rational Mech. Anal.* **2**, 617–642 (1953).

11. Bernard, J. J.
Thickness of a steady shock wave, *J. Aeron. Sci.* **18**, 210 (1951).
12. Roy, M.
Sur la structure de l'onde de choc, limite d'une quasi-onde de choc dans un fluide compressible et visqueux, *Compt. Rend.* **218**, 813–816 (1944).
13. Libby, P. A.
The effect of Prandtl number on the theoretical shock-wave thickness, *J. Aeron. Sci.* **18**, 286–287 (1951).
14. Zoller, K.
Zur Struktur des Verdichtungsstosses, *Z. Physik* **130**, 1–38 (1951).
15. Cowan, G. R., and Hornig, D. F.
The experimental determination of the thickness of a shock front in a gas, *J. Chem. Phys.* **18**, 1008–1018 (1950).
Greene, E. F., Cowan, G. R., and Hornig, D. F.
The thickness of shock fronts in argon and nitrogen and rotational heat capacity lags, *J. Chem. Phys.* **19**, 427–434 (1951).
Greene, E. F., and Hornig, D. F.
The shape and thickness of shock fronts in argon, hydrogen, nitrogen, and oxygen, *J. Chem. Phys.* **21**, 617–624 (1953).
16. Mott-Smith, H. M.
The solution of the Boltzmann equation for a shock wave, *Phys. Rev.* **82**, 885–892 (1951).
17. Sakurai, A.
A note on Mott-Smith's solution of the Boltzmann equation for a shock wave, *J. Fluid Mech.* **3**, 255–260 (1957).
Note on Mott-Smith's solution of the Boltzmann equation for a shock wave II, *Research Report, Tokyo Electrical Engineering College*, 1958, No. 6, 49–51.
18. Lord Rayleigh
Aerial plane waves of finite amplitude, *Proc. Roy. Soc. (London), Ser. A* **84**, 247–284 (1910).
19. Chapman, S., and Cowling, T. G.
The Mathematical Theory of Non-Uniform Gases, Cambridge Univ. Press, New York, 2nd edition, 1958.
Frank-Kamenetskii, D. A.
Diffusion and Heat Exchange in Chemical Kinetics. Izdat. Akad. Nauk SSSR, Moscow, 1947. English transl. by N. Thon, Princeton Univ. Press, Princeton, 1955.
19a. Zhdanov, V., Kagan, Yu., and Sazykin, A.
Effect of viscous transfer of mamentum on diffusion in a gas mixture, *Soviet Phys. JETP (English Transl.)* **15**, 596–602 (1962).
20. D'yakov, S. P.
Shock waves in binary mixtures, *Zh. Eksperim. i Teor. Fiz.* **27**, 283–287 (1954).
21. Sherman, F. S.
Shock-wave structure in binary mixtures of chemically inert perfect gases, *J. Fluid Mech.* **8**, 465–480 (1960).
22. Cowling, T. G.
The influence of diffusion on the propagation of shock waves, *Phil. Mag.* **33** (7th Series), 61–67 (1942).
23. Zel'dovich, Ya. B.
Propagation of shock waves in a gas in the presence of a reversible chemical reaction, *Zh. Eksperim. i Teor. Fiz.* **16**, 365–368 (1946).
24. Zel'dovich, Ya. B.

Theory of Shock Waves and an Introduction to Gasdynamics. Izdat. Akad. Nauk SSSR, Moscow, 1946.
25. Griffith, W., Brickl, D., and Blackman, V.
Structure of shock waves in polyatomic gases, *Phys. Rev.* **102**, 1209–1216 (1956).
26. Blackman, V.
Vibrational relaxation in oxygen and nitrogen, *J. Fluid Mech.* **1**, 61–85 (1956).
27. Matthews, D. L.
Interferometric measurement in the shock tube of the dissociation rate of oxygen *Phys. Fluids* **2**, 170–178 (1959).
28. Losev, S. A.
Investigation of the dissociation process of oxygen behind a strong shock wave, *Dokl. Akad. Nauk SSSR* **120**, 1291–1293 (1958).
29. Generalov, N. A., and Losev, S. A.
On an investigation of nonequilibrium phenomena behind the front of a shock wave in air. Dissociation of oxygen, *Zh. Prikl. Mekhan. i Tekhn. Fiz.*, 1960, No. 2, 64–73.
30. Britton, D., Davidson, N., Gehman, W., and Schott, G.
Shock waves in chemical kinetics: further studies on the rate of dissociation of molecular iodine, *J. Chem. Phys.* **25**, 804–809 (1956).
Britton, D., and Davidson, N.
Shock waves in chemical kinetics. Rate of dissociation of molecular bromine, *J. Chem. Phys.* **25**, 810–813 (1956).
Palmer, H. B., and Hornig, D. F.
Rate of dissociation of bromine in shock waves, *J. Chem. Phys.* **26**, 98–105 (1957).
31. Losev, S. A., and Osipov, A. I.
The study of nonequilibrium phenomena in shock waves, *Soviet Phys.–Usp.* (*English Transl.*) **4**, 525–552 (1962).
32. Duff, R. E., and Davidson, N.
Calculation of reaction profiles behind steady state shock waves. II. The dissociation of air, *J. Chem. Phys.* **31**, 1018–1027 (1959).
33. Losev, S. A., and Generalov, N. A.
On the nonequilibrium state behind a shock wave in air, *Dokl. Akad. Nauk SSSR* **133**, 872–874 (1960).
34. Biberman, L. M., and Veklenko, B. A.
Radiative processes ahead of a shock-wave front, *Soviet Phys. JETP* (*English Transl.*) **10**, 117–120 (1960).
35. Petschek, H., and Byron, S.
Approach to equilibrium ionization behind strong shock waves in argon, *Ann. Phys.* (*N.Y.*) **1**, 270–315 (1957).
36. Bond, J. W., Jr.
Structure of a shock front in argon, *Phys. Rev.* **105**, 1683–1694 (1957).
37. Rostagni, A.
Ricerche sui raggi positivi e neutrali. V. Ionizzazione per urto di ioni e di atomi, *Nuovo Cimento* **13**, 389–406 (1936).
38. Wayland, H.
The ionization of neon, krypton and xenon by bombardment with accelerated neutral argon atoms, *Phys. Rev.* **52**, 31–37 (1937).
39. Weymann, H. D.
Electron diffusion ahead of shock waves in argon, *Phys. Fluids* **3**, 545–548 (1960).
40. Manheimer-Timnat, Y., and Low, W.
Electron density and ionization rate in thermally ionized gases produced by medium strength shock waves, *J. Fluid Mech.* **6**, 449–461 (1959).

Niblett, B., and Blackman, V. H.
An approximate measurement of the ionization time behind shock waves in air, *J. Fluid Mech.* **4**, 191–194 (1958).

41. Hammerling, P., Teare, J. D., and Kivel, B.
Theory of radiation from luminous shock waves in nitrogen, *Phys. Fluids* **2**, 422–426 (1959).

42. Zel'dovich, Ya. B.
Shock waves of large amplitude in air, *Soviet Phys. JETP (English Transl.)* **5**, 919–927 (1957).

43. Shafranov, V. D.
The structure of shock waves in a plasma, *Soviet Phys. JETP (English Transl.)* **5**, 1183–1188 (1957).

44. Jukes, J. D.
The structure of a shock wave in a fully ionized gas, *J. Fluid Mech.* **3**, 275–285 (1957).

44a. Tidman, D. A.
Structure of a shock wave in fully ionized hydrogen, *Phys. Rev.* **111**, 1439–1446 (1958).

45. Greenberg, O. W., Sen, H. K., and Trève, Y. M.
Hydrodynamic model of diffusion effects on shock structure in a plasma, *Phys. Fluids* **3**, 379–386 (1960).

46. Krook, M.
Structure of shock fronts in ionized gases, *Ann. Phys. (N.Y.)* **6**, 188–207 (1959).
Bond, J. W., Jr.
Plasma physics and hypersonic flight, *Jet Propulsion* **28**, 228–235 (1958).

47. Raizer, Yu. P.
On the structure of the front of strong shock waves in gases, *Soviet Phys. JETP (English Transl.)* **5**, 1242–1248 (1957).

48. Raizer, Yu. P.
On the brightness of strong shock waves in air, *Soviet Phys. JETP (English Transl.)* **6**, 77–84 (1958).

49. Zel'dovich, Ya. B., and Raizer, Yu. P.
Strong shock waves in gases, *Usp. Fiz. Nauk* **63**, 613–641 (1957).

50. Belokon', V. A.
Disappearance of the isothermal jump at large radiation density, *Soviet Phys. JETP (English Transl.)* **9**, 235–236 (1959).

51. Imshennik, V. S.
Shock wave structure in a dense high-temperature plasma, *Soviet Phys. JETP (English Transl.)* **15**, 167–174 (1962).
Numerical integration of differential equations of the structure of shockwaves in plasma, *U.S.S.R. Comp. Math. Math. Phys. (English Transl.)* **2**, 217–229 (1963).

52. Gustafson, W. A.
On the Boltzmann equation and the structure of shock waves, *Phys. Fluids* **3**, 732–734 (1960).

53. Muckenfuss, C.
Bimodal model for shock wave structure, *Phys. Fluids* **3**, 320–321 (1960).

54. Ziering, S., and Ek, F.
Mean-free-path definition in the Mott-Smith shock wave solution, *Phys. Fluids* **4**, 765–766 (1961).

55. Glansdorff, P.
Solution of the Boltzmann equations for strong shock waves by the two-fluid model, *Phys. Fluids* **5**, 371–379 (1962).

56. Hansen, K., and Hornig, D. F.
Thickness of shock fronts in argon, *J. Chem. Phys.* **33**, 913–916 (1960).
57. Blythe, P. A.
Comparison of exact and approximate methods for analysing vibrational relaxation regions, *J. Fluid Mech.* **10**, 33–47 (1961).
58. Anisimov, S. I.
On the attainment of oscillatory equilibrium behind a shock wave, *Soviet Phys.–Tech. Phys.* (*English Transl.*) **6**, 1089–1090 (1962).
59. Generalov, N. A.
Vibrational relaxation in oxygen at high temperatures. I, *Vestn. Mosk. Univ., Ser. III: Fiz., Astron.*, 1962, No. 3, 51–59.
60. Camac, M.
O_2 vibrational relaxation in oxygen-argon mixtures, *J. Chem. Phys.* **34**, 448–459 (1961).
61. Roth, W.
Shock tube study of vibrational relaxation in the $A\ ^2\Sigma^+$ state of NO, *J. Chem. Phys.* **34**, 999–1003 (1961).
62. Matthews, D. L.
Vibrational relaxation of carbon monoxide in the shock tube, *J. Chem. Phys.* **34**, 639–642 (1961).
63. Johannesen, N. H., Zienkiewicz, H. K., Blythe, P. A., and Gerrard, J. H.
Experimental and theoretical analysis of vibrational relaxation regions in carbon dioxide, *J. Fluid Mech.* **13**, 213–224 (1962).
64. Hurle, I. R., and Gaydon, A. G.
Vibrational relaxation and dissociation of carbon dioxide behind shock waves, *Nature* **184**, 1858–1859 (1959).
65. Camac, M., and Vaughan, A.
O_2 dissociation rates in O_2-Ar mixtures, *J. Chem. Phys.* **34**, 460–470 (1961).
66. Rink, J. P., Knight, H. T., and Duff, R. E.
Shock tube determination of dissociation rates of oxygen, *J. Chem. Phys.* **34**, 1942–1947 (1961).
67. Patch, R. W.
Shock-tube measurement of dissociation rates of hydrogen, *J. Chem. Phys.* **36**, 1919–1924 (1962).
68. Allen, R. A., Keck, J. C., and Camm, J. C.
Nonequilibrium radiation and the recombination rate of shock-heated nitrogen, *Phys. Fluids* **5**, 284–291 (1962).
69. Wray, K. L., Teare, J. D., Kivel, B., and Hammerling, P.
Relaxation processes and reaction rates behind shock fronts in air and component gases, *Eighth Symposium* (*International*) *on Combustion*, pp. 328–339. Williams & Wilkins, Baltimore, 1962.
70. Lin, S. C.
Low density shock tube studies of reaction rates related to the high altitude hypersonic flight problem, *Rarefied Gas Dynamics* (L. Talbot, ed.), pp. 623–642. Academic Press, New York, 1961.
71. Sayasov, Yu. S.
On the kinetics of oxidation of nitrogen in a normal shock wave, *Zh. Prikl. Mekhan. i Tekhn. Fiz.*, 1962, No. 1, 61–67.
On the structure of an oblique shock wave in a chemically reacting gas, *Zh. Prikl. Mekhan. i Tekhn. Fiz.*, 1961, No. 6, 172–174.
72. Kuznetsov, N. M.
Shock wave structure in air taking into account the kinetics of chemical reactions, *Inzh.-Fiz. Zh., Akad. Nauk Belorussk.*, 1960, No. 9, 17–24.

The kinetics of chemical reactions for expanding air, *Inzh.-Fiz. Zh., Akad. Nauk Belorussk.*, 1962, No. 6, 97–101.

73. Bortner, M. H.
The effect of errors in rate constants on non-equilibrium shock layer electron density calculations, *Planetary Space Sci.* **6**, 74–78 (1961).

74. Lun'kin, Yu. P.
Measurement of entropy in the relaxation of a gas mixture behind a shock wave, *Soviet Phys.-Tech. Phys.* (*English Transl.*) **6**, 810–814 (1962).

75. Dorrance, W. H.
On the approach to chemical and vibrational equilibrium behind a strong normal shock wave, *J. Aerospace Sci.* **28**, 43–50 (1961).

76. Wetzel, L.
Precursor effects and electron diffusion from a shock front, *Phys. Fluids* **5**, 824–830 (1962).

77. Pipkin, A. C.
Diffusion from a slightly ionized region in a uniform flow, *Phys. Fluids* **4**, 1298–1302 (1961).

78. Bortner, M. H.
Shock layer electron densities considering the effects of both chemical reactions and flow field variations, *Planetary Space Sci.* **3**, 99–103 (1961).

79. Blackman, V. H., and Niblett, G. B. F.
Ionization processes in shock waves, *Fundamental Data Obtained from Shock Tube Experiments* (A. Ferri, ed.), pp. 221–241. AGARDograph No. 41, Pergamon Press, New York, 1961.

80. Lin, S. C.
Rate of ionization behind shock waves in air, *Planetary Space Sci.* **6**, 94–99 (1961).

81. Lamb, L., and Lin, S. C.
Electrical conductivity of thermally ionized air produced in a shock tube, *J. Appl. Phys.* **28**, 754–759 (1957).

82. Sisco, W. B., and Fiskin, J. M.
Basic hypersonic plasma data of equilibrium air for electromagnetic and other requirements, *Planetary Space Sci.* **6**, 47–73 (1961).

83. Viegas, J. R., and Peng, T. C.
Electrical conductivity of ionized air in thermodynamic equilibrium, *ARS J.* **31**, 654–657 (1961).

84. Sherman, A.
Calculation of electrical conductivity of ionized gases, *ARS J.* **30**, 559–560 (1960).

85. Pikel'ner, S. B.
Spectrophotometric study of the mechanism of excitatic. of filamentary nebulae, *Izv. Krymsk. Astrofiz. Observ.* **12**, 93–117 (1954).
Principles of Cosmic Electrodynamics. Fizmatgiz, Moscow, 1961. English transl., Gordon and Breach, New York, 1967.

86. Lin, S. C., and Teare, J. D.
Rate of ionization behind shock waves in air. II. Theoretical interpretations, *Phys. Fluids* **6**, 355–375 (1963).

87. Lin, S. C., Neal, R. A., and Fyfe, W. I.
Rate of ionization behind shock waves in air. I. Experimental results, *Phys. Fluids* **5**, 1633–1648 (1962).

88. Imshennik, V. S., and Morozov, Yu. I.
Shock wave structure taking into account momentum and energy transfer by radiation, *Zh. Prikl. Mekhan. i Tekhn. Fiz.*, 1964, No. 2, 8–21.

89. Jaffrin, M. Y., and Probstein, R. F.
Structure of a plasma shock wave, *Phys. Fluids* **7**, 1658–1674 (1964).
90. Stupochenko, E. V., Losev, S. A., and Osipov, A. I.
Relaxation Processes in Shock Waves. Nauka, Moscow, 1965.
91. Wray, K. L., and Freeman, T. S.
Shock front structure in O_2 at high Mach numbers, *J. Chem. Phys.* **40**, 2785–2789 (1964).
92. Nelson, W. C. (ed.)
The High Temperature Aspects of Hypersonic Flow. AGARDograph No. 68, Pergamon Press, New York, 1964.
93. Biberman, L. M., and Yakubov, I. T.
Approach to ionization equilibrium behind the front of a shock wave in an atomic gas, *Soviet Phys.-Tech. Phys.* (*English Transl.*) **8**, 1001–1007 (1964).
94. Gloersen, P.
Precursor signals from shock waves in xenon, *Bull. Am. Phys. Soc.* **4**, 283 (1959).
95. Kornegay, W. M., and Johnston, H. S.
Kinetics of thermal ionization. II. Xenon and krypton, *J. Chem. Phys.* **38**, 2242–2247 (1963).
96. Kuznetsov, N. M.
The influence of radiation on the ionization structure of the front of a shock wave, *Soviet Phys.-Tech. Phys.* (*English Transl.*) **9**, 483–487 (1965).
97. Biberman, L. M., and Yakubov, I. T.
The state of a gas behind a strong shock-wave front, *High Temp.* (*English Transl.*) **3**, 309–320 (1965).
98. Bronshten, V. A.
Problems on the Motion of Large Meteorites in the Atmosphere. Izdat. Akad. Nauk SSSR, Moscow, 1963.
Bronshten, V. A., and Chigorin, A. N.
Establishment of equilibrium ionization in a strong shock wave in air, *High Temp.* (*English Transl.*) **2**, 774–781 (1964).
99. Biberman, L. M., and Ul'yanov, K. N.
The effect of the emission of radiation on deviation from thermodynamic equilibrium, *Opt. Spectr.* (*USSR*) (*English Transl.*) **16**, 216–220 (1964).
100. Kohler, M.
Reibung in mässig verdünnten Gasen als Folge verzögerter Einstellung der Energie, *Z. Physik* **125**, 715–732 (1949).
101. Tamm, I. E.
On the thickness of a strong shock wave, *Tr. Fiz. Inst. Akad. Nauk SSSR* **29**, 239–249 (1965). (Work completed in 1947.)

第八章

1. Kantrowitz
Effects of heat capacity lag in gas dynamics, *J. Chem. Phys.* **10**, 145 (1942).
Heat-capacity lag in gas dynamics, *J. Chem. Phys.* **14**, 150–164 (1946).
2. Bloom, M. H., and Steiger, M. H.
Inviscid flow with nonequilibrium molecular dissociation for pressure distributions encountered in hypersonic flight, *J. Aerospace Sci.* **27**, 821–835, 840 (1960).
2a. Li, Ting Y.
Recent advances in nonequilibrium dissociating gasdynamics, *ARS J.* **31**, 170–178 (1961).

3. Kneser, H. O.
Zur Dispersionstheorie des Schalles, *Ann. Physik* **11** (5th Series), 761–776 (1931).
4. Kneser, H. O.
Die Dispersion hochfrequenter Schallwellen in Kohlensäure, *Ann. Physik* **11** (5th Series), 777–801 (1931).
5. Einstein, A.
Schallausbreitung in teilweise dissoziierten Gasen, *Sitzber. Berliner Akad. Wiss.* 1920, 380–385.
6. Nozdrev, V. F.
Application of Ultrasonics in Molecular Physics. Fizmatgiz, Moscow, 1958. English transl., Gordon and Breach, New York, 1963.
7. Gorelik, G. S.
Vibrations and Waves. An Introduction in Acoustics, Radiophysics, and Optics. Fizmatgiz, Moscow, 2nd edition, 1959.
8. Mandel'shtam, L. I., and Leontovich, M. A.
On the theory of sound absorption in fluids, *Zh. Eksperim. i Teor. Fiz.* **7**, 438–449 (1937).
9. Landau, L. D., and Lifshitz, E. M.
Fluid Mechanics. Addison-Wesley, Reading, Mass., 1959.
10. Landau, L. D., and Teller, E.
Zur Theorie der Schalldispersion, *Physik. Z. Sowjetunion* **10**, 34–43 (1936).
11. Ginzburg, V. L.
On a general relation between absorption and dispersion of sound waves, *Akust. Zh.* **1**, 31–39 (1955).
12. U.S. Dept. of Defense
The Effects of Atomic Weapons. McGraw-Hill, New York, 1950.
13. Raizer, Yu. P.
The formation of nitrogen oxides in the shock wave of a strong explosion in air, *Zh. Fiz. Khim.* **33**, 700–709 (1959).
14. Zel'dovich, Ya. B., Sadovnikov, P. Ya., and Frank-Kamenetskii, D. A.
The Oxidation of Nitrogen by Combustion, Izdat. Akad. Nauk SSSR, Moscow, 1947.
15. Tsukerman, V. A., and Manakova, M. A.
Sources of short X-ray pulses for investigating fast processes, *Soviet Phys.-Tech. Phys. (English Transl.)* **2**, 353–363 (1957).
15a. Molmud, P.
Expansion of a rarefied gas cloud into a vacuum, *Phys. Fluids* **3**, 362–366 (1960).
16. Belokon', V. A.
Tr. Mosk. Fiz. Tekhn. Inst., 1963, No. 11.
17. Raizer, Yu. P.
Residual ionization of a gas expanding in vacuum, *Soviet Phys. JETP (English Transl.)* **10**, 411–412 (1960).
18. Landau, L. D., and Lifshitz, E. M.
Statistical Physics. Addison-Wesley, Reading, Mass., 1958.
19. Raizer, Yu. P.
Condensation of a cloud of vaporized matter expanding in vacuum, *Soviet Phys. JETP (English Transl.)* **10**, 1229–1235 (1960).
20. Zel'dovich, Ya. B., and Raizer, Yu. P.
Physical phenomena that occur when bodies compressed by strong shock waves expand in vacuo, *Soviet Phys. JETP (English Transl.)* **8**, 980–982 (1959).
21. Frenkel, J.
Kinetic Theory of Liquids. Oxford Univ. Press, London, 1946. Republished, Dover, New York, 1955.

22. Zel'dovich, Ya. B.
Theory of the formation of a new phase. Cavitation, *Zh. Eksperim. i Teor. Fiz.* **12**, 525–538 (1942).
23. Fesenkov, V. G.
Meteoric Material in Interplanetary Space. Izdat. Akad. Nauk SSSR, Moscow, 1947.
24. Narasimha, R.
Collisionless expansion of gases into vacuum, *J. Fluid Mech.* **12**, 294–308 (1962).
25. Pressman, A. Ya.
On the flow of a rarefied gas into a vacuum from a point source, *Soviet Phys. Doklady* (*English Transl.*) **6**, 451–453 (1961).
26. Raizer, Yu. P.
Note on the sudden expansion of a gas cloud into vacuum, *Zh. Prikl. Mekhan. i Tekhn. Fiz.*, 1964, No. 3, 162–163.
27. Raizer, Yu. P.
The deceleration and energy conversions of a plasma expanding in a vacuum in the presence of a magnetic field, *Zh. Prikl. Mekhan. i Tekhn. Fiz.*, 1963, No. 6, 19–28. Transl. as *NASA* (*Nat. Aeron. Space Admin.*) *Tech. Transl.* No. TTF-239 (1964).
28. Kuznetsov, N. M., and Raizer, Yu. P.
On the recombination of electrons in a plasma expanding into vacuum, *Zh. Prikl. Mekhan. i Tekhn. Fiz.*, 1965, No. 4, 10–20.

第九章

1. Model', I. Sh.
Measurement of high temperatures in strong shock waves in gases. *Soviet Phys. JETP* (*English Transl.*) **5**, 589–601 (1957).
2. Zel'dovich, Ya. B.
Shock waves of large amplitude in air, *Soviet Phys. JETP* (*English Transl.*) **5**, 919–927 (1957).
Zel'dovich, Ya. B., and Raizer, Yu. P.
Strong shock waves in gases, *Usp. Fiz. Nauk* **63**, 613–641 (1957).
3. Raizer, Yu. P.
On the structure of the front of strong shock waves in gases, *Soviet Phys. JETP* (*English Transl.*) **5**, 1242–1248 (1957).
4. Raizer, Yu. P.
On the brightness of strong shock waves in air, *Soviet Phys. JETP* (*English Transl.*) **6**, 77–84 (1958).
5. Vanyukov, M. P., and Mak, A. A.
High-intensity pulsed light sources, *Soviet Phys.-Usp.* (*English Transl.*) **1**, 137–155 (1958).
6. Schneider, E. G.
An estimate of the absorption of air in the extreme ultraviolet, *J. Opt. Soc. Am.* **30**, 128–132 (1940).
7. Aglintsev, K. K.
Dosimetry of Ionizing Radiation. Gostekhizdat, Moscow, 2nd edition, 1957.
8. Landolt, H. H.
Landolt-Börnstein Zahlenwerte und Funktionen aus Physik, Chemie, Astronomie, Geophysik und Technik. Vol. I. Atom-und Molekularphysik, p. 316. Springer, Berlin, 6th edition, 1950.

9. Messner, R. H.
Der Einfluss der chemischen Bindung auf den Absorptionskoeffizienten leichter Elemente im Gebiete ultraweicher Röntgenstrahlen, *Z. Physik* **85**, 727–740 (1933).
10. Dershem, E., and Schein, M.
The absorption of the *Kα* line of carbon in various gases and its dependence upon atomic number, *Phys. Rev.* **37**, 1238–1245 (1931).
11. U.S. Dept. of Defense
The Effects of Atomic Weapons. McGraw-Hill, New York, 1950.
12. Glasstone, S. (ed.)
The Effects of Nuclear Weapons. U.S. Atomic Energy Comm., Washington, revised edition, 1962 (1st edition, 1957).
13. Sedov, L. I.
Similarity and Dimensional Methods in Mechanics. Gostekhizdat, Moscow, 4th edition, 1957. English transl. (M. Holt, ed.), Academic Press, New York, 1959.
14. Raizer, Yu. P.
The formation of nitrogen oxides in the shock wave of a strong explosion in air, *Zh. Fiz. Khim.* **33**, 700–709 (1959).
15. Raizer, Yu. P.
Glow of air during a strong explosion, and the minimum brightness of a fireball, *Soviet Phys. JETP* (*English Transl.*) **7**, 331–339 (1958).
16. Zel'dovich, Ya. B., Kompaneets, A. S., and Raizer, Yu. P.
Radiation cooling of air. I. General description of the phenomenon and the weak cooling wave, *Soviet Phys. JETP* (*English Transl.*) **7**, 882–889 (1958).
17. Zel'dovich, Ya. B., Kompaneets, A. S., and Raizer, Yu. P.
Cooling of air by radiation. II. Strong cooling wave, *Soviet Phys. JETP* (*English Transl.*) **7**, 1001–1006 (1958).
18. Imshennik, V. S., and Nadezhin, D. K.
Gas dynamical model of a type II supernova outburst, *Soviet Astron.-AJ* (*English Transl.*) **8**, 664–673 (1965).
19. Abramson, I. S., Gegechkori, N. M., Drabkina, S. I., and Mandel'shtam, S. L.
The passage of a spark discharge, *Zh. Eksperim. i Teor. Fiz.* **17**, 862–867 (1947).
20. Drabkina, S. I.
The theory of the development of a spark discharge column, *Zh. Eksperim. i Teor. Fiz.* **21**, 473–483 (1951).
21. Gegechkori, N. M.
Experimental investigation of a spark discharge column, *Zh. Eksperim. i Teor. Fiz.* **21**, 493–506 (1951).
22. Dolgov, G. G., and Mandel'shtam, S. L.
Density and temperature of a gas in a spark discharge, *Zh. Eksperim. i Teor. Fiz.* **24** 691–700 (1953).
23. Mandel'shtam, S. L., and Sukhodrev, N. K.
Elementary processes in a spark discharge column, *Zh. Eksperim. i Teor. Fiz.* **24**, 701–707 (1953).
24. Sukhodrev, N. K.
On excited spectra in a spark discharge, *Tr. Fiz. Inst., Akad. Nauk SSSR* **15**, 123–177 (1961).
25. Braginskii, S. N.
Theory of the development of a spark channel, *Soviet Phys. JETP* (*English Transl.*) **7**, 1068–1074 (1958).
26. Zhivlyuk, Yu. N., and Mandel'shtam, S. L.
On the temperature of lightning and the force of thunder, *Soviet Phys. JETP* (*English Transl.*) **13**, 338–340 (1961).

27. Taylor, G. I.
The formation of a blast wave by a very intense explosion. II. The atomic explosion of 1945, *Proc. Roy. Soc. (London), Ser. A* **201**, 175–186 (1950).

第十章

1. Zel'dovich, Ya. B., and Kompaneets, A. S.
On the propagation of heat for nonlinear heat conduction, *Collection Dedicated to the Seventieth Birthday of Academician A. F. Ioffe* (P. I. Lukirskii, ed.), pp. 61–72. Izdat. Akad. Nauk SSSR, Moscow, 1959.
2. Barenblatt, G. I.
On some unsteady motions of a liquid and a gas in a porous medium, *Prikl. Mat. i Mekh.* **16**, 67–78 (1952).
3. Andriankin, E. I., and Ryzhov, O. S.
Propagation of an almost-spherical thermal wave, *Dokl. Akad. Nauk SSSR* **115**, 882–885 (1957).
4. Andriankin, E. I.
Propagation of a non-self-similart hermal wave, *Soviet Phys. JETP* (*English Transl.*) **8** 295–298 (1959).
5. Barenblatt, G. I.
On the approximate solution of problems of uniform unsteady filtration in a porous medium, *Prikl. Mat. i Mekh.* **18**, 351–370 (1954).
6. Barenblatt, G. I., and Zel'dovich, Ya. B.
On the dipole-type solution in problems of unsteady gas filtration in the polytropic regime, *Prikl. Mat. i Mekh.* **21**, 718–720 (1957).
7. Marshak, R. E.
Effect of radiation on shock wave behavior, *Phys. Fluids* **1**, 24–29 (1958).
8. Nemchinov, I. V.
Some unsteady radiative heat transfer problems, *Zh. Prikl. Mekhan. i Tekhn. Fiz.*, 1960, No. 1, 36–57.
9. Zel'dovich, Ya. B., and Barenblatt, G. I.
The asymptotic properties of self-modelling solutions of the nonstationary gas filtration equations, *Soviet Phys. "Doklady"* (*English Transl.*) **3**, 44–47 (1958).
10. Kompaneets, A. S., and Lantsburg, E. Ya.
The heating of gas by radiation, *Soviet Phys. JETP* (*English Transl.*) **14**, 1172–1176 (1962).
11. Kompaneets, A. S., and Lantsburg, E. Ya.
Propagation of a nonequilibrium heat wave with account of the finite velocity of light, *Soviet Phys. JETP* (*English Transl.*) 16, 167–171 (1963).

第十一章

1. Al'tshuler, L. V., Krupnikov, K. K., Ledenev, B. N., Zhuchikhin, V. I., and Brazhnik, M. I.
Dynamic compressibility and equation of state of iron under high pressure, *Soviet Phys. JETP* (*English Transl.*) 7, 606–614 (1958).
2. Al'tshuler, L. V., Krupnikov, K. K., and Brazhnik, M. I.
Dynamic compressibility of metals under pressures from 400,000 to 4.000.000 atmospheres, *Soviet Phys. JETP* (*English Transl.*) 7, 614–619 (1958).

3. Al'tshuler, L. V., Kormer, S. B., Bakanova, A. A., and Trunin, R. F.
Equation of state for aluminum, copper, and lead in the high pressure region, *Soviet Phys. JETP (English Transl.)* **11**, 573–579 (1960).
4. Al'tshuler, L. V., Kormer, S. B., Brazhnik, M. I., Vladimirov, L. A., Speranskaya, M. P., and Funtikov, A. I.
The isentropic compressibility of aluminum, copper, lead, and iron at high pressures, *Soviet Phys. JETP (English Transl.)* **11**, 766–775 (1960).
5. Al'tshuler, L. V., Kuleshova, L. V., and Pavlovskii, M. N.
The dynamic compressibility, equation of state, and electrical conductivity of sodium chloride at high pressures, *Soviet Phys. JETP (English Transl.)* **12**, 10–15 (1961).
6. Shnirman, G. L., Dubovik, A. S., and Kevlishvili, P. V.
High-speed photorecording device for SFR (photographic scanning, *eds.*). Izdat. Inst. Tekhn.-Ekonom. Inform. Akad. Nauk SSSR, Moscow, 1957.
7. Dubovik, A. S.
Elements of the theory of mirror scanning, *Zh. Nauchn. i Prikl. Fotogr. i Kinematogr.* **2**, 293–303 (1957).
Mirror compensator of the displacement of photographic film, *Zh. Nauchn. i Prikl Fotogr. i Kinematogr.* **4**, 226–233 (1959).
8. Dubovik (Dubowik), A. S., Kevlishvili, P. V., and Shnirman, G. L.
Zeitlupe mit Mehrfach-Reflexion, *Kurzzeitphotographie Bericht über den IV. Internationalen Kongress für Kurzzeitphotographie und Hochfrequenzkinematographie* (H. Schardin and O. Helwich, eds.), pp. 196–201. Verlag Dr. Othmar Helwich, Darmstadt, 1959.
9. Shnirman, G. L.
Some problems of developing time magnification and photochronographs with a mirror scanner, *Usp. Nauchn. Fotogr., Akad. Nauk SSSR, Otd. Khim. Nauk* **6**, 93–101 (1959).
10. Dubovik, A. S.
Some problems in the theory of mirror scanning, *Usp. Nauchn. Fotogr., Akad. Nauk SSSR, Otd. Khim. Nauk* **6**, 102–112 (1959).
11. Tsukerman (Zuckermann), V. A., and Manakova, M. A.
Röntgen-Blitzquellen zur Untersuchung schnellverlaufender Vorgänge, *Kurzzeitphotographie: Bericht über den IV. Internationalen Kongress für Kurzzeitphotographie und Hochfrequenzkinematographie* (H. Schardin and O. Helwich, eds.), pp. 118–122. Verlag Dr. Othmar Helwich, Darmstadt, 1959.
12. Butslov, M. M., Zavoiskii, E. K., Plakhov, A. G., Smolkin, G. E., and Fanchenko, S. D.
Electron-optical method for studying short-duration phenomena, *Kurzzeitphotographie: Bericht über den IV. Internationalen Kongress für Kurzzeitphotographie und Hochfrequenzkinematographie* (H. Schardin and O. Helwich, eds.), pp. 230–242. Verlag Dr. Othmar Helwich, Darmstadt, 1959.
13. Gombàs, P.
Die statistische Theorie des Atoms und ihre Anwendungen. Springer, Wien, 1949.
14. Kormer, S. B., and Urlin, V. D.
Interpolation equations of state of metals for the region of ultrahigh pressures, *Soviet Phys. "Doklady" (English Transl.)* **5**, 317–320 (1960).
15. Kormer, S. B., Urlin, V. D., and Popova, L. T.
Interpolation equation of state and its application to experimental data on impact compression of metals, *Soviet Phys.–Solid State (English Transl.)* **3**, 1547–1553 (1962).
16. Landau, L. D., and Lifshitz, E. M.
Statistical Physics. Addison-Wesley, Reading, Mass., 1958.
17. Slater, J. C.
Introduction to Chemical Physics. McGraw-Hill, New York, 1st edition, 1939.

18. Landau, L. D., and Stanyukovich, K. P.
On a study of the detonation of condensed explosives, *Compt. Rend.* (*Doklady*) *Acad. Sci. URSS* **46**, 362–364 (1945).
19. Gilvarry, J. J.
Thermodynamics of the Thomas-Fermi atom at low temperature, *Phys. Rev.* **96**, 934–943 (1954).
Solution of the temperature-perturbed Thomas-Fermi equation, *Phys. Rev.* **96**, 944–948 (1954).
Gilvarry, J. J., and Peebles, G. H.
Solutions of the temperature-perturbed Thomas-Fermi equation, *Phys. Rev.* **99**, 550–552 (1955).
20. Latter, R.
Temperature behavior of the Thomas-Fermi statistical model for atoms, *Phys. Rev.* **99**, 1854–1870 (1955).
21. Baum, F. A., Stanyukovich, K. P., and Shekhter, B. I.
Explosion Physics. Fizmatgiz, Moscow, 1959.
22. Walsh, J. M., and Christian, R. H.
Equation of state of metals from shock wave measurements, *Phys. Rev.* **97**, 1544–1556 (1955).
23. Walsh, J. M., Rise, M. H., McQueen, R. G., and Yarger, F. L.
Shock-wave compressions of twenty-seven metals. Equations of state of metals, *Phys. Rev.* **108**, 196–216 (1957).
24. Goranson, R. W., Bancroft, D., Blendin, L. B., Blechar, T., Houston, E. E., Gittings, E. F., and Landeen, S. A.
Dynamic determination of the compressibility of metals, *J. Appl. Phys.* **26**, 1472–1479 (1955).
25. Mallory, H. D.
Propagation of shock waves in aluminum, *J. Appl. Phys.* **26**, 555–559 (1955).
26. McQueen, R. G., and Marsh, S. P.
Equation of state for nineteen metallic elements from shock-wave measurements to two megabars, *J. Appl. Phys.* **31**, 1253–1269 (1960).
27. Dugdale, J. S., and McDonald, D. K. C.
The thermal expansion of solids, *Phys. Rev.* **89**, 832–834 (1953).
28. Landau, L. D., and Lifshitz, E. M.
Theory of Elasticity. Addison-Wesley, Reading, Mass., 1959.
29. Rakhmatulin, Kh. A., and Shapiro, G. S.
Propagation of disturbances in nonlinear-elastic and inelastic media, *Izv. Akad. Nauk SSSR, Otd. Tekhn. Nauk*, 1955, No. 2, 68–89.
30. Bancroft, D., Peterson, E. L., and Minshall, S.
Polymorphism of iron at high pressures, *J. Appl. Phys.* **27**, 291–298 (1956).
31. Duff, R. E., and Minshall, F. S.
Investigation of a shock-induced transition in bismuth, *Phys. Rev.* **108**, 1207–1212 (1957).
32. Drummond, W. E.
Multiple shock production, *J. Appl. Phys.* **28**, 998–1001 (1957).
33. Dremin, A. N., and Adadurov, G. A.
Shock adiabatic for marble, *Soviet Phys.* "*Doklady*" (*English Transl.*) **4**, 970–973 (1960).
34. Dremin, A. N., and Karpukhin, I. A.
Method of determining the Hugoniot curves for dispersive media, *Zh. Prikl. Mekhan. i Tekhn. Fiz.*, 1960, No. 3, 184–187.

35. Alder, B. J., and Christian, R. H.
Destruction of diatomic bonds by pressure, *Phys. Rev. Letters* **4**, 450–452 (1960).
36. Lifshitz, I. M.
Anomalies of electron characteristics of a metal in the high pressure region, *Soviet Phys. JETP* (*English Transl.*) **11**, 1130–1135 (1960).
37. Gandel'man, G. M.
Quantum-mechanical derivation of an equation of state of iron, *Soviet Phys. JETP* (*English Transl.*) **16**, 94–103 (1963).
38. Ivanov, A. G., and Novikov, S. A.
Rarefaction shock waves in iron and steel, *Soviet Phys. JETP* (*English Transl.*) **13**, 1321–1323 (1961).
39. Zadumkin, S. N.
Approximate estimate of the critical temperatures of liquid metals, *Inzh.-Fiz. Zh., Akad. Nauk Belorussk.*, 1960, No. 10, 63–65.
40. *Handbook of Chemistry, Vol. 1.* Goskhimizdat, Moscow, 1951.
41. Zel'dovich, Ya. B., Kormer, S. B., Sinitsyn, M. V., and Kuryapin, A. I.
Temperature and specific heat of Plexiglas under shock wave compression, *Soviet Phys. "Doklady"* (*English Transl.*) **3**, 938–939 (1958).
42. Zel'dovich, Ya. B.
Investigations of the equation of state by mechanical measurements, *Soviet Phys. JETP* (*English Transl.*) **5**, 1287–1288 (1957).
43. Zel'dovich, Ya. B., and Raizer, Yu. P.
Physical phenomena that occur when bodies compressed by strong shock waves expand in vacuo, *Soviet Phys. JETP* (*English Transl.*) **8**, 980–982 (1959).
44. Urlin, V. D., and Ivanov, A. A.
Melting under shock-wave compression, *Soviet Phys. "Doklady"* (*English Transl.*) **8**, 380–382 (1963).
45. Brish, A. A., Tarasov, M. S., and Tsukerman, V. A.
Electric conductivity of the explosion products of condensed explosives, *Soviet Phys. JETP* (*English Transl.*) **10**, 1095–1100 (1960).
46. Brish, A. A., Tarasov, M. S., and Tsukerman, V. A.
Electric conductivity of dielectrics in strong shock waves, *Soviet Phys. JETP* (*English Transl.*) **11**, 15–17 (1960).
47. Alder, B. J., and Christian, R. H.
Metallic transition in ionic and molecular crystals, *Phys. Rev.* **104**, 550–551 (1956)
48. Zel'dovich, Ya. B., and Landau, L. D.
On the relation between the liquid and gaseous states in metals, *Zh. Eksperim. i Teor. Fiz.* **14**, 32–34 (1944).
49. Abrikosov, A. A.
Equation of state of hydrogen at high pressures, *Astron. Zh.* **31**, 112–123 (1954).
50. Bridgman, P. W.
The Physics of High Pressure. Macmillan, New York, 1931.
Recent work in the field of high pressures, *Rev. Mod. Phys.* **18**, 1–93 (1946).
51. Zel'dovich, Ya. B., Kormer, S. B., Sinitsyn, M. V., and Yushko, K. B.
A study of the optical properties of transparent materials under high pressure, *Soviet Phys. "Doklady"* (*English Transl.*) **6**, 494–496 (1961).
52. Landau, L. D., and Lifshitz, E. M.
Electrodynamics of Continuous Media. Addison-Wesley, Reading, Mass., 1960.
53. Cowan, G. R., and Hornig, D. F.
The experimental determination of the thickness of a shock front in a gas, *J. Chem. Phys.* **18**, 1008–1018 (1950).

54. Ginzburg, V. L., and Motulevich, G. P.
Optical properties of metals, *Usp. Fiz. Nauk* **55**, 469–535 (1955).
55. Al'tshuler, L. V.
Use of shock waves in high-pressure physics, *Soviet Phys.–Usp.* (*English Transl.*) **8**, 52–91 (1965).
56. Kormer, S. B., Funtikov, A. I., Urlin, V. D., Kolesnikova, A. N.
Dynamic compression of porous metals and the equation of state with variable specific heat at high temperatures, *Soviet Phys. JETP* (*English Transl.*) **15**, 477–488 (1962).
57. Kuznetsov, N. M.
The break in a Hugoniot curve in a phase transition of the first kind, *Dokl. Akad. Nauk SSSR* **155**, 156–159 (1964).
58. Kuznetsov, N. M.
On the kinetics of shock melting of polycrystals, *Zh. Prikl. Mekhan. i Tekhn. Fiz.*, 1965, No. 1, 112–114. Also *J. Appl. Mech. and Tech. Phys.* (*English Transl.*), 1965, No. 1, 104–106.
59. Urlin, V. D.
Melting at ultra high pressures in a shock wave, *Soviet Phys. JETP* (*English Transl.*) **22** 341–346 (1966).
60. Duvall, G. E.
Some properties and application of shock waves, *Response of Metals to High Velocity Deformation* (P. G. Shewmon and V. F. Zackay, eds.), pp. 165–203. Wiley (Interscience), New York, 1961.
Duvall, G. E., and Fowles, G. R.
Shock waves, *High Pressure Physics and Chemistry, Vol. 2* (R. S. Bradley, ed.), pp. 209–291. Academic Press, New York, 1963.
61. Donnell, L. H.
Longitudinal wave transmission and impact, *Trans. ASME* (*Am. Soc. Mech. Eng.*) **52**, APM 153–167 (1930).
62. Bethe, H. A.
Theory of shock waves for an arbitrary equation of state, *Off. Sci. Res. Dev. Rept.* No. 545, 1942.

第十二章

1. Stanyukovich, K. P.
Unsteady Motion of Continuous Media. Gostekhizdat, Moscow, 1955. English transl. (M. Holt, ed.), Academic Press, New York, 1960.
2. Sedov, L. I.
Similarity and Dimensional Methods in Mechanics. Gostekhizdat, Moscow, 4th edition, 1957. English transl. (M. Holt, ed.), Academic Press, New York, 1959.
3. Guderley, G.
Starke kugelige und zylindrische Verdichtungstösse in der Nähe des Kugelmittelpunktes bzw. der Zylinderische, *Luftfahrtforschung* **19**, 302–312 (1942).
4. Lord Rayleigh
On the pressure developed in a liquid during the collapse of a spherical cavity, *Phil. Mag.* **34** (6th Series), 94–98 (1917).
5. Hunter, C.
On the collapse of an empty cavity in water, *J. Fluid Mech.* **8**, 241–263 (1960).
6. Zababakhin, E. I.
The collapse of bubbles in a viscous liquid, *Appl. Math. Mech., PMM* (*English Transl.*) **24**, 1714–1717 (1960).

7. Frank-Kamenetskii, D. A.
Nonadiabatic pulsations in stars, *Dokl. Akad. Nauk SSSR* **80**, 185–188 (1951).
8. Gandel'man, G. M., and Frank-Kamenetskii, D. A.
Shock wave emergence at a stellar surface, *Soviet Phys. "Doklady"* (*English Transl.*) **1**, 223–226 (1956).
9. Sakurai, A.
On the problem of a shock wave arriving at the edge of a gas, *Commun. Pure Appl. Math.* **13**, 353–370 (1960).
10. Ginzburg, V. L., and Syrovatskii, S. I.
Present status of the question of the origin of cosmic rays, *Soviet Phys.-Usp.* (*English Transl.*) **3**, 504–541 (1961).
11. Colgate, S. A., and Johnson, M. H.
Hydrodynamic origin of cosmic rays, *Phys. Rev. Letters* **5**, 235–238 (1960).
12. Zel'dovich, Ya. B.
Motion of a gas under the action of an impulsive pressure (load), *Akust. Zh.* **2**, 28–38 (1956).
13. Adamskii, V. B.
Integration of the system of self-similar equations in the problem of an impulsive load on a cold gas, *Akust. Zh.* **2**, 3–9 (1956).
14. Zhukov, A. I., and Kazhdan, Ya. M.
On the motion of a gas under the action of a short duration impulse, *Akust. Zh.* **2** 352–357 (1956).
15. Häfele, W.
Zur analytischen Behandlung ebener, starker, instationärer Stosswellen, *Z. Naturforsch.* **10a**, 1006–1016 (1955).
16. von Hoerner, S.
Lösungen der hydrodynamischen Gleichungen mit linearem Verlauf der Geschwindigkeit, *Z. Naturforsch.* **10a**, 687–692 (1955).
17. von Weizsäcker, C. F.
Genäherte Darstellung starker instationärer Stosswellen durch Homologie-Lösungen, *Z. Naturforsch.* **9a**, 269–275 (1954).
18. Adamskii, V. B., and Popov, N. A.
The motion of a gas under the action of a pressure on a piston varying according to a power law, *Appl. Math. Mech., PMM* (*English Transl.*) **23**, 793–806 (1959).
19. Krasheninnikova, N. L.
On the unsteady motion of a gas displaced by a piston, *Izv. Akad. Nauk SSSR, Otd. Tekhn. Nauk*, 1955, No. 8, 22–36.
20. Raizer, Yu. P.
Motion of a gas under the action of a concentrated impact along its surface (as a result of an explosion on the surface), *Zh. Prikl. Mekhan. i Tekhn. Fiz.*, 1963, No. 1, 57–66.
21. Astapovich, I. S.
Second conference on comet and meteor astronomy, Moscow 29–31 January 1937, *Astron. Zh.* **14**, 248–250 (1937).
Stanyukovich, K. P., and Fedynskii, V. V.
On the destructive effect of meteor impacts, *Dokl. Akad. Nauk SSSR* **57**, 129–132 (1947).
Stanyukovich, K. P.
Elements of the physical theory of meteors and the formation of meteor craters, *Meteoritika*, 1950, No. 7, 39–62.
Elements of the theory of the impact of solid bodies with high (cosmic) velocities, *Iskusstvenyie Sputniki Zemli* **4**, 86–117 (1960). English transl. *Artificial Earth Satellites, Vols. 3–5* (L. V. Kurnosova, ed.), pp. 292–333. Plenum Press, New York, 1961.

22. Stanyukovich, K. P.
On an effect in the area of the aerodynamics of meteors, *Izv. Akad. Nauk SSSR, Otd. Tekh. Nauk, Mekh. i Mashinostr.*, 1960, No. 5, 3–8.
23. Lavrent'ev, M. A.
The problem of piercing at cosmic velocities, *Iskusstvenyie Sputniki Zemli* 3, 61–65 (1959). English transl. *Artificial Earth Satellites, Vols. 3–5* (L. V. Kurnosova, ed.), pp. 85–91. Plenum Press, New York, 1961.
24. Kompaneets, A. S.
Shock waves in a plastic compacting medium, *Dokl. Akad. Nauk SSSR* 109, 49–52 (1956).
25. Andriankin, E. I., and Koryavov, B. P.
Shock waves in a variable compacting plastic medium, *Soviet Phys. "Doklady" (English Transl.)* 4, 966–969 (1960).
26. Zel'dovich, Ya. B.
Cylindrical self-similar acoustical waves, *Soviet Phys. JETP (English Transl.)* 6, 537–541 (1958).
27. Zababakhin, E. I., and Nechaev, M. N.
Electromagnetic-field shock waves and their cumulation, *Soviet Phys. JETP (English Transl.)* 6, 345–351 (1958).
28. Kompaneets, A. S.
A point explosion in an inhomogeneous atmosphere, *Soviet Phys. "Doklady" (English Transl.)* 5, 46–48 (1960).
29. Andriankin, E. I., Kogan, A. M., Kompaneets, A. S., and Krainov, V. P.
Propagation of a strong explosion in an inhomogeneous atmosphere, *Zh. Prikl. Mekhan. i Tekhn. Fiz.*, 1962, No. 6, 3–7.
30. Raizer, Yu. P.
Motion produced in an inhomogeneous atmosphere by a plane shock of short duration, *Soviet Phys. "Doklady" (English Transl.)* 8, 1056–1058 (1964).
31. Raizer, Yu. P.
Propagation of a shock wave in an inhomogeneous atmosphere in the direction of decreasing density, *Zh. Prikl. Mekhan. i Tekhn. Fiz.*, 1964, No. 4, 49–56.
32. Raizer, Yu. P.
The deceleration and energy conversions of a plasma expanding in a vacuum in the presence of a magnetic field, *Zh. Prikl. Mekhan. i Tekhn. Fiz.*, 1963, No. 6, 19–28. Transl. as *NASA (Nat. Aeron. Space Admin.) Tech. Transl.* No. TTF-239 (1964).
33. Hayes, W. D.
Self-similar strong shocks in an exponential medium, *J. Fluid Mech.*, to appear.
34. Hayes, W. D.
The propagation upward of the shock wave from a strong explosion in the atmosphere, *J. Fluid Mech.*, to appear.